学以致用系列丛书

Dreamweaver CC网页设计与制作

智云科技　编著

清華大學出版社
北　京

内容简介

本书是丛书“学以致用系列丛书”中的一本。全书共分为14章，主要包括网页制作与Dreamweaver CC基础、网页的全局设置与管理、在网页中添加内容、网页的格式化和布局设置、网页制作的高级操作以及综合案例实战应用6个部分。通过对本书的学习，读者不仅能学会Dreamweaver CC软件的基本操作，更能学会如何使用该软件制作符合需求的网页，而且通过本书中列举的实战案例，还可以举一反三，在实战工作中用得更好。

此外，本书还提供了丰富的栏目板块，如“专家提醒”、“核心妙招”和“长知识”。这些板块不仅丰富了本书的知识，还可以教会读者更多常用的技巧，从而提高读者的实战操作能力。

本书浅显易懂，指导性较强，特别适合网页设计与制作的初级用户，也适合有一定Dreamweaver应用基础和具有一定网页设计经验的读者。此外，本书也可作为高等院校、大专院校网页设计课程的教材，或者作为相关领域人员的网页设计入门学习用书或入门培训教材。

图书在版编目(CIP)数据

Dreamweaver CC网页设计与制作 / 智云科技编著. --北京：清华大学出版社，2015（2023. 9重印）
(学以致用系列丛书)
ISBN 978-7-302-37983-6

Ⅰ. ①D… Ⅱ. ①智… Ⅲ. ①网页制作工具 Ⅳ. ①TP393.092

中国版本图书馆CIP数据核字(2014)第209510号

责任编辑：李玉萍
封面设计：杨玉兰
责任校对：马素伟
责任印制：杨　艳

出版发行：清华大学出版社
网　　址：http://www.tup.com.cn, http://www.wqbook.com
地　　址：北京清华大学学研大厦A座　　**邮　　编**：100084
社 总 机：010-83470000　　**邮　　购**：010-62786544
投稿与读者服务：010-62776969, c-service@tup.tsinghua.edu.cn
质量反馈：010-62772015, zhiliang@tup.tsinghua.edu.cn
课件下载：http://www.tup.com.cn, 010-62791865
印 装 者：三河市君旺印务有限公司
经　　销：全国新华书店
开　　本：203mm×260mm　　**印　　张**：18.75　　**字　　数**：505千字
(附DVD 1张)
版　　次：2015年1月第1版　　**印　　次**：2023 年 9月第10次印刷
定　　价：45.00元

产品编号：058002-01

关于本丛书

如今，学会使用电脑已不再是为了休闲娱乐，在生活、工作节奏不断加快的今天，电脑已成为各类人士工作中不可替代的一种办公用具。然而仅仅学会如何使用电脑操作一些常见的软件已经不能满足人们当下的工作需求了。高效率、高品质的电脑办公已经显得越来越重要。

为了让更多的初学者学会电脑和办公软件的操作，让工作内容更符合当下的职场和行业要求，我们经过精心策划，创作了“学以致用系列”这套丛书。

本丛书包含了电脑基础与入门、网上开店、Office办公软件、图形图像和网页设计等领域内的精华内容，每本书的内容和讲解方式都根据其特有的应用要求进行了量身打造，目的是让读者真正学得会，用得好。本丛书具体包括如下书目。

- 《新手学电脑》
- 《中老年人学电脑》
- 《电脑组装、维护与故障排除》
- 《电脑安全与黑客攻防》
- 《网上开店、装修与推广》
- 《Office 2013综合应用》
- 《Excel财务应用》
- 《PowerPoint 2013设计与制作》
- 《AutoCAD 2014中文版绘图基础》
- 《Flash CC动画设计与制作》
- 《Dreamweaver CC网页设计与制作》
- 《Dreamweaver+Flash+Photoshop网页设计综合应用》

丛书两大特色

本丛书之所以称为“学以致用”，是因为我们在策划和创作过程中始终坚持“理论操作学得会，实战技能用得好”的宗旨。

理论知识和操作学得会

◆ **讲解上——实用为先，语言精练**

本丛书在内容挑选方面注重3个“最”——内容最实用，操作最常见，案例最典型，并用精炼的文字讲解理论部分，用最通俗的语言将知识讲解清楚，提高读者的阅读和学习效率。

◆ **外观上——单双混排，全彩图解**

本丛书采用灵活的单双混排方式，全程图解式操作，每个操作步骤在内容和配图上逐一对应，力求让整个操作更清晰，让读者能够轻松和快速地掌握。

◆ **结构上——布局科学，学习、解惑、巩固三不误**

本丛书在每章的知识结构安排上，采取“主体知识+实战问答+思考与练习”的结构，其中，“主体知识”是针对当前章节中涉及的所有理论知识进行讲解；“实战问答”是针对实战工作中的常见问题进行答疑，为读者扫清工作中的“拦路虎”；“思考与练习”中列举了各种类型的习题，如填空题、判断题、操作题等，目的是帮助读者巩固本章所学知识和操作。

◆ **信息上——栏目丰富，延展学习**

本丛书在知识讲解过程中，还穿插了各种栏目板块，如专家提醒、核心妙招、长知识等。通过这些栏目，扩展读者的学习宽度，帮助读者掌握更多实用的技巧操作。

实战工作中能够用得好

本丛书在讲解过程中，采用“知识点+实例操作”的结构来讲解，为了让读者清楚这些知识在实战中的具体应用，所有的案例均是实战中的典型案例。通过这种讲解方式，让读者在真实的环境中体会知识的应用，从而达到举一反三，在工作中用得好的目的。

关于本书内容

本书是“学以致用系列丛书”中的一本。全书共分为14章，主要包括网页制作与Dreamweaver CC基础、网页的全局设置与管理、在网页中添加内容、网页的格式化和布局设置、网页制作的高级操作以及综合案例实战应用6个部分，各部分的具体内容如下。

网页制作与Dreamweaver CC基础

该部分是本书的第1～2章，其具体内容包括：认识网页的基本组成，网页设计流程与工具，了解Dreamweaver CC的基本操作，以及网页制作的基本操作等。通过对本部分内容的学习，主要是为后面的学习打下坚实的基础。

网页的全局设置与管理

该部分是本书的第3～4章，其具体内容包括：利用可视化操作设置网页的页面属性，使用标签设置页面属性，创建站点，站点远程服务器的定义，发布站点，管理站点，以及在站点中管理文件和文件夹等。通过对本部分内容的学习，读者可以熟练掌握网页设计与制作的全局设置与管理操作。

在网页中添加内容

该部分是本书的第5～8章，其具体内容包括：在网页中插入文本，在网页中插入列表、水平线等，在网页中插入图像、各种音频和视频文件，为对象添加超链接，以及表格的应用。通过本对部分内容的学习，读者可以掌握在网页中添加各种内容的方法。

网页的格式化和布局设置

该部分是本书的第9～10章，其具体内容包括：了解CSS样式表，使用层叠样式表格式化网页效果，利用Div层布局网页，以及CSS+Div综合应用格式化网页效果等。通过对本部分内容的学习，读者可以熟练掌握美化页面和设置页面布局的方法。

网页制作的高级操作

该部分是本书的第11～13章，其具体内容包括：模板和库的应用，在网页中使用表单和表单对象，以及在网页中编写JavaScript代码等。通过对本部分内容的学习，读者可以快速掌握制作统一界面风格、效果更丰富的网页。

综合案例实战应用

该部分是本书的第14章，本章主要是通过制作婚纱网站，巩固本书的所学知识，以及让读者亲身体验制作一个完整网站的过程。让读者真正达到学以致用，举一反三的目的。

关于读者对象

本书浅显易懂，指导性较强，特别适合网页设计与制作的初级用户，也适合有一定Dreamweaver使用基础和具有一定网页设计经验的读者。此外，本书也可作为高等院校、大专院校网页设计课程的教材，或者作为相关领域人员的网页设计入门学习用书或入门培训教材。

关于创作团队

本书由智云科技编著，参与本书编写的人员有邱超群、杨群、罗浩、马英、邱银春、罗丹丹、刘畅、林晓军、林菊芳、周磊、蒋明熙、甘林圣、丁颖、蒋杰、何超等，在此对大家的辛勤工作表示衷心的感谢！

由于编者经验有限，加之时间仓促，书中难免会有疏漏和不足，恳请专家和读者不吝赐教。

编　者

Chapter 01 网页设计与制作基础

1.1 认识网页的基本组成 …… 2
1.2 优秀网页结构赏析 …… 5
1.3 认识静态网页与动态网页 …… 8
1.4 了解网页的访问原理 …… 9
1.5 认识域名和域名服务器 …… 10
1.5.1 域名的各种分类 …… 10
1.5.2 域名服务器(DNS) …… 11
1.6 网站设计流程 …… 13
1.7 网页制作的常用工具 …… 13
1.7.1 内容编辑工具 …… 14
1.7.2 网页美化工具 …… 14
1.8 实战问答 …… 15
NO.1 静态网页与动态网页有何区别 …… 15
NO.2 网页设计是否必须懂HTML标记 …… 15
1.9 思考与练习 …… 16

Chapter 02 初识Dreamweaver CC

2.1 Dreamweaver CC的基本操作 …… 18
2.1.1 安装Dreamweaver CC …… 18

2.1.2 启动Dreamweaver CC ······ 20
2.1.3 退出Dreamweaver CC ······ 22

2.2 了解Dreamweaver CC的新功能 ······ 23

2.3 认识Dreamweaver CC工作环境 ······ 24

2.3.1 菜单栏 ······ 24
2.3.2 面板组 ······ 24
2.3.3 “插入”面板 ······ 24
2.3.4 文档窗口 ······ 26
2.3.5 “属性”面板 ······ 27

2.4 网页设计的基本操作 ······ 28

2.4.1 新建网页 ······ 28
2.4.2 保存网页 ······ 28
2.4.3 打开网页 ······ 29
2.4.4 预览网页 ······ 31
2.4.5 关闭网页 ······ 31

2.5 实战问答 ······ 33

NO.1 创建网页的其他方法 ······ 33
NO.2 如何改变预览网页时的浏览器 ······ 33

2.6 思考与练习 ······ 34

Chapter 03 页面属性的设置

3.1 在对话框中设置页面属性 ······ 36

3.1.1 设置外观(CSS) ······ 36
3.1.2 设置外观(HTML) ······ 37
3.1.3 设置链接(CSS) ······ 39
3.1.4 设置标题(CSS) ······ 41
3.1.5 设置标题/编码 ······ 43
3.1.6 设置跟踪图像 ······ 44

3.2 使用代码设置字体与页面背景效果 ······ 45

3.2.1 添加页面标题 ······ 45

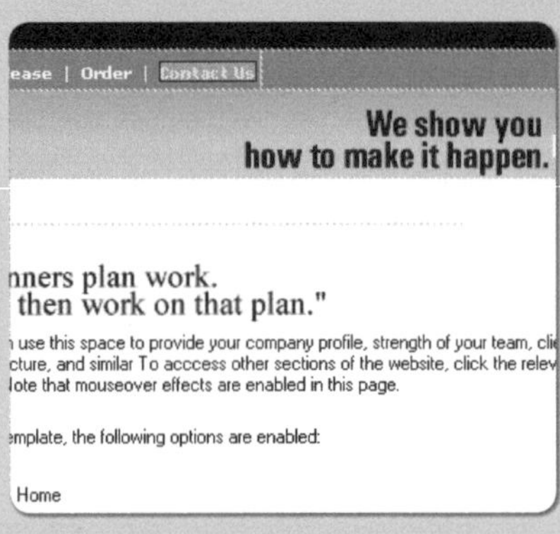

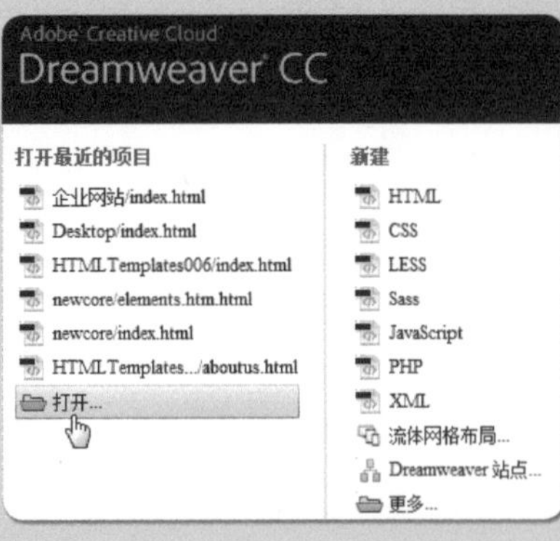

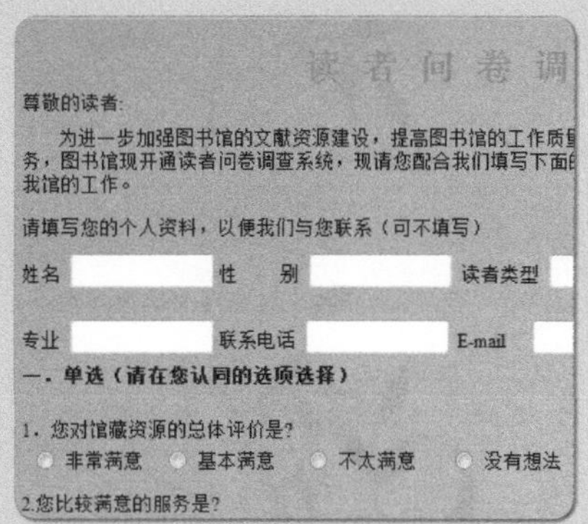
读者问卷调
尊敬的读者:
为进一步加强图书馆的文献资源建设，提高图书馆的工作质量
务，图书馆现开通读者问卷调查系统，现请您配合我们填写下面的
我馆的工作。
请填写您的个人资料，以便我们与您联系（可不填写）
姓名 性 别 读者类型
专业 联系电话 E-mail
一．单选（请在您认同的选项选择）
1．您对馆藏资源的总体评价是?
非常满意 基本满意 不太满意 没有想法
2.您比较满意的服务是?

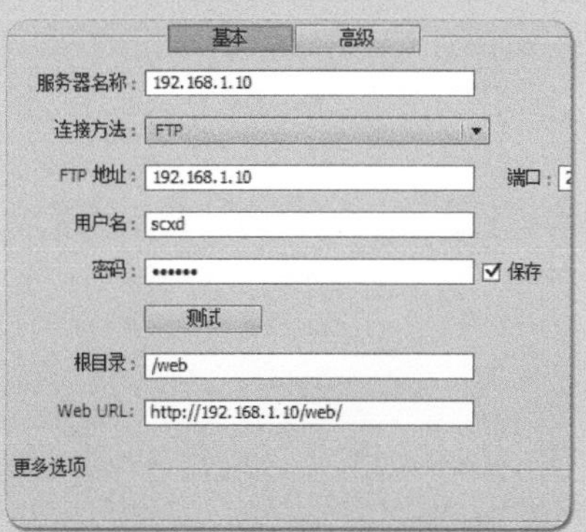

3.2.2 为文字添加加粗和倾斜格式 …… 46
3.2.3 设置文字的字号大小 …… 47
3.2.4 设置网页文本的文本颜色 …… 48
3.2.5 设置网页的背景颜色 …… 49
3.2.6 为网页添加背景图片 …… 50

3.3 使用代码设置超链接属性 …… 51

3.3.1 设置超链接的边距 …… 51
3.3.2 设置链接颜色 …… 52
3.3.3 设置鼠标经过超链接效果 …… 53
3.3.4 设置已访问链接 …… 53
3.3.5 设置活动链接 …… 54
3.3.6 修改下划线样式 …… 54

3.4 实战问答 …… 55

NO.1 外观(CSS)和外观(HTML)有何区别 …… 55
NO.2 如何让背景图片固定 …… 55

3.5 思考与练习 …… 55

Chapter 04 创建与管理站点

4.1 创建、配置与发布本地站点 …… 58

4.1.1 创建本地站点 …… 58
4.1.2 为站点定义远程服务器 …… 59
4.1.3 发布站点 …… 60

4.2 管理站点 …… 61

4.2.1 删除站点 …… 61
4.2.2 编辑站点 …… 61
4.2.3 复制站点 …… 62
4.2.4 导出站点 …… 63
4.2.5 导入站点 …… 63

4.3 管理站点中的内容 …… 64

4.3.1 添加文件/文件夹 …… 64
4.3.2 重命名和删除文件/文件夹 …… 65

4.4 实战问答 ………………………………… 65
NO.1 站点已删除为什么文件还在 ………………………… 65
NO.2 如何将已有文件添加到站点中 ………………………… 66
4.5 思考与练习 ………………………………… 66

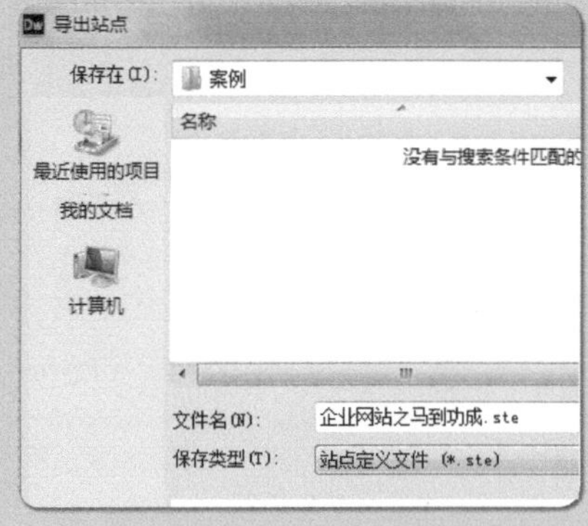

Chapter 05 网页中的文本创建

5.1 文本的简单操作 ………………………………… 68
5.1.1 在网页中录入文本 ………………………… 68
5.1.2 让文本换行分段 ………………………… 69
5.1.3 设置文本的对齐方式 ………………………… 69
5.1.4 设置文本的字体格式 ………………………… 70
5.2 项目列表和编号列表的使用 ………………………… 71
5.2.1 插入项目列表 ………………………… 71
5.2.2 插入编号列表 ………………………… 71
5.3 特殊文本的操作 ………………………………… 72
5.3.1 插入换行符 ………………………… 72
5.3.2 插入水平线 ………………………… 73
5.3.3 插入日期 ………………………… 74
5.3.4 插入特殊字符 ………………………… 75
5.3.5 插入注释 ………………………… 76
5.4 实战问答 ………………………………… 77
NO.1 项目列表中列表项前缀是否可以更改 ………………… 77
NO.2 编号列表中列表项前缀序号是否可更改 ………………… 77
5.5 思考与练习 ………………………………… 78

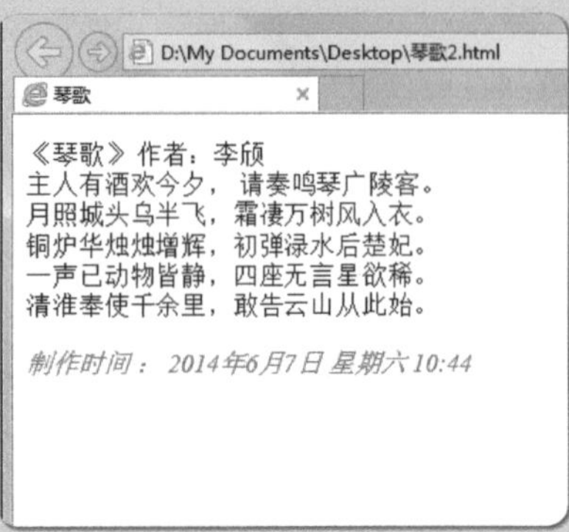

Chapter 06 在网页中插入图像与多媒体

6.1 常用图像格式 ………………………………… 80
6.1.1 JPEG图像 ………………………… 80

6.1.2 GIF图像 ······ 80
6.1.3 PNG图像 ······ 80

6.2 在网页中使用图像 ······ 81

6.2.1 插入图像 ······ 81
6.2.2 编辑图像大小 ······ 82
6.2.3 设置图像对齐方式 ······ 84
6.2.4 裁剪需要的图像 ······ 85
6.2.5 调整图片的亮度和对比度 ······ 87
6.2.6 设置图像的锐化效果 ······ 88

6.3 插入其他图像元素 ······ 90

6.3.1 插入图像热区 ······ 90
6.3.2 鼠标经过图像 ······ 91

6.4 在网页中插入多媒体 ······ 93

6.4.1 插入背景音乐 ······ 93
6.4.2 插入Flash动画 ······ 94
6.4.3 插入FLV视频 ······ 96
6.4.4 插入HTML5视频 ······ 98
6.4.5 插入HTML5音频 ······ 99
6.4.6 插入其他媒体 ······ 101

6.5 实战问答 ······ 102

NO.1 如何让背景音乐循环播放 ······ 102
NO.2 为何插入普通视频的网页在其他计算机不能播放 ··· 103
NO.3 为什么插入HTML5视频后不能播放 ······ 103

6.6 思考与练习 ······ 103

Chapter 07 超链接的应用

7.1 认识超链接的类型 ······ 106

7.1.1 按超链接源端点的对象划分 ······ 106
7.1.2 按执行超链接后的动作划分 ······ 106
7.1.3 按超链接的链接位置划分 ······ 107

7.2 链接路径有哪些分类 …… 108

7.2.1 什么是URL …… 108
7.2.2 相对路径 …… 108
7.2.3 绝对路径 …… 109
7.2.4 根路径 …… 109

7.3 各种超链接的创建方法 …… 109

7.3.1 插入文本链接 …… 109
7.3.2 设置链接打开方式 …… 111
7.3.3 插入图像链接 …… 112
7.3.4 插入热点链接 …… 114
7.3.5 插入锚点链接 …… 115
7.3.6 插入空链接 …… 117
7.3.7 插入E-mail链接 …… 118
7.3.8 插入脚本链接 …… 119

7.4 实战问答 …… 121

NO.1 超链接打开方式中_BLANK和NEW的区别 …… 121
NO.2 为什么锚点链接不起作用 …… 121

7.5 思考与练习 …… 121

Chapter 08 表格的应用

8.1 创建表格并输入内容 …… 124

8.1.1 精确插入指定行列的表格 …… 124
8.1.2 在表格中输入内容 …… 125
8.1.3 插入嵌套表格 …… 126

8.2 格式化表格效果 …… 127

8.2.1 选择表格及单元格 …… 127
8.2.2 设置表格大小和对齐方式 …… 130
8.2.3 为表格添加边框 …… 132
8.2.4 设置单元格中文本和背景格式 …… 133
8.2.5 设置单元格大小与对齐方式 …… 134

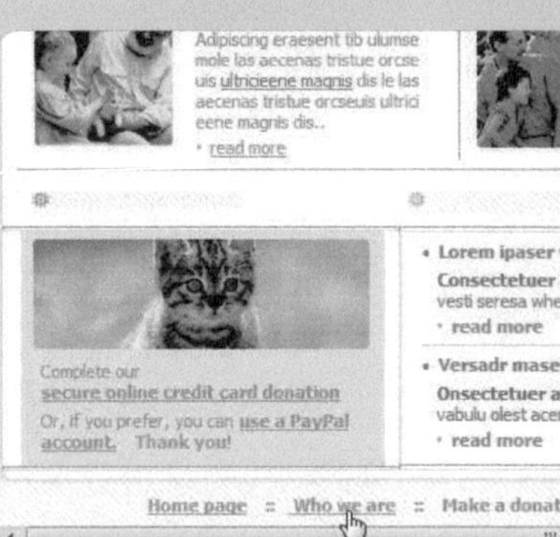

8.3 编辑表格的常见操作 …… 136

8.3.1 插入行或列 …… 136
8.3.2 删除行或列 …… 139
8.3.3 复制、剪切和粘贴单元格 …… 140
8.3.4 合并单元格 …… 141
8.3.5 拆分单元格 …… 142

8.4 表格的高级操作 …… 143

8.4.1 在网页中对表格数据排序 …… 143
8.4.2 导入表格数据 …… 145
8.4.3 导出表格数据 …… 146

8.5 实战问答 …… 147

NO.1 如何快速、准确地选择表格及单元格 …… 147
NO.2 在表格中能插入图像文件吗 …… 147
NO.3 为什么网页中的表格无法进行排序操作 …… 149
NO.4 为什么导入到网页中的数据出现了混乱 …… 149

8.6 思考与练习 …… 149

Chapter 09 使用CSS层叠样式表

9.1 了解CSS样式表 …… 152

9.1.1 什么是CSS …… 152
9.1.2 CSS的3种类型 …… 152
9.1.3 CSS的语法格式 …… 153

9.2 CSS样式的嵌入、内联和外联方式 …… 154

9.2.1 嵌入式CSS …… 154
9.2.2 内联式CSS …… 154
9.2.3 外联式CSS …… 155

9.3 各种CSS样式的创建方法 …… 156

9.3.1 建立ID样式 …… 156
9.3.2 建立类样式 …… 158
9.3.3 建立标签样式 …… 159

JAVA5班课表

	星期一	星期二	星期三
上午	语文	历史	语文
	数学	物理	数学
	英语	音乐	英语
下午	生物	计算机	生物
	物理	地理	物理

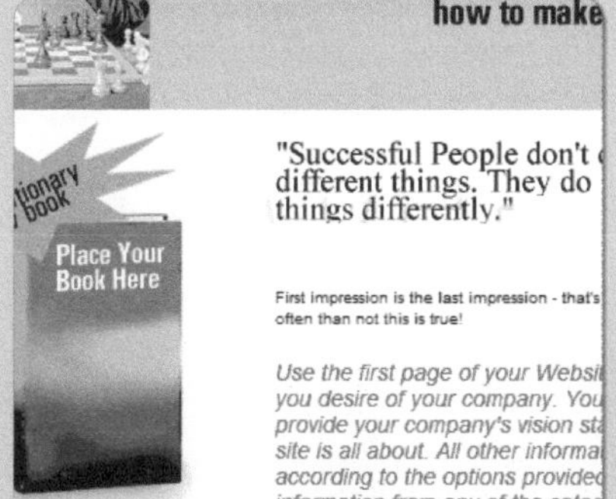

9.3.4 建立复合样式 …… 160
9.3.5 建立外部样式 …… 161

9.4 CSS中的常用样式 …… 162

9.4.1 设置字体样式 …… 162
9.4.2 设置文本样式 …… 166
9.4.3 设置背景样式 …… 167
9.4.4 设置方框样式 …… 170
9.4.5 设置边框样式 …… 172
9.4.6 设置列表样式 …… 174
9.4.7 设置定位样式 …… 176
9.4.8 设置过渡样式 …… 178

9.5 实战问答 …… 180

NO.1 如何导入外部CSS样式表文件 …… 180
NO.2 如何自动调整图像大小 …… 181

9.6 思考与练习 …… 182

Chapter 10 利用Div层布局

10.1 认识并创建层 …… 184

10.1.1 什么是层 …… 184
10.1.2 创建层 …… 184
10.1.3 创建嵌套层 …… 185
10.1.4 为层添加CSS样式表 …… 187

10.2 Div层的定位方法 …… 189

10.2.1 什么是盒子模型 …… 189
10.2.2 通过float属性定位层 …… 189
10.2.3 通过position属性定位层 …… 191

10.3 Div常用布局方式的应用 …… 192

10.3.1 居中布局 …… 192
10.3.2 浮动布局 …… 193
10.3.3 一列固定宽度布局 …… 194

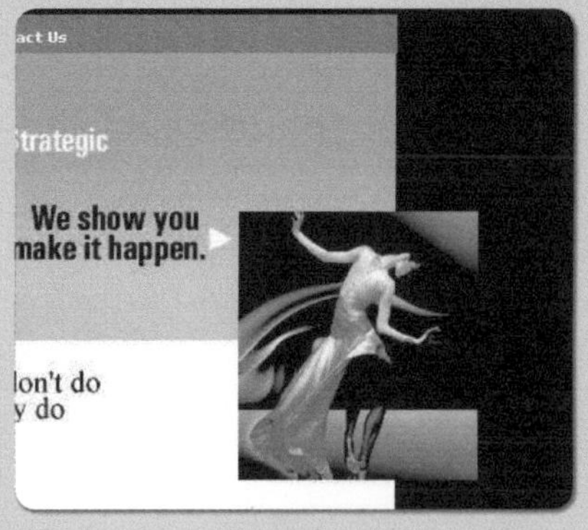

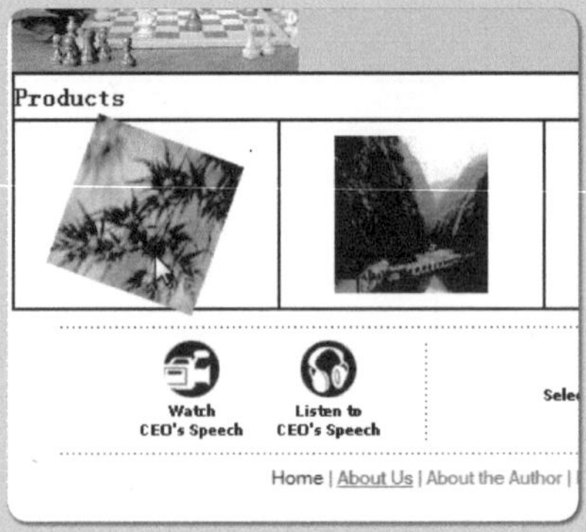

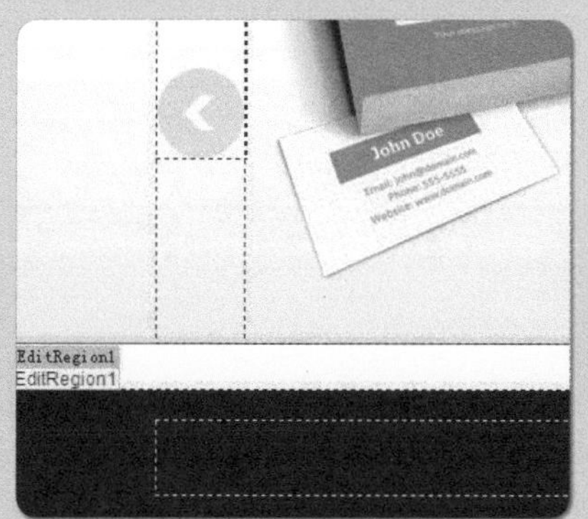

10.3.4 一列自适应宽度布局 ······ 194

10.3.5 两列固定宽度布局 ······ 195

10.4 实战问答 ······ 197

NO.1 如何清除Div浮动 ······ 197

NO.2 如何设置Div对象的行高 ······ 197

10.5 思考与练习 ······ 198

Chapter 11 使用模板和库

11.1 使用模板 ······ 200

11.1.1 创建模板 ······ 200

11.1.2 定义可编辑区域 ······ 201

11.1.3 创建基于模板的网页 ······ 202

11.1.4 从模板中分离网页 ······ 203

11.1.5 管理模板 ······ 204

11.2 使用库 ······ 206

11.2.1 创建库文件 ······ 206

11.2.2 向页面添加库文件 ······ 207

11.2.3 修改并更新库文件 ······ 208

11.3 实战问答 ······ 209

NO.1 如何在现有网页文件上应用模板 ······ 209

NO.2 模板可以嵌套模板吗 ······ 209

11.4 思考与练习 ······ 210

Chapter 12 表单的应用

12.1 认识网页中的表单 ······ 212

12.1.1 什么是表单 ······ 212

12.1.2 认识表单对象 ······ 212

12.2 创建表单 ······ 216

12.2.1 插入表单 …… 216
12.2.2 设置表单属性 …… 217

12.3 插入表单对象 …… 218

12.3.1 插入文本域 …… 218
12.3.2 插入密码域 …… 221
12.3.3 插入其他文本域 …… 223
12.3.4 插入按钮对象 …… 224
12.3.5 插入图像按钮 …… 225
12.3.6 插入文件上传域 …… 226

12.4 实战问答 …… 228

NO.1 如何通过“插入”面板添加表单对象 …… 228
NO.2 如何自动选择文本框中所有文本内容 …… 229

12.5 思考与练习 …… 229

Chapter 13 在网页中编写JavaScript

13.1 了解JavaScript的基础知识 …… 232

13.1.1 JavaScript是什么 …… 232
13.1.2 JavaScript能做什么 …… 232
13.1.3 JavaScript怎么用 …… 233

13.2 JavaScript基础语法 …… 233

13.2.1 了解值和变量 …… 234
13.2.2 了解运算符 …… 234
13.2.3 认识各种比较符 …… 234
13.2.4 函数的使用 …… 234

13.3 掌握JavaScript的常用事件 …… 235

13.3.1 窗口事件 …… 235
13.3.2 鼠标事件 …… 237
13.3.3 键盘事件 …… 238
13.3.4 表单处理事件 …… 239

13.4 jQuery的应用 …… 241

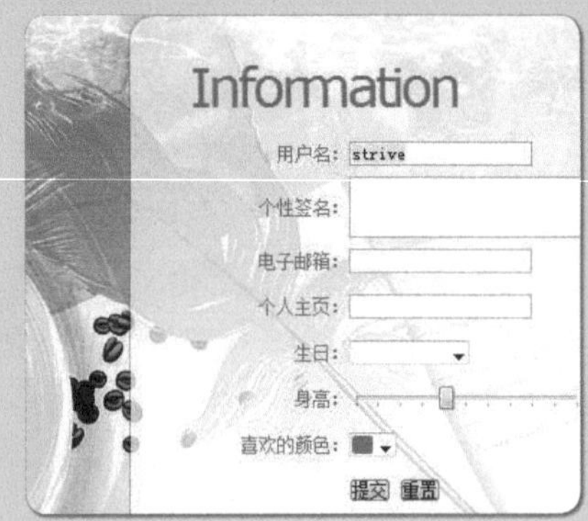

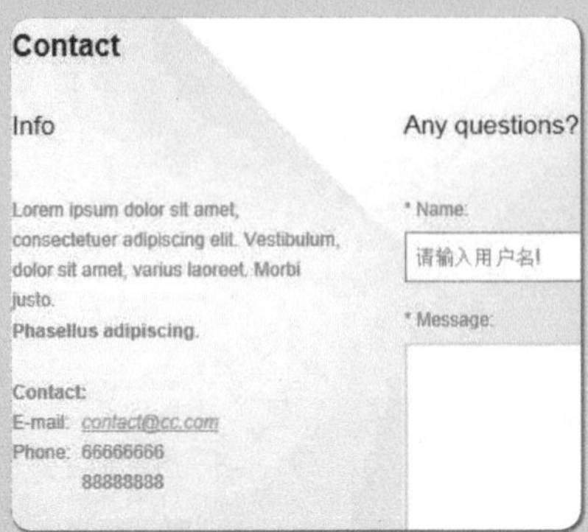

13.4.1 jQuery核心函数 ······ 241
13.4.2 使用jQuery选择器 ······ 242
13.4.3 使用jQuery操作对象属性 ······ 243
13.4.4 使用jQuery事件 ······ 245
13.4.5 jQuery中常用的效果 ······ 246

13.5 实战问答 ······ 248

NO.1 ++与--放置在变量前后的区别 ······ 248
NO.2 解决预览页面时脚本执行问题 ······ 249

13.6 思考与练习 ······ 249

Chapter 14 制作婚纱网站

14.1 婚纱网制作介绍 ······ 252
14.2 婚纱网制作思路分析 ······ 253
14.3 婚纱网制作过程 ······ 254

14.3.1 创建婚纱网站点 ······ 254
14.3.2 创建婚纱网模板 ······ 255
14.3.3 创建样式表 ······ 257
14.3.4 在模板中制作导航 ······ 261
14.3.5 底部制作 ······ 265
14.3.6 制作婚纱网首页 ······ 267
14.3.7 制作联系我们页面 ······ 270
14.3.8 修改模板页中的导航菜单 ······ 273

14.4 婚纱网案例制作总结 ······ 274
14.5 婚纱网案例制作答疑 ······ 274
14.6 实战问答 ······ 274

NO.1 为什么要有Div+CSS布局而不用表格 ······ 274
NO.2 为何要减少对图像的使用 ······ 274
NO.3 如何将制作好的网站发布到网络上 ······ 274
NO.4 为什么创建的模板文件在浏览器中不能查看 ······ 275

习题答案 ······ 277

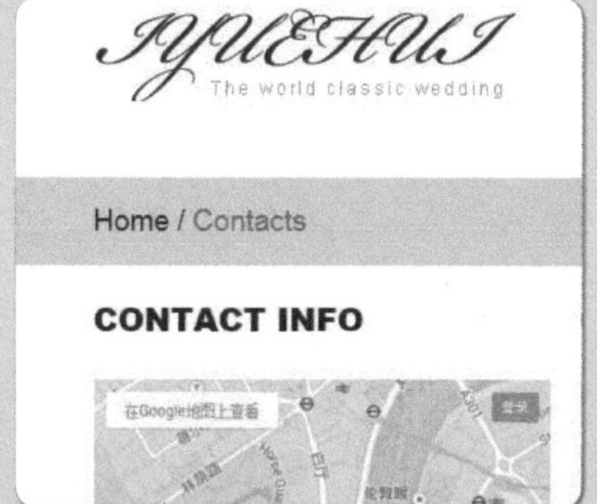

Chapter 01

网页设计与制作基础

本章要点

★ 认识网页的基本组成
★ 优秀网页结构赏析
★ 静态网页
★ 动态网页
★ 了解网页的访问原理
★ 域名服务器(DNS)
★ 网站设计流程
★ 网页制作的常用工具

学习目标

网页设计与制作是整个网站制作中的一个重要环节。相对于传统的平面设计而言，网页设计具有新颖性和更多的表现手法。本章就网页表现手法、网页基本结构、网页类别以及制作网页的思路和常用工具进行讲解，让读者快速了解有关网页设计与制作的基础知识。

知识要点	学习时间	学习难度
认识网页的组成、结构和类别	45分钟	★★★
了解网页访问原理、域名和域名服务器	30分钟	★★
了解网页制作流程和制作工具	30分钟	★★

认识网页的组成

认识网页结构

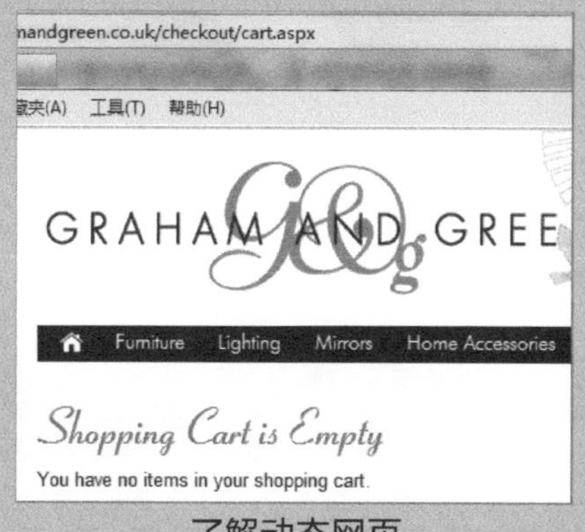

了解动态网页

1.1 认识网页的基本组成

要使用Dreamweaver CC顺利地设计与制作网页，读者首先需要认识网页有哪些组成部分，通常，网页包括网址、网页标题、LOGO、文本、导航栏、超链接、图像、表单、动画、按钮等内容。部分内容如图1–1所示。

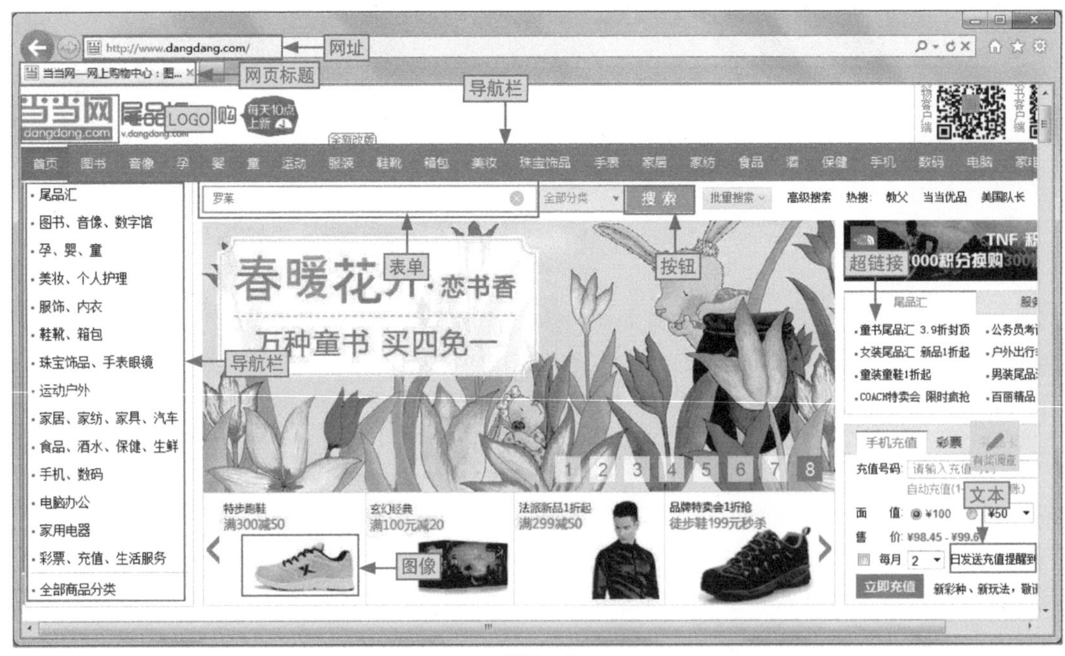

图1–1

学习目标	了解网页各组成部分的具体作用
难度指数	★★

◆网址

网址是指互联网上网页的地址。每个网页都有唯一的网址，在浏览器的地址栏中输入该网址即可浏览该网址对应的网页，如图1–2所示为通过网址访问去哪儿网页。

图1–2

◆网页标题

网页标题是对一个网页的高度概括，通常而言，网站首页的标题就是网站的正式名称，如图1–3所示。在网页的HTML代码中，网页标题位于<head></head>标签之间的<title>标签中，如图1–4所示。

图1–3

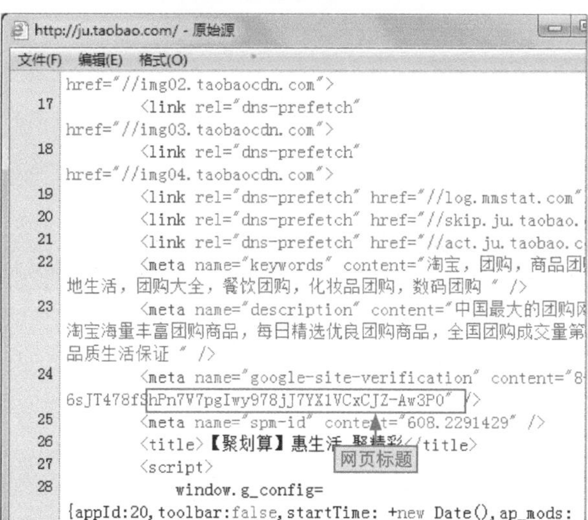

图1-4

◆LOGO

网络中的LOGO主要是各个网站用来与其他网站链接的图形标志，在设计和制作的网页中，LOGO通常用图像和动画制作。如图1-5所示为展示的途牛旅游网的LOGO图标。

图1-5

专家提醒 | LOGO的补充说明

LOGO是LOGOtype的缩写，其具体含义是徽标或者商标，它起到对徽标拥有公司的识别和推广作用，通过形象的徽标，可以让消费者记住公司主体和品牌文化。

◆文本

在网页中，文本内容是非常重要的网页元素，是网页中信息传递的主要载体，如图1-6所示。

图1-6

◆图像

图像也是网页中的主要元素之一，通过图像，不仅可以美化网页的外观效果，还可以让浏览者更直观地了解信息，如图1-7所示。

图1-7

◆导航栏

导航栏是一系列的导航按钮，其作用是链接到各个页面，让浏览者可以快速找到需要的资源。导航栏通常位于网页的顶端或左侧，如图1-8和图1-9所示。

图1-8

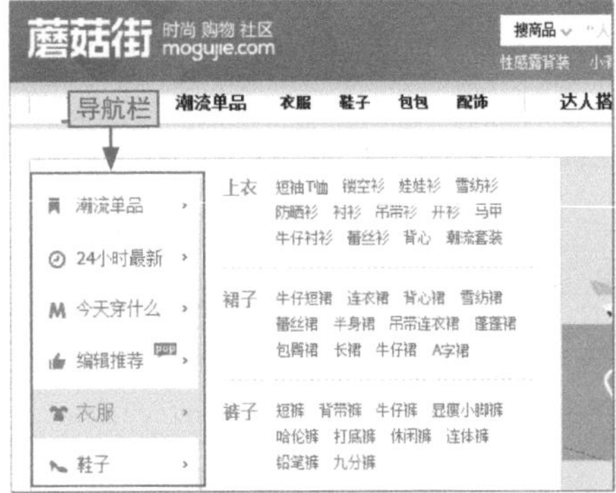

图1-9

专家提醒 | 导航栏的制作说明

导航栏中主要有水平导航栏(页面顶部)和垂直导航栏(页面左侧)两种，要制作导航栏，用户可以使用文本、按钮、图像、Flash或者编写脚本语言来实现。

◆超链接

超链接是网页中的一个重要组成部分，通过它可以快速跳转到当前网站的另一个页面，或者另一个网站的某个页面，只有通过超链接将各个页面组织在一起，才能真正构成一个网站，如图1-10所示。

专家提醒 | 如何识别超链接

在网页中，将鼠标光标移动到对象上，其变为手型形状，说明该对象是超链接。而且默认情况下文本超链接都有下划线。

图1-10

◆表单

表单在网页中主要负责数据采集功能，如收集用户填写的注册资料、搜集用户的反馈信息、获取用户登录的用户名和密码等，如图1-11所示。

图1-11

◆动画

网页中可以使用的动画有GIF格式的图形动画以及Flash动画，尤其是Flash动画，由于其占用的存储空间很小，且有可与动态网页和数据库进行信息交换等特性，非常适合在网页中使用，如图1-12所示。

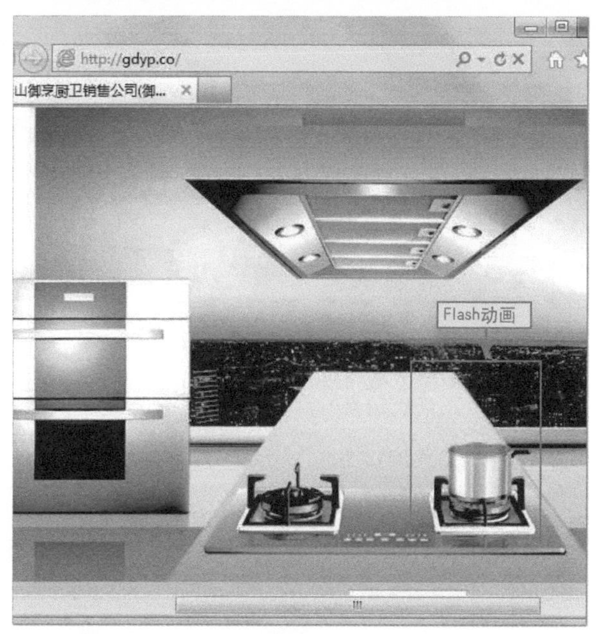

图1-12

长知识 | 网页中的横幅广告——Banner

Banner也是网页中的一种元素，它可以作为网站页面的横幅广告或者宣传网页内容等，在网页设计中，该部分是嵌入在页面中的，通常采用图像或者动画制作，如图1-13所示为新浪首页中的Banner广告。

图1-13

1.2 优秀网页结构赏析

在网页设计制作能力薄弱的情况下，用户应该多欣赏一些优秀的网站。赏析优秀网页除了让我们对网页有一个感观上的认识以外，一个好的网页还将从网页布局、色彩构造、框架结构等方面会给我们一些好的启发。

学习目标	认识各种网页结构的图页效果
难度指数	★

◆“国”字型网页

“国”字型网页即最上面是标题及横幅广告，接下来是主要内容，左右分列小块内容，中间是主要部分，与左右一起罗列到底，最下方是基本信息、联系方式等，如图1-14所示。

图1-14

◆标题正文型网页

标题正文型网页即最上面是标题，下方是正文的页面。这类型的页面常用于文章页面或注册页面，如图1-15所示。

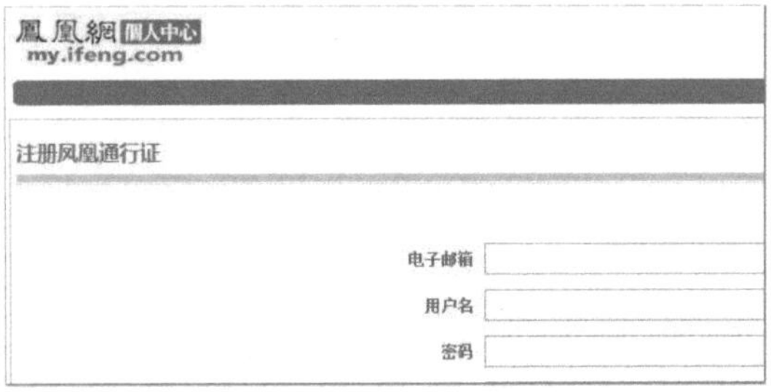

图1-15

◆拐角型网页

拐角型网页即最上面是标题及横幅广告，接下来是左侧宽度较窄的主要内容链接等，右列是较宽的正文，下方是一些网站的辅助信息、联系方式、版权等，如图1-16所示。

图1-16

◆左右框架型网页

左右框架型网页即左右分别为两页的框架结构，一般左面是导航链接右面是正文(有时有头部和底部)，如图1-17所示。

图1-17

专家提醒 | 上下框架型网页

上下框架型与左右框架型类似，区别仅仅在于其为分上下两页的框架。

◆综合框架型网页

综合框架型网页即左右与上下框架两种结构结合，是相对复杂的一种框架结构，如图1-18所示。

全国教育平台 - 教师签课及课酬计算辅助系统 当前时间 - 2014

菜单导航

系统设置

授课时段

班级信息

教室信息

课程信息

用户信息

关闭系统

授课记录管理

课时审核管理

个人信息管理

在线技术支持

系统介绍

LessonRecord V1.0

版权：丑牛网络

联系方式：丑牛网络(腾讯QQ) 丑牛网络(淘宝旺旺) 丑牛网络(邮箱)

图1-18

◆封面型网页

封面型网页即由一些精美的平面设计或动画组成，这种类型基本是出现在网站的首页作为网站引导页，如图1-19所示。

图1-19

◆Flash型网页

Flash型网页即采用了Flash技术制作而成，由于Flash强大的功能，因而页面所表达的信息更丰富，视觉效果及听觉效果更佳，如图1-20所示。

图1-20

◆变化型网页

变化型网页即前面几种类型的综合应用与变化应用，如图1-21所示。

图1-21

1.3 认识静态网页与动态网页

网页是构成网站的基本元素，是承载各种网站应用的平台，是包含文字与图片的HTML格式的文件(文件扩展名为html、htm、asp、aspx、php、jsp等)。网页，又分为静态网页和动态网页。

学习目标	了解网页中的静态网页和动态网页
难度指数	★

◆静态网页

静态网页是指没有后台数据库、不含程序和不可交互的标准HTML文件，其文件的扩展名是.htm或.html，如图1-22所示。

图1-22

◆动态网页

动态网页是指采用了动态网站技术且可交互的网页，其文件的扩展名通常是.aspx、.asp、.jsp、.php、.perl、.cgi等，如图1-23所示。

图1-23

长知识 | 网站概述及其与网页的关系

网站是一种通信工具，人们可以通过网站来发布自己想要公开的资讯，或者利用网站来提供相关的网络服务。多个网页的集合就是一个网站，因此网站与网页的关系是包含与被包含的关系。在网站中，访问的第一个网页页面称为首页，如图1-24所示为淘宝网站的首页，通过该页面链接的其他网页即是分页。

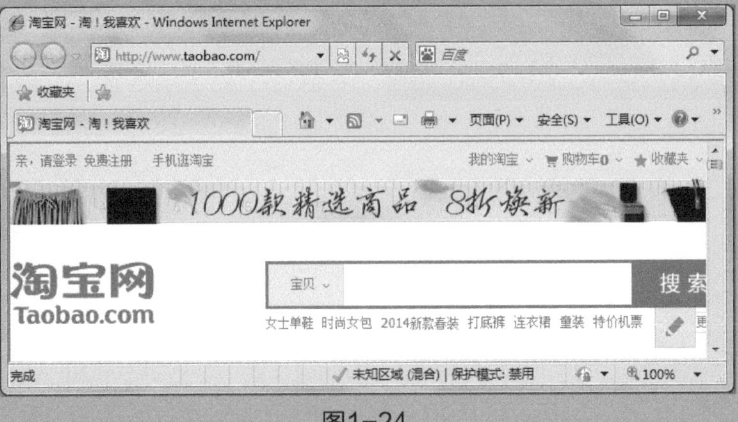

图1-24

1.4 了解网页的访问原理

网页的访问，简单地讲就是指至少两台以上计算机之间的信息交流，其中，请求(需要)信息的计算机称之为客户端，提供信息的计算机称之为服务器端。客户端浏览器向网站服务器发送请求浏览自己需要的信息。它们之间通过互联网的具体访问原理过程示意图如图1-25所示。

学习目标	了解用户通过互联网如何访问网页
难度指数	★

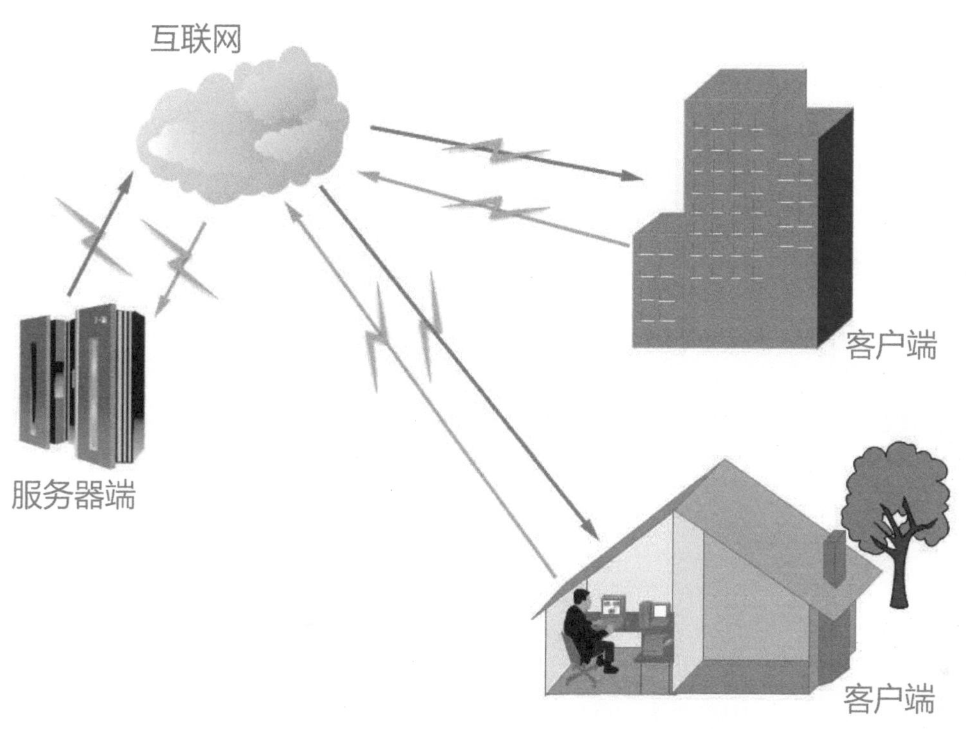

图1-25

长知识 | 计算机不等于服务器

服务器是网络环境中的高性能计算机，它侦听网络上的其他计算机(客户机)提交的服务请求，并提供相应的服务。为此，服务器必须具有承担服务并且保障服务的能力。计算机并不等于服务器，它们之间存在着明显地不同，具体如下。

硬件组成相似，但性能不同

服务器的构成与计算机基本相似，有CPU、硬盘、内存、系统总线等，但是相对于普通计算机来说，服务器在稳定性、安全性、性能等方面都要求更高，因此CPU、芯片组、内存、磁盘系统、网络等硬件和普通计算机是不同的。

客户使用时数据传输途径不同

计算机是通过终端给用户使用的，而服务器是通过网络给客户端用户使用的。

1.5 认识域名和域名服务器

每个网站都有一个地址，为了让用户更方便地记住网站，于是引入了域名这个概念。在进行网页设计与制作之前，首先要了解域名及域名服务器的相关知识，下面将分别进行讲解。

1.5.1 域名的各种分类

1. 按照管理机构划分

域名是由一串用点分隔的名字组成的网络上某一台计算机或计算机组的名称，这个名称具有唯一性。

按照管理机构的不同，域名可以分为国际域名和国内域名两类。

学习目标	了解国际域名和国内域名
难度指数	★

◆国际域名

国际域名由美国商业部授权的互联网名称与数字地址分配机构，即ICANN(The Internet Corporation for Assigned Names and Numbers)负责注册和管理，域名后缀有.com、.net、.org、.gov和.edu等，各种后缀的作用如图1-26所示。

后缀名	含义
.com	工商企业
.net	网络提供商
.org	非营利组织
.gov	政府部门
.deu	教育部门

图1-26

◆国内域名

国内域名则由中国互联网络管理中心，即CNNIC(China Internet Network Information Center)负责注册和管理，域名以.cn结尾如com.cn、net.cn、org.cn、gov.cn和edu.cn等，各种后缀的作用，如图1-27所示。

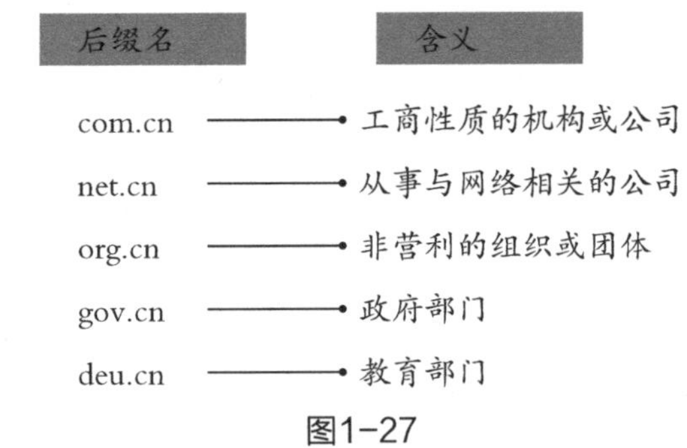

后缀名
含义
com.cn
工商性质的机构或公司
net.cn
从事与网络相关的公司
org.cn
非营利的组织或团体
gov.cn
政府部门
deu.cn
教育部门

图1-27

2. 按照域名等级划分

按照域名的等级不同，可以将域名划分为顶级域名、二级域名和子域名。

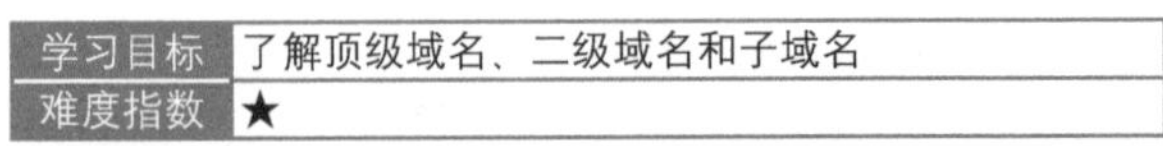

学习目标	了解顶级域名、二级域名和子域名
难度指数	★

◆顶级域名

顶级域名即是指只有一个后缀的域名，例如.com、.net、.org、.gov等，在百度网站的http://www.baidu.com网址中，.com就是一个顶级域名，如图1-28所示。

图1-28

专家提醒 | 顶级域名的分类

顶级域名又可以分为两类：一是国家和地区顶级域名，中国是cn，日本是jp等。二是国际顶级域名，例如表示工商企业的.com，表示网络提供商的.net，表示非营利组织的.org等。世界上唯一没有顶级域名的国家是美国。

◆二级域名

二级域名是顶级域名之下的域名，在国际顶级域名下，它是域名注册人的网上名称；在国家顶级域名下(中国的国家顶级域名是cn)，它表示注册企业类别的符号，如在新浪网站的http://www.sina.com.cn网址中，.com就是一个二级域名，如图1-29所示。

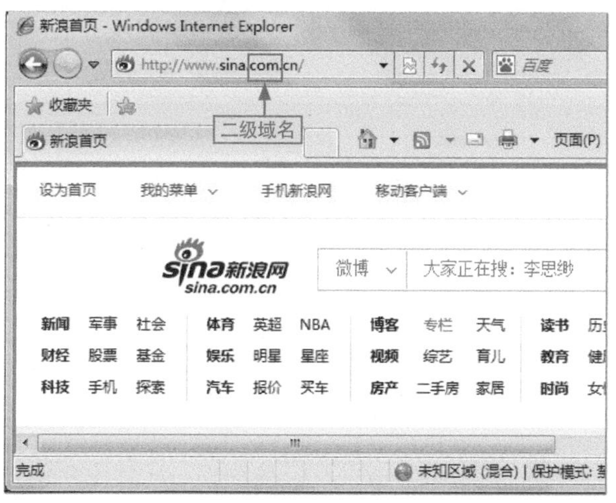

图1-29

专家提醒 | 我国的二级域名分类

我国的二级域名又分为类别域名和行政区域名两类。类别域名共6个，包括ac(科研机构)、com、edu、gov、net和org。而行政区域名有34个，分别对应于我国各省、自治区和直辖市。

◆子域名

子域名是顶级域名的下一级，在同一个顶级域名前使用不同的主机名，就可以划分出多个子域名，默认情况下使用www主机名，网站邮箱使用mail主机名。如图1-30所示为相同顶级域名com下的两个子域名。

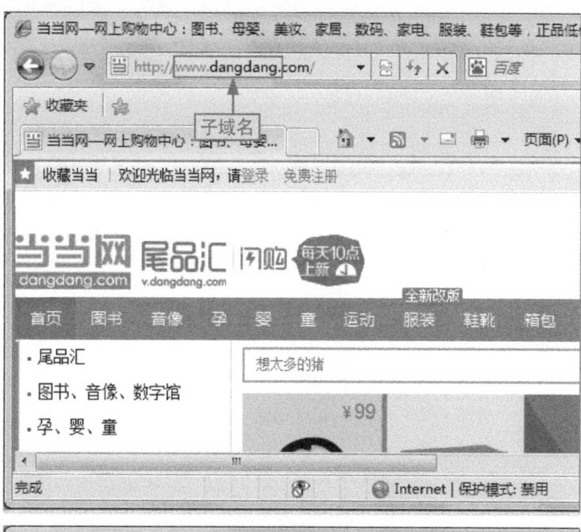

图1-30

专家提醒 | 其他域名介绍

在我国，除了前面介绍的几种域名以外，还可以注册的域名有：.tv(主要应用在视听、电影、电视等全球无线电与广播电台领域内)、.cc(应用在商业领域内)、.name(适用于个人注册的通用顶级域名)。

1.5.2 域名服务器(DNS)

域名服务器(DNS)是Domain Name System 或Domain Name Service的缩写，它是由解析器以及域名服务器组成的。

域名服务器是指保存有该网络中所有主机的域名和对应IP地址，并具有将域名转换为IP地址功能的服务器。

学习目标	了解域名服务器的解析过程和类型
难度指数	★

◆域名服务器的解析过程

互联网上的每一台计算机都被分配一个IP地址，数据的传输实际上是在不同IP地址之间进行的。当一个域名解析到某一台服务器上，并且把网页文件放到这台服务器上，用户的计算机才知道去哪一台服务器获取这个域名的网页信息，这是通过域名服务器来实现的，如图1-31所示。

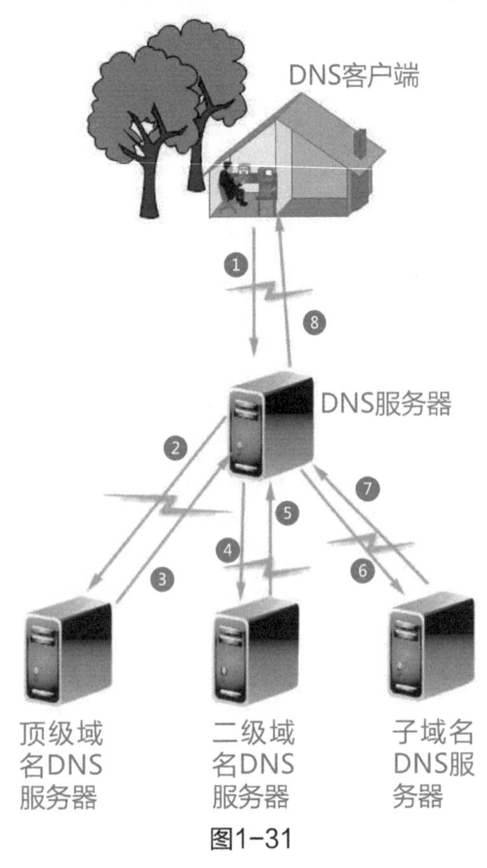

图1-31

◆域名服务器的类型

域名服务器又可以分为主域名服务器、辅助域名服务器、缓存域名服务器和转发域名服务器四大类，各类的具体作用如图1-32所示。

主域名服务器

负责维护一个区域的所有域名信息，是特定的所有信息的权威信息源，数据可以修改。

辅助域名服务器

当主域名服务器出现故障、关闭或负载过重时，辅助域名服务器作为主域名服务器的备份提供域名解析服务。该服务器的数据是从主机域名服务器中复制的，因此不可修改。

缓存域名服务器

缓存域名服务器不是权威的域名服务器，它是从某个远程服务器取得每次域名服务器的查询回答，并将它放在高速缓存中，以后查询相同的信息就用在该服务器中查询。

转发域名服务器

负责所有非本地域名的本地查询。当接收到查询请求后，在其缓存中查找，如找不到就将请求依次转发到指定的域名服务器，直到查找到结果，否则返回无法映射的结果。

图1-32

专家提醒 | 域名服务器的优缺点

域名服务器的优点是域名解析不需要很长时间，这是因为上网接入商为了加速用户打开网页的速度，通常在他们的DNS服务器中缓存了很多域名的DNS记录。这样这个接入商的用户要打开某个网页时，接入商的服务器不需要去查询域名数据库，而直接使用自己缓存中的DNS记录。

缺点是上网接入商ISP的缓存会存储一段时间，只在需要的时候才更新，而更新的频率没有什么标准。有的ISP可能1小时更新一次，有的可能一两天才更新一次。

1.6 网站设计流程

要建设一个完整的网站，应该有一个整体的方案规划和目标。首先要总体规划网站的结构以及外观，然后设计以及制作，最后测试及发布到互联网上。其具体的设计流程示意图如图1-33所示。

学习目标	了解网站设计的4个流程
难度指数	★

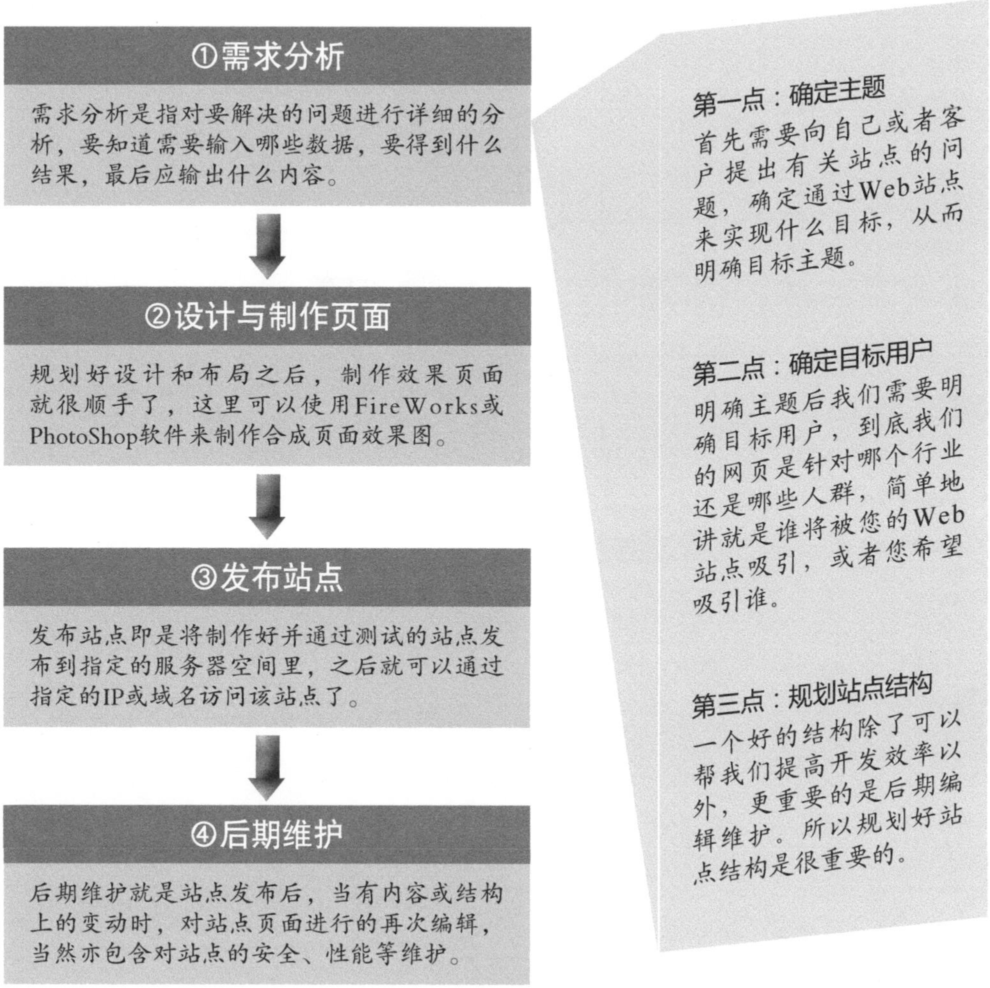

①需求分析

需求分析是指对要解决的问题进行详细的分析，要知道需要输入哪些数据，要得到什么结果，最后应输出什么内容。

②设计与制作页面

规划好设计和布局之后，制作效果页面就很顺手了，这里可以使用FireWorks或PhotoShop软件来制作合成页面效果图。

③发布站点

发布站点即是将制作好并通过测试的站点发布到指定的服务器空间里，之后就可以通过指定的IP或域名访问该站点了。

④后期维护

后期维护就是站点发布后，当有内容或结构上的变动时，对站点页面进行的再次编辑，当然亦包含对站点的安全、性能等维护。

第一点：确定主题

首先需要向自己或者客户提出有关站点的问题，确定通过Web站点来实现什么目标，从而明确目标主题。

第二点：确定目标用户

明确主题后我们需要明确目标用户，到底我们的网页是针对哪个行业还是哪些人群，简单地讲就是谁将被您的Web站点吸引，或者您希望吸引谁。

第三点：规划站点结构

一个好的结构除了可以帮我们提高开发效率以外，更重要的是后期编辑维护。所以规划好站点结构是很重要的。

图1-33

1.7 网页制作的常用工具

“工欲善其事，必先利其器。”在网页制作中，“器”就是我们在制作过程中常用的工具，一个适合自己的工具往往可以提高开发效率。下面分别从内容编辑和网页美化两个方面分别介绍一些常用的工具。

1.7.1 内容编辑工具

在页面制作过程中，常用的内容编辑工具包括记事本、EditPlus和Dreamweaver。下面分别对其进行详细介绍。

学习目标	认识记事本，Edit Plus和Dreamweaver编辑工具
难度指数	★

◆记事本

记事本是计算机中自带的一种应用程序，它是最简单的网页内容编辑工具，如图1-34所示。

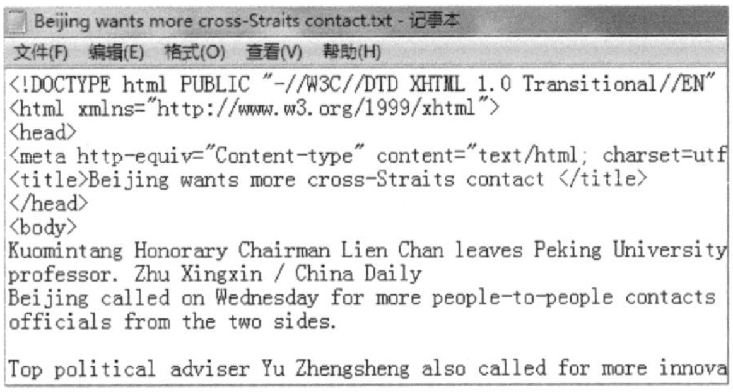

Beijing wants more cross-Straits contact.txt - 记事本

文件(F) 编辑(E) 格式(O) 查看(V) 帮助(H)

```
<!DOCTYPE html PUBLIC "-//W3C//DTD XHTML 1.0 Transitional//EN"
<html xmlns="http://www.w3.org/1999/xhtml">
<head>
<meta http-equiv="Content-type" content="text/html; charset=utf
<title>Beijing wants more cross-Straits contact </title>
</head>
<body>
Kuomintang Honorary Chairman Lien Chan leaves Peking University
professor. Zhu Xingxin / China Daily
Beijing called on Wednesday for more people-to-people contacts
officials from the two sides.

Top political adviser Yu Zhengsheng also called for more innova
```

图1-34

◆EditPlus

EditPlus(文字编辑器)是一套功能强大，拥有支持颜色标记、HTML 标记，内建完整的HTML & CSS指令功能，是一个非常好用的HTML编辑器，如图1-35所示。

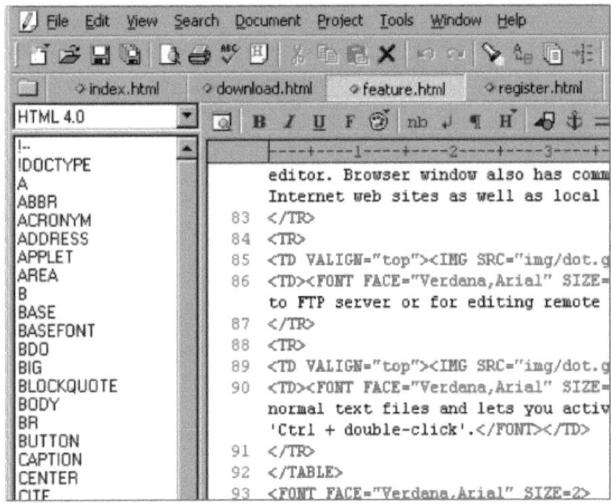

图1-35

◆Dreamweaver

Dreamweaver是一款所见即所得的页面编辑软件，它支持Styles Sheet样式表单，使用它可以创造丰富的页面效果，且支持外部插件，具有无限的扩展能力，如图1-36所示。

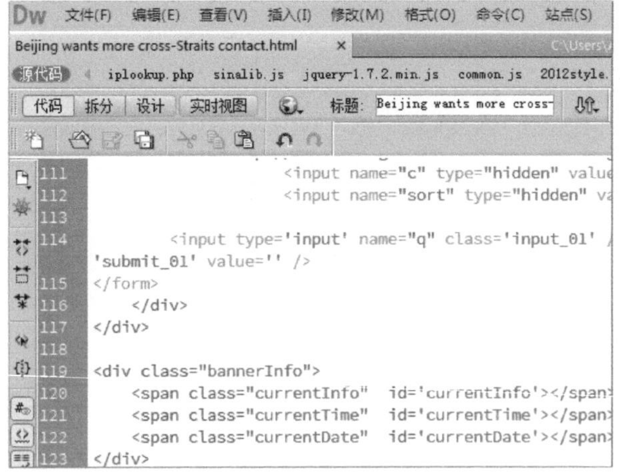

图1-36

1.7.2 网页美化工具

为了让网页的页面效果更佳，这就需要了解并掌握一些常用的网页美化软件，如Fireworks、Photoshop或Flash等。

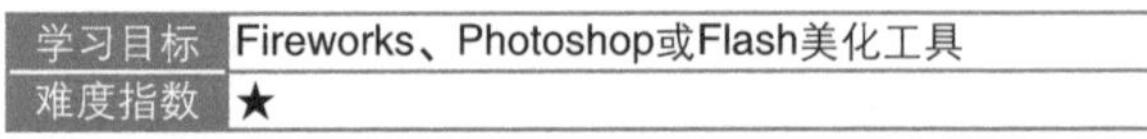

学习目标	Fireworks、Photoshop或Flash美化工具
难度指数	★

◆Fireworks

Adobe Fireworks是一款具备编辑矢量图形与位图图像等加速 Web 设计与开发的网页作图软件，如图1-37所示。

专家提醒 | 网页设计中各种工具补充说明

Dreamweaver、Fireworks、Photoshop和Flash都是Adobe公司研发的软件，其中Flash曾与Dreamweaver和Fireworks并称为“网页三剑客”。

图1-37

◆Photoshop

Adobe Photoshop，简称PS，它是由Adobe Systems开发和发行的图像处理软件。其直观的用户体验、强大的编辑自由度及强大的功能使其成为优秀的平面设计编辑软件，如图1-38所示。

图1-38

◆Flash

Flash是一种动画创作与应用程序开发的创作软件。网页设计者使用Flash可以创作出既漂亮又可改变尺寸的导航界面以及其他奇特的效果，如图1-39所示。

图1-39

1.8 实战问答

?! NO.1 | 静态网页与动态网页有何区别

元芳： 通过前面的介绍，我们已经知道静态网页和动态网页的表现形式，那么二者在本质上是否存在明显的区别呢？

大人： 静态网页和动态网页不是以网页中是否包含动态元素来区分的，而是针对客户端与服务器是否发生交互来区分的，没有发生交互的网页为静态网页，有数据交互为动态网页。

?! NO.2 | 网页设计是否必须懂HTML标记

元芳： Dreamweaver CC中有很多早期需要用代码编写的功能，现在都可以采用可视化窗口来设置了，那现在我们是否还有必要掌握HTML标记呢？

大人： 当然有必要了，首先你要看懂别人设计的网页，必不可少地会接触到HTML代码，并且如果你对HTML代码非常熟悉，有些简单的设置可以直接通过编写HTMl代码快速实现。

1.9 思考与练习

填空题

1. 网页是构成网站的基本元素，是承载各种网站应用的平台。而网页又分为__________网页和__________网页。

2. DNS的全称是____________________。

3. 网页访问过程中，提供信息的计算机称为__________，请求或需要信息的计算机称为__________。

选择题

1. 下列(　　)选项不是网页内容编辑软件。

A. Dreamweaver　　B. 记事本

C. Word　　D. EditPlus

2. 以下(　　)选项不是常用的网页美化工具。

A. Fireworks　　B. Photoshop

C. Flash　　D. 记事本

判断题

1. 多个网页的集合就是一个网站，因此网站与网页之间的关系是包含与被包含的关系。　　(　　)

2. 互联网上的每一台计算机都被分配一个IP地址，数据的传输实际上是在不同IP地址之间进行的。　　(　　)

问答题

1. 什么是静态网页？什么是动态网页？

2. 阐述网页的访问原理。

3. 阐述网站的设计流程，并描述各个环节的要点。

Chapter 02

初识Dreamweaver CC

本章要点

★ 安装Dreamweaver CC
★ 启动Dreamweaver CC
★ 退出Dreamweaver CC
★ 新建网页
★ 保存网页
★ 打开网页
★ 预览网页
★ 关闭网页

学习目标

在使用Dreamweaver CC之前有必要对其充分认识和了解，以达到对其应用自如，为日后提高工作效率打下基础的目的。本章主要讲解Dreamweaver CC的安装、启动、退出操作，认识Dreamweaver CC的工作界面，以及网页构建基本操作。

知识要点	学习时间	学习难度
掌握Dreamweaver CC的基本操作和新功能	25分钟	★
认识Dreamweaver CC工作环境	30分钟	★★
网页设计的基本操作	45分钟	★★★

重点实例

启动Dreamweaver CC

认识文档窗口

在浏览器中预览网页

2.1 Dreamweaver CC的基本操作

Adobe Dreamweaver简称“DW”，它是现在网页设计与制作普遍使用的一种工具，本节将具体介绍有关Dreamweaver CC的安装、启动与退出的相关基本操作。

2.1.1 安装Dreamweaver CC

在使用Dreamweaver CC软件设计与制作网页之前，首先要安装该软件，其具体的安装操作如下。

学习目标	掌握安装Dreamweaver CC的操作步骤
难度指数	★★

Step 1　准备安装

将Dreamweaver CC安装光盘放入光驱中，程序自动打开安装欢迎界面对话框，在其中单击“安装”按钮，如图2-1所示。

图2-1

Step 2　登录提示

在打开的“需要登录”界面中直接单击“登录”按钮开始进行安装，如图2-2所示。

图2-2

Step 3　输入ID和密码

在打开的“登录”界面中，输入正确的Adobe ID(电子邮件地址)和密码，然后单击“登录”按钮，如图2-3所示。

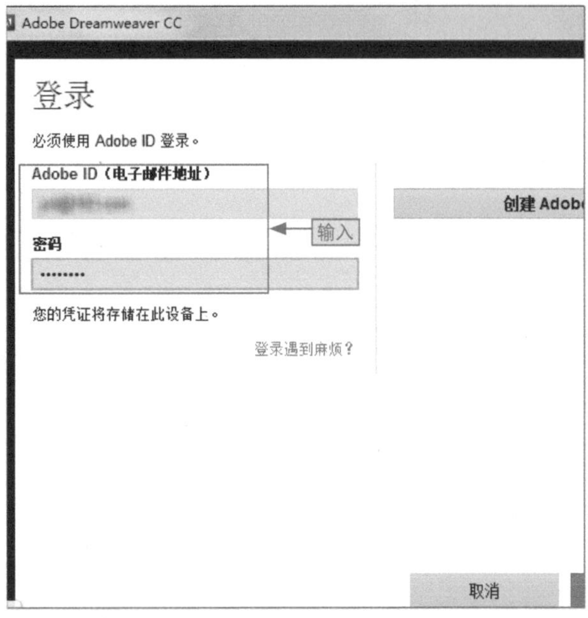

图2-3

专家提醒 | 登录时网络异常的说明

登录过程中，若网络未连接或网络无效时将出现如图2-4所示的中断提示，此时单击“稍后连接”按钮亦可进入Step 4步骤。

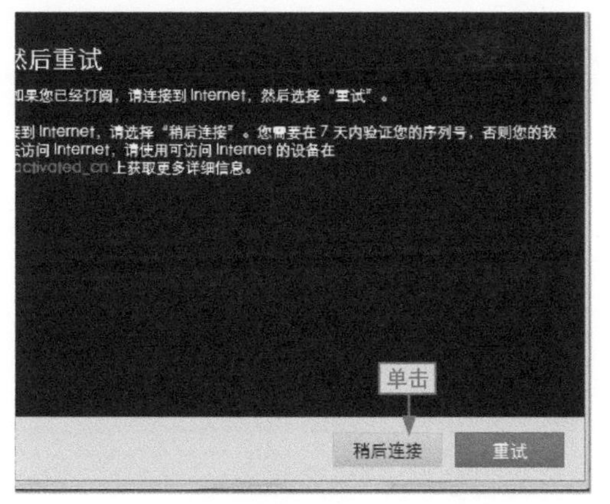

图2-4

Step 4 接受安装协议

程序将进入协议显示界面，在其中直接单击“接受”按钮进入下一步操作，如图2-5所示。

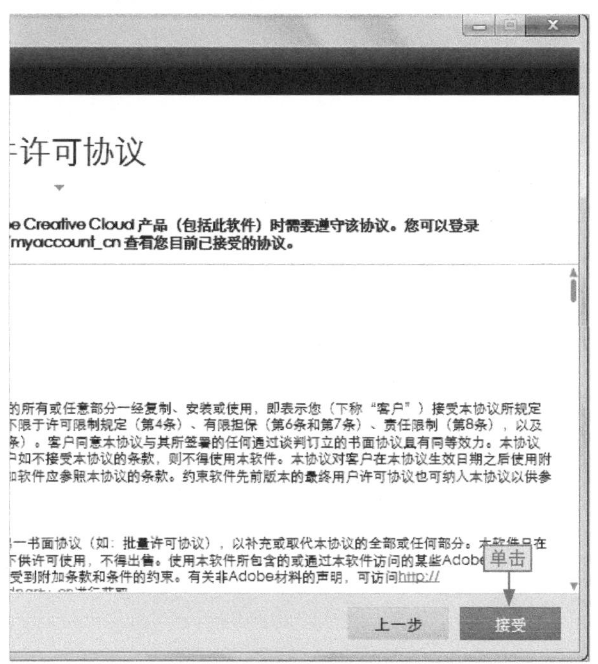

图2-5

Step 5 输入安装序列号

此步操作要求输入正确的序列安装才能继续，❶直接输入光盘中的序列号，❷单击“下一步”按钮，如图2-6所示。

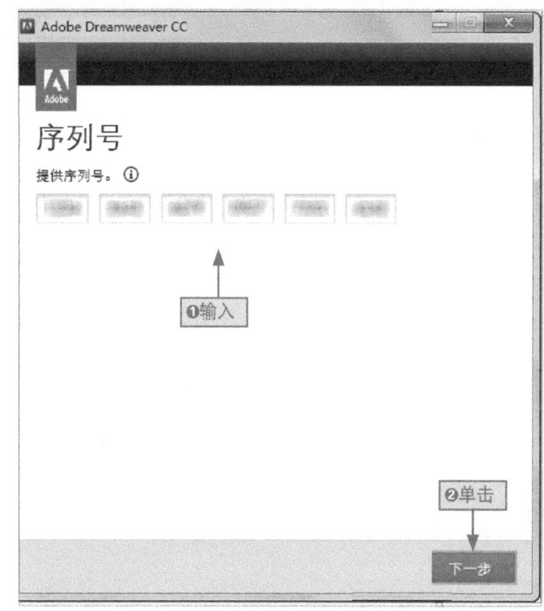

图2-6

Step 6 设置安装位置

❶在打开的界面中选择程序安装目录，❷完成后单击“安装”按钮，如图2-7所示。

图2-7

Step 7　开始安装

程序自动开始安装程序，此时用户需要等待安装完成(大概需要5～10分钟便可完成安装)，如图2-8所示。

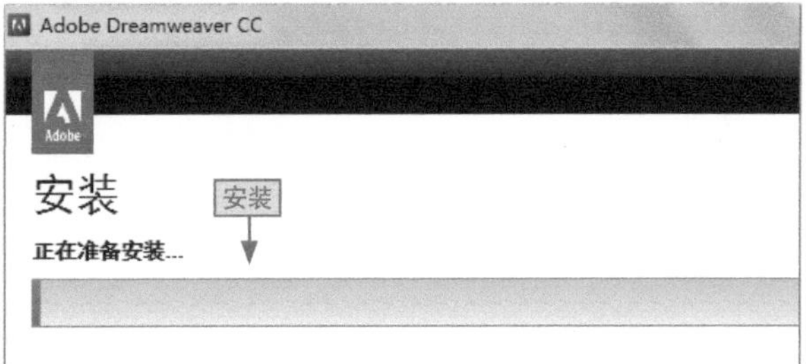

图2-8

Step 8　安装完成

程序安装完成后，系统会提示重新启动系统，直接单击“立即启动”按钮重启系统，完成整个安装操作，如图2-9所示。

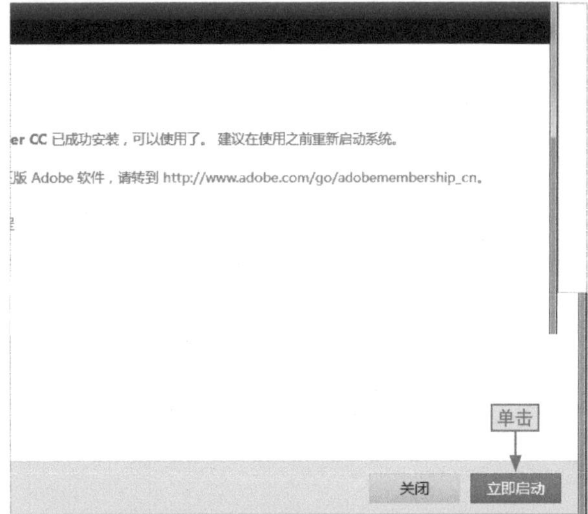

图2-9

2.1.2　启动Dreamweaver CC

在计算机中安装Dreamweaver CC后就可以使用该软件了。如果要启动Dreamweaver CC，可以通过如下4种方法来完成。

学习目标	掌握启动Dreamweaver的各种方法
难度指数	★★

◆直接运行Dreamweaver.exe文件启动

在Adobe Dreamweaver CC的安装路径中找到Dreamweaver.exe文件，双击该文件即可启动该程序，如图2-10所示。

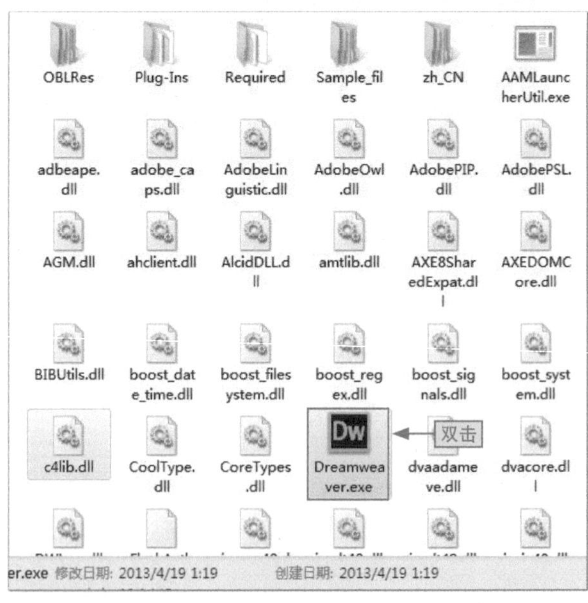

图2-10

◆通过桌面快捷方式启动

如果桌面上有Adobe Dreamweaver CC程序的快捷方式图标，直接双击该图标，或者在图标上右击，选择“打开”命令即可启动该程序，如图2-11所示。

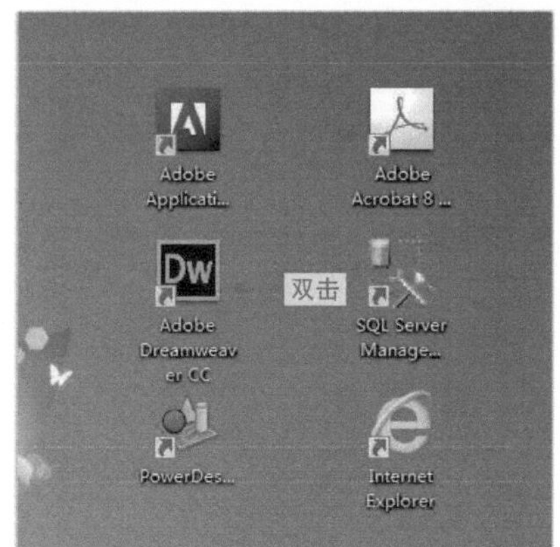

图2-11

◆通过“开始”菜单方式启动

❶单击“开始”按钮，在弹出的菜单中选择“所有程序”命令，❷选择Adobe选项，❸选择Adobe Dreamweaver CC选项启动该程序，如图2-12所示。

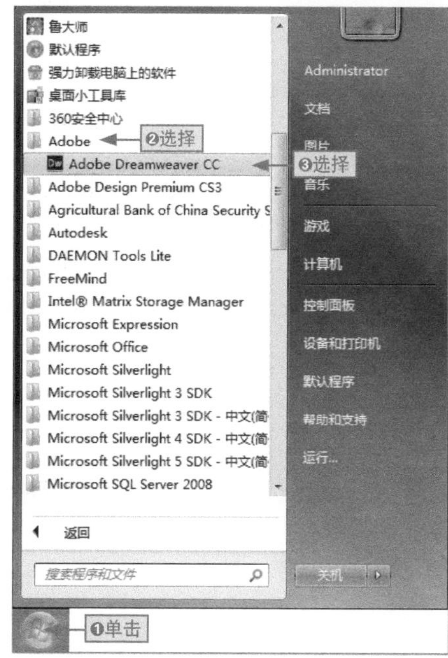

图2-12

◆通过文件打开方式启动

选择网页文件，在其上右击，❶在弹出的菜单中选择“打开方式”命令，❷在其子菜单中选择Adobe Dreamweaver CC选项即可启动Dreamweaver CC并打开该文件，如图2-13所示。

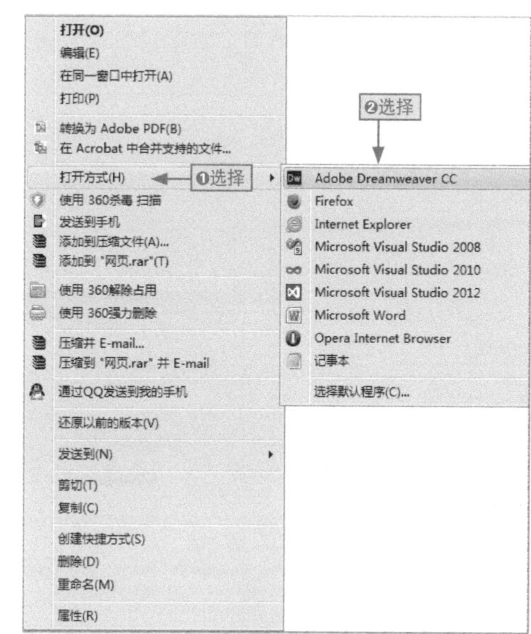

图2-13

长知识 | Dreamweaver CC桌面快捷方式的创建方法

快捷方式的创建方法有许多种，其中常用方法如下。

选中想要创建快捷方式的程序名或文件名、文件夹名，❶在其上右击，❷在弹出的快捷菜单中选择“发送到”命令，❸在其子菜单中选择“桌面快捷方式”选项，如图2-14所示。

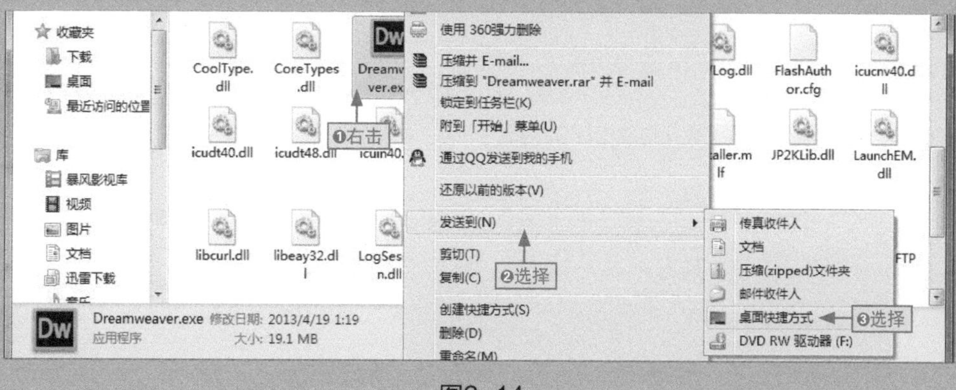

图2-14

2.1.3 退出Dreamweaver CC

退出Dreamweaver CC的方法主要有以下几种。

学习目标	掌握退出Dreamweaver的各种方法
难度指数	★★

◆通过“文件”菜单退出

❶在Dreamweaver CC当前窗口下单击“文件”菜单项，❷在弹出的菜单中选择“退出”命令可退出该程序，如图2-15所示。

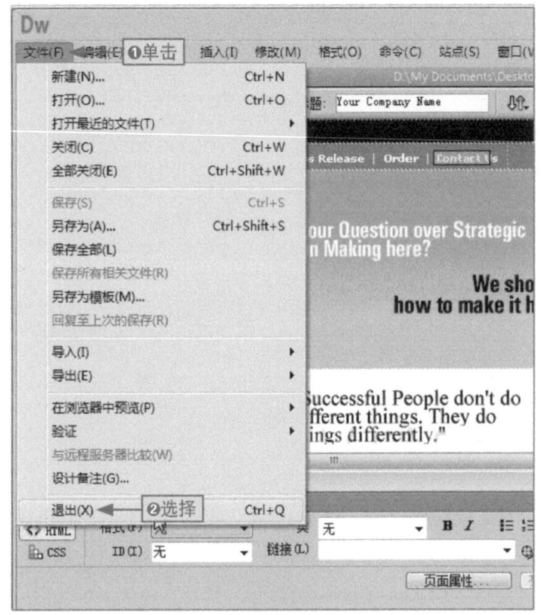

图2-15

专家提醒 | 使用快捷键退出Dreamweaver CC

在Dreamweaver CC的工作界面中，直接按Alt+F4组合键或者Ctrl+Q组合键，也可以退出程序。

◆通过单击按钮退出

在Dreamweaver CC当前窗口下单击窗口右上角的“关闭”按钮可退出该程序，如图2-16所示。

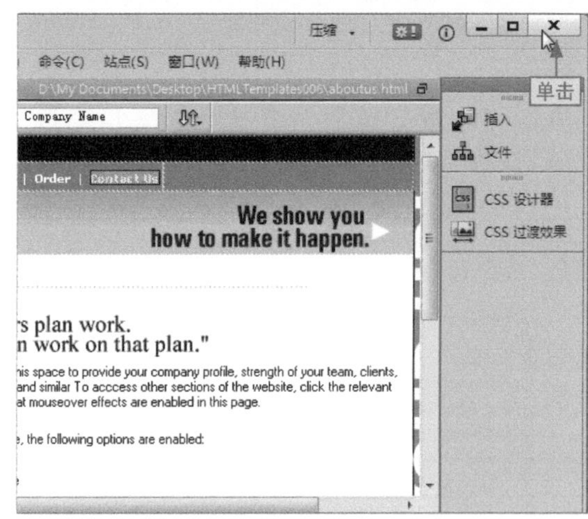

图2-16

专家提醒 | 退出Dreamweaver CC的说明

即使Dreamweaver CC程序当前打开多个页面，通过该方法可一次性将其全部关闭并退出程序。

◆通过任务栏退出

❶在Dreamweaver CC组件的任务按钮上右击，❷选择“关闭窗口”命令退出，如图2-17所示。

图2-17

专家提醒 | 未保存时退出Dreamweaver CC

如果当前Dreamweaver CC程序中打开了多个页面，并且有些网页尚未保存，此时退出应用程序时，程序会逐个提示是否保存这些页面。

2.2 了解Dreamweaver CC的新功能

Dreamweaver CC版本除了外观有所改变以外，软件本身也增加了一些新功能，让Web开发人员更快生成简洁有效的代码。其具体的新增功能如图2-18所示。

学习目标	了解Dreamweaver新增的四大功能
难度指数	★★

高度直观的可视化编辑工具，不仅可以帮助用户生成Web标准的代码，还可以快速查看和编辑与特定上下文有关的样式。

在Creative Cloud上存储的文件、应用程序设置和站点定义。当需要时可从任意计算机登录Creative Cloud并访问它们。

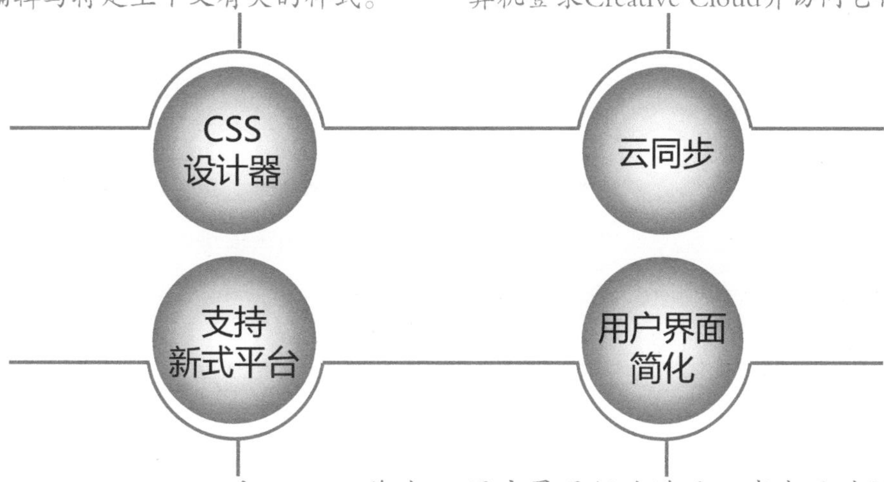

对 HTML5/CSS3、jQuery 和 jQuery 移动框架使用更完善、灵活。

用户界面经改进后，减少了对话框的数量，可帮助开发人员更直观地使用上下文菜单、更高效地工作。

图2-18

长知识 | 设置与Creative Cloud 同步

在Dreamweaver CC界面中，单击“编辑”菜单项，在弹出的下拉菜单中选择“首选项”命令，在弹出的对话框的“分类”列表框中选择“同步设置”选项即可设置云同步，如图2-19所示。

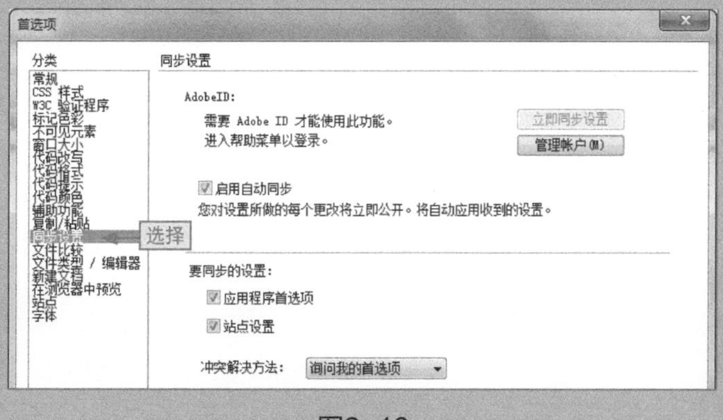

图2-19

2.3 认识Dreamweaver CC工作环境

在开始创建网页之前有必要先对Dreamweaver CC工作界面有一个基本认识，并且掌握如何选择选项、配置参数以及如何使用检查器与面板等。

2.3.1 菜单栏

菜单栏位于界面的顶部，它按照功能的不同，分别将各种工具和命令集成在每个菜单项下，通过菜单栏可以轻松实现对对象的任意操作和控制，如图2-20所示。

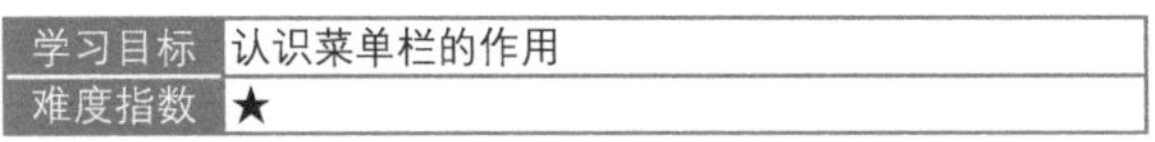

学习目标	认识菜单栏的作用
难度指数	★

图2-20

2.3.2 面板组

面板组是停靠在窗口右边的多个相关面板的集合。用户可自由组合集合元素，如图2-21所示。

学习目标	认识面板组是什么
难度指数	★

图2-21

2.3.3 "插入"面板

"插入"面板是整个面板组中最常用的一个面板，在其中包含了各种次一级的面板，如"常用"插入面板、"结构"插入面板、"媒体"插入面板等，通过该面板可以轻松实现对象的插入。

学习目标	认识"插入"面板及其子面板
难度指数	★

◆"常用"插入面板

"常用"插入面板中包含了网页中的常见对象，如"层""图像""表格"等。单击对应的按钮即可插入相应的对象，如图2-22所示。

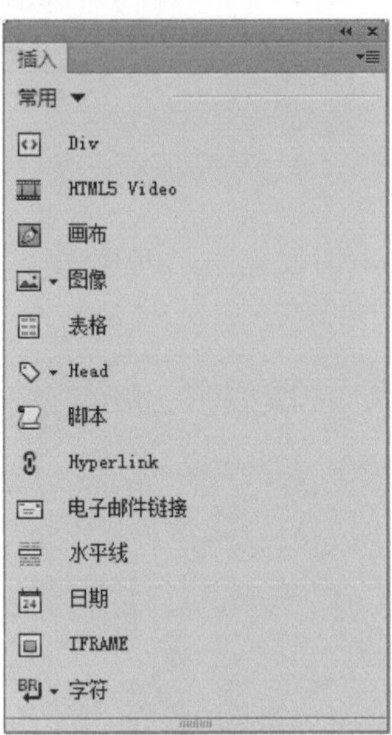

图2-22

◆"结构"插入面板

"结构"插入面板中集成了一些设计网页结构的工具，如"项目列表""编号列表""标题"等元素，如图2-23所示。

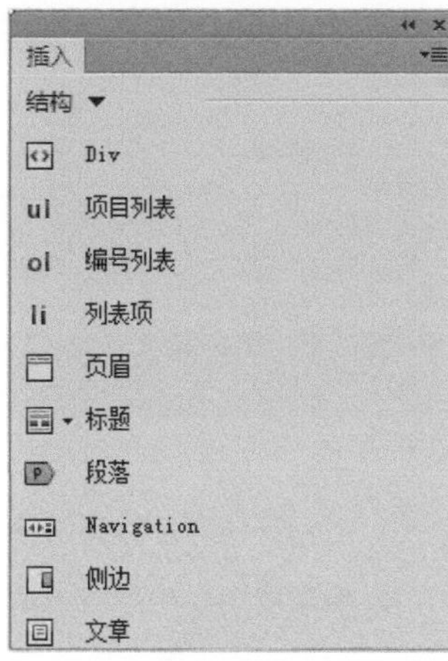

图2-23

◆ "媒体"插入面板

通过"媒体"插入面板可以在当前页面中快速添加视频、音频、动画等视音对象元素，如图2-24所示。

◆ "表单"插入

"表单"插入面板用于在网页中快速添加各种表单元素，如文本框、密码框、按钮等，如图2-25所示。

图2-24

图2-25

◆ "jQuery Mobile"插入面板

jQuery Mobile是jQuery在手机、平板电脑等移动设备上的jQuery核心库。通过"jQuery Mobile"插入面板可快速在页面中添加指定效果的可折叠区块、翻转切换开关、搜索等对象，如图2-26所示。

图2-26

◆ "jQuery UI"插入面板

"jQuery UI"插入面板中提供了特殊效果的对象，通过该面板可快速在页面中添加具有指定效果的选项卡、日期、对话框等对象，如图2-27所示。

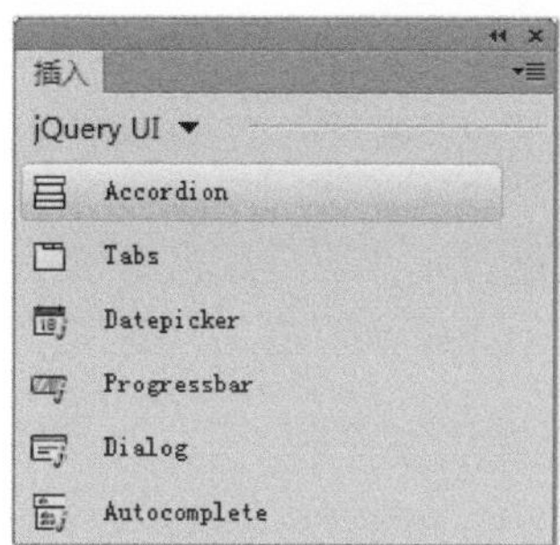

图2-27

◆ "模板"插入面板

"模板"插入面板中提供了有关制作模板页面的各种工具，通过该面板可快速执行创建模板、指定可编辑区等操作，如图2-28所示。

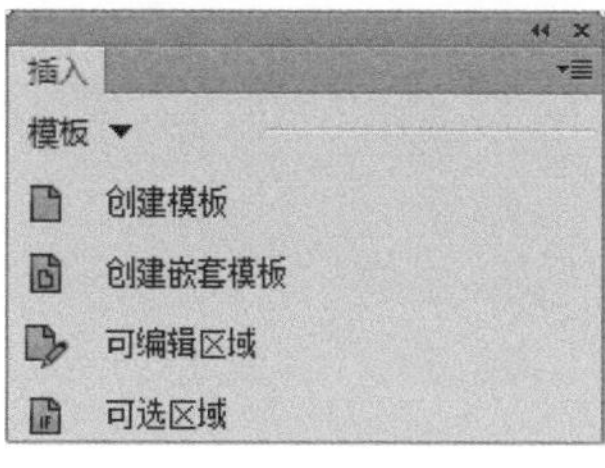

图2-28

2.3.4 文档窗口

文档窗口即显示开发人员当前正在创建或编辑的网页或其他文件，它是整个网页设计与过程中的主要操作区域。

在该区域中，包含了许多控制按钮，如“代码”按钮、“拆分”按钮、“设计”按钮、“实时视图”按钮等，如图2-29所示。

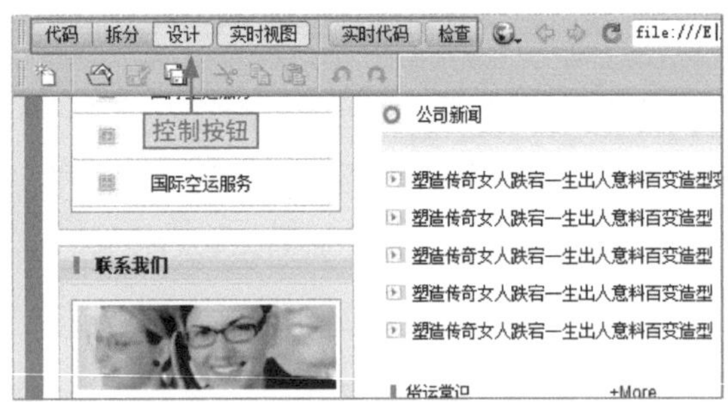

图2-29

通过控制按钮，用户可以切换到不同的视图模式下，下面分别详细介绍各个控制按钮在网页设计与制作中的具体作用。

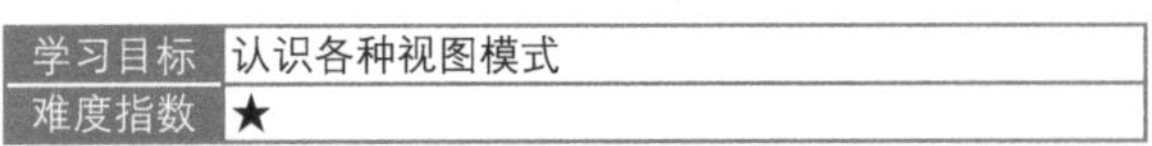

学习目标	认识各种视图模式
难度指数	★

◆ “设计”按钮

单击“设计”按钮可以切换到设计视图模式下，在该模式中，用户可以通过拖动各个元素对网页布局进行快速设计，如图2-30所示。

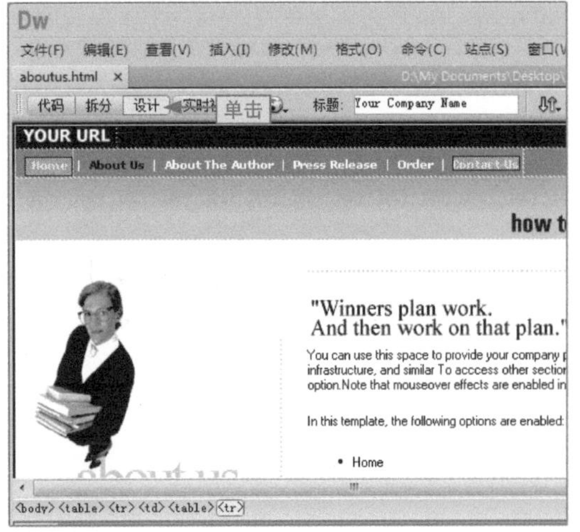

图2-30

◆ “代码”按钮

❶在设计视图中选择某个元素后，❷单击“代码”按钮可以切换到代码视图模式下，在该模式中，用户可以查看到该网页的所有网页代码，并且突出显示当前选择的元素对应的代码，如图2-31所示。

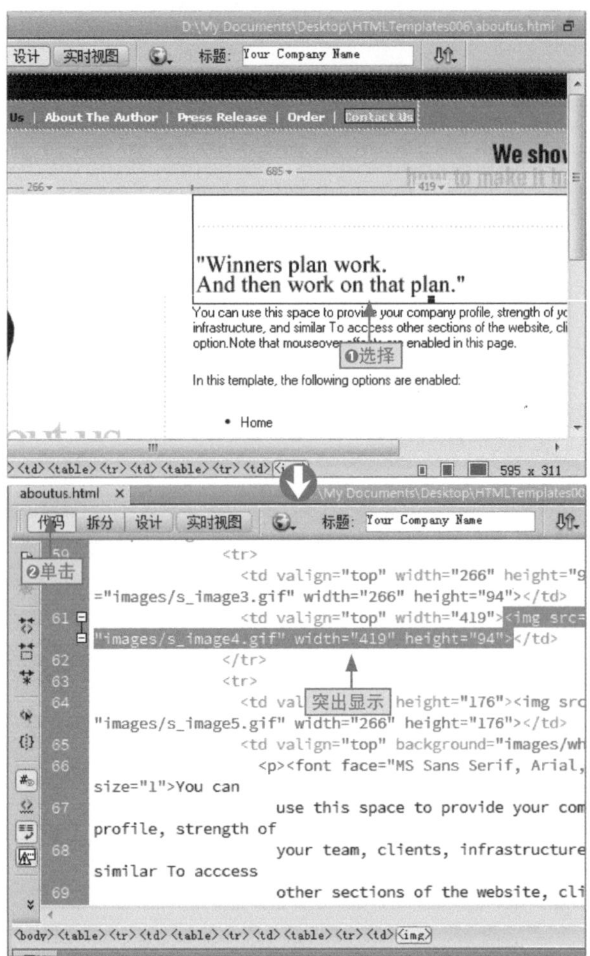

图2-31

◆ “拆分”按钮

单击“拆分”按钮，可以将文档窗口切换到拆分视图模式下。在该模式中，包含代码窗口和设计窗口，通过在设计窗口中选择某个元素，在代码窗口中即可快速对应查看相应的网页代码，如图2-32所示。

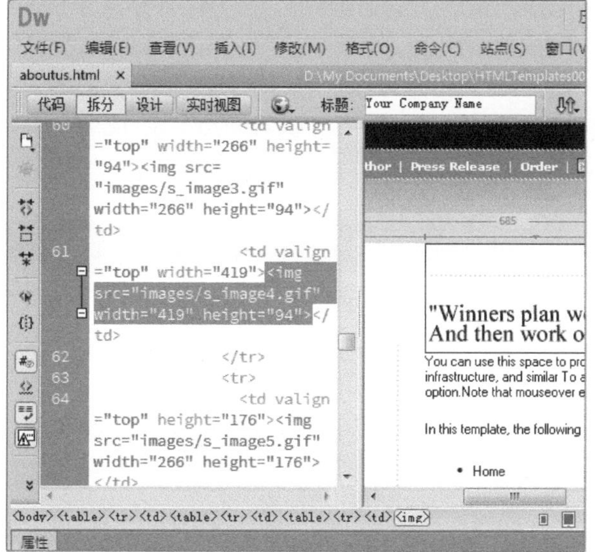

图2-32

专家提醒 | 查看网页源代码对应的效果

在拆分视图模式下，如果用户在代码窗口中选择某段网页代码，则设计窗口中的对应效果将呈选中状态。

◆ "实时视图"按钮

单击"实时视图"按钮，用户可以将文档窗口切换到实时效果模式下，在该模式中，可以预览查看到当前网页制作完成后，最终的浏览效果，如图2-33所示。

图2-33

◆ "实时代码"按钮和"检查"按钮

单击"实时代码"按钮和"检查"按钮后，文档窗口将切换到拆分效果的实时预览视图模式下，左侧显示代码窗口，右侧显示实时的设计窗口，将鼠标光标移动到实时设计窗口的任意位置，则会在代码窗口中高亮显示对应的代码，如图2-34所示。

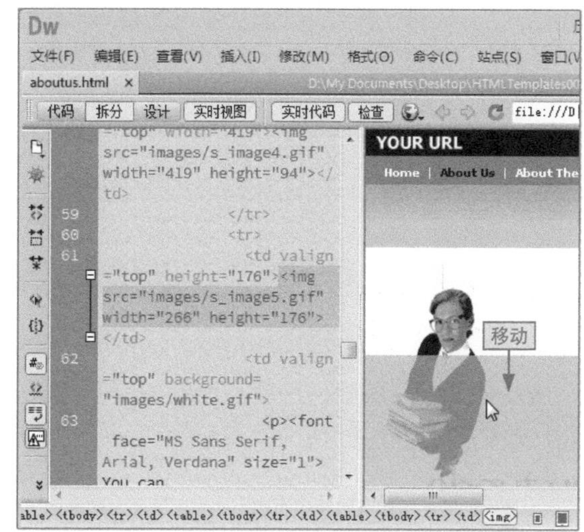

图2-34

专家提醒 | "实时代码"和"检查"按钮可用说明

默认情况下，"实时代码"按钮和"检查"按钮没有显示出来，只有在单击"实时视图"按钮后才出现这两个按钮。

2.3.5 "属性"面板

网页中的对象都有各自的属性，通过"属性"面板可以查看和编辑当前选定的页面元素的各种属性，如在页面中选择图片，将显示该图片的路径、链接位置等属性，如图2-35所示。

学习目标	了解"属性"面板的作用
难度指数	★

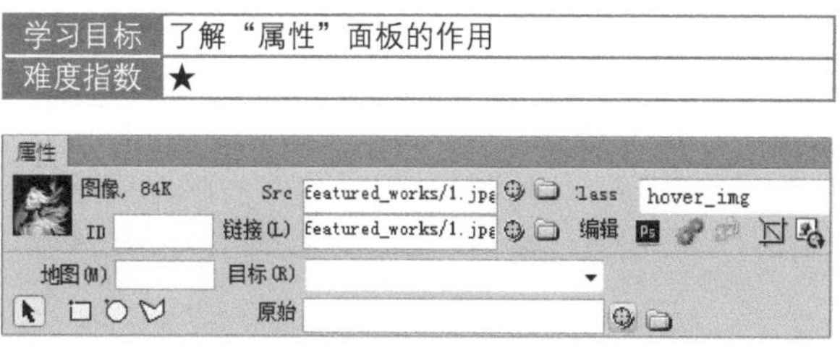

图2-35

2.4 网页设计的基本操作

在了解了Dreamweaver CC的工作界面及常用插入面板后，下面将介绍有关网页设计的基本操作，包括新建网页、保存网页、打开网页、预览网页和关闭网页等。

2.4.1 新建网页

在制作网页之前，首先要学会如何新建网页文件。在Dreamweaver CC中，新建网页文件可以通过“新建文档”对话框快速创建，其具体操作如下。

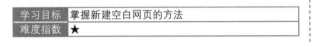

学习目标	掌握新建空白网页的方法
难度指数	★

Step 1 选择“新建”命令

❶启动Dreamweaver CC应用程序，在菜单栏中单击“文件”菜单项，❷在弹出的下拉菜单中选择“新建”命令，如图2-36所示。

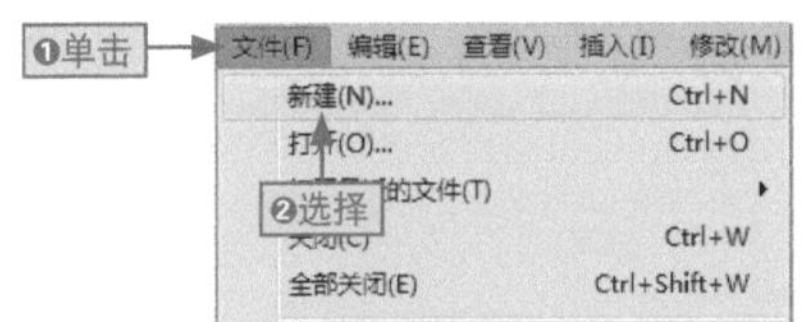

图2-36

Step 2 选择页面类型

❶在打开的“新建文档”对话框中单击“空白页”选项卡，❷在中间的列表框中选择HTML选项，单击“创建”按钮，如图2-37所示。

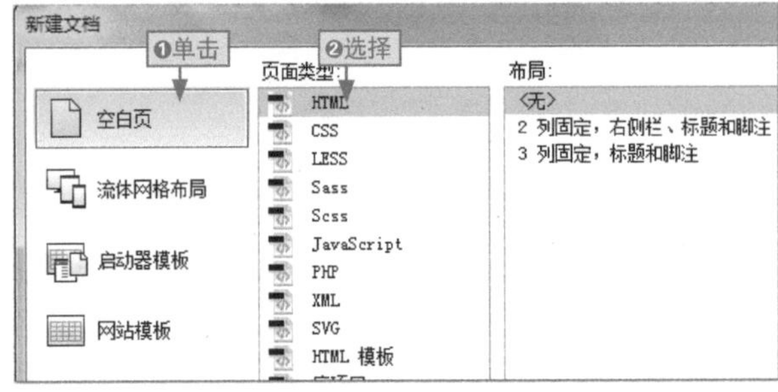

图2-37

Step 3 进入新建页面中

程序自动新建一个新的网页，并且在工作区中自动新建网页文件的基本标记，如图2-38所示。

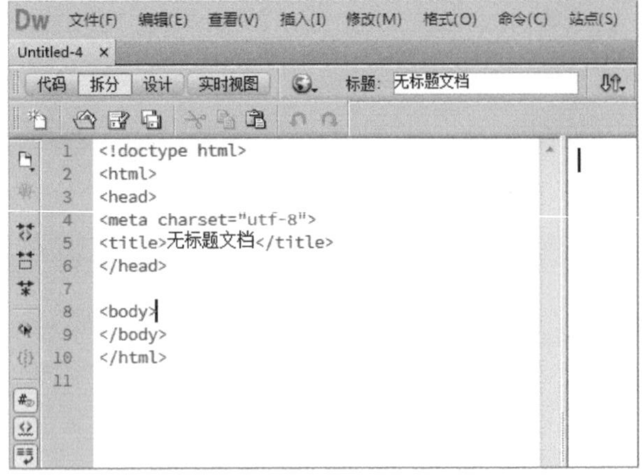

图2-38

核心妙招 | 使用快捷键打开“新建文档”对话框

在Dreamweaver CC工作界面中，直接按Ctrl+N组合键可以快速打开“新建文档”对话框。

2.4.2 保存网页

保存网页在整个网页制作过程中是相当频繁的一个操作，而对于新建的网页文件，在第一次保存时还需要设置保存位置及名称等，具体操作步骤如下。

学习目标	掌握保存网页的方法
难度指数	★

Step 1 选择“保存”命令

❶在工作界面中单击“文件”菜单项，❷在弹出的下拉菜单中选择“保存”命令，如图2-39所示。

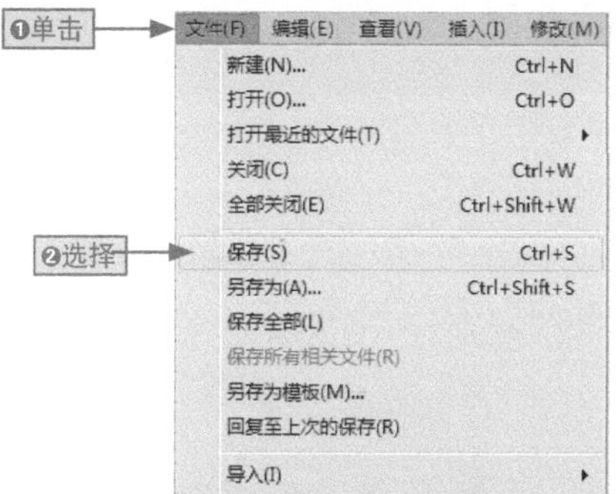

图2-39

Step 2 选择文件存放目录

❶在打开的“另存为”对话框中设置文件的保存路径，❷在“文件名”下拉列表框中输入名称，❸单击“保存”按钮完成网页文件的保存操作，如图2-40所示。

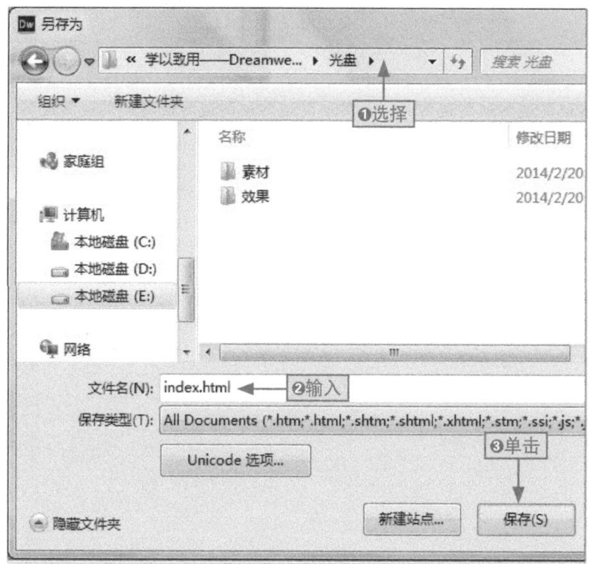

图2-40

核心妙招 | 使用快捷键保存网页

为让操作简单快捷，很多时候会直接按Ctrl+S组合键来保存文件。

专家提醒 | 另存为网页文件

对于已经保存过的文件，如果要将其另存在其他位置，直接在“文件”菜单中选择“另存为”命令即可。

2.4.3 打开网页

如果要编辑某个网页文件，首先需要将其打开，在Dreamweaver CC中，打开网页可以通过如下几种方法实现。

学习目标	了解打开网页的不同方法
难度指数	★

◆通过欢迎界面打开

在启动Dreamweaver CC应用程序后，程序会打开一个欢迎界面，在其中单击“打开”按钮，在打开的“打开”对话框中可在指定位置选择要打开的网页文件，如图2-41所示。

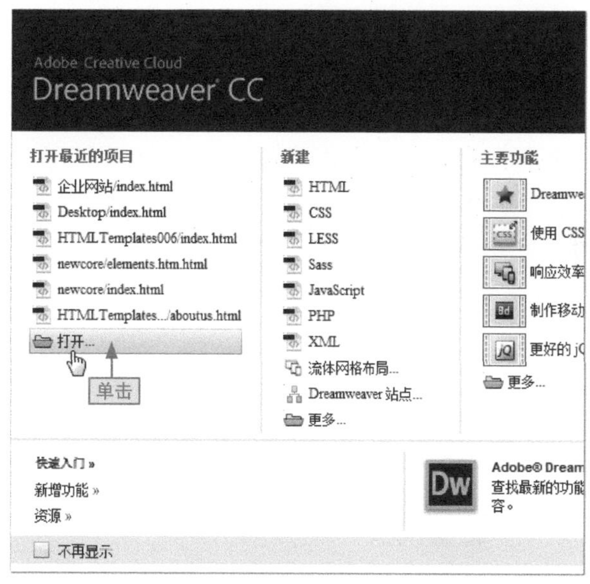

图2-41

核心妙招 | 使用通过欢迎界面打开最近的网页快捷键保存网页

在欢迎界面的“打开”按钮上方会列举最近使用的网页文件，单击对应的文件名称即可打开该网页。

◆通过“文件”菜单打开

❶单击“文件”菜单项，❷在弹出的下拉菜单中选择“打开”命令也可以打开“打开”对话框，然后设置打开文件，如图2-42所示。

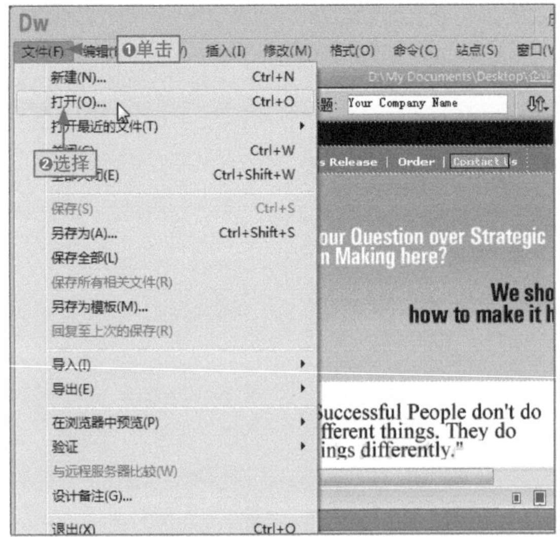

图2-42

◆选择打开方式打开网页文件

❶选择需要打开的网页文件，在其上右击，❷在弹出的快捷菜单中选择“打开方式”命令，❸在其子菜单中选择Adobe Dreamweaver CC选项可启动Dreamweaver CC应用程序并打开文件，如图2-43所示。

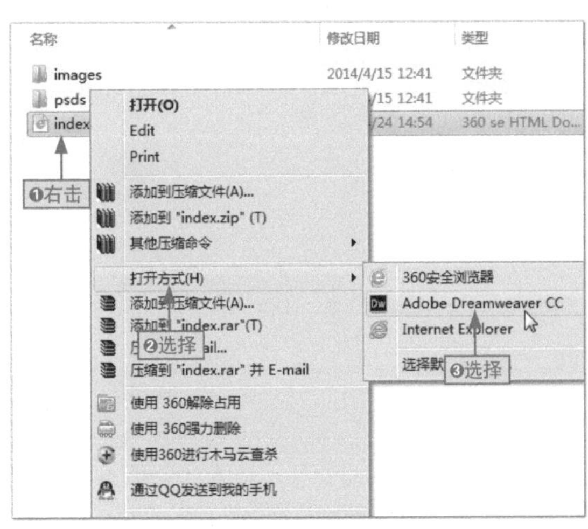

图2-43

◆将文件附到Dreamweaver CC

❶启动Dreamweaver CC应用程序后，在保存位置找到要打开的网页文件，选择该文件，❷按住鼠标不放，将其拖动到Dreamweaver CC程序的标题栏上，释放鼠标左键可打开该文件，如图2-44所示。

图2-44

◆通过最近访问的文件打开

❶单击“文件”菜单项，❷在弹出的下拉菜单中选择“打开最近的文件”命令，❸在其子菜单中找到要打开的文件，选择该选项即可打开该文件，如图2-45所示。

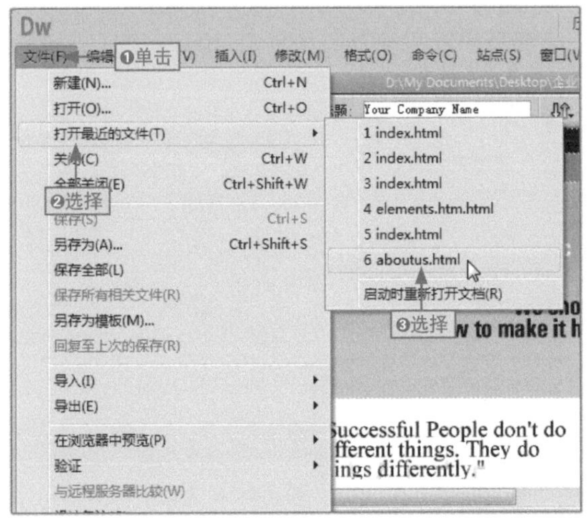

图2-45

2.4.4　预览网页

在设计网页的过程中，如果要查看网页的实际完成效果，直接通过预览功能预览该网页，其具体操作如下。

本节素材	DVD/素材/Chapter02/企业网站/index.html
本节效果	DVD/效果/Chapter02/无
学习目标	掌握在浏览器中浏览网页效果的方法
难度指数	★

Step 1　选择浏览器

❶打开index素材文件，单击“文件”菜单项，❷选择“在浏览器中预览”命令，❸在其子菜单中选择浏览器，如图2-46所示。

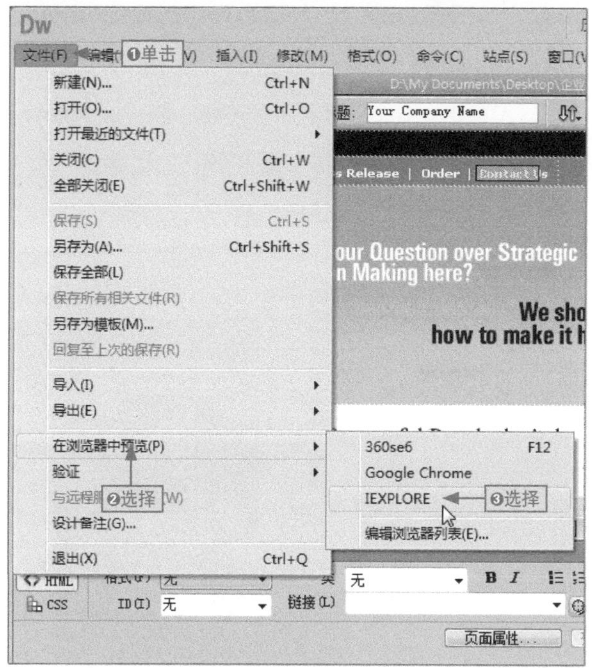

图2-46

专家提醒 | 在浏览器中预览的说明

在“浏览器预览”子菜单中，列举的浏览器数目和类型都不是固定的，这些选项是根据用户当前计算机中安装的浏览器类型自动生成的。

Step 2　在浏览器中查看预览效果

程序自动启动相应的浏览器，并在其中显示该网页最终的浏览效果，如图2-47所示。

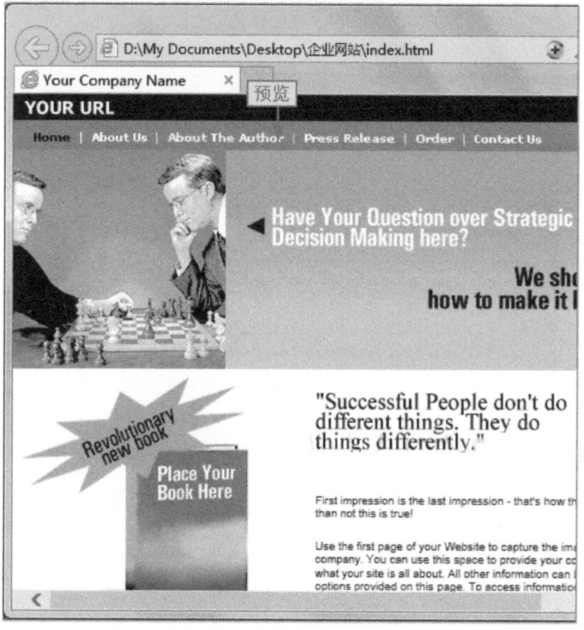

图2-47

核心妙招 | 利用快捷键预览网页

在工作界面中，按F12键可对网页快速进行预览操作。对于未保存的网页，在预览网页效果时，程序将打开一个提示对话框提示保存，直接保存后即可进入预览页面。

2.4.5　关闭网页

当用户对某个网页文件编辑完并保存后，可以将其关闭，关闭网页的方法有如下几种。

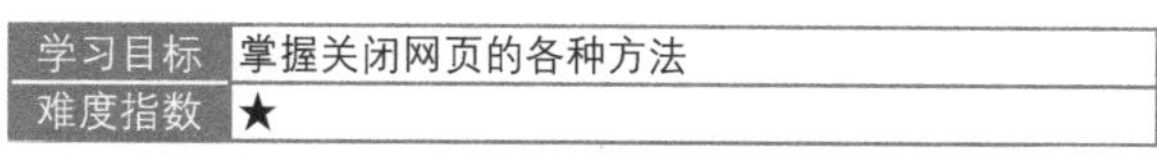

学习目标	掌握关闭网页的各种方法
难度指数	★

◆通过“文件”菜单关闭

❶在当前工作界面中单击“文件”菜单项，❷在弹出的下拉菜单中选择“关闭”命令即可关闭当前网页，如图2-48所示。

图2-48

◆通过控制按钮关闭

默认情况下，在Dreamweaver CC中打开的网页都是最大化显示的，如果将页面窗口还原，单击页面标题栏左侧的“关闭”控制按钮也可关闭当前网页，如图2-49所示。

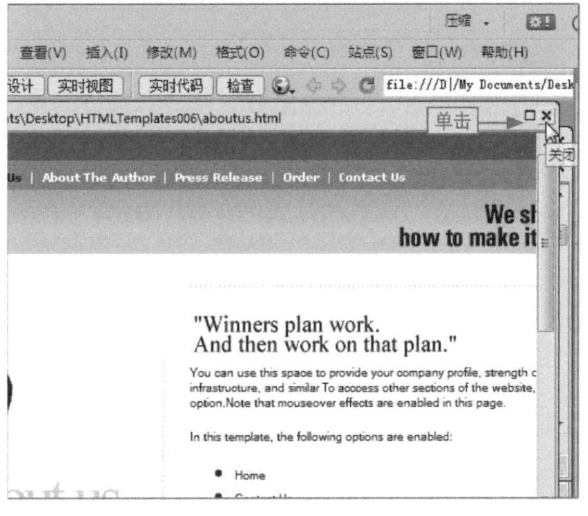

图2-49

◆通过页面标签选项卡关闭

在Dreamweaver CC中打开的网页，都是以选项卡的方式嵌入到应用程序中，用户可直接单击网页对应选项卡右侧的“关闭”按钮关闭当前网页，如图2-50所示。

图2-50

◆通过“文件”菜单关闭全部网页

如果当前在Dreamweaver CC中打开了多个网页，在不退出应用程序的前提下，要关闭所有文件，❶可以单击“文件”菜单项，❷选择“全部关闭”命令关闭所有网页，如图2-51所示。

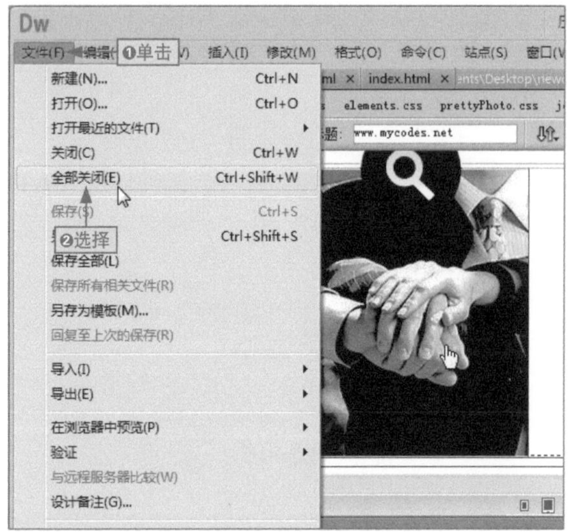

图2-51

核心妙招 | 利用快捷键关闭网页

在Dreamweaver CC中，按下Ctrl+W组合键可关闭当前网页文件。如果要快速关闭所有网页文件，则需要按Ctrl+Shift+W组合键。

◆关闭除当前网页以外的其他网页文件

❶在Dreamweaver CC中，在某个网页的选项卡上右击，❷在弹出的快捷菜单中选择“关闭其他文件”命令，此时程序将自动关闭除了当前网页以外的其他所有网页，如图2-52所示。

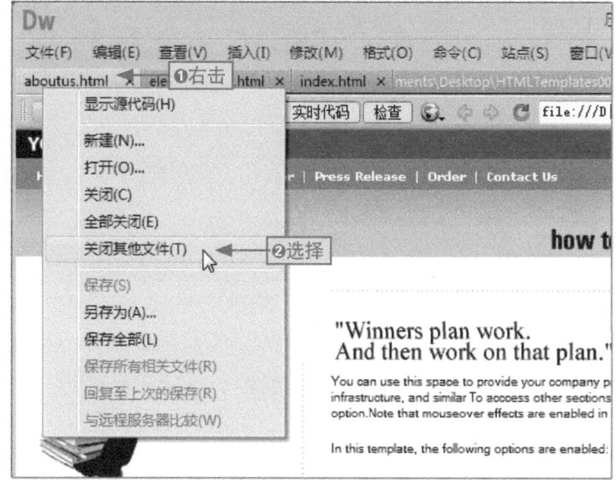

图2-52

2.5 实战问答

?! NO.1 | 创建网页的其他方法

元芳：创建或编辑网页文件有其他方法吗？或者当Dreamweaver CC软件不可用时，我应该怎么创建、编辑网页文件？

大人：在第1章中讲解了编辑网页内容的软件，当软件出问题又不想装其他软件时，最直接且简单的方法就是用记事本去创建或编辑网页文件，但是这种情况就要求制作人员能够熟练编写网页代码。

?! NO.2 | 如何改变预览网页时的浏览器

元芳：在快速进行网页效果浏览时，按F12进入默认的浏览器进行页面浏览，那么如何更改默认的浏览器？

大人：选择“文件/在浏览器中预览”命令，在其子菜单中选择“编辑浏览器列表”命令，❶在打开的对话框的“浏览器”列表框中选择默认的浏览器选项，❷选中列表框下方的“主浏览器”复选框，如图2-53所示。

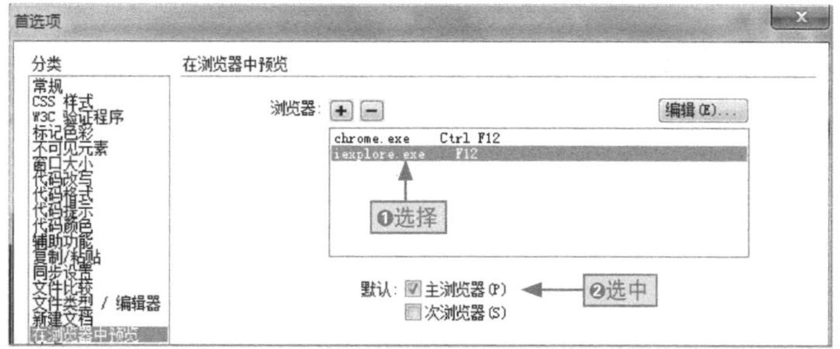

图2-53

2.6 思考与练习

填空题

1. 保存网页可以用快捷方式______和______组合键来完成。

2. 在Dreamweaver中预览当前网页，用户可以使用______键快速启动页面预览。

选择题

1. 以下(　　)选项不是Dreamweaver CC的新增功能。

A. CSS 设计器　　B. 云同步

C. 支持HTML5平台　　D. 支持MP3音频播放

2. 下列(　　)选项不是“常用”插入面板中的选项。

A. 层　　B. 图像

C. 表格　　D. 项目列表

判断题

1. 默认情况下，在该区域中显示了“代码”按钮、“拆分”按钮、“设计”按钮、“实时视图”按钮、“实时代码”按钮和“检查”按钮。(　　)

2. 在Dreamweaver中，要关闭除了当前网页以外的其他所有网页，只能在当前网页选项卡的快捷菜单中选择“关闭其他网页”命令。(　　)

操作题

【练习目的】打开并预览酒店网站

下面将通过打开酒店介绍网站的首页页面并在浏览器中预览该网页为例，让读者能亲自体验启动与退出Dreamweaver CC、打开网页、预览网页和关闭网页的相关操作，巩固本章所学的知识。

【制作效果】

本节素材	DVD/素材/Chapter02/酒店介绍网站/index.html
本节效果	DVD/效果/Chapter02//无

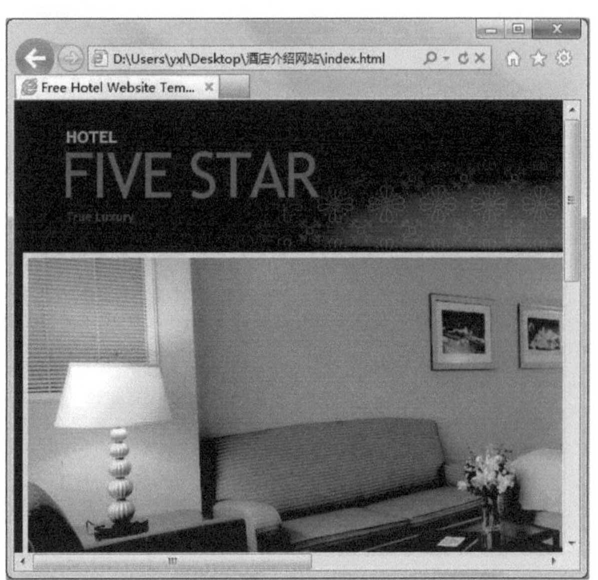

Chapter 03

页面属性的设置

本章要点

- ★ 设置外观(CSS)
- ★ 设置标题/编码
- ★ 添加页面标题
- ★ 设置文字的字号大小
- ★ 设置网页文本的文本颜色
- ★ 为网页添加背景图片
- ★ 设置超链接的边距
- ★ 设置鼠标经过超链接效果

学习目标

为了让创建和设计的网页的外观效果更美观，就需要对其外观效果进行设置。其中，对页面属性的设置是格式化网页效果的基础操作。本章将具体教会读者在网页中，如何通过可视化的对话框操作以及HTML标记，对页面的外观、链接、字体、字号大小及颜色等属性进行设置。

知识要点	学习时间	学习难度
在对话框中设置页面属性.	45分钟	★★
使用代码设置字体与页面背景效果.	60分钟	★★★
使用代码设置超链接属性	60分钟	★★★

重点实例

设置网页标题

设置跟踪图像

设置网页背景图片

3.1 在对话框中设置页面属性

“页面属性”为设置对话框提供了一个方便的可以设置页面属性的可视化用户界面，通过它可以设置页面的边距、页面字体、背景颜色等。

3.1.1 设置外观(CSS)

如果要对整个网页的字体格式和背景效果进行设置，可通过设置“页面属性”对话框的“外观(CSS)”分类来实现。

本节素材	DVD/素材/Chapter03/法律声明.html
本节效果	DVD/效果/Chapter03/法律声明.html
学习目标	掌握设置页面外观效果的方法
难度指数	★★

Step 1 打开素材文件

在Dreamweaver CC中打开“法律声明”素材文件，如图3-1所示。

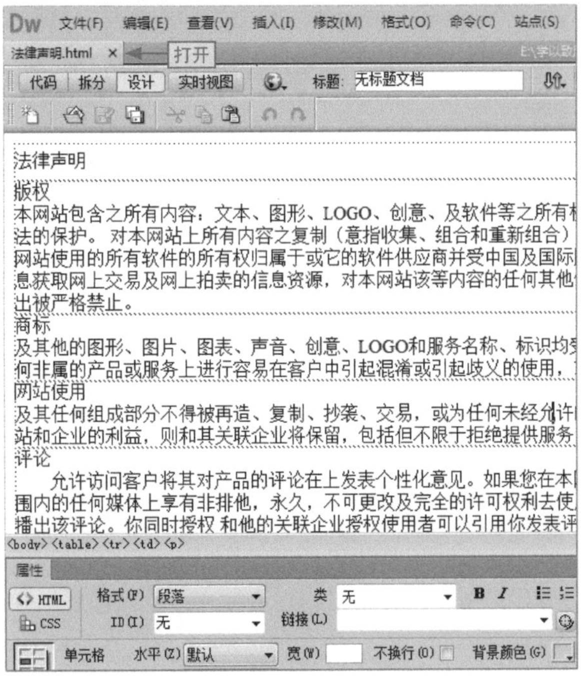

图3-1

Step 2 打开“页面属性”对话框

在当前窗口底部的属性面板中直接单击“页面属性”按钮，打开“页面属性”对话框，如图3-2所示。

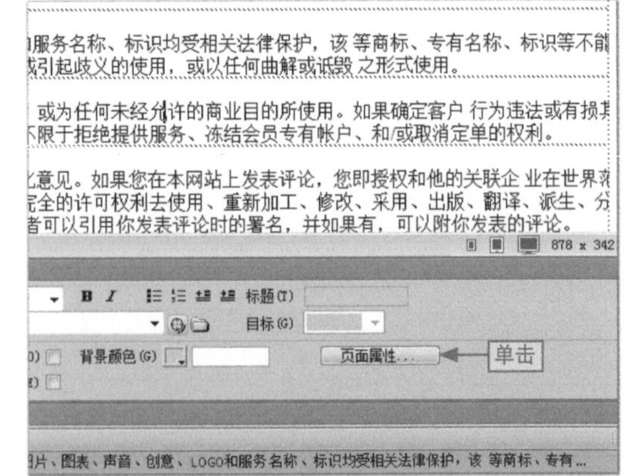

图3-2

Step 3 设置页面字体

保持默认的“外观(CSS)”分类的选择状态，❶在“页面字体”下拉列表框中输入“宋体”，❷在其后的两个下拉列表框中分别选择normal选项，如图3-3所示。

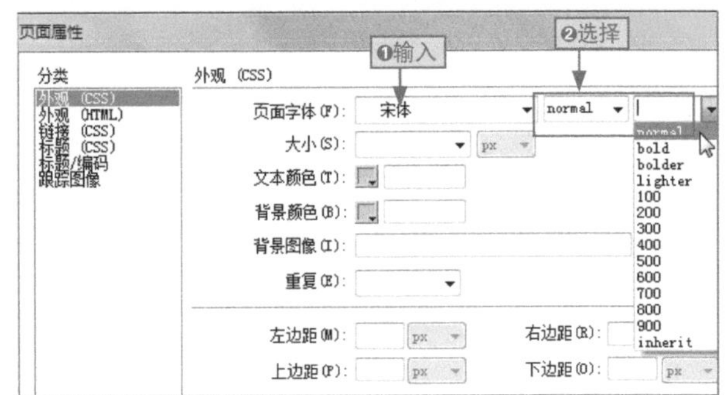

图3-3

Step 4 设置页面字号大小

❶单击“大小”下拉列表框右侧的下拉按钮，❷选择“12”选项更改字号大小，如图3-4所示。

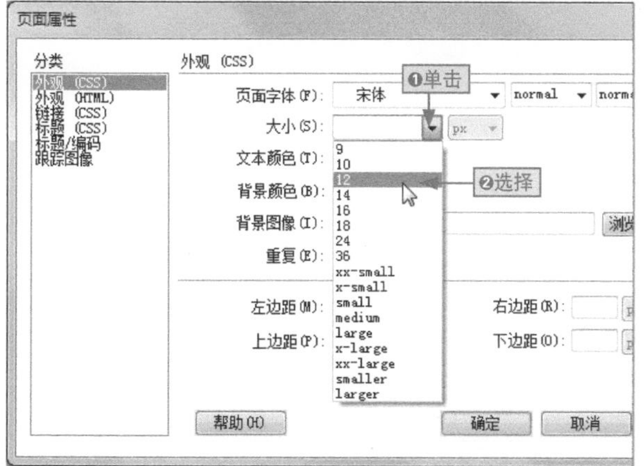

图3-4

Step 5 更改文本颜色

❶单击“文本颜色”下拉按钮，❷在弹出的拾色器面板中选择#000颜色，如图3-5所示。

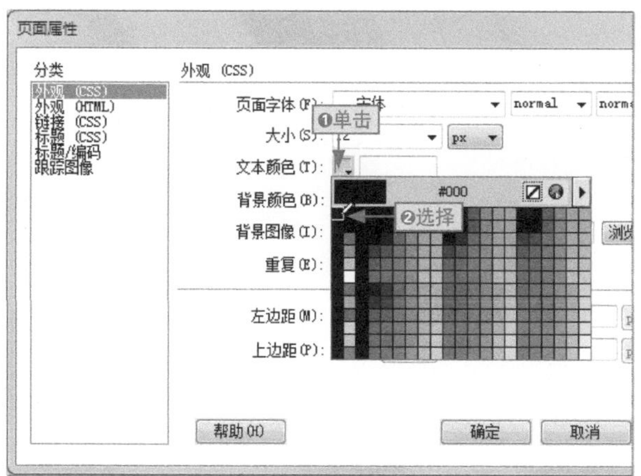

图3-5

Step 6 更改背景颜色

❶单击“背景颜色”下拉按钮，在弹出的拾色器面板中选择#0F0颜色，❷单击“确定”按钮确认所有的设置，如图3-6所示。

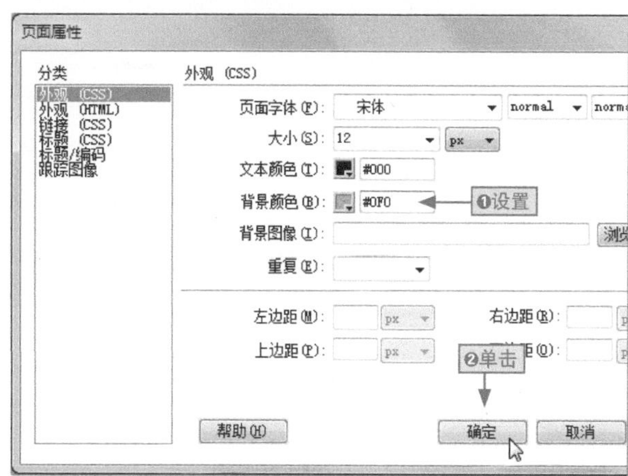

图3-6

Step 7 预览设置效果

按Ctrl+S组合键保存网页，按F12键预览设置页面字体和背景后的效果，如图3-7所示。

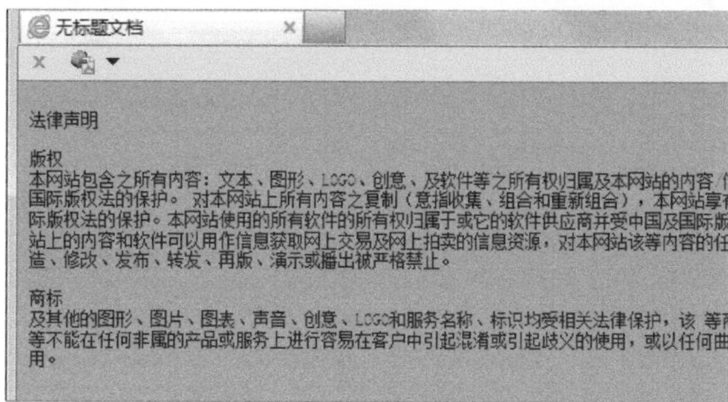

图3-7

3.1.2 设置外观(HTML)

除了通过“外观(CSS)”分类设置页面的字体和背景效果以外，还可以通过设置“页面属性”对话框的“外观(HTML)”分类来设置。其具体的设置方法如下。

本节素材	DVD/素材/Chapter03/法律声明1.html
本节效果	DVD/效果/Chapter03/法律声明1.html
学习目标	掌握通过外观(HTML)设置页面外观效果的方法
难度指数	★★

Step 1　打开素材文件

❶打开“法律声明1”素材文件，❷单击“页面属性”按钮，如图3-8所示。

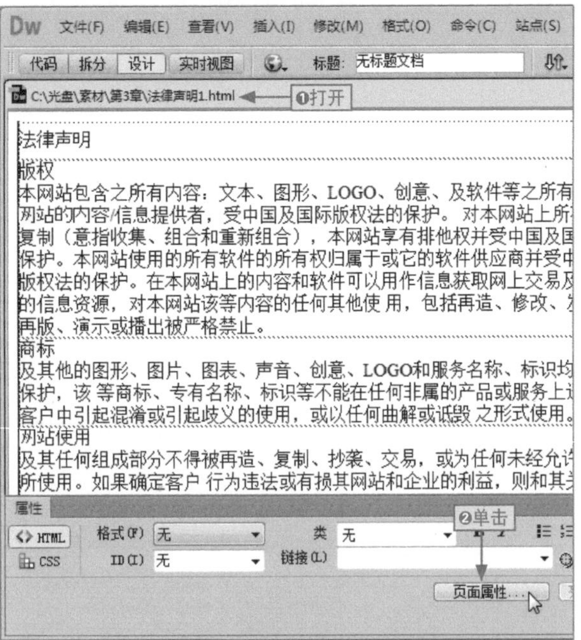

图3-8

Step 2　设置背景颜色

❶在打开的“页面属性”对话框中选择“外观(HTML)”分类，❷单击“背景”下拉按钮，❸在弹出的拾色器面板中选择需要的颜色，如图3-9所示。

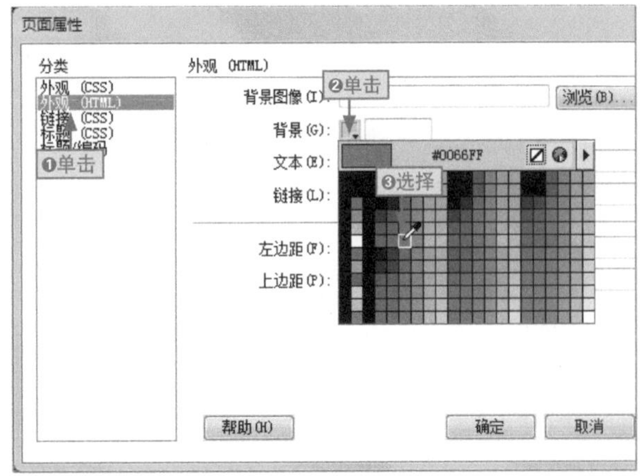

图3-9

Step 3　设置文本颜色

❶单击“文本”下拉按钮，❷在弹出的拾色器面板中选择需要的颜色。❸单击“确定”按钮，如图3-10所示。

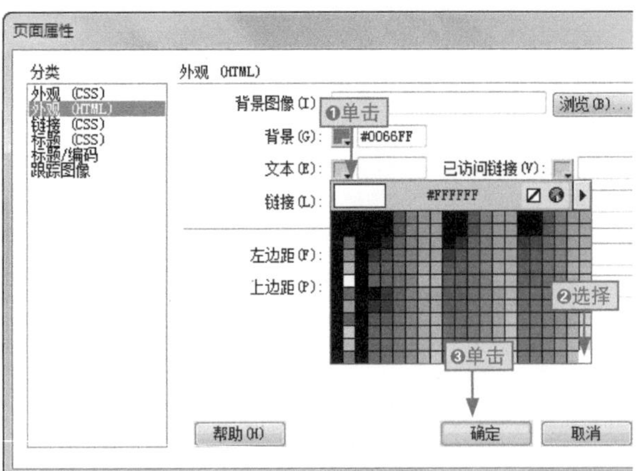

图3-10

Step 4　预览效果

按Ctrl+S组合键保存网页，按F12键预览设置的页面属性效果，如图3-11所示。

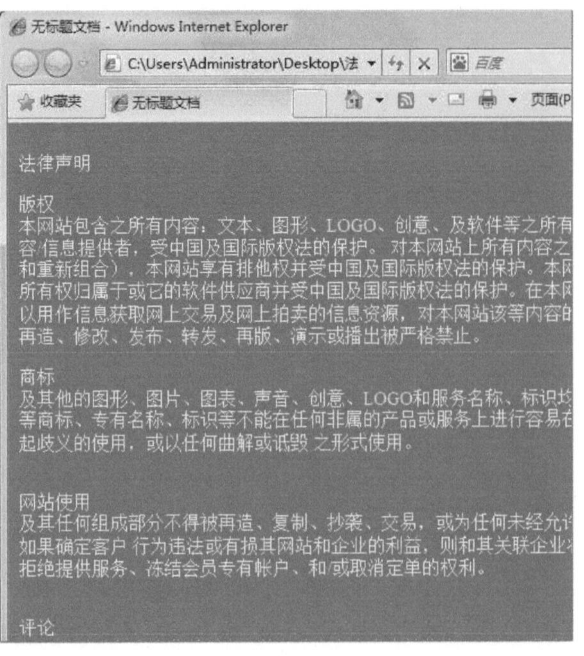

图3-11

3.1.3 设置链接(CSS)

通过“页面属性”对话框，还可以非常方便地设置超链接的显示效果，下面通过具体实例讲解设置的操作方法。

本节素材	DVD/素材/Chapter03/实时新闻.html
本节效果	DVD/效果/Chapter03/实时新闻.html
学习目标	掌握利用对话框设置超链接效果的方法
难度指数	★★

Step 1 打开“页面属性”对话框

❶打开“实时新闻”素材文件，❷单击“页面属性”按钮打开“页面属性”对话框，如图3-12所示。

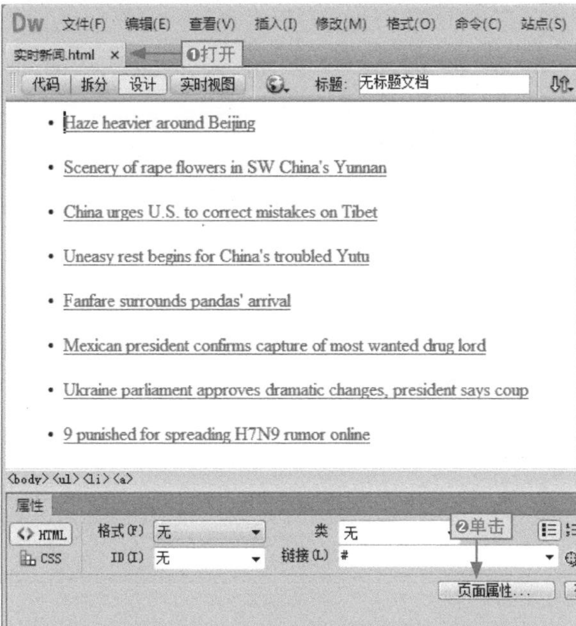

图3-12

Step 2 设置超链接的字体和倾斜效果

❶在该对话框中选择“链接(CSS)”分类，❷在“链接字体”下拉列表框中输入“宋体”，❸在其后中间的下拉列表框中选择italic选项添加倾斜效果，如图3-13所示。

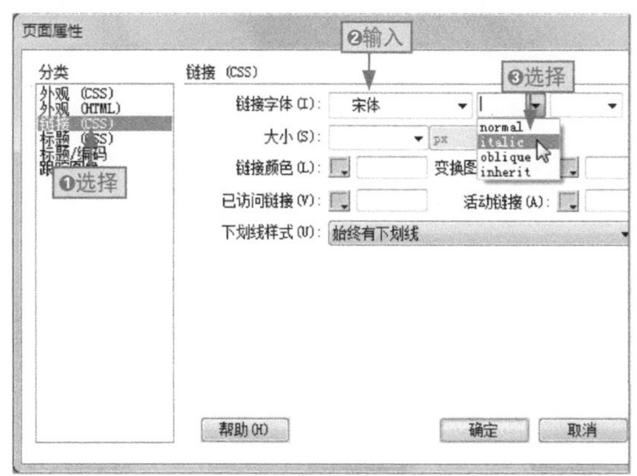

图3-13

Step 3 设置文本加粗格式

❶单击“链接字体”栏最右侧的下拉按钮，❷在弹出的下拉列表中选择bold选项为超链接文本设置加粗格式，如图3-14所示。

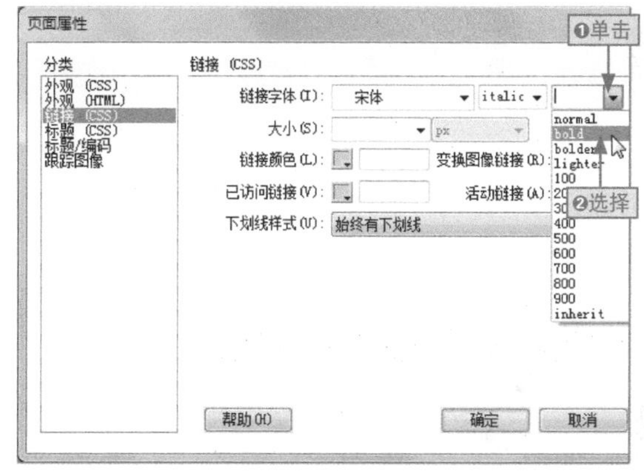

图3-14

Step 4 设置字号大小

❶单击“大小”下拉列表框右侧的下拉按钮，❷在弹出的下拉列表中选择“14”选项调整超链接文本的字号大小，如图3-15所示。

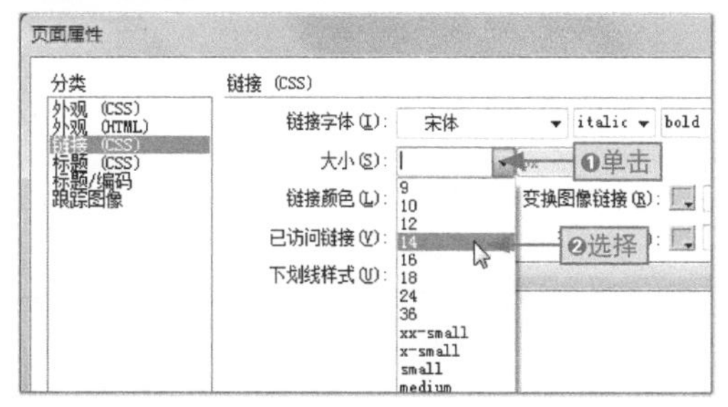

图3-15

Step 5　设置超链接颜色

❶单击“链接颜色”下拉按钮，❷在弹出的拾色器面板中选择#F00颜色选项更改超链接的显示颜色，如图3-16所示。

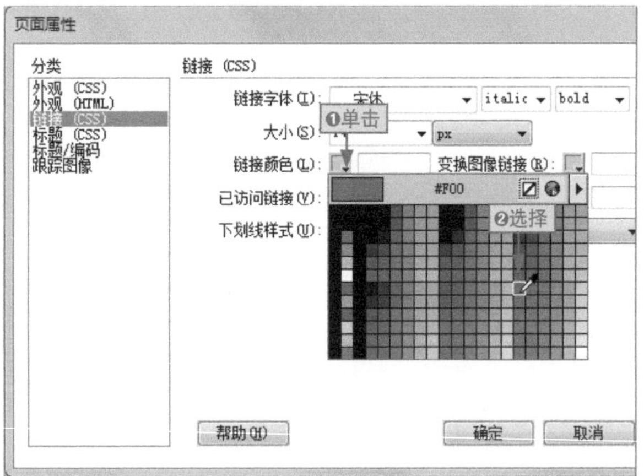

图3-16

Step 6　设置变换图像链接颜色

❶单击“变换图像链接”下拉按钮，❷在弹出的拾色器面板中选择#0F0颜色选项更改变换图像链接颜色，如图3-17所示。

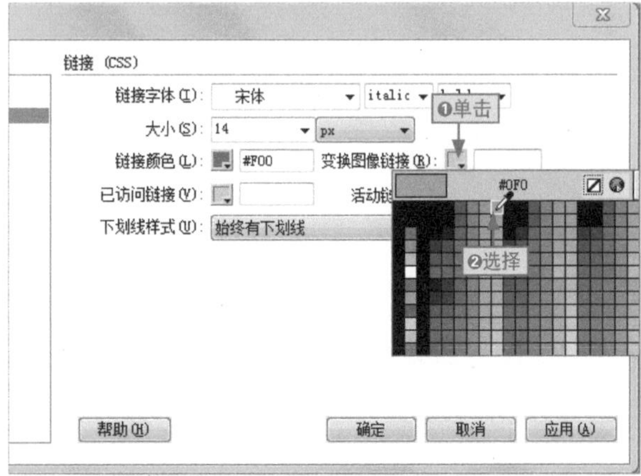

图3-17

专家提醒 ｜ 什么是变换图像链接颜色

变换图像链接颜色是指在浏览器中显示网页文件时，当鼠标光标指向超链接时，超链接文本此时显示的文本颜色。

Step 7　设置访问超链接后的链接颜色

❶单击“已访问链接”下拉按钮，❷在弹出的拾色器面板中选择#CCC颜色选项更改超链接被访问过后显示的颜色，如图3-18所示。

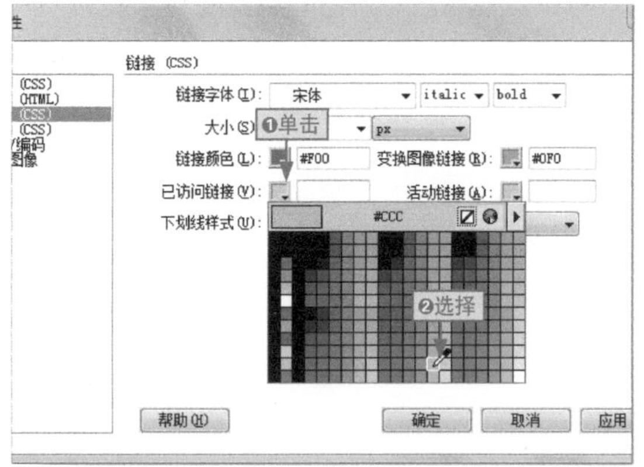

图3-18

Step 8　设置超链接的下划线样式

❶单击“下划线样式”下拉按钮，❷在弹出的下拉列表中选择“仅在变幻图像时显示下划线”选项，如图3-19所示。

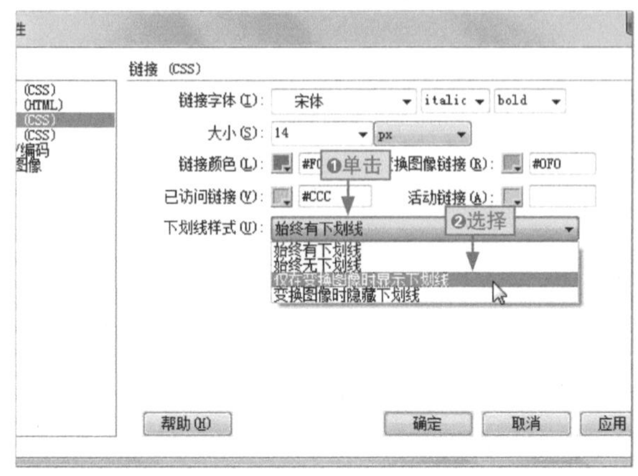

图3-19

Step 9　预览变换图像效果

按Ctrl+S组合键保存网页，按F12键预览设置的页面属性效果。将鼠标光标移动到超链接上即可查看到变换图像的效果，如图3-20所示。

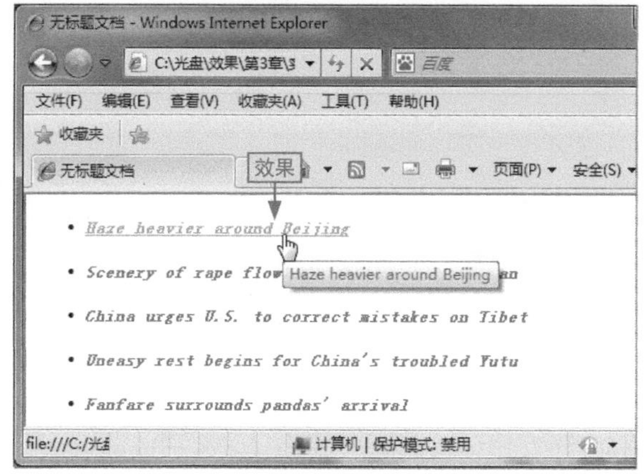

图3-20

Step 10 预览访问超链接后的效果

单击访问超链接，此时即可查看到访问超链接后，其文本颜色发生了变化，如图3-21所示。

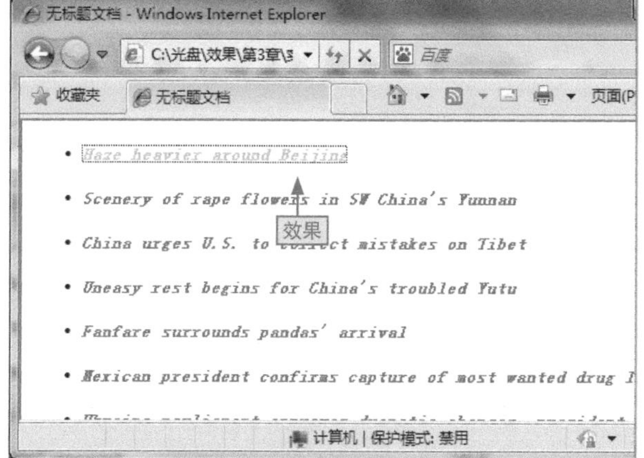

图3-21

3.1.4 设置标题(CSS)

在网页中，有6种标题样式，分别用H1~H6来标记，对于这些标题，其样式可以通过“页面属性”对话框的“标题(CSS)”分类来设置。

本节素材	DVD/素材/Chapter03/生活与城市.html
本节效果	DVD/效果/Chapter03/生活与城市.html
学习目标	掌握利用对话框设置标题文本的方法
难度指数	★★

Step 1 打开“页面属性”对话框

❶打开“生活与城市”素材文件，❷在当前窗口底部单击“页面属性”按钮打开“页面属性”对话框，如图3-22所示。

图3-22

Step 2 设置标题的字体和字型

❶在该对话框中选择“标题(CSS)”分类，❷在“标题字体”下拉列表框中输入“宋体”，❸在其后的下拉列表框中都选择normal选项，如图3-23所示。

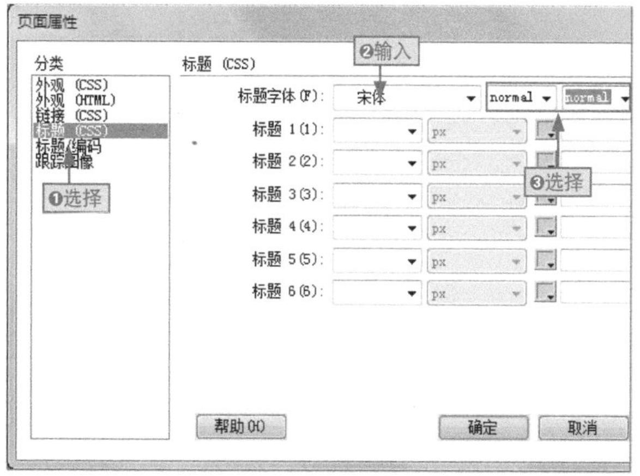

图3-23

Step 3 设置标题1的字号大小和颜色

❶设置“标题1”的字号为“14”，❷单击颜色下拉按钮，❸在弹出的拾色器面板中选择需要的颜色，如图3-24所示。

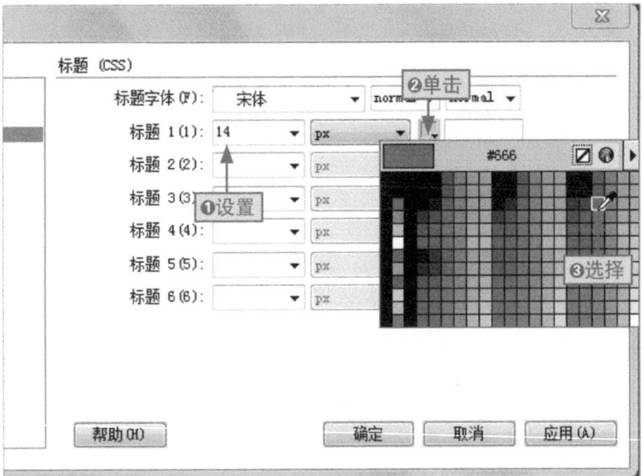

图3-24

Step 4 设置其他标题的字号大小和颜色

❶用相同的方法设置其他标题的字号大小和颜色，❷单击“确定”按钮确认设置的标题格式，如图3-25所示。

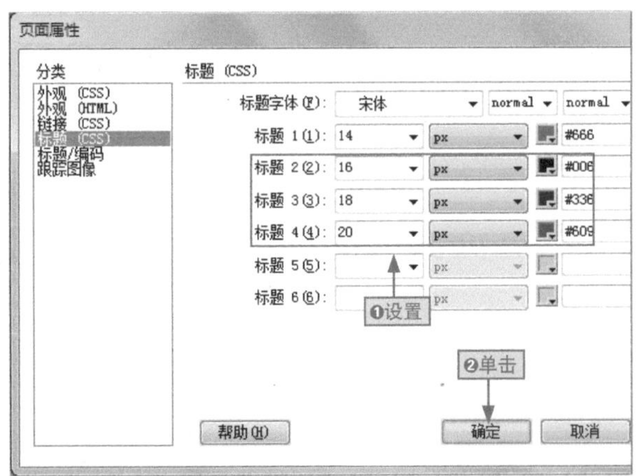

图3-25

专家提醒 | 手动输入字号大小

在设置字号大小时，如果下拉列表框中没有需要的字号大小选项，此时用户可以手动在下拉列表框中输入字号大小。

Step 5 预览效果

按Ctrl+S组合键保存网页，按F12键预览设置的页面属性效果，如图3-26所示。

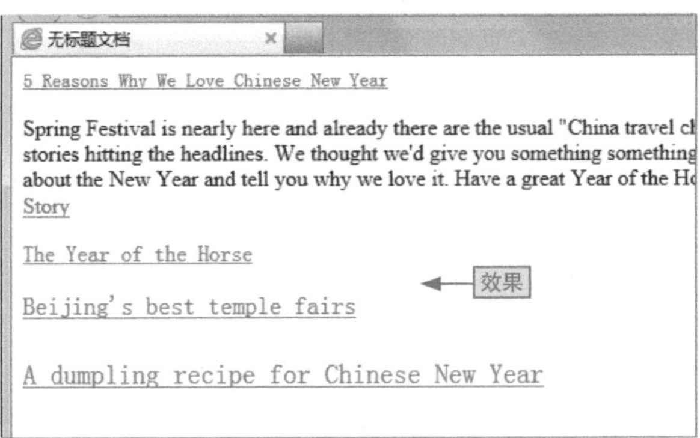

图3-26

核心妙招 | 设置与清除颜色的技巧

在Dreamweaver CC中，在设置颜色效果时，如果非常清楚要设置的颜色的色值，则可以直接在颜色下拉按钮右侧的文本框中输入相应的颜色值。

如果不小心设置了错误的颜色，可以在文本框中将该颜色值删除，❶或者单击颜色下拉按钮，❷在弹出的拾色器面板中单击“清除”按钮即可快速清除设置的颜色，如图3-27所示。

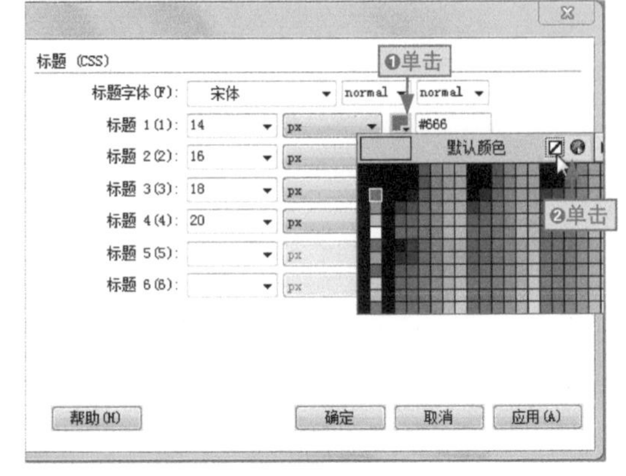

图3-27

3.1.5　设置标题/编码

在浏览器中浏览网页时，在标题栏或者网页标签位置都会显示当前浏览网页的标题，如果要设置或者修改该标题的内容，以及文档类型和编码，可以通过设置“页面属性”对话框的“标题/编码”分类来完成。

下面通过具体的实例讲解设置网页标题和编码的相关操作方法。

本节素材	DVD/素材/Chapter03/生活与城市1.html
本节效果	DVD/效果/Chapter03/生活与城市1.html
学习目标	掌握利用对话框设置网页标题和编码的方法
难度指数	★★

Step 1　打开“页面属性”对话框

❶打开“生活与城市1”素材文件，❷在当前窗口底部单击“页面属性”按钮打开“页面属性”对话框，如图3-28所示。

图3-28

Step 2　设置网页标题

❶在该对话框中选择“标题/编码”选项，❷在右侧的“标题”文本框中输入相应的标题内容，如图3-29所示。

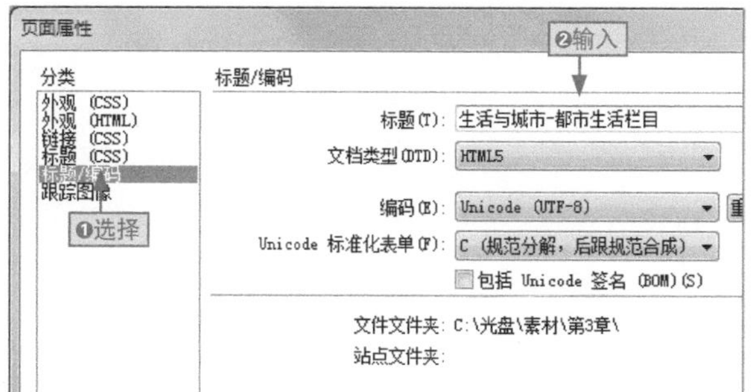

图3-29

Step 3　取消Unicode标准化表单格式

❶在“Unicode标准化表单”下拉列表框中选择“无”选项，❷单击“确定”按钮，如图3-30所示。

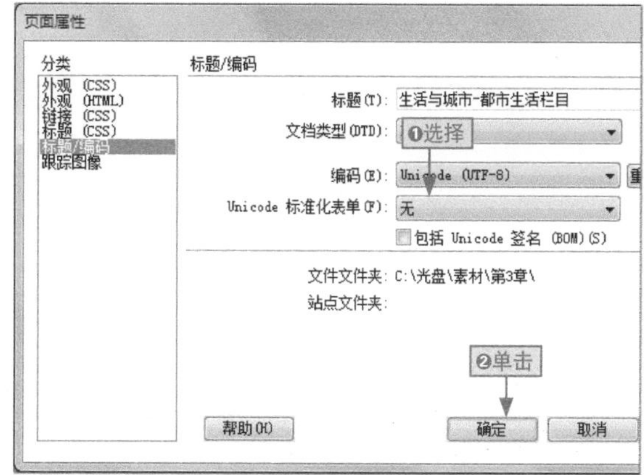

图3-30

Step 4　预览设置的网页标题效果

按Ctrl+S组合键保存网页，按F12键预览设置的页面属性的效果，如图3-31所示。

图3-31

3.1.6 设置跟踪图像

跟踪图像是Dreamweaver CC一个非常有用的功能，它允许用户在网页中将原来的平面设计稿(gif、jpg、jpeg和png格式的图像文件)作为辅助的背景衬于页面下方。从而让用户非常方便地定位文字、图像、表格、层等网页元素在该页面中的位置。

下面通过具体的实例来讲解设置跟踪图像的方法。

本节素材	DVD/素材/Chapter03/首页效果.png
本节效果	DVD/效果/Chapter03/index.html
学习目标	掌握在网页中添加跟踪图像的方法
难度指数	★★

Step 1　新建网页并打开“页面属性”对话框

❶新建一个index网页文件，❷在当前窗口底部单击“页面属性”按钮打开“页面属性”对话框，如图3-32所示。

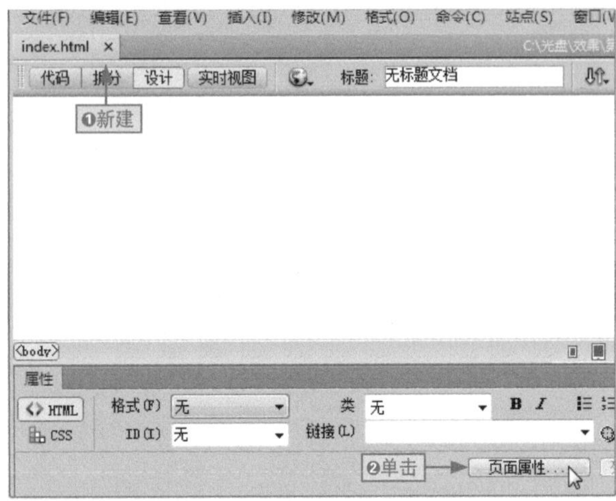

图3-32

Step 2　浏览图像文件

❶在该对话框的左侧窗格中选择“跟踪图像”选项，❷单击“跟踪图像”文本框右侧的“浏览”按钮，如图3-33所示。

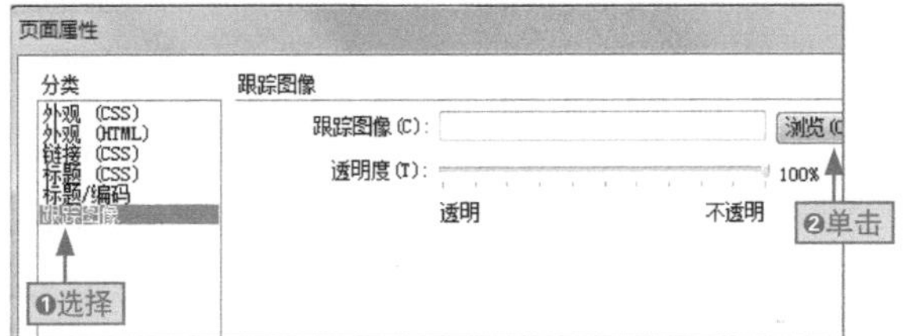

图3-33

Step 3　选择图像文件

❶在打开的“选择图像源文件”对话框中找到文件保存的位置，❷在中间的列表框中选择图像文件，❸单击“确定”按钮，如图3-34所示。

图3-34

Step 4　设置图像透明度

❶在返回的“页面属性”对话框中拖动滑块调整图像的透明度，❷单击“确定”按钮关闭对话框。

专家提醒 | 跟踪图像的显示说明

当用户在网页中设置跟踪图像后，在用Dreamweaver CC编辑页面时，会显示对应的背景图像，但是当使用浏览器浏览时，跟踪图像是不可见的，如图3-35所示。

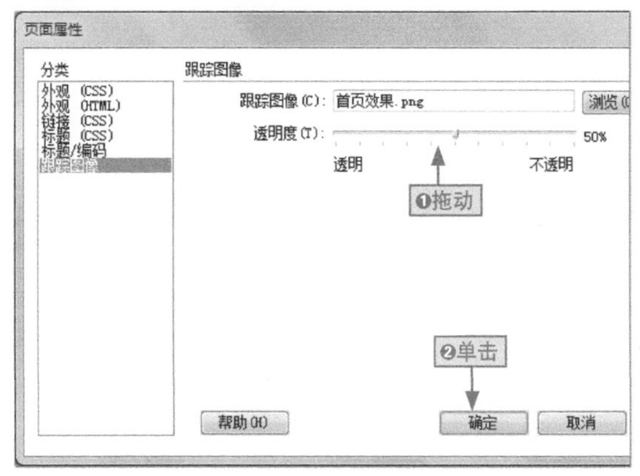

图3-35

Step 5　查看跟踪图像效果

在返回的工作界面中即可查看到添加跟踪图像的效果，保存文件完成整个操作，如图3-36所示。

图3-36

3.2 使用代码设置字体与页面背景效果

在上节介绍了通过“页面属性”对话框来设置文本等对象的显示效果，也可以通过使用HTML代码中的标签或者标签的属性来更灵活地设置字体与页面背景的效果。

3.2.1 添加页面标题

标题是对整个网页内容的高度概括，尤其在浏览器中多窗口显示时，通过标题可以清楚地了解页面的信息。

在HTML中，可以使用<title>标签添加页面标题，下面通过具体实例讲解使用该标签添加页面标题的方法。

本节素材	DVD/素材/Chapter03/订单.html
本节效果	DVD/效果/Chapter03/订单.html
学习目标	掌握利用<title>标签添加网页标题的方法
难度指数	★★★

Step 1　打开素材文件

❶在Dreamweaver CC中打开“订单”素材文件，❷单击“代码”按钮切换到代码视图窗口，如图3-37所示。

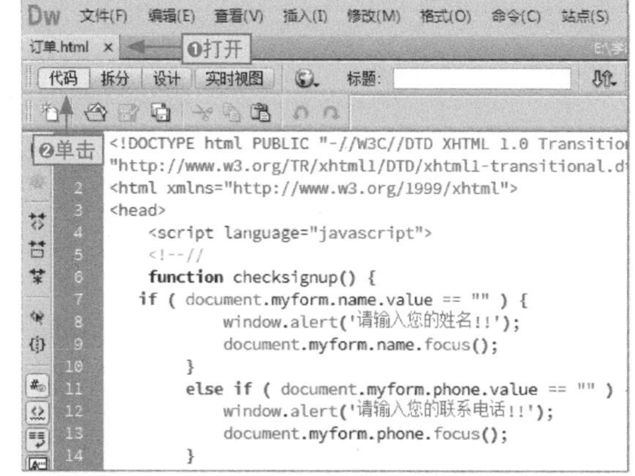

图3-37

专家提醒 | HTML中的标签说明

超文本标记语言标记标签通常被称为HTML标签，它不区分大小写，由尖括号包围关键词，通常成对出现，第一个是开始标签，第二个是结束标签，结束标签有一个反斜线“/”。

此外，也有单独呈现的标签，一般成对出现的标签，其内容在两个标签中间。单独呈现的标签，则在标签属性中赋值。

Step 2　输入代码添加页面标题

将鼠标光标定位到<head>标签(用于定义文档的头部，它是所有头部元素的容器)的后面，按Enter键换行，输入“<title>在线购物</title>”代码，如图3-38所示。

```
<head>
<title>在线购物</title>    ← 输入
    <script language="javascript">
    <!--//
    function checksignup() {
    if ( document.myform.name.value == "" ) {
            window.alert('请输入您的姓名!!');
            document.myform.name.focus();
        }
        else if ( document.myform.phone.value == "" )
            window.alert('请输入您的联系电话!!');
```

图3-38

Step 3　预览添加的标题效果

保存文件，按F12键启动浏览器，在打开页面的标签中即可查看到添加页面标题后的效果，如图3-39所示。

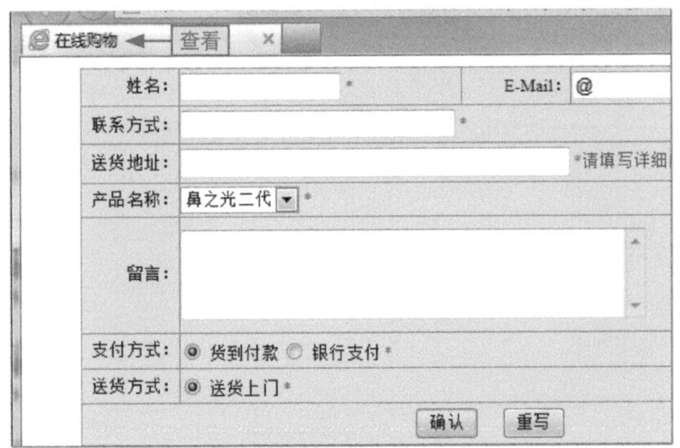

图3-39

专家提醒 | 修改页面标题的其他方法

在Dreamweaver CC中打开网页后，在菜单栏下方的“标题”文本框中输入名称，按Enter键可快速修改页面标题。

3.2.2　为文字添加加粗和倾斜格式

有时候为了页面美观或要突出显示某些文字，此时就需要对页面的全部文字或部分文字的字体效果进行设置，比如加粗、倾斜等。

在网页代码中，加粗字体使用<Strong>标签，让文字倾斜使用<i>标签。下面通过具体的实例讲解通过网页代码设置页面字体的具体方法。

本节素材	DVD/素材/Chapter03/版权保护.html
本节效果	DVD/效果/Chapter03/版权保护.html
学习目标	掌握利用<Strong>和<i>标签设置文本加粗和倾斜
难度指数	★★★

Step 1　切换到代码视图

❶打开“版权保护”素材文件，❷单击“代码”按钮切换到代码视图窗口，如图3-40所示。

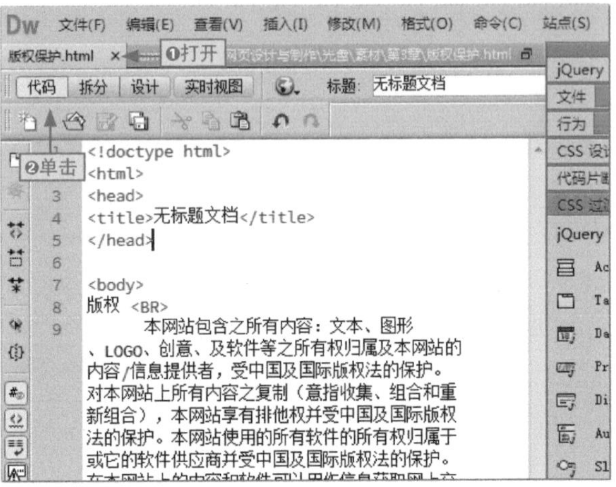

图3-40

Step 2 将字体设置为倾斜

❶将文本插入点定位到需要设置倾斜的内容的左侧，输入“<i>”开始标签，❷在指定内容结束位置输入“</i>”结束标签，如图3-41所示。

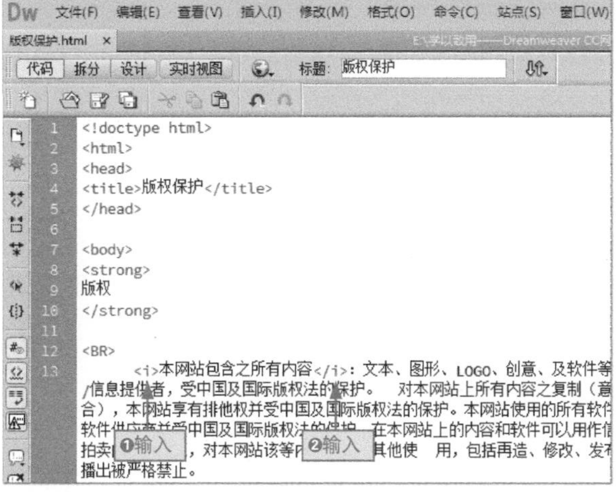

图3-41

Step 3 将字体设置为加粗

❶将文本插入点定位到需要设置加粗格式的内容的左侧，输入“<strong>”开始标签，❷在指定内容结束位置输入“</strong>”结束标签，如图3-42所示。

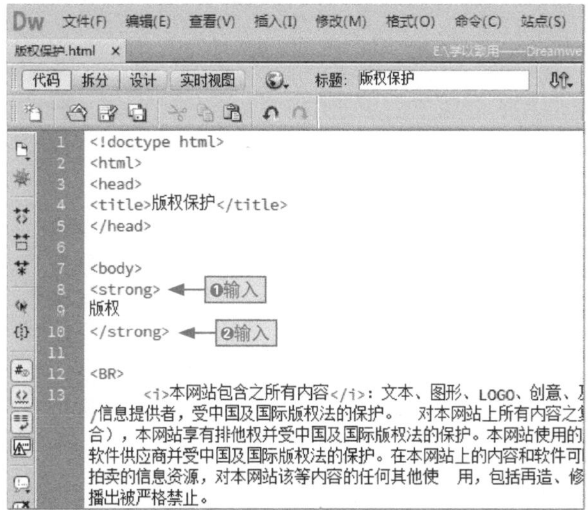

图3-42

Step 4 效果预览

保存文件，按F12键启动浏览器，在打开的页面的标签中即可查看到为文本添加倾斜和加粗格式后的效果，如图3-43所示。

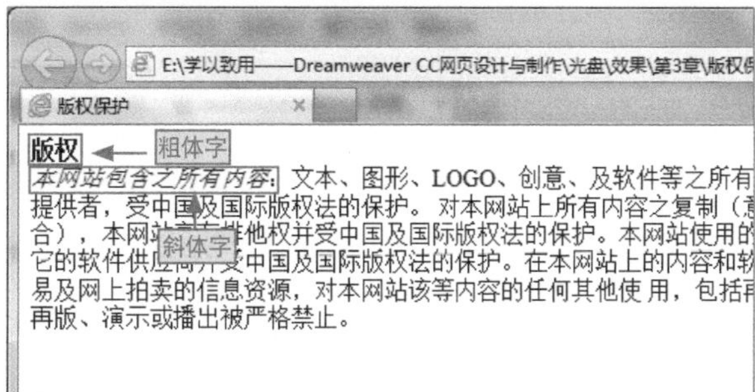

图3-43

专家提醒 | 其他常用字体效果标签

在网页标签中，<b>标签也可以用于将文本设置为粗体，<u>标签用于为文本添加下划线，<s>标签用于为文本添加删除线。

3.2.3 设置文字的字号大小

字号的大小会直接影响到用户的阅读效果，所以设置一个合适的字号大小非常重要。尤其是在一段话中，要突出某些描述，也可以将其字号调大。

在网页代码中，要设置字号的大小，可以使用<font>标签的size属性来完成。

本节素材	DVD/素材/Chapter03/版权保护1.html
本节效果	DVD/效果/Chapter03/版权保护1.html
学习目标	掌握利用<font>标签的size属性设置字号大小
难度指数	★★★

Step 1 切换到代码视图

❶打开“版权保护1”素材文件，❷单击“代码”按钮切换到代码视图窗口，如图3-44所示。

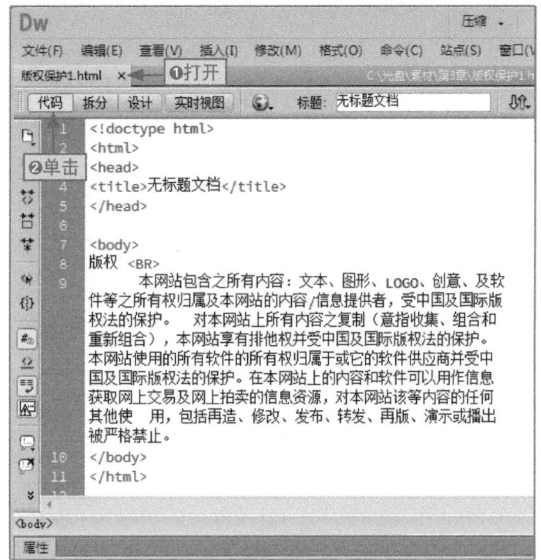

图3-44

Step 2 为指定内容设置字号大小

❶将文本插入点定位到需要设置字号大小的内容的左侧，输入“<font size="5">”代码，❷到指定内容结束点输入“</font>”结束，如图3-45所示。

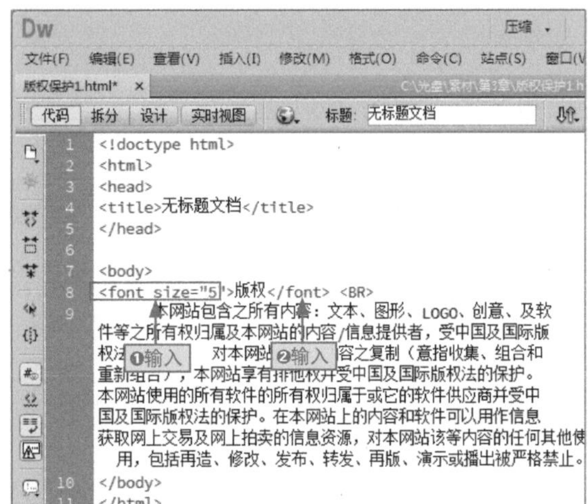

图3-45

Step 3 预览更改字号大小后的效果

保存文件，按F12键启动浏览器，在打开的网页中即可查看到更改字号大小后的最终效果，如图3-46所示。

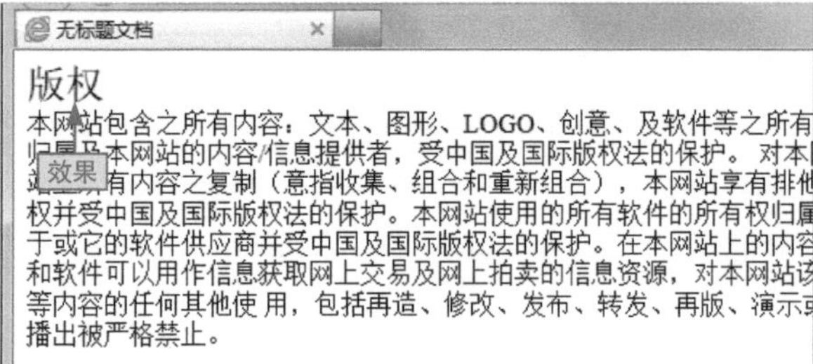

图3-46

3.2.4 设置网页文本的文本颜色

一个漂亮的网页通常都不止于一种颜色，如果要突出显示某些文本，也可以通过为某些文本设置突出的文本颜色来实现。

在网页代码中，要设置文本的颜色，可以使用<font>标签的color属性来完成。

本节素材	DVD/素材/Chapter03/版权保护2.html
本节效果	DVD/效果/Chapter03/版权保护2.html
学习目标	掌握利用<font>标签的color属性设置文本颜色
难度指数	★★★

Step 1 切换到代码视图

❶打开“版权保护2”素材文件，❷单击“代码”按钮切换到代码视图窗口，如图3-47所示。

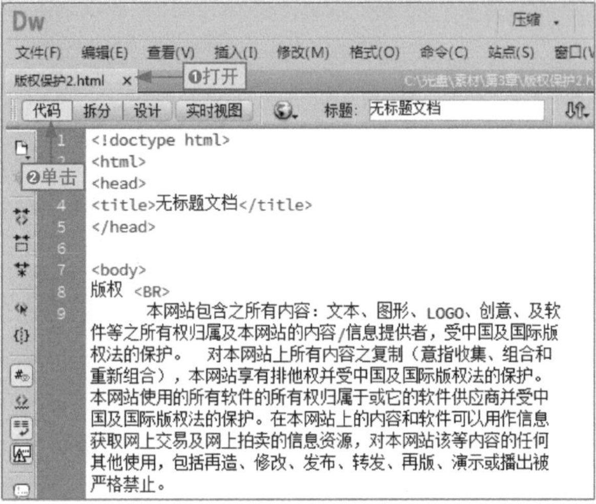

图3-47

Step 2 将字体颜色设置为红色

❶将文本插入点定位到需要设置文本颜色的内容的左侧，然后输入“<font color="#FF0000">”代码，❷到指定内容结束点输入“</font>”结束，如图3-48所示。

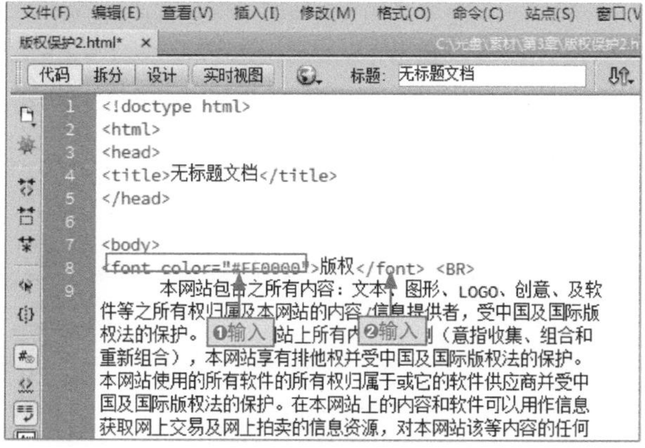

图3-48

Step 3 效果预览

保存文件，按F12键启动浏览器，在打开的页面的标签中即可查看到更改文本颜色后的效果，如图3-49所示。

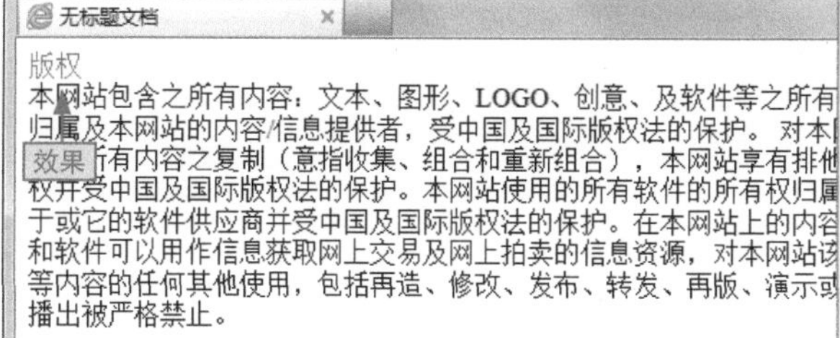

图3-49

3.2.5 设置网页的背景颜色

有时候一个单一内容的网页显得非常枯燥，这个时候可以给一些区域加上背景颜色来丰富网页效果。

在网页代码中，如果要设置页面背景的颜色，可以使用<body>标签(网页的主体部分，存放用户可以看到的页面内容)的bgcolor属性来完成。

本节素材	DVD/素材/Chapter03/读者调查.html
本节效果	DVD/效果/Chapter03/读者调查.html
学习目标	利用<body>标签的bgcolor属性设置网页背景颜色
难度指数	★★★

Step 1 切换到代码视图

❶打开“读者调查”素材文件，❷单击“代码”按钮切换到代码视图窗口，如图3-50所示。

图3-50

Step 2 设置背景颜色为浅蓝色

将文本插入点定位到<body>标签中，输入“bgcolor="#E8EFF9"”代码，给整个页面加上浅蓝色背景色，如图3-51所示。

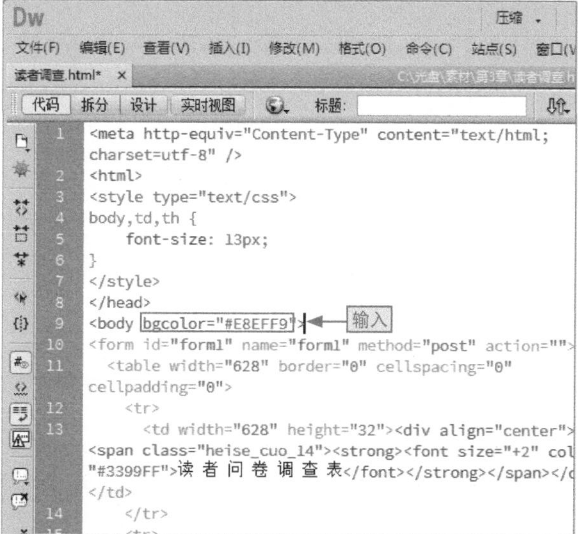

图3-51

Step 3　预览设置背景颜色后的效果

保存文件，按F12键启动浏览器，在打开的页面中即可查看到设置背景颜色后的页面效果，如图3-52所示。

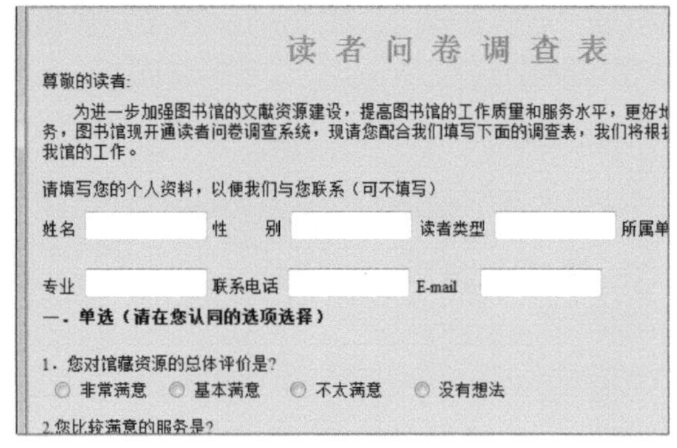

图3-52

3.2.6　为网页添加背景图片

给网页添加背景颜色虽然在一定程度上能丰富其效果，但单一的颜色略显枯燥，这时就需要向背景中添加图片，使网页效果更加丰富多彩。

在网页代码中，如果要为页面添加背景图片，用户可以使用<body>标签的background属性来完成。

本节素材	DVD/素材/Chapter03/读者调查1.html
本节效果	DVD/效果/Chapter03/读者调查1.html
学习目标	利用<body>标签的background属性添加背景图片
难度指数	★★★

Step 1　切换到代码视图

❶打开“读者调查1”素材文件，❷单击“代码”按钮切换到代码视图窗口，如图3-53所示。

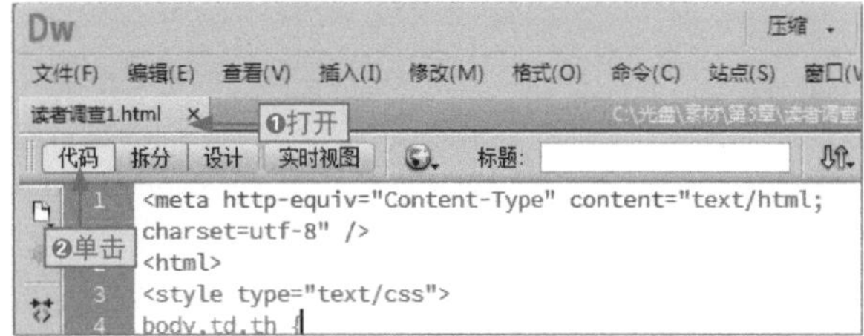

图3-53

Step 2　添加background属性

❶在<body>标签中按空格键，输入bac，❷双击出现的background属性，将其添加到网页中，如图3-54所示。

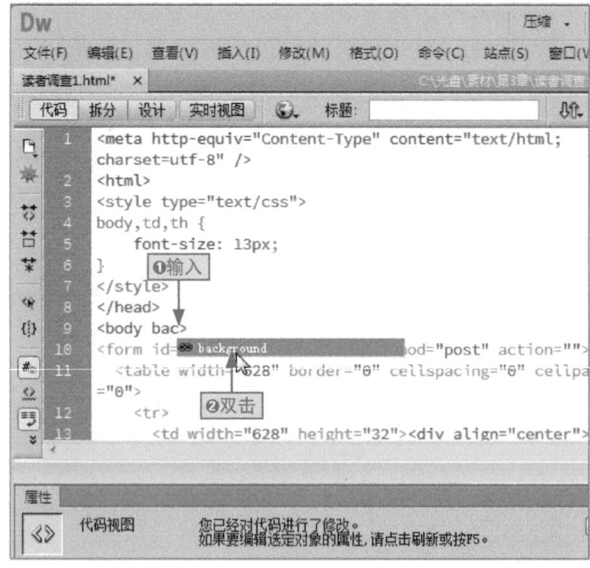

图3-54

Step 3　打开“选择文件”对话框

双击出现的“浏览”选项打开“选择文件”对话框，如图3-55所示。

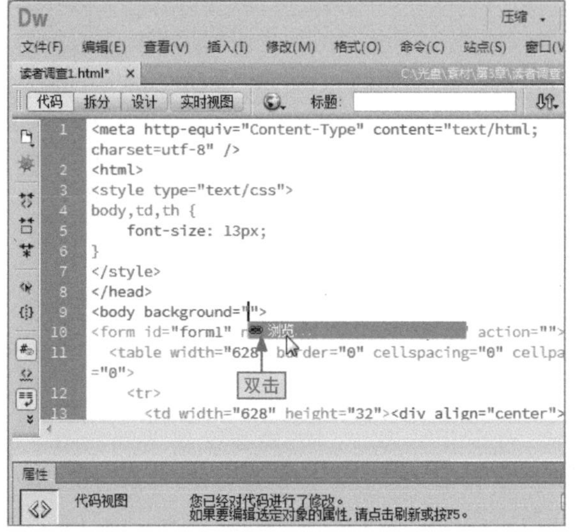

图3-55

Step 4　选择需要的背景图片

❶在该对话框中找到文件的保存位置，❷选择需要的图片，单击“确定”按钮，如图3-56所示。

图3-56

专家提醒 | 快速输入代码完成页面背景的设置

对于非常熟悉代码的用户而言，可以直接在<body>标签中按空格键后，输入“ background="背景图片.jpg"”代码即可快速添加页面的背景图片。

Step 5　效果预览

保存文件，按F12键启动浏览器，在打开的页面中即可查看到添加背景图片后的网页效果，如图3-57所示。

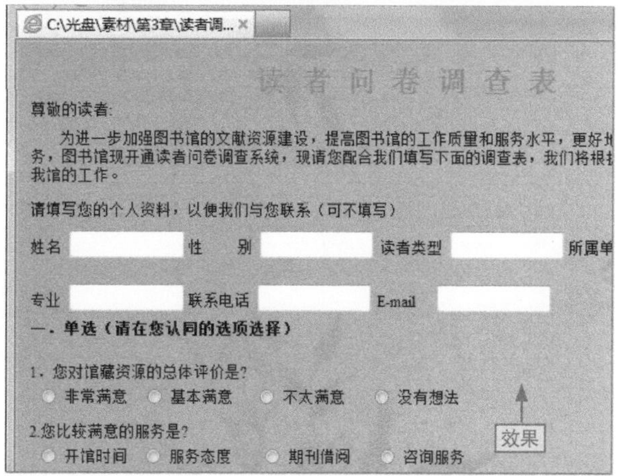

图3-57

3.3 使用代码设置超链接属性

在3.1节的“页面设置”对话框中介绍了对超链接的一般效果设置。在本节中，将介绍如何通过在超链接标签类及其伪类(有关标签类和伪类的内容参见本书第9章)中编写代码来设置超链接的更多属性。

3.3.1 设置超链接的边距

在网页设计过程中，如果要设置模块与模块之间的距离，用户可以在超链接标签类a{}中使用margin属性来定义各个超链接元素的外边距(有关该属性的详细介绍参见第7章)。

本节素材	DVD/素材/Chapter03/菜单.html
本节效果	DVD/效果/Chapter03/菜单.html
学习目标	掌握使用margin属性设置超链接边距的方法
难度指数	★★★

Step 1　切换到代码视图

❶打开“菜单”素材文件，❷单击“代码”按钮切换到代码视图窗口，如图3-58所示。

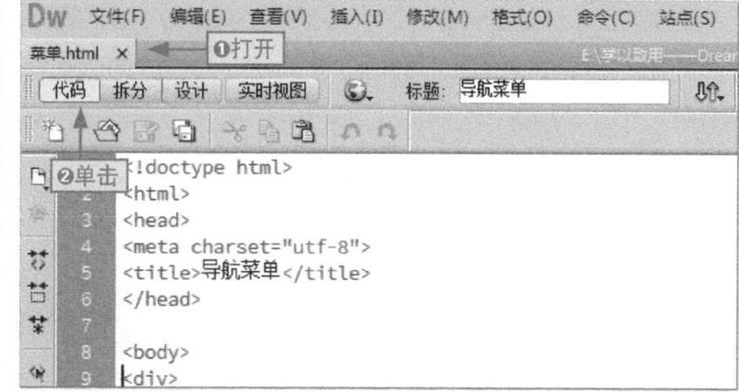

图3-58

Step 2 设置链接边距

将文本插入点定位到<head>标签后，按Enter键换行，之后在此输入以下代码，如图3-59所示。

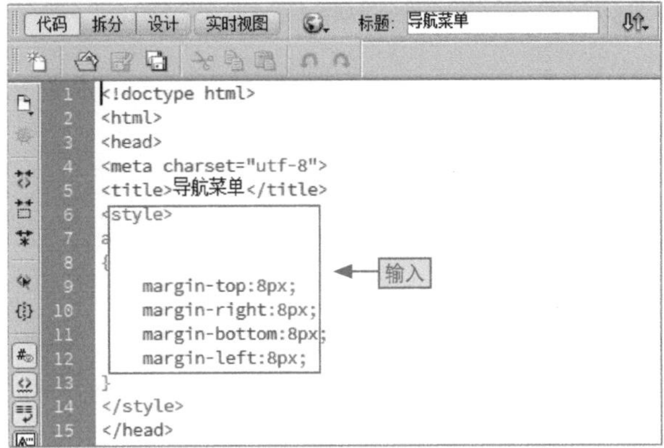

图3-59

Step 3 效果预览

按Ctrl+S组合键保存网页，按F12键启动浏览器，在打开的界面中即可查看到设置边距后的效果，如图3-60所示。

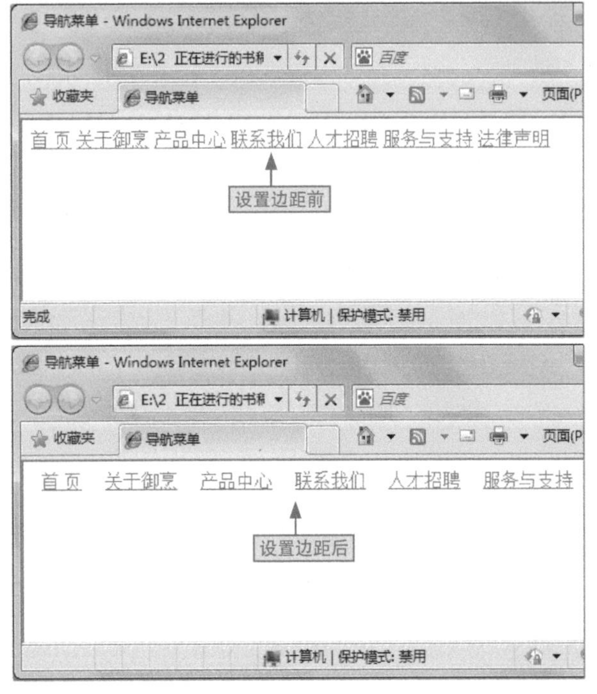

图3-60

3.3.2 设置链接颜色

对于创建好的超链接，如果要单独设置其文本颜色，可以在超链接标签类a{}中使用color属性来完成，其具体设置方法如下。

本节素材	DVD/素材/Chapter03/菜单1.html
本节效果	DVD/效果/Chapter03/菜单1.html
学习目标	掌握使用color属性设置超链接颜色的方法
难度指数	★★★

Step 1 设置超链接颜色为红色

❶在Dreamweaver CC中打开“菜单1”素材文件，并切换到代码视图窗口，❷在设置边距的代码下方添加color:red代码，如图3-61所示。

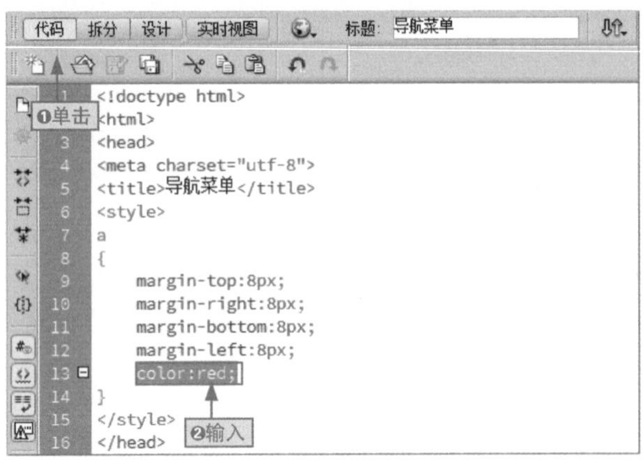

图3-61

Step 2 效果预览

按Ctrl+S组合键保存网页，按F12键启动浏览器，在打开的界面中即可查看到超链接文本变为红色的效果，如图3-62所示。

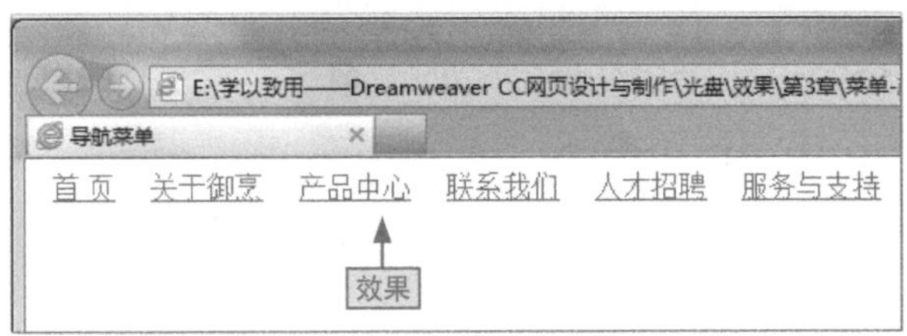

图3-62

3.3.3　设置鼠标经过超链接效果

要设置所有超链接的鼠标经过效果，可以在超链接标签伪类a:hover{}中设置，例如设置鼠标光标经过超链接时，超链接的颜色变化，则直接在该类中设置color属性。

本节素材	DVD/素材/Chapter03/菜单2.html
本节效果	DVD/效果/Chapter03/菜单2.html
学习目标	掌握使用a:hover{}设置鼠标经过超链接效果
难度指数	★★★

Step 1　设置鼠标经过时的颜色变化

❶打开“菜单2”素材文件，并切换到代码视图窗口，❷在<style>标签中添加一个a:hover{}伪类，并设置color属性的颜色值，如图3-63所示。

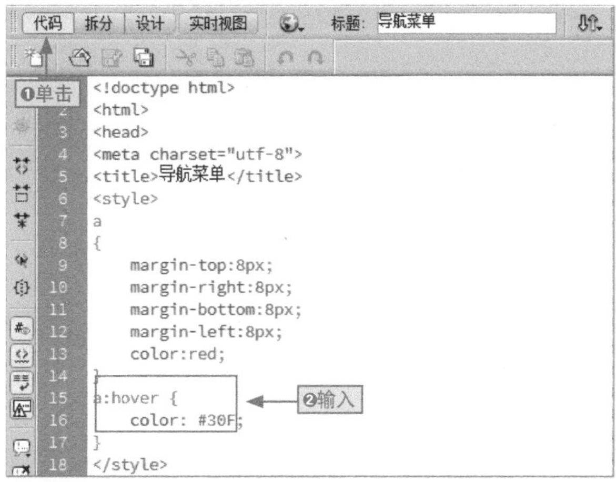

图3-63

Step 2　查看设置的鼠标经过效果

按Ctrl+S组合键保存网页，按F12键启动浏览器，在打开的界面中将鼠标光标指向超链接即可查看到效果，如图3-64所示。

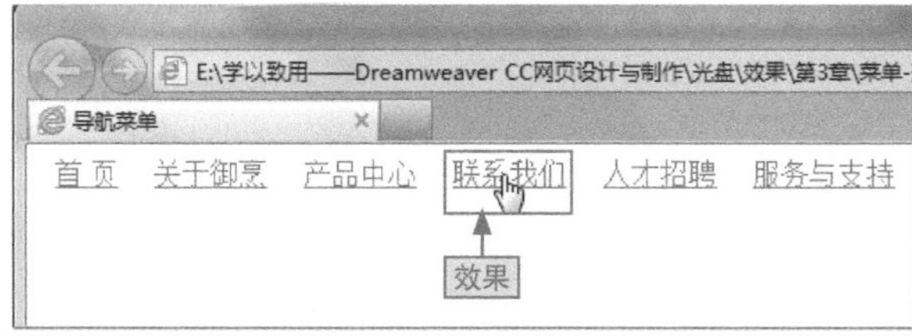

图3-64

3.3.4　设置已访问链接

为了让访问过的超链接和其他链接有所区别，可以在超链接标签伪类a:visited{}中进行设置。

本节素材	DVD/素材/Chapter03/菜单3.html
本节效果	DVD/效果/Chapter03/菜单3.html
学习目标	掌握使用a:visited{}设置已访问超链接的效果
难度指数	★★★

Step 1　设置已访问链接的颜色

❶打开“菜单3”素材文件，并切换到代码视图窗口，❷在<style>标签中添加一个a:visited{}伪类，并设置color属性的颜色值，如图3-65所示。

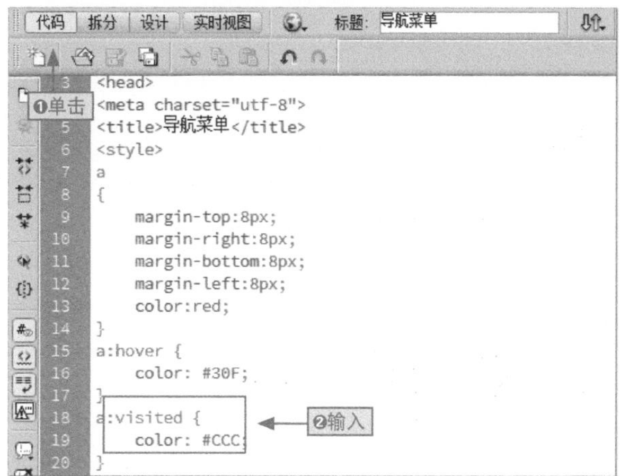

图3-65

Step 2　查看设置的已访问链接的效果

按Ctrl+S组合键保存网页，按F12键启动浏览器，在打开的界面中访问某个超链接，其颜色发生变化，如图3-66所示。

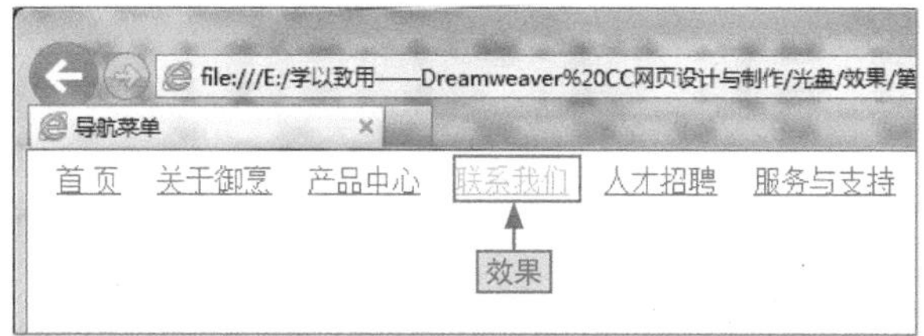

图3-66

3.3.5 设置活动链接

活动链接即单击超链接时，其产生的一种瞬间活动效果。要设置所有超链接的活动链接，用户可以在超链接标签伪类a:active{}中设置。

本节素材	DVD/素材/Chapter03/菜单4.html
本节效果	DVD/效果/Chapter03/菜单4.html
学习目标	掌握使用a:active{}设置活动超链接的效果
难度指数	★★★

Step 1 设置鼠标经过时的颜色变化

❶打开“菜单4”素材文件，并切换到代码视图窗口，❷在<style>标签中添加一个a:active{}伪类，并设置color和font-size属性，如图3-67所示。

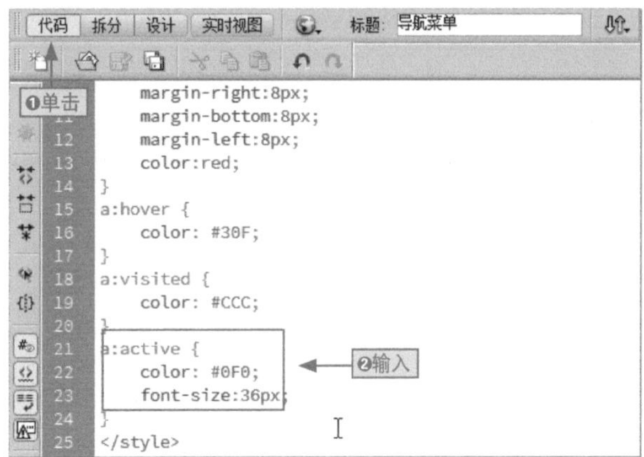

图3-67

Step 2 查看效果

按Ctrl+S组合键保存网页，按F12键启动浏览器，在打开的界面中的某个超链接上按下鼠标左键即可查看到设置的效果，如图3-68所示。

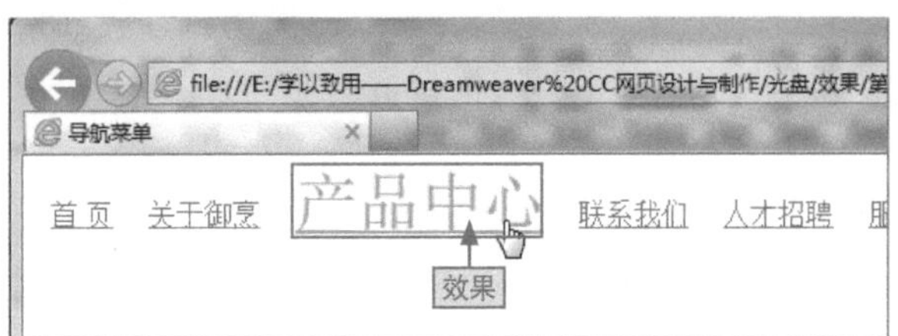

图3-68

3.3.6 修改下划线样式

添加下划线即设置text-decoration属性的值，其值有none(无)、line-through(删除线)、underline(下划线)等。

下面通过具体的实例，讲解修改下划线样式的方法。

本节素材	DVD/素材/Chapter03/菜单5.html
本节效果	DVD/效果/Chapter03/菜单5.html
学习目标	掌握使用text-decoration属性设置超链接的下划线
难度指数	★★★

Step 1 取消超链接默认的下划线

❶打开“菜单5”素材文件，并切换到代码视图窗口，❷在超链接标签类a{}中添加“text-decoration:none”代码，如图3-69所示。

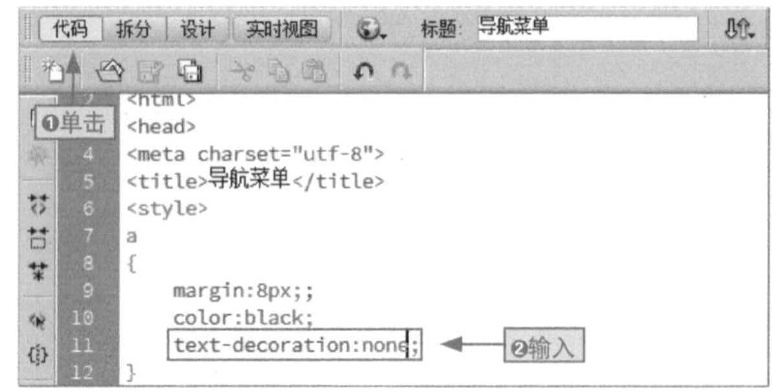

图3-69

Step 2 设置鼠标经过时有下划线

在超链接标签伪类a:hover{}中添加“text-decoration: underline”代码，设置鼠标经过时有下划线，如图3-70所示。

```
<meta charset="utf-8">
<title>导航菜单</title>
<style>
a
{
    margin:8px;;
    color:black;
    text-decoration:none;
}
a:hover {
    color: red;
    text-decoration: underline;
}
</style>
```

输入

图3-70

Step 3 查看效果

按Ctrl+S组合键保存网页，按F12键启动浏览器，在打开的界面中可查看到超链接下方无下划线，将鼠标光标移动到某个超链接上，则显示了下划线，如图3-71所示。

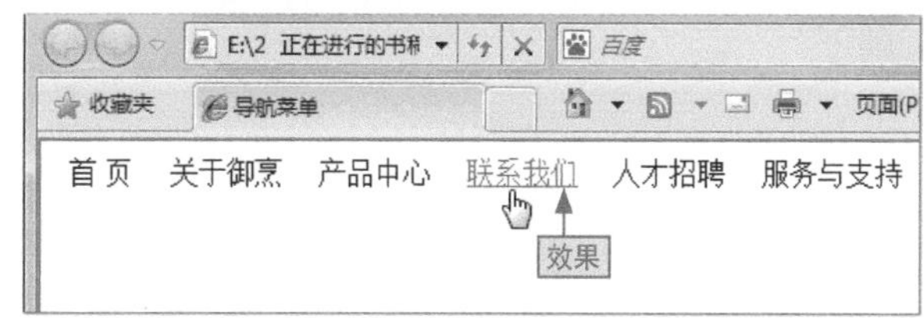

图3-71

3.4 实战问答

?! NO.1 | 外观(CSS)和外观(HTML)有何区别

元芳： 在设置网页页面中的字体和背景格式时，通过“页面属性”对话框的“外观(CSS)”和“外观(HTML)”分类都可以实现，那二者有何区别呢？

大人： 使用“外观(CSS)”分类设置页面属性后，程序会将设置的相关属性代码生成CSS样式(有关CSS的内容将在本书第9章介绍)，而使用“外观(HTML)”分类设置页面属性后，程序会自动将设置的相关属性代码添加到网页文件的主体<body>标签中。

?! NO.2 | 如何让背景图片固定

元芳： 设置背景图片后，预览效果时，当窗口有滚动条时滑动滚动条，此时网页背景会随之而滚动，那么如何让背景图片固定，不随着滚动条滑动而滚动呢？

大人： 让网页背景图片固定只需在设置背景处加<bgproperties="fixed">代码即可，比如<body background="images/bg.jpg" bgproperties="fixed">。

3.5 思考与练习

填空题

1. 设置页面标题的标签是________。

2. color属性通常是用来设置指定对象的__________。

选择题

1. 下面(　　)不能用来设置外边距。

A. margin-left

B. margin-right

C. margin-center

D. margin-top

2. 下列说法正确的是(　　)。

A. 设置背景颜色是设置文字的背景颜色

B. Margin用来设置内边距

C. font-size用来设置字体

D. bgcolor用来设置背景颜色

判断题

1. 在“页面属性”对话框的“外观(CSS)”分类和“外观(HTML)”分类都可以用于设置页面的背景效果。 (　　)

2. font-bold 用于设置对象中的文本字体加粗。 (　　)

操作题

【练习目的】新闻信息页面制作

下面将以新闻详细展示页面的制作为例，让读者亲自体验在文档中使用属性对话框和编写代码来约束或规范页面样式的相关操作，巩固本章的相关知识和操作。

【制作效果】

本节素材	DVD/素材/Chapter03/新闻详细.html
本节效果	DVD/效果/Chapter03/新闻详细.html

Chapter 04

创建与管理站点

本章要点

★ 创建本地站点
★ 为站点定义远程服务器
★ 发布站点
★ 删除站点
★ 编辑站点
★ 导出站点
★ 导入站点
★ 添加文件/文件夹

学习目标

Dreamweaver站点是网站中使用的所有文件和资源的集合。通过Dreamweaver站点可以方便地实现本地文件和文件夹的管理。下面将具体介绍如何使用Dreamweaver创建站点、编辑站点，以及如何通过站点管理文件和文件夹的相关知识和操作。

知识要点	学习时间	学习难度
创建、配置与发布本地站点	50分钟	★★
管理站点.	60分钟	★★★
管理站点中的内容.	45分钟	★★

重点实例

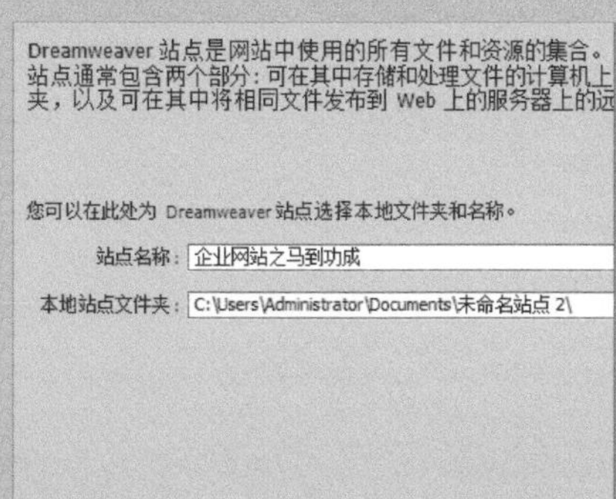

创建站点

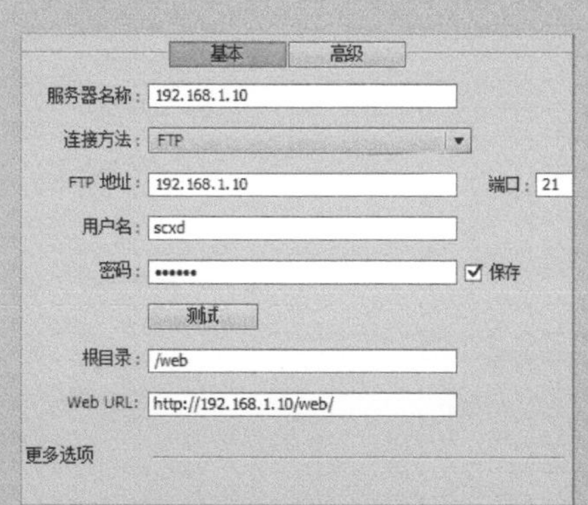

为站点定义远程服务器

管理站点内容

4.1 创建、配置与发布本地站点

通常一个网站往往由多个网页文件组成，为了对这些网页方便管理，需要建立一个站点来管理文件和文件夹。

4.1.1 创建本地站点

本地站点是用户的工作目录，用户在制作网页时，所有的文件或文件夹都是保存在该站点中的。

在Dreamweaver CC中，创建本地站点有3种方法。

第一，在欢迎界面中单击“Dreamweaver站点”按钮。

第二，在“文件”面板中单击“管理站点”超链接。

第三，通过“站点”菜单创建，如图4-1所示。

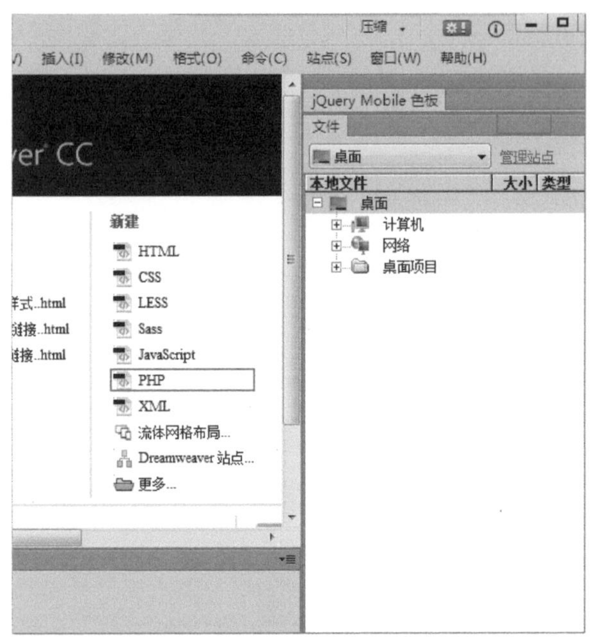

图4-1

下面以通过“站点”菜单创建本地站点为例，讲解具体的创建方法。

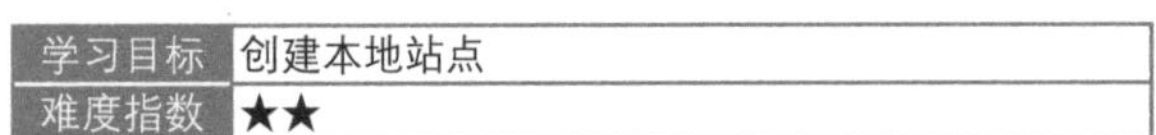

学习目标	创建本地站点
难度指数	★★

Step 1　执行“新建站点”命令

❶在Dreamweaver CC工作界面中单击“站点”菜单项，❷在弹出的菜单中选择“新建站点”命令，如图4-2所示。

图4-2

Step 2　设置站点名称

❶在打开的站点对象设置对话框的“站点名称”文本框中输入站点名称，❷单击“本地站点文件夹”文本框右侧的“浏览”按钮，如图4-3所示。

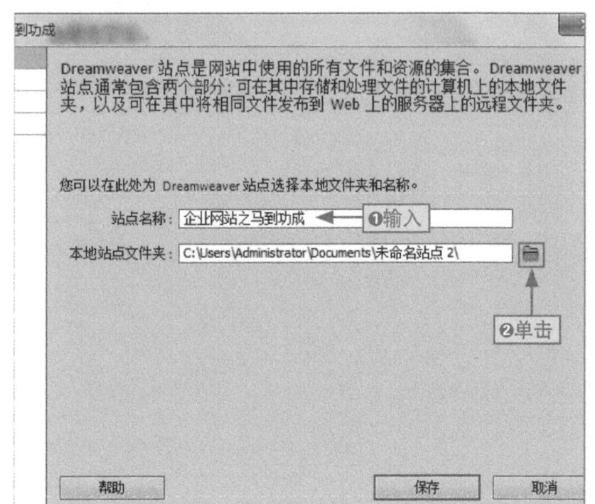

图4-3

Step 3 设置站点位置

❶在打开的“选择根文件夹”对话框中，选择站点的本地文件夹，❷单击“选择文件夹”按钮，如图4-4所示。

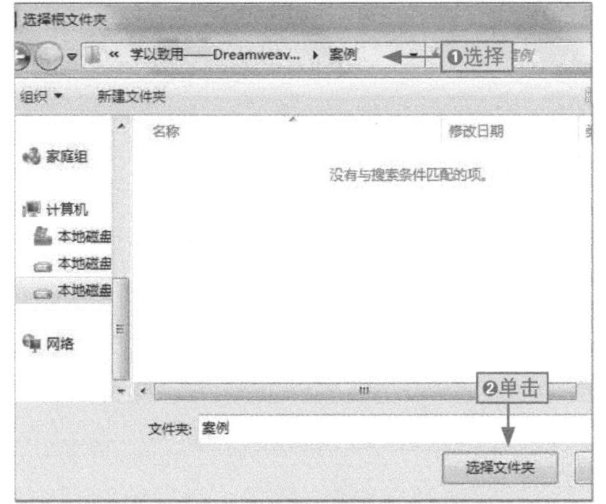

图4-4

Step 4 站点建立完成

在返回的站点对象设置对话框中单击“保存”按钮完成站点的建立，在“文件”面板的列表框中即可查看到创建的站点，如图4-5所示。

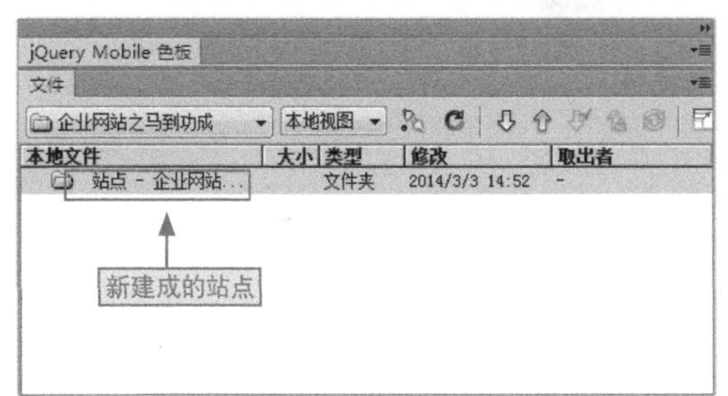

图4-5

4.1.2 为站点定义远程服务器

通常情况下，在制作网站时，都是在本地站点中完成的，如果要将网站链接到Web，并发布站点，此时就需要为站点定义远程服务器，其具体的操作方法如下。

学习目标	为站点定义远程服务器
难度指数	★★

Step 1 执行“管理站点”命令

❶在Dreamweaver CC工作界面中单击“站点”菜单项，❷选择“管理站点”命令，如图4-6所示。

图4-6

Step 2 编辑当前选定的站点

❶在打开的“管理站点”对话框中选择要操作的站点，❷单击“编辑当前选定的站点”按钮，如图4-7所示。

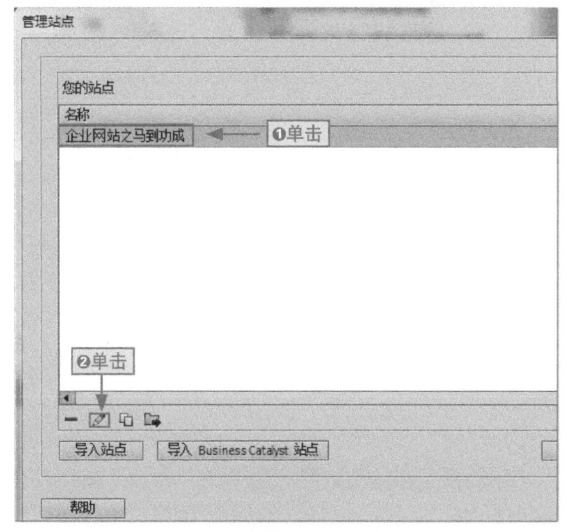

图4-7

Step 3　新建服务器

❶在打开的站点设置对象对话框中的左侧列表框中选择“服务器”选项，❷单击右侧列表框下方的“添加新服务器”按钮，如图4-8所示。

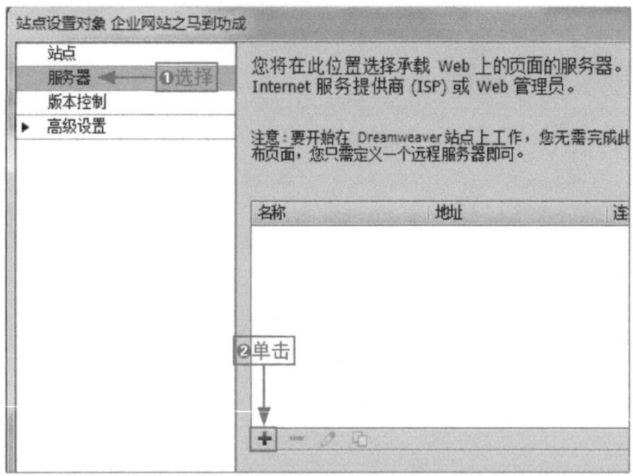

图4-8

Step 4　设置服务器参数

❶在展开界面的“基本”面板中分别设置服务器名称、连接方法、FTP地址、用户名、密码等参数，❷单击“保存”按钮，如图4-9所示。

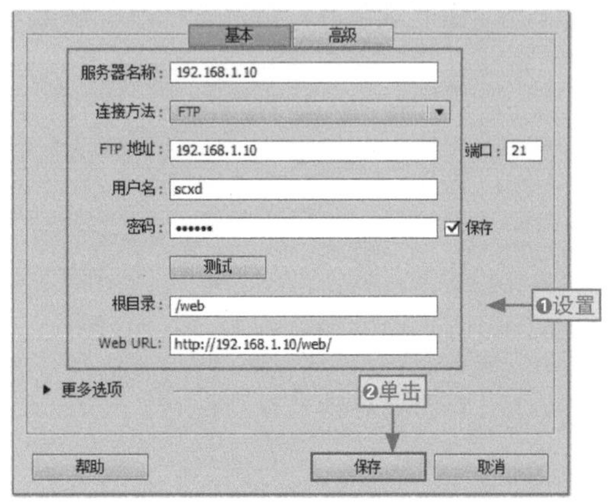

图4-9

专家提醒 | 服务器的高级设置

在设置服务器参数界面中单击“高级”按钮，在展开的面板中还可以对远程服务器和测试服务器模型进行更多参数设置。

Step 5　服务器建立完成

在返回的站点设置对象对话框的列表框中即可查看到添加的服务器，单击“保存”按钮关闭该对话框完成整个操作，如图4-10所示。

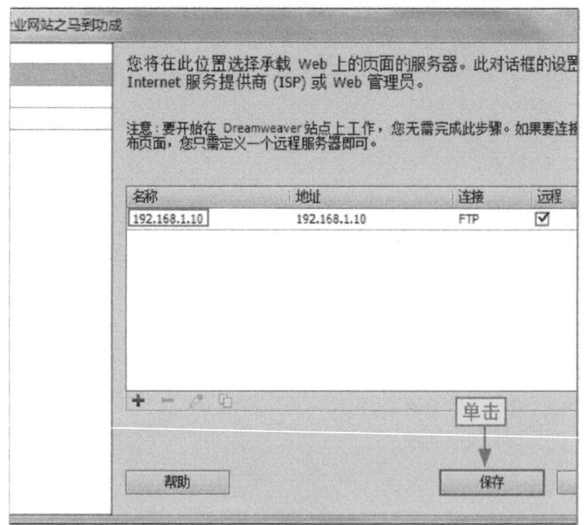

图4-10

4.1.3　发布站点

在Dreamweaver CC中发布站点的操作非常简单，其具体操作如下。

❶在“文件”面板中单击“连接到远程服务器”按钮后，❷在单击“向‘远程服务器’上传文件”按钮，在打开的提示对话框中会提示是否上传整个站点，直接单击“确定”按钮即可开始发布站点，如图4-11所示。

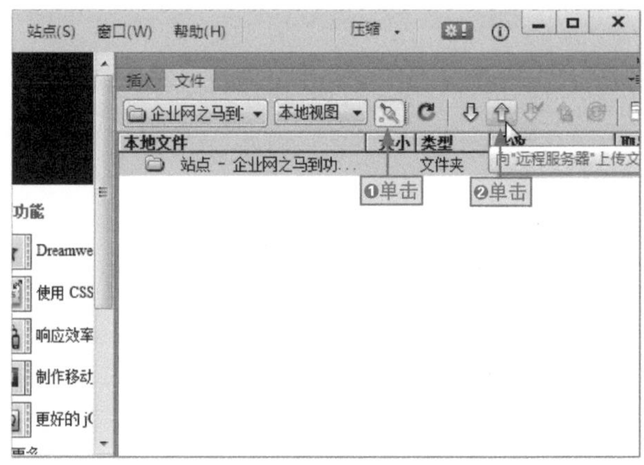

图4-11

4.2 管理站点

对创建的Dreamweaver站点，用户还可以根据需要对其进行删除、编辑、复制、导入和导出等操作，下面分别对各种操作进行详细讲解。

4.2.1 删除站点

当删除了错误的站点，或者某个站点已经不再使用，此时可以将其从Dreamweaver中删除，其具体的删除操作如下。

学习目标	删除站点
难度指数	★★

Step 1 打开“管理站点”对话框

在工作界面“站点”菜单中单击“管理站点”命令打开“站点管理”对话框，如图4-12所示。

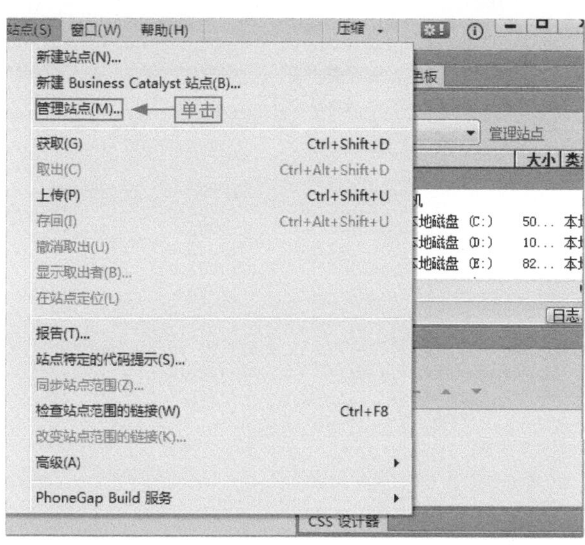

图4-12

专家提醒 | 删除站点的说明

删除某个站点后，与该站点有关的所有配置信息将永久丢失，如果要重新使用该站点，需要重新创建。

Step 2 删除当前选定的站点

❶在该对话框的列表框中选择需要删除的站点，❷单击“删除当前选定的站点”按钮，❸在打开的提示对话框中单击“是”按钮确认删除，如图4-13所示。

图4-13

4.2.2 编辑站点

对于创建好的站点，用户可以根据需要对其站点名称、站点位置、设置的服务器参数等信息进行重新编辑。

下面以更改站点的位置为例，讲解编辑站点的相关操作。

学习目标	编辑站点
难度指数	★★

Step 1　编辑当前选定的站点

❶打开“管理站点”对话框，在其中选择需要编辑的站点，❷单击“编辑当前选定的站点”按钮，如图4-14所示。

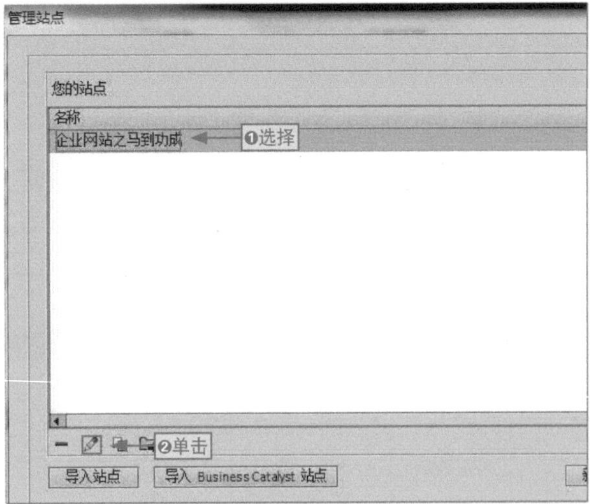

图4-14

Step 2　编辑站点位置

❶在打开的站点设置对象对话框中，重新修改本地站点文件夹的位置，❷单击“保存”按钮完成整个操作，如图4-15所示。

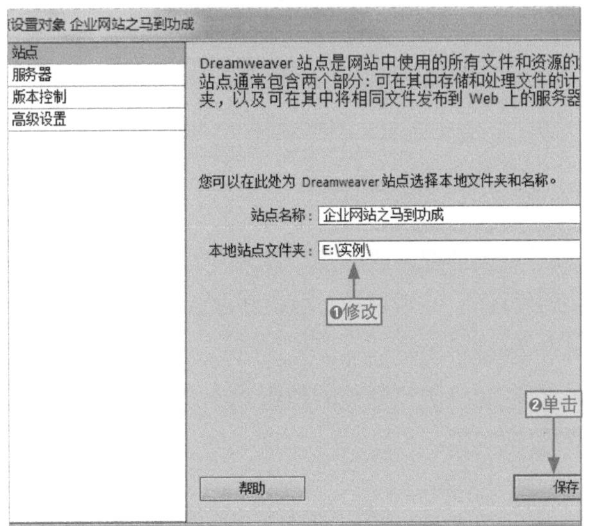

图4-15

4.2.3　复制站点

为了给当前正在制作的网站添加一个备份，可以通过复制站点的操作，为该站点添加一个副本站点。

此外，如果要制作的其他网站的结构与现有某个网站的结构布局相似，可以通过复制站点的方式快速复制一个副本，通过修改该站点的相关数据，从而快速生成新的网站站点。

下面通过实例讲解复制站点的操作。

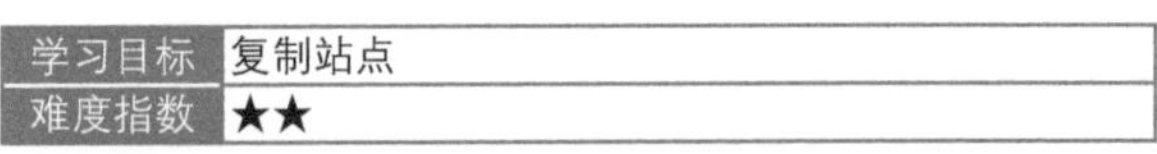

学习目标	复制站点
难度指数	★★

Step 1　复制当前选定的站点

❶打开“管理站点”对话框，在其中选择需要编辑的站点，❷单击“复制当前选定的站点”按钮，如图4-16所示。

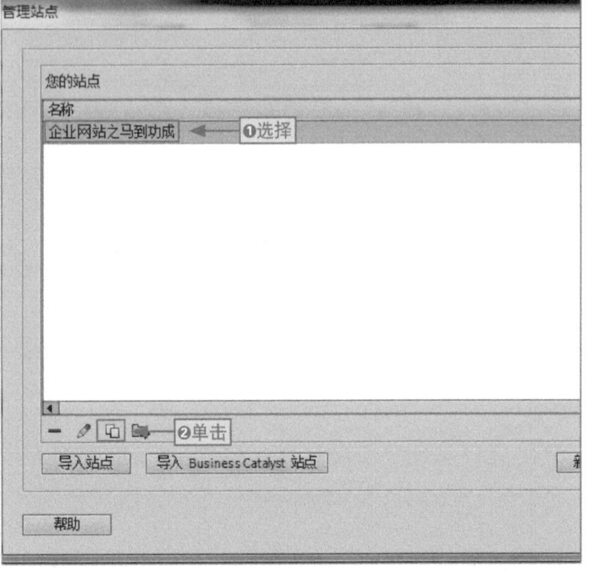

图4-16

Step 2　复制站点副本

程序自动复制一个站点副本，并显示在列表框中，单击“完成”按钮关闭该对话框，完成整个操作，如图4-17所示。

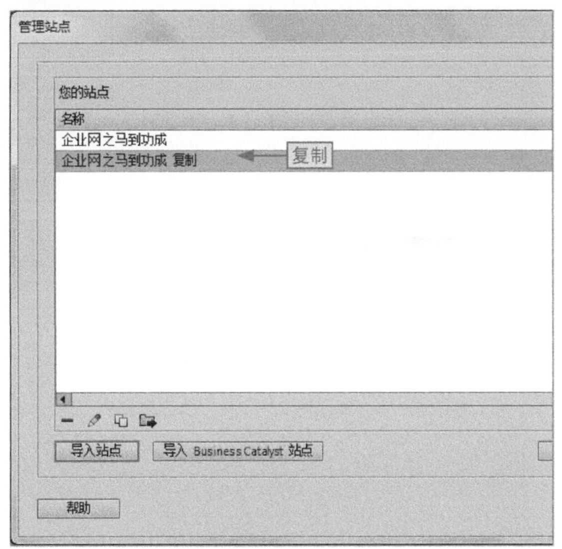

图4-17

4.2.4 导出站点

如果要在其他计算机中编辑同一个网站，此时可以通过导出站点的方法，将站点导出为“ste”格式的文件，其具体操作方法如下。

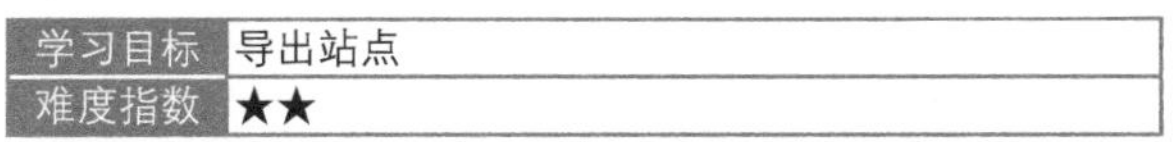

学习目标	导出站点
难度指数	★★

Step 1 导出当前选定的站点

❶打开“管理站点”对话框，在其中选择需要导出的站点，❷单击“导出当前选定的站点”按钮，如图4-18所示。

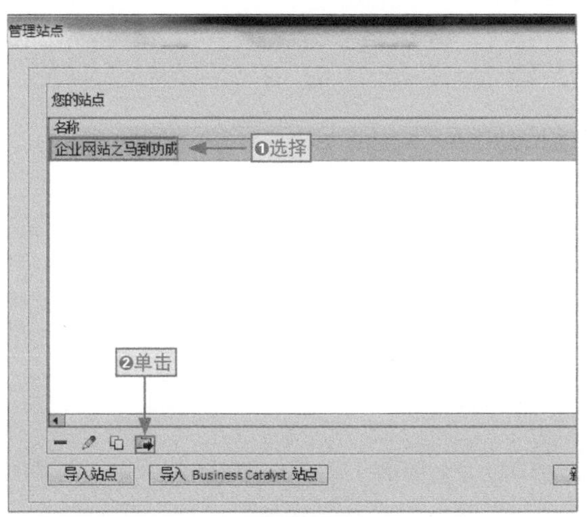

图4-18

Step 2 设置站点导出的存放位置

❶在打开的“导出站点”对话框中站点导出的存放位置，❷单击“保存”按钮即可完成站点的导出操作，如图4-19所示。

图4-19

4.2.5 导入站点

导入站点的操作非常简单，只需要将.ste格式的站点文件复制到其他计算机，然后执行导入站点操作即可，其具体导入操作如下。

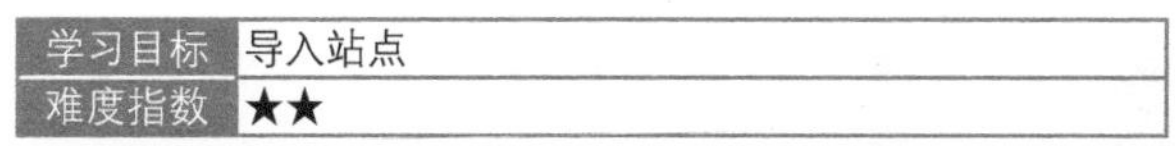

学习目标	导入站点
难度指数	★★

Step 1 单击“导入站点”按钮

打开“管理站点”对话框，在其中单击“导入站点”按钮，如图4-20所示。

图4-20

Step 2　选择要导入的站点

❶在打开的“导入站点”对话框中选择要导入的站点文件，❷单击“打开”按钮，如图4-21所示。

图4-21

Step 3　查看导入的站点

在返回的“管理站点”对话框中可查看到导入的站点，单击“完成”按钮关闭对话框，如图4-22所示。

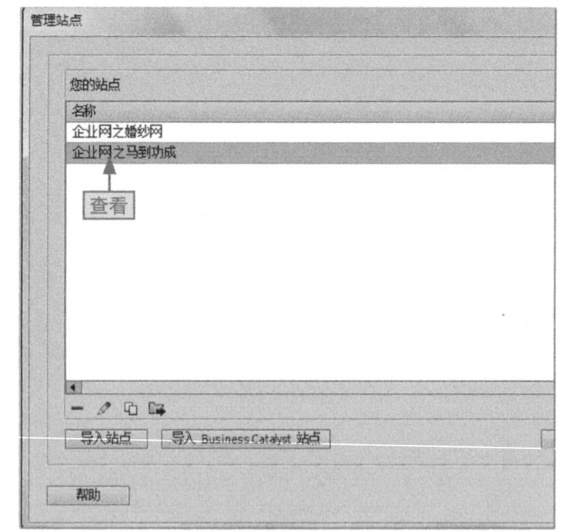

图4-22

4.3 管理站点中的内容

创建站点后，就需要在其中添加该网站需要的各种网页文件或文件夹了。对于添加的文件或文件夹，用户还可以根据需要对其进行重命名、删除等编辑操作。

4.3.1 添加文件/文件夹

向站点中添加文件/文件夹是通过站点的右键快捷菜单来完成的。其具体操作如下。

学习目标	添加文件/文件夹
难度指数	★★

Step 1　新建网页文件

在站点上右击，选择“新建文件”命令即可自动新建一个untitled名称的网页文件，如图4-23所示。

图4-23

Step 2　新建指定名称的文件夹

❶添加的文件的名称自动为可编辑状态，输入新名称后按Enter 键确认，❷用相同的方法创建CSS和img文件夹，如图4-24所示。

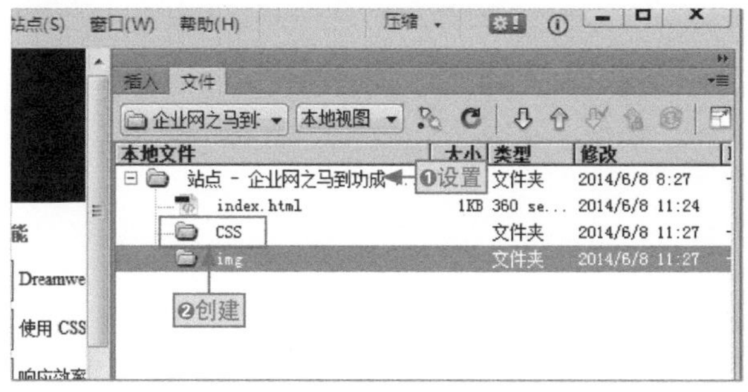

图4-24

4.3.2 重命名和删除文件/文件夹

对于在站点中创建好的文件和文件夹，用户还可以根据需要对其进行重命名或者删除操作，其具体操作方法如下。

学习目标	重命名和删除文件/文件夹
难度指数	★★

Step 1 执行“重命名”命令

在img文件夹上右击，选择“编辑/重命名”命令，如图4-25所示。

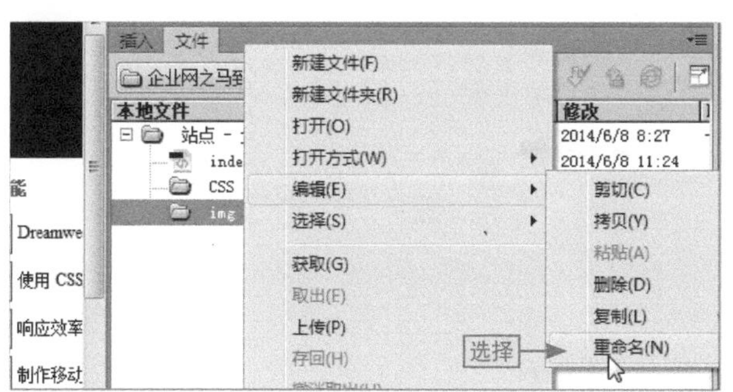

图4-25

Step 2 执行“删除”命令

❶将img名称修改为html，然后按Enter键确认，❷在index文件的右键菜单中选择“编辑/删除”命令，如图4-26所示。

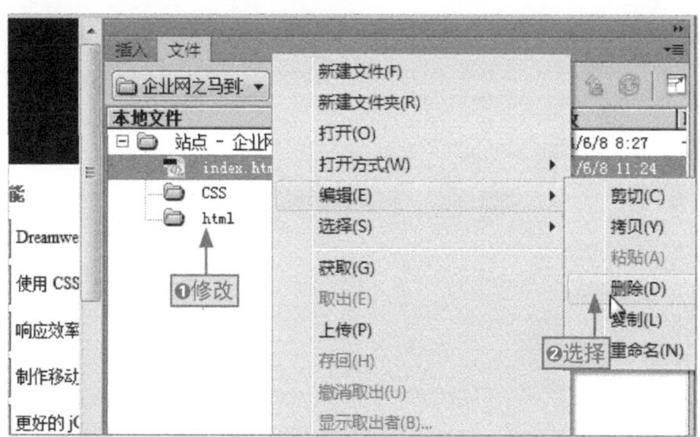

图4-26

Step 3 确认删除文件

在打开的提示对话框中单击“是”按钮，确认删除文件，如图4-27所示。

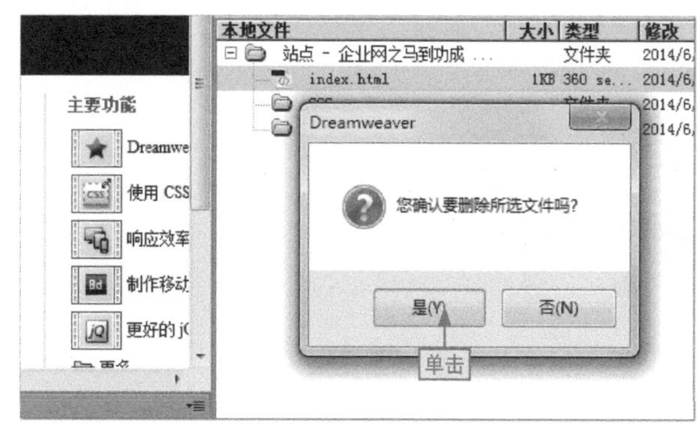

图4-27

4.4 实战问答

?! NO.1 | 站点已删除为什么文件还在

元芳：为什么当我们做站点清理时，发现即便将指定站点成功删除了，但此站点的网页文件仍然存放在固定的目录中?

大人：在Dreamweaver中站点的删除，只针对其站点及配置信息被删除，但实际文件并未删除，如需删除站点中的文件，只有找到该站点目录，然后手动将其删除。

?! NO.2 | 如何将已有文件添加到站点中

元芳：创建站点后，如何将本地计算机中其他位置保存的文件，如图片文件、网页文件、文件夹等添加到站点中呢？

大人：将已有文件添加到站点中的方法很简单，直接找到并选择要添加的文件，然后按住鼠标左键不放，将其拖动到Dreamweaver中的“文件”面板的指定位置即可。

4.5 思考与练习

填空题

1. 新建站点的方式有________种，分别是____________________________、________________________、____。

2. 导出站点的文件格式是______________。

判断题

1. 创建站点后，必须为创建的站点定义远程服务器。（　）

2. 删除站点后，只删除该站点及其配置信息，并不删除站点中的文件。（　）

操作题

【练习目的】创建mySite站点

下面将通过创建mySite站点并在其中添加文件夹为例，让读者亲自体验在站点的创建，以及在站点中添加文件夹的相关操作，巩固本章的相关知识和操作。

【制作效果】

本节素材	DVD/素材/Chapter04/无
本节效果	DVD/效果/Chapter04/mySite/

地文件	大小	类型	修改	取出者
站点 - mySit...		文件夹	2014/5/25 22:13	-
css		文件夹	2014/5/25 22:13	-
images		文件夹	2014/5/25 22:13	-
javascript		文件夹	2014/5/25 22:13	-
files		文件夹	2014/5/25 22:14	-

Chapter 05

网页中的文本创建

本章要点

★ 在网页中录入文本
★ 让文本换行分段
★ 设置文本的对齐方式
★ 设置文本的字体格式
★ 插入项目列表
★ 插入编号列表
★ 插入水平线
★ 插入注释

学习目标

文本是网页表达信息的主要途径之一，大量的信息传播都以文本为主。文本在网站上的运用是最广泛的，因此对于网页制作人员来讲，文本的处理固然是基本而重要的技巧之一。学习网页制作首先要认识网页文本，以及掌握网页中文本的制作和编辑方法。

知识要点	学习时间	学习难度
文本的简单操作	45分钟	★★★
项目列表和编号列表的使用	30分钟	★★
特殊文本的操作	45分钟	★★★

重点实例

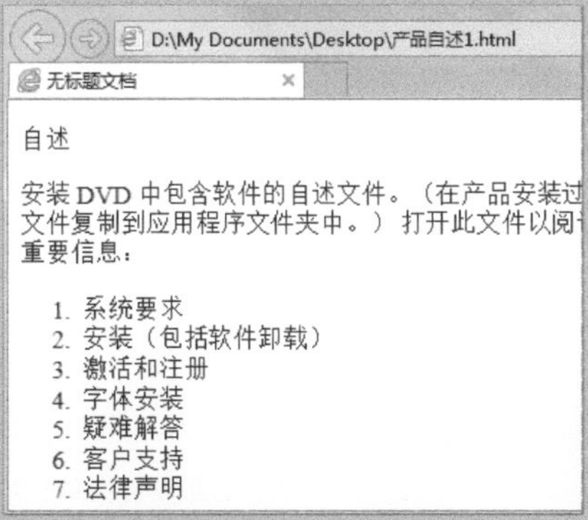

D:\My Documents\Desktop\产品自述1.html
无标题文档

自述

安装 DVD 中包含软件的自述文件。（在产品安装过
文件复制到应用程序文件夹中。）打开此文件以阅
重要信息：

1. 系统要求
2. 安装（包括软件卸载）
3. 激活和注册
4. 字体安装
5. 疑难解答
6. 客户支持
7. 法律声明

在网页中添加列表编号

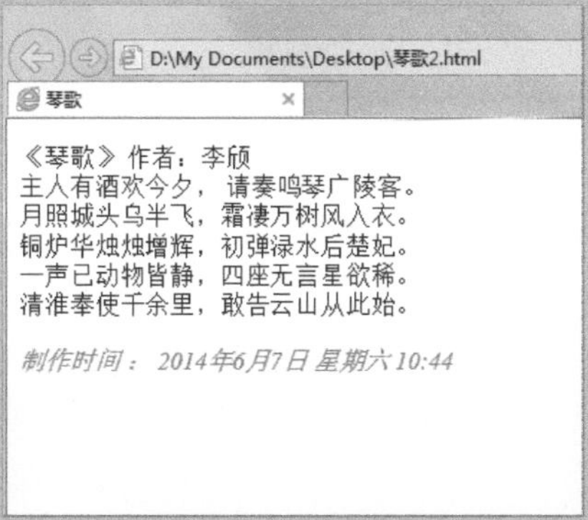

D:\My Documents\Desktop\琴歌2.html
琴歌

《琴歌》作者：李颀
主人有酒欢今夕，请奏鸣琴广陵客。
月照城头乌半飞，霜凄万树风入衣。
铜炉华烛烛增辉，初弹渌水后楚妃。
一声已动物皆静，四座无言星欲稀。
清淮奉使千余里，敢告云山从此始。

制作时间：2014年6月7日 星期六 10:44

在网页中插入指定格式的日期

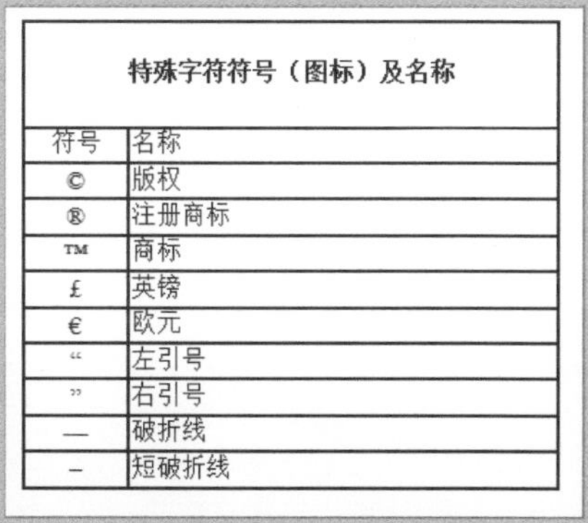

特殊字符符号（图标）及名称

符号	名称
©	版权
®	注册商标
™	商标
£	英镑
€	欧元
“	左引号
”	右引号
—	破折线
–	短破折线

在网页中插入特殊字符

5.1 文本的简单操作

文本是网页表达信息的主要途径之一，大量的信息传播都以文本为主。文本在网站上的运用是最广泛的，因此对于网页制作人员来讲，文本的处理固然是基本而重要的技巧之一。本节将学习网页中对文本的简单而基本的操作。

5.1.1 在网页中录入文本

如果要在网页中录入文本，除了直接在设计视图中输入文本以外，还可以通过复制、粘贴的方式录入文本，其操作如下。

本节素材	DVD/素材/Chapter05/佳人.txt
本节效果	DVD/效果/Chapter05/佳人.html
学习目标	在网页中录入文本
难度指数	★★

Step 1 新建网页并粘贴文本

❶新建“佳人”网页，设置网页标题，❷复制“佳人”文档中的内容，将其粘贴到设计视图中，如图5-1所示。

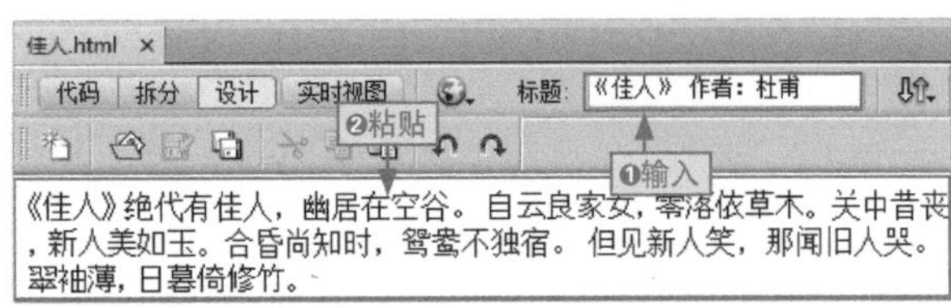

图5-1

Step 2 效果预览

按Ctrl+S组合键保存网页，按F12键启动浏览器预览效果，如图5-2所示。

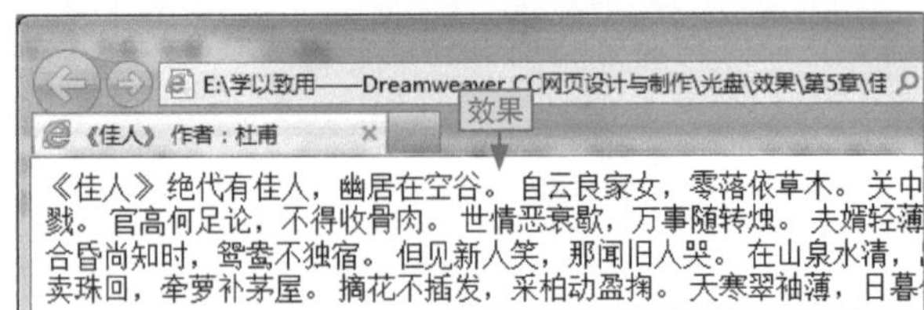

图5-2

长知识 | 从外部导入输入到网页中

除了以上方法可以录入文本内容，也可以通过导入的方式录入文本，其方法是：将文本插入点定位到需要导入内容的位置，❶选择“文件/导入”命令，❷在其子菜单中选择“Word文档”或“Excel文档”命令，❸在打开的对话框中选择文件后，❹单击“打开”按钮即可，如图5-3所示。

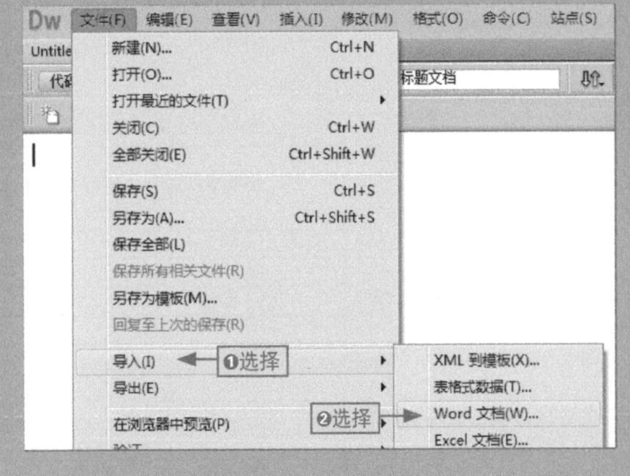

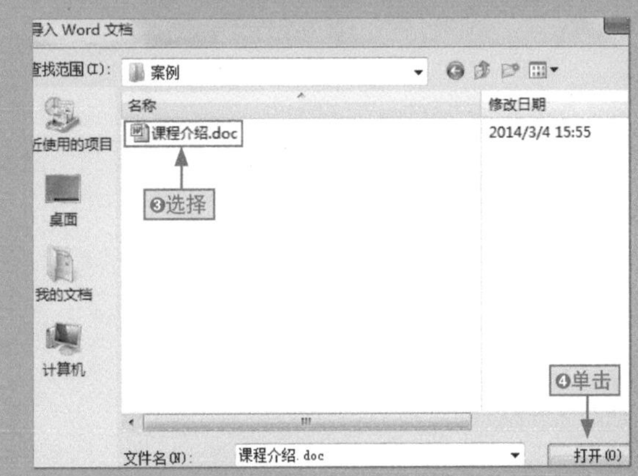

图5-3

5.1.2　让文本换行分段

在网页中插入纯文本是没有分段或其他文本样式的，但在实际应用中设置文本段落是最基本的文本样式。其具体设置方法如下。

本节素材	DVD/素材/Chapter05/佳人1.html
本节效果	DVD/效果/Chapter05/佳人1.html
学习目标	让文本换行分段
难度指数	★★

Step 1　手动设置分段

打开“佳人1”网页，在需要设置分段的内容后按Enter键换行分段，如图5-4所示。

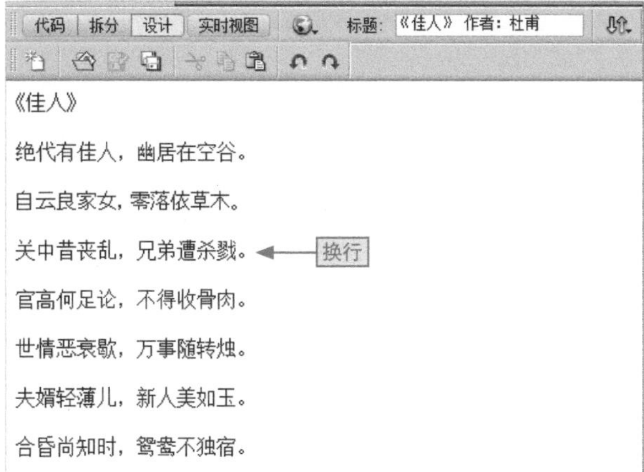

图5-4

Step 2　预览分段效果

按Ctrl+S组合键保存网页，按F12键启动浏览器预览到添加换行后的效果，如图5-5所示。

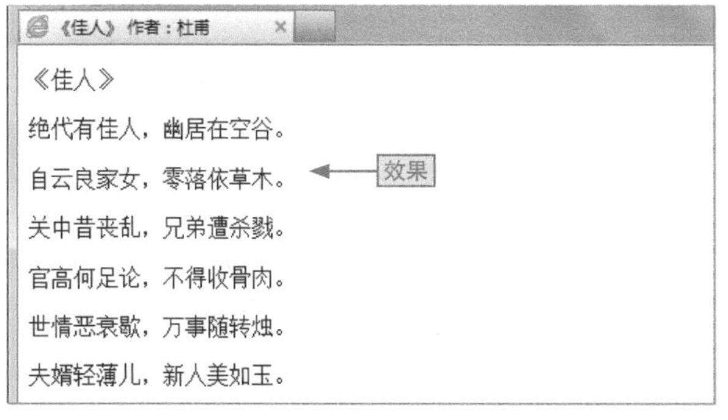

图5-5

5.1.3　设置文本的对齐方式

在一个完整的网页中，为文本设置不同的对齐方式，可以让整个页面的排版更整齐，其具体设置方法如下。

本节素材	DVD/素材/Chapter05/佳人2.html
本节效果	DVD/效果/Chapter05/佳人2.html
学习目标	设置文本的对齐方式
难度指数	★★

Step 1　选择对齐方式

❶打开“佳人2”素材文件，选择文本内容，❷在“格式”菜单中选择“对齐/居中对齐”命令，如图5-6所示。

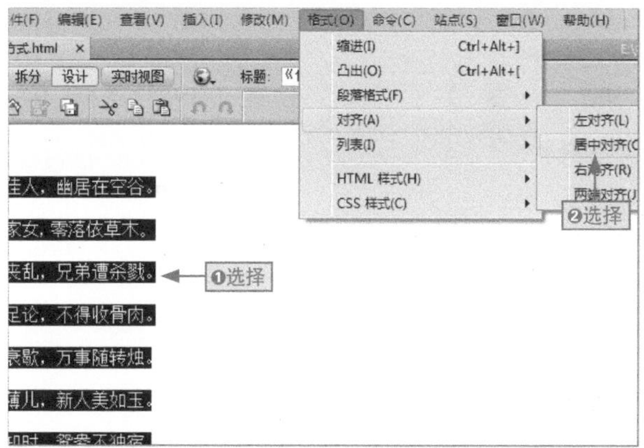

图5-6

Step 2　预览设置对齐方式的效果

按Ctrl+S组合键保存网页，按F12键启动浏览器预览到设置的居中对齐效果，如图5-7所示。

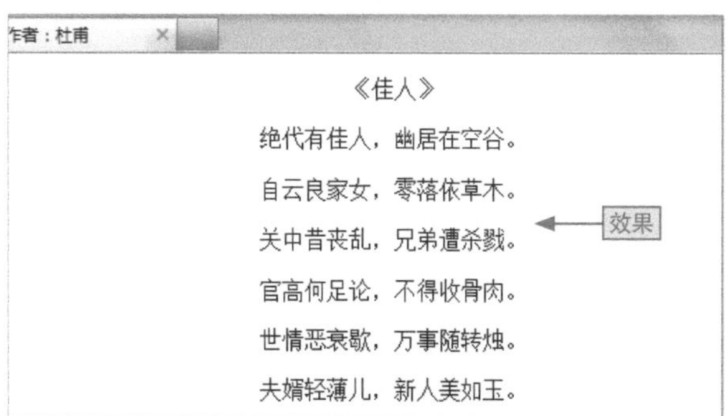

图5-7

5.1.4 设置文本的字体格式

输入完文本内容后就可以对其进行格式化操作，下面具体介绍如何通过属性面板对文本的字体格式进行设置。

本节素材	DVD/素材/Chapter05/咏鹅.html
本节效果	DVD/效果/Chapter05/咏鹅.html
学习目标	设置文本的字体格式
难度指数	★★

Step 1　选择文本内容

打开“咏鹅”网页，❶选择“咏鹅”文本。❷在属性面板中单击“CSS”按钮，如图5-8所示。

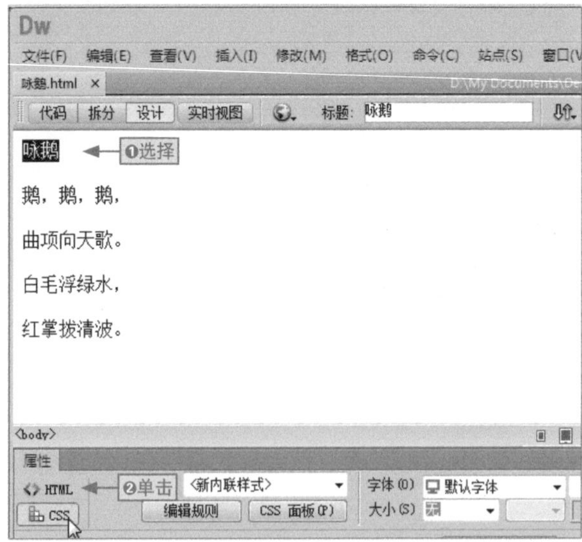

图5-8

Step 2　设置字体样式

在“字体”栏中将字体格式设置为倾斜效果和加粗效果，如图5-9所示。

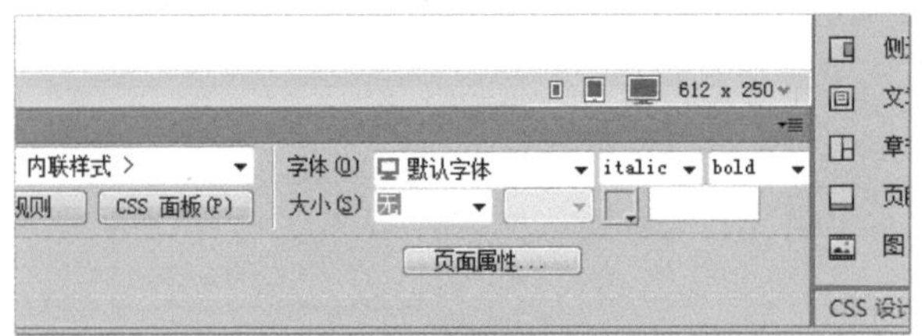

图5-9

Step 3　设置字号大小

❶单击“大小”下拉列表框右侧的下拉按钮，❷选择“18”选项，如图5-10所示。

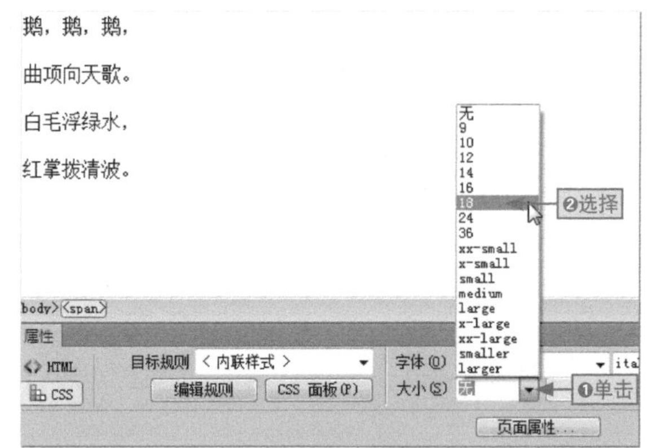

图5-10

Step 4　设置字体颜色

❶单击“颜色”下拉按钮，❷在弹出的筛选器中选择需要的颜色，更改字体的颜色，如图5-11所示。

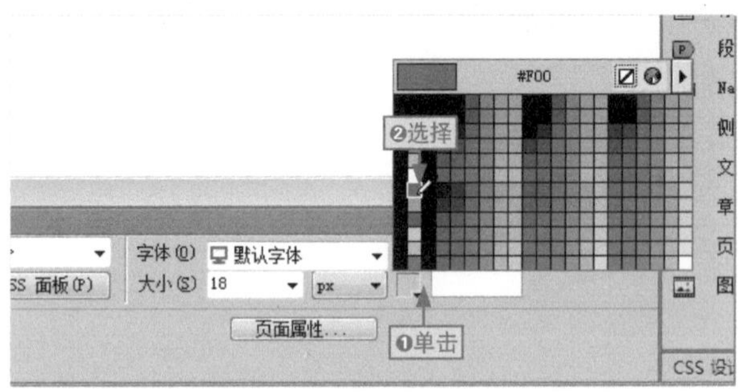

图5-11

Step 5　预览设置效果

格式设置完后，保存并预览页面，其最终效果如图5-12所示。

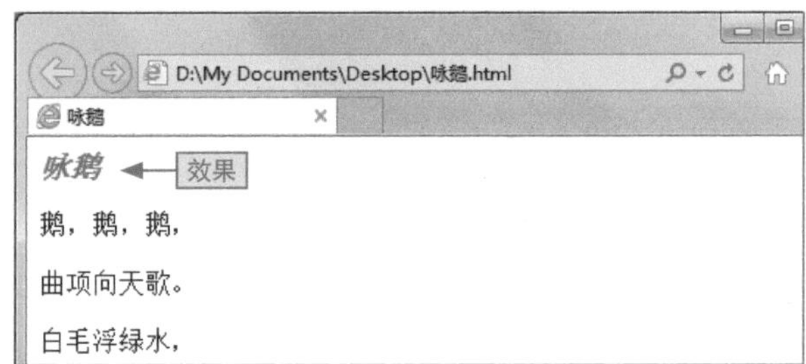

图5-12

5.2 项目列表和编号列表的使用

在网页设计中，为了让网页中的文字排列更有效，更具组织性、层次性和可读性，可以使用列表来排列文本内容，列表又分为项目列表和编号列表，下面分别介绍。

5.2.1 插入项目列表

项目列表元素即用一个项目符号为前缀，将并列关系的内容并排，整个项目列表的标签为<ul>，其中的每个列表项标签为<li>。

网页内容中插入项目列表通常有两种方式：一种是通过“插入”菜单，第二种是直接通过属性面板选择项目列表图标。

本节素材	DVD/素材/Chapter05/产品自述.html
本节效果	DVD/效果/Chapter05/产品自述.html
学习目标	插入项目列表
难度指数	★★

Step 1 选择文本内容

❶在Dreamweaver中打开“产品自述”素材文件，❷选择需要添加项目列表的文本内容，如图5-13所示。

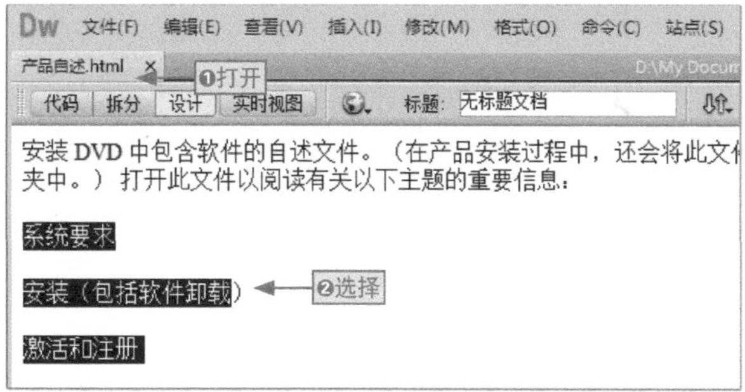

图5-13

Step 2 添加项目列表

❶单击“插入”菜单项，❷选择“结构”命令，❸在其子菜单中选择“项目列表”命令为选择的内容添加项目列表，如图5-14所示。

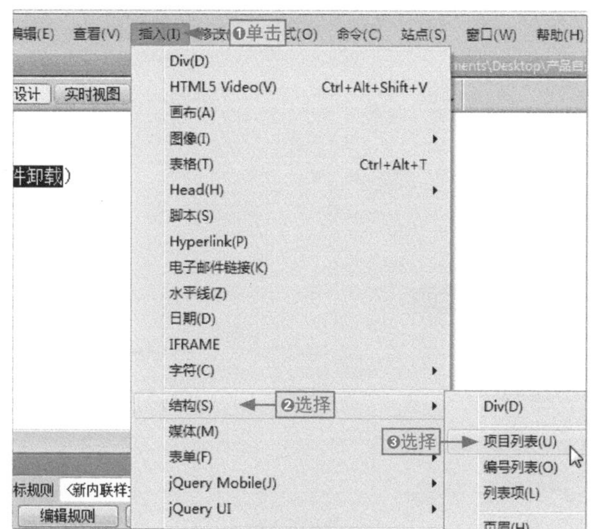

图5-14

Step 3 预览效果

保存网页，按F12键启动浏览器，在打开的网页中可查看添加项目列表的效果，如图5-15所示。

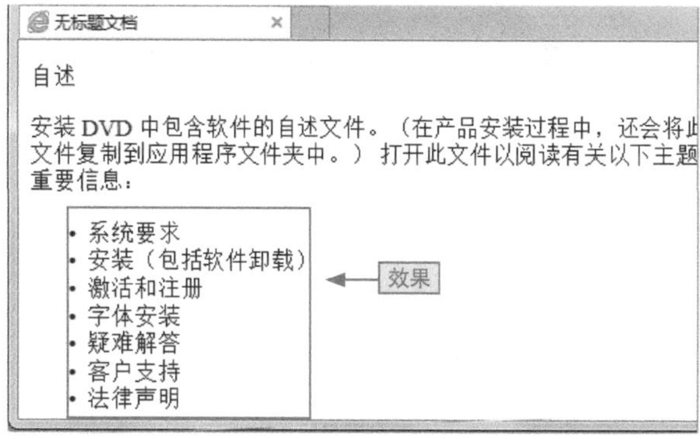

图5-15

5.2.2 插入编号列表

编号列表即列元素按指定的类型依次编号。整个编号列表元素为<ol>标签，其中每个列表项标签为<li>。

本节素材	DVD/素材/Chapter05/产品自述1.html
本节效果	DVD/效果/Chapter05/产品自述1.html
学习目标	插入编号列表
难度指数	★★

Step 1 选择文本内容

❶打开“产品自述1”素材文件，❷在其中选择要添加编号列表的文本，如图5-16所示。

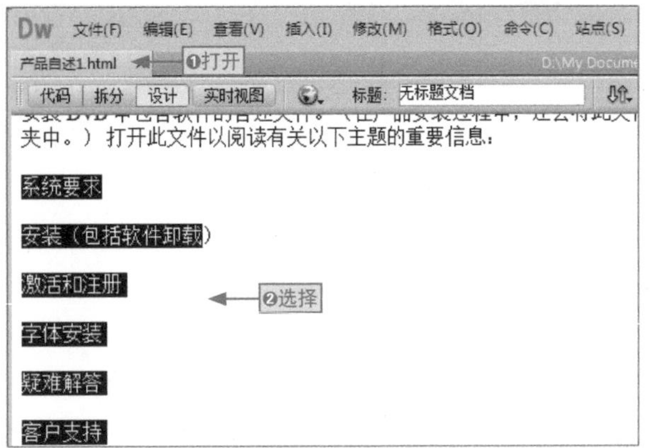

图5-16

Step 2 添加编号列表

❶在“插入”菜单中❷选择“结构”命令，❸在弹出的子菜单中选择“编号列表”命令为选择的文本添加编号列表，如图5-17所示。

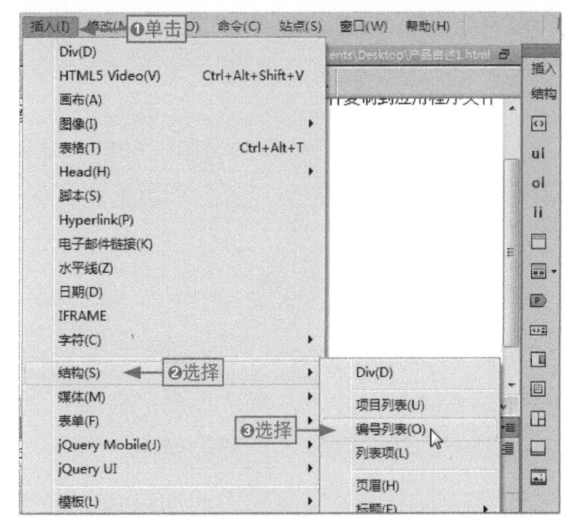

图5-17

Step 3 预览效果

保存网页，按F12键启动浏览器，在打开的网页中可查看添加编号列表的效果，如图5-18所示。

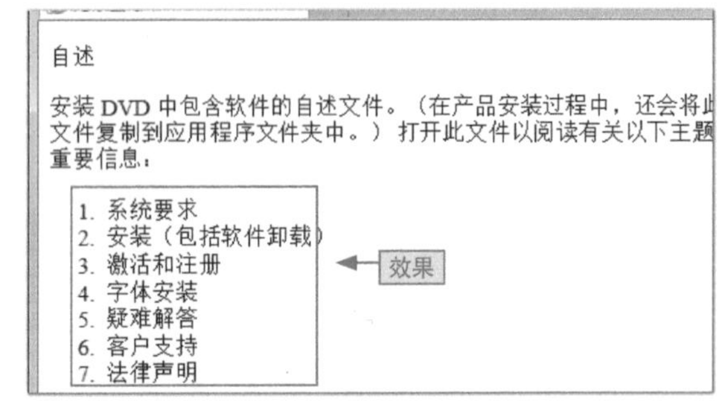

图5-18

5.3 特殊文本的操作

在网页中难免会遇到一些无法直接从键盘上输入的特殊文本或者符号。在Dreamweaver CC中提供各类特殊字符和符号。

5.3.1 插入换行符

前面介绍了在设计视图中直接按Enter键手动换行的方法，用该方法换行后，会在文本和文本之间插入一个空行。如果只需要换行或者分段，则不需要插入空行，可以使用“插入”菜单完成，或者在需要换行的文本内容处插入
标签。

本节素材	DVD/素材/Chapter05/琴歌.html
本节效果	DVD/效果/Chapter05/琴歌.html
学习目标	插入换行符
难度指数	★★

Step 1　定位文本插入点

❶在Dreamweaver中打开“琴歌”素材文件，❷将文本插入点定位到需要换行的文本内容的右侧，如图5-19所示。

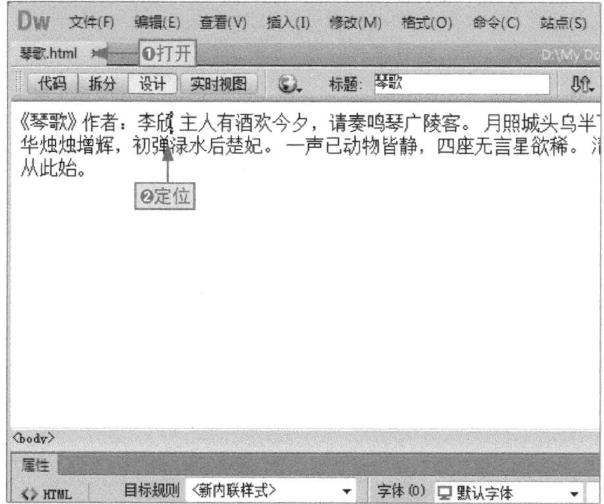

图5-19

Step 2　插入换行符

❶单击“插入”菜单项，❷选择“字符”命令，❸在弹出的子菜单中选择“换行符”命令即可在该位置插入换行符，如图5-20所示。

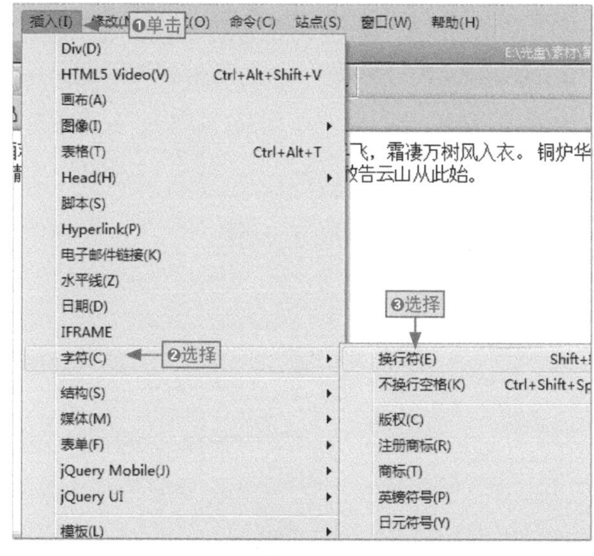

图5-20

Step 3　预览效果

用相同的方法设置在合适的位置插入换行符，按F12键即可预览到设置的效果，如图5-21所示。

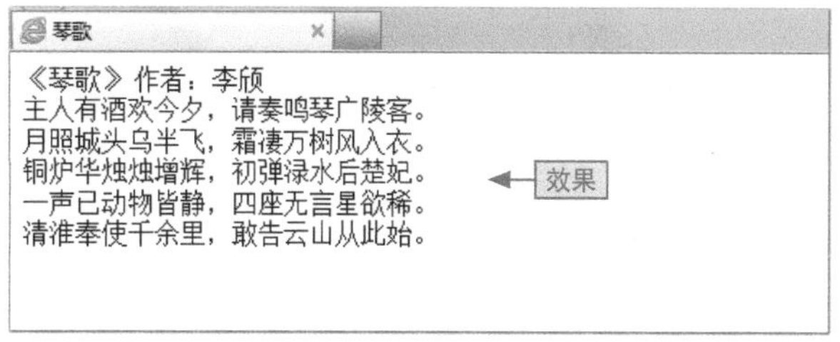

图5-21

专家提醒 | 使用快捷键快速不空行换行

将文本插入点定位到需要换行的位置，按Shift+Enter组合键，可以快速不空行换行，相当于使用
标签换行。

5.3.2　插入水平线

水平线可以起到分割内容的目的，如果要插入水平线，除了在指定处插入<hr/>标签以外，还可以通过“插入”菜单来实现，下面通过具体实例进行讲解。

本节素材	DVD/素材/Chapter05/琴歌1.html
本节效果	DVD/效果/Chapter05/琴歌1.html
学习目标	插入水平线
难度指数	★★

Step 1　定位文本插入点

❶在Dreamweaver中打开“琴歌1”素材文件，❷将文本插入点定位到需要插入水平线的文本内容的右侧，如图5-22所示。

Step 2　插入水平线

❶单击“插入”菜单项，❷在弹出的下拉菜单中选择“水平线”命令即可在该位置插入水平线，如图5-23所示。

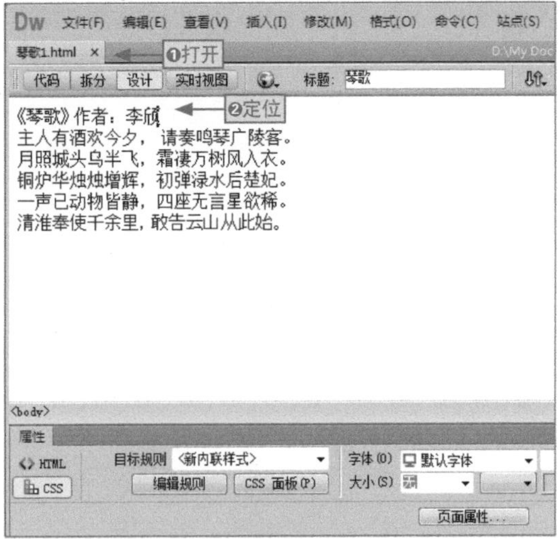

图5-22

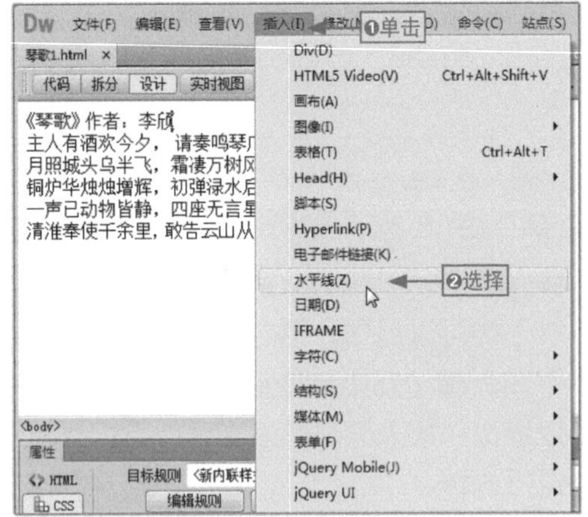

图5-23

Step 3 预览效果

保存网页，按F12键启动浏览器，在打开的网页中可查看添加的水平线效果，如图5-24所示。

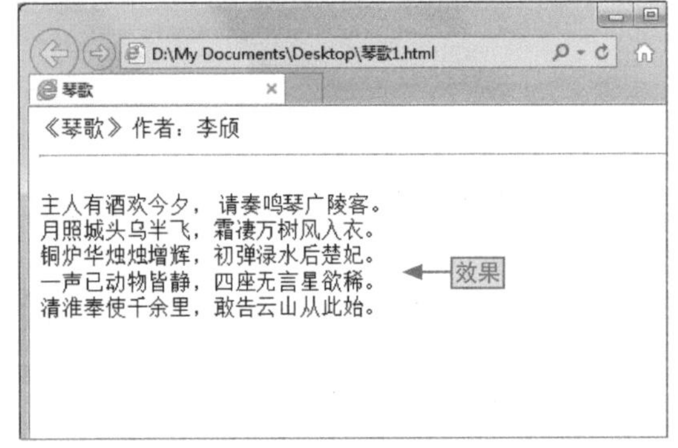

图5-24

5.3.3 插入日期

在网页设计中，使用程序提供的插入日期功能可以方便地在网页的指定位置插入日期，其具体操作如下。

本节素材	DVD/素材/Chapter05/琴歌2.html
本节效果	DVD/效果/Chapter05/琴歌2.html
学习目标	插入日期
难度指数	★★

Step 1 定位文本插入点

❶在Dreamweaver中打开“琴歌1”素材文件，❷将文本插入点定位到需要插入日期的文本内容的右侧，如图5-25所示。

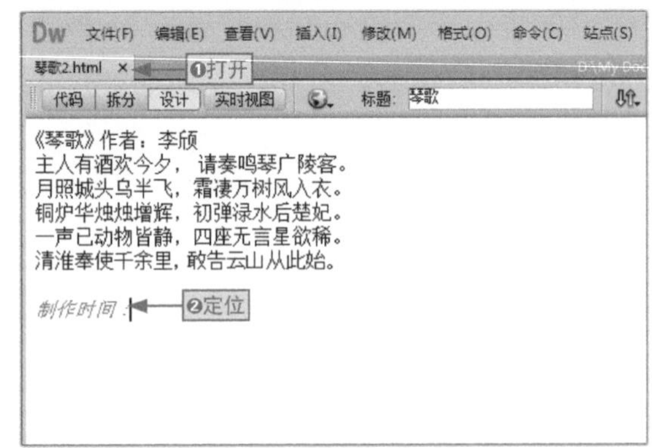

图5-25

Step 2 执行“日期”命令

❶单击“插入”菜单项，❷在弹出的下拉菜单中选择“日期”命令打开“插入日期”命令，如图5-26所示。

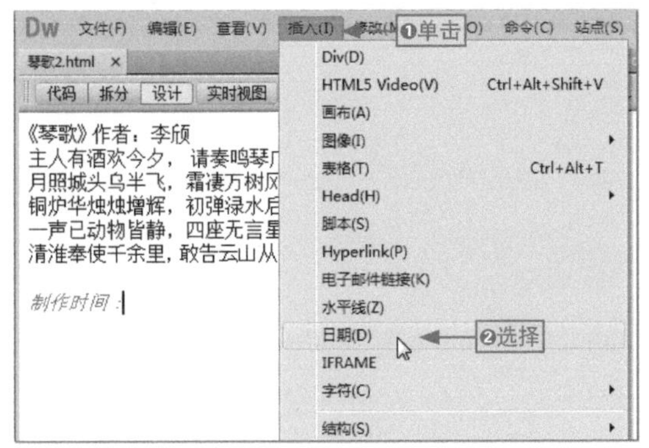

图5-26

Step 3　设置星期格式

❶单击“星期格式”下拉按钮，❷选择需要的星期格式选项，如图5-27所示。

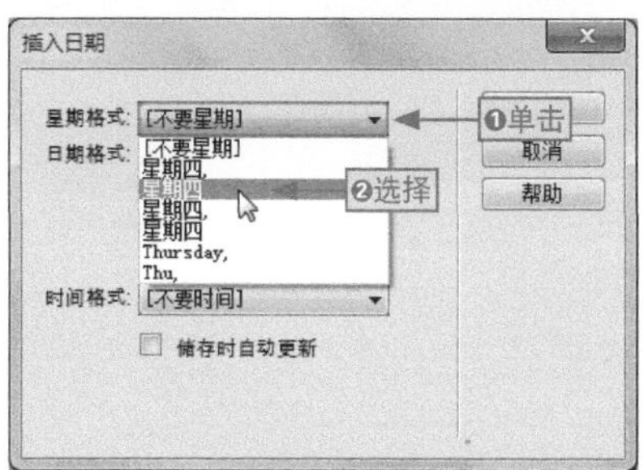

图5-27

Step 4　设置日期和时间格式

❶选择需要的日期格式，❷在“时间格式”下拉列表中选择需要的时间格式，如图5-28所示。

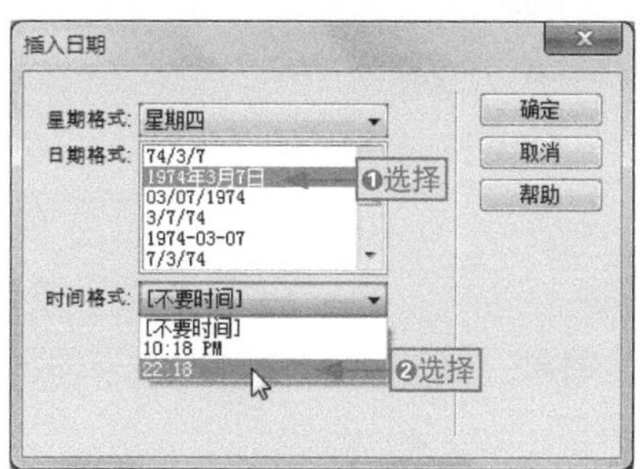

图5-28

Step 5　设置存储时自动更新

❶选中“储存时自动更新”复选框，❷单击“确定”按钮，如图5-29所示。

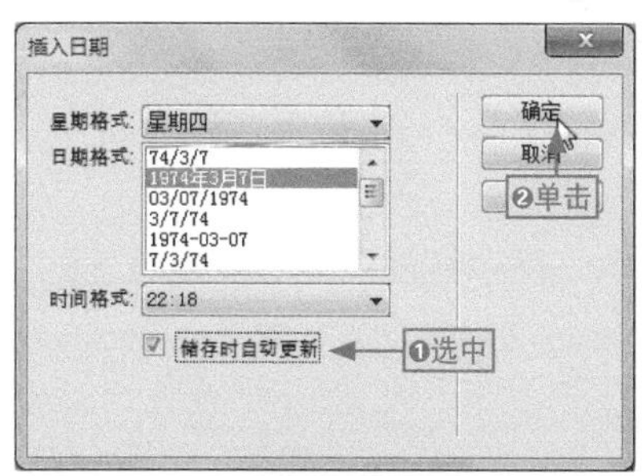

图5-29

Step 6　预览效果

保存网页，按F12键启动浏览器，在打开的网页中可查看到添加的日期数据，如图5-30所示。

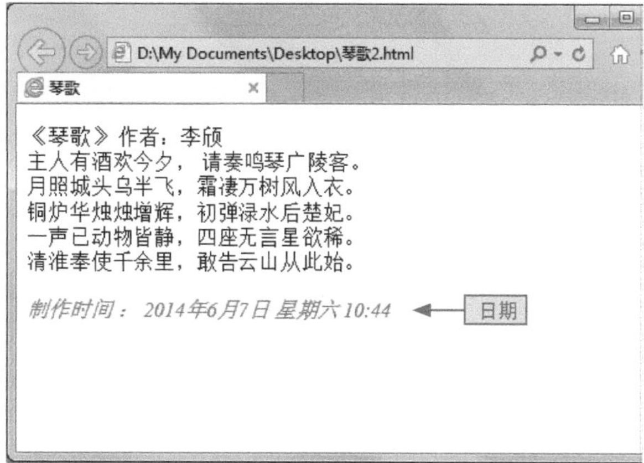

图5-30

5.3.4　插入特殊字符

在网页内容中添加一些无法从键盘上直接输入的字符，如商标、版权符号等，这些都可以通过插入字符功能来快速输入，其具体操作如下。

本节素材	DVD/素材/Chapter05/特殊字符.html
本节效果	DVD/效果/Chapter05/特殊字符.html
学习目标	插入特殊字符
难度指数	★★

Step 1　定位文本插入点

❶在Dreamweaver中打开“特殊字符”素材文件，❷将文本插入点定位到版权名称左侧的单元格中，如图5-31所示。

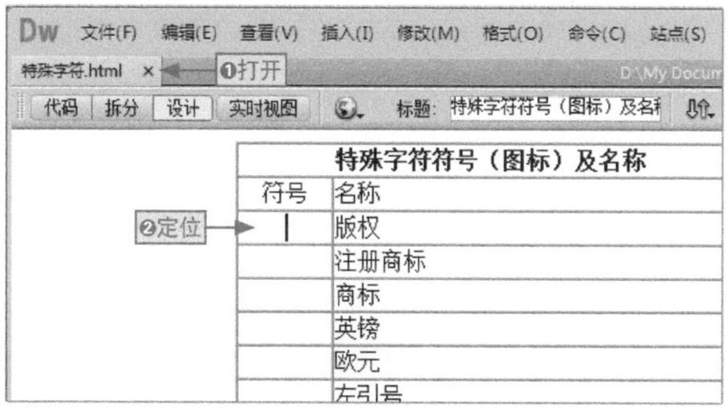

图5-31

Step 2　插入版权符号

❶在“插入”菜单中选择“字符”命令，❷在其子菜单中选择“版权”命令，如图5-32所示。

图5-32

Step 3　预览效果

用相同的方法插入其他符号，完成后保存并按F12键即可预览效果，如图5-33所示。

D:\My Documents\Desktop\特殊字符.html

特殊字符符号（图标）及名...

特殊字符符号（图标）及名称

符号	名称
©	版权
®	注册商标
™	商标
£	英镑
€	欧元
“	左引号
”	右引号
—	破折线
–	短破折线

效果

图5-33

专家提醒 | 插入更多的特殊字符

当在字符下拉列表中没有要插入的字符时，可以在“字符”子菜单中选择“其他字符”命令，在打开的对话框中包含更多的特殊字符，❶选择字符后，❶单击“确定”按钮插入该符号，如图5-34所示。

图5-34

5.3.5　插入注释

注释，顾名思义是解释、说明的意思。注释在网页内容中只起解释作用，在网页效果中并不显示出来。其具体添加方法如下。

❶在代码视图中输入并选择注释内容，❷单击左侧工具栏中的“应用注释”按钮，❸在弹出的菜单项中选择需要的注释选项即可，如图5-35所示。

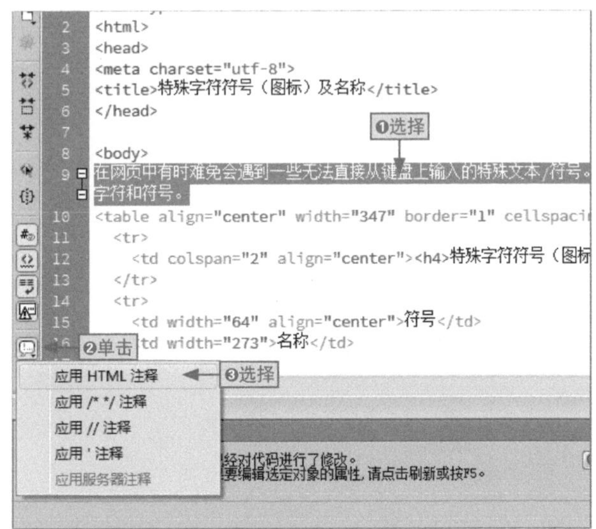

图5-35

5.4 实战问答

?! NO.1 | 项目列表中列表项前缀是否可以更改

元芳：在网页常规的项目列表中列表项前缀符号是实心圆点(•)，是否可以更改为其他符号呢?

大人：在网页中使用项目列表，其中列表项前缀有3种类型，分别为disc(实心圆)、square(实心矩形)和circle(空心圆)，用户可根据需要通过代码视图修改其效果，如果修改所有项目符号，则在<ul>标签中输入“type="类型”，如图5-36所示。如果修改某个列表的项目符号，则在<li>标签中输入“type="类型”，如图5-37所示。

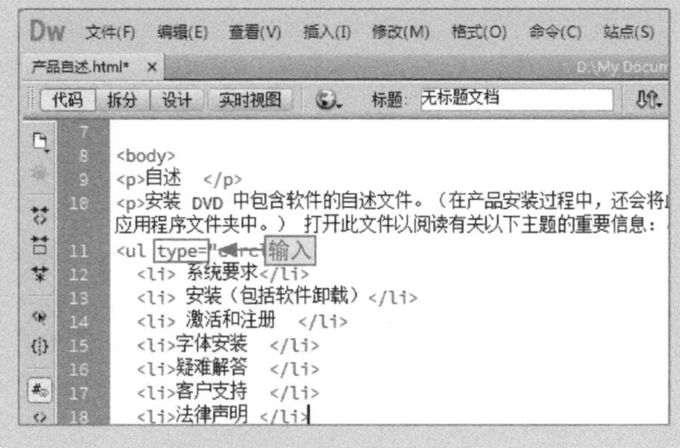

图5-36

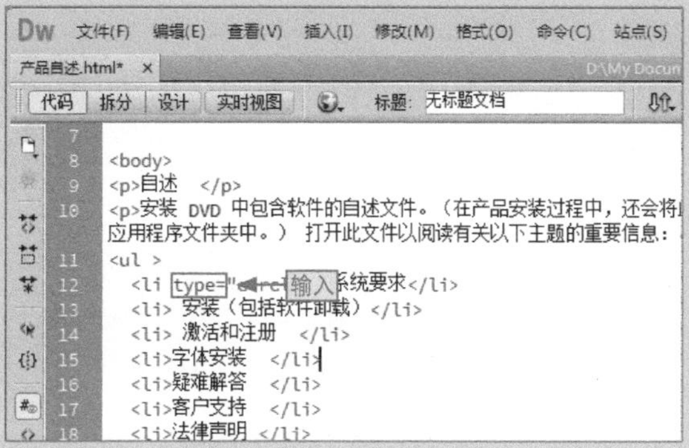

图5-37

?! NO.2 | 编号列表中列表项前缀序号是否可更改

元芳：在网页中常规的编号列表中列表项前缀序号为数字序号，是否可以更改为其他编号样式呢?

大人：在网页中编号列表前缀符号有数字、小写罗马字母、大写罗马字母、小写字母和大写字母，用户可根据需要进行修改，其更改具体操作如下。

Step 1 ❶选择列表项，❷单击属性面板中“列表项目”按钮，如图5-38所示。

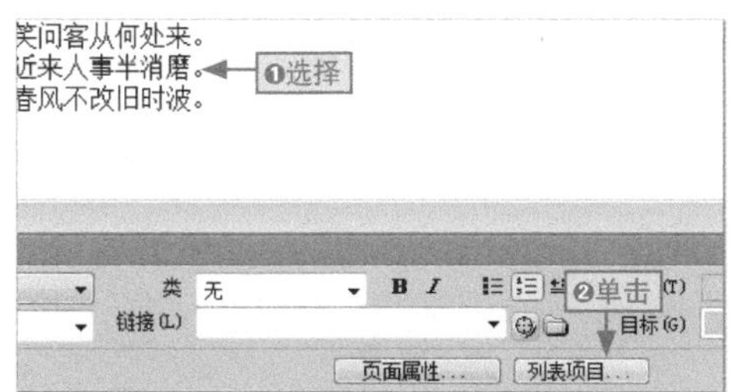

图5-38

Step 2 ❶在打开的“列表属性”对话框中单击“样式”下拉按钮，❷选择需要的样式，❸单击“确定”按钮即可，如图5-39所示。

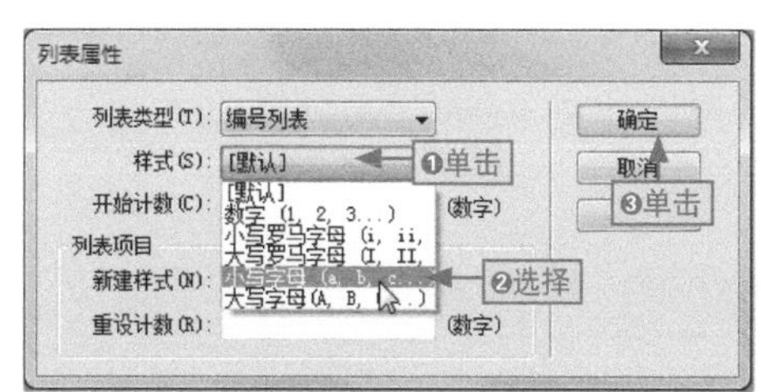

图5-39

5.5 思考与练习

填空题

1. 在网页中对文本进行对齐排列，其对齐方式有____________________。

2. 在网页中，不空行换行符标签是______，水平线标签是______________。

选择题

1. 在项目列表中，下列(　　)不是其列表项前缀符号类型。

A. disc　　B. square

C. circle　　D. ellipse

2. 下列(　　)标签是用于设置网页的标题。

A. <title>　　B. <header>

C. <top>　　D. <meta>

判断题

1. 在网页中可以直接在设计视图中输入文本内容，也可以复制记事本中的文本到网页中。　　(　　)

2. 为文本添加的项目列表的列表符号不能修改。　　(　　)

操作题

【练习目的】格式化show网页

下面将通过格式化show网页中的文本效果，让读者亲自体会设置分段、插入特殊字符、设置文本颜色以及添加水平线的相关操作，巩固本章所学的相关知识。

【制作效果】

本节素材	DVD/素材/Chapter05/show.html
本节效果	DVD/效果/Chapter05/show.html

石化过程

当恐龙死去并很快地被沉积物或水下泥沙所覆盖时，恐龙化
有细小的颗粒，会在尸体表面形成一层松软的覆盖物。这条"毯子
也可隔绝氧气，抑制微生物的分解。

恐龙的骨骼和牙齿等坚硬部分是由矿物质构成的。矿物质在
硬，这一过程被称为"石化过程"。随着上面沉积物的不断增厚，
的沉积物也变成了坚硬的岩石。这个过程是极其缓慢的。

在石化回归地表的过程中，还有许多危险。在成千上万的石
这样化石就会被压扁。另外，地壳底部的高温也有可能让化石熔
从周围岩层中分离前找到它，否则化石就会碎裂消失。

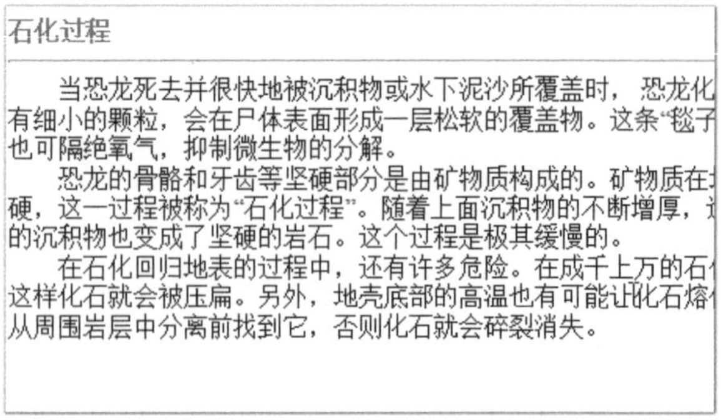

Chapter 06

在网页中插入图像与多媒体

本章要点

★ 插入图像
★ 编辑图像大小
★ 设置图像对齐方式
★ 裁剪需要的图像
★ 插入图像热区
★ 插入Flash动画
★ 插入HTML5视频
★ 插入HTML5音频

学习目标

在多彩的网络世界中，单一的文本已经无法表现出更具形象、更具视觉冲击的内容。图像和多媒体文件可以使网页内容在视觉和听觉上都表现得更加丰富、生动、形象和吸引力。本章将具体介绍如何在网页中使用图像与多媒体文件。

知识要点	学习时间	学习难度
认识常用的图像格式	15分钟	★
在网页中使用各种图像	60分钟	★★★
在网页中插入多媒体	60分钟	★★★

重点实例

认识常用的图像格式

在网页中裁剪图片

在网页中添加Flash动画

6.1 常用图像格式

图像文件的格式非常多，如GIF、JPEG、PNG、BMP等。虽然这些格式都能插入网页中，但为适应网络传输及浏览要求，在网页中最常用的图像格式是JPEG、GIF及PNG。

6.1.1 JPEG图像

JPEG是Join Photographic Experts Group的缩写，这类图像的扩展名为.jpg或.jpeg，其压缩方式采用有损压缩方式，去除冗余的图像和彩色数据，获取极高压缩率的同时能展现十分丰富生动的图像。

换而言之就是占用空间小、像素质量高的图像，而且上传下载速度，很快因此被广泛用于网页中，如图6-1所示。

图6-1

6.1.2 GIF图像

GIF是Graphical Interchange Format的缩写，GIF图像分为静态GIF和动画GIF两种，扩展名均为.GIF。

GIF图像是网页中使用较多的一种图像，它采用无损压缩技术、图像数据量小、解压速度快、传输便捷、支持透明背景，如图6-2所示。

图6-2

6.1.3 PNG图像

PNG是Portable Network Graphics的缩写，这类格式的图像一般应用于JAVA程序或者网页中，是因为它压缩比高，生成文件的容量小。

此外，该格式的图片支持透明效果，使得彩色图像的边缘能与任何背景平滑地融合，从而彻底地消除锯齿边缘。这种功能是gif和jpeg没有的，如图6-3所示。

图6-3

6.2 在网页中使用图像

单调的文字网页很容易产生烦躁感，往往吸引不了访问者。适当地加入一些精美的图像，使得内容更丰富、更具吸引力和感染力，更重要的是可以直观地向访问者传递信息。

6.2.1 插入图像

在HTML中，图像的标签为<img/>，利用该标签的src属性可以指定图像路径。利用Dreamweaver也可以方便地向网页中添加图像，具体操作过程如下。

本节素材	DVD/素材/Chapter06/Grand.html，图片/8386.jpg
本节效果	DVD/效果/Chapter06/Grand.html
学习目标	插入图像
难度指数	★★

Step 1 定位文本插入点

在Dreamweaver中打开Grand素材文件，将文本插入点定位到第一段文本的前面，如图6-4所示。

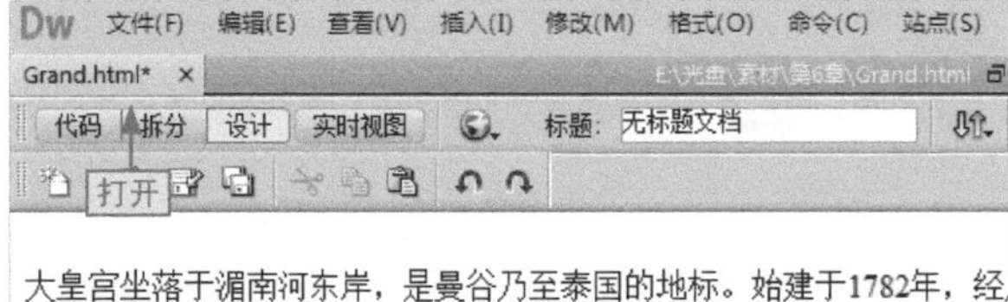

图6-4

Step 2 执行“图像”命令

❶单击“插入”菜单项，❷在弹出的下拉菜单中选择“图像”命令，❸在其子菜单中选择“图像”命令，如图6-5所示。

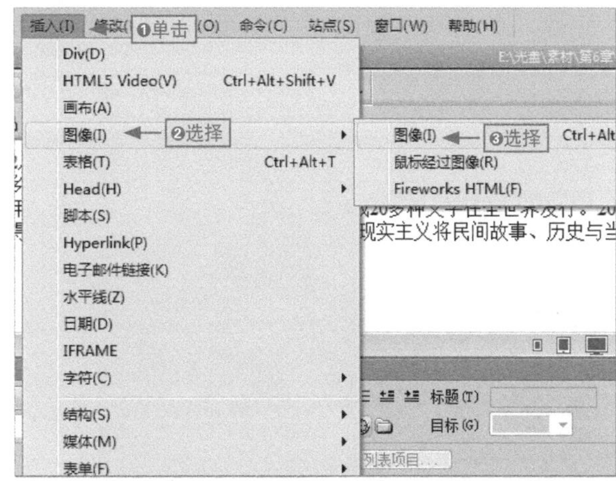

图6-5

Step 3 选择需要插入的图像

❶在打开的“选择图像源文件”对话框中找到文件的保存位置，❷在中间的列表框中选择需要插入的图像文件，❸单击“确定”按钮确认插入图片，如图6-6所示。

图6-6

Step 4　选择预览方式

❶保存网页，单击“预览”按钮，❷在弹出的菜单中选择预览方式，如图6-7所示。

图6-7

Step 5　预览设置效果

程序自动启动IE浏览器，在其中即可查看到插入的图片效果，如图6-8所示。

大皇宫
效果
大皇宫坐落于湄南河东岸，是曼谷乃至泰国的地标。始建于1782年，经
修缮扩建，至今仍然金碧辉煌。这里汇聚了泰国建筑、绘画、雕刻和装
节基王朝从一世到八世都住在此地，当时这里也是政府机构的办公之处，
即位后搬至新王宫居住。大皇宫对游客开放，但有时也用于接待外国元
庆典等活动。大皇宫内汇集了泰国建筑、绘画、雕刻和装潢艺术的精粹，

图6-8

专家提醒 | 使用复制方式添加图像

复制需要添加到网页中的图像文件，然后在Dreamweaver中将光标切换到需要添加图像处粘贴即可。

专家提醒 | 图片与网页文件必须在同一路径下

在网页中插入图片时，网页文件和图片文件最好在同一路径下，这样在移动网页文件时，程序才能自动找到图片文件，否则将网页文件移动到其他位置并打开时，图片文件将不能显示，如图6-9所示。

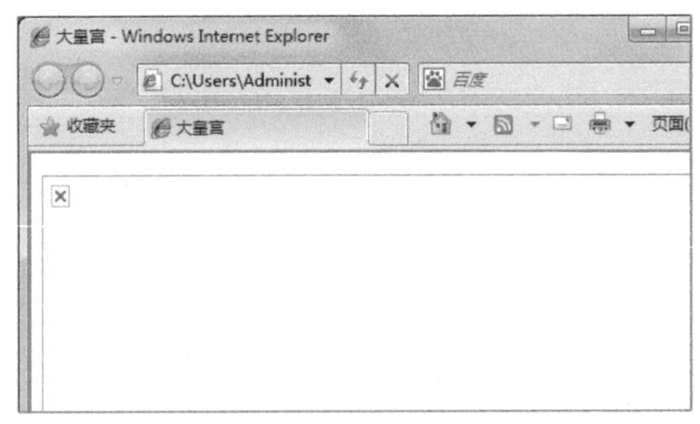

图6-9

6.2.2　编辑图像大小

在网页中插入的图像显示均为原始大小，为了让图片显示效果更符合需求，通常需要重新调整其大小。

下面通过具体实例，讲解如何通过属性面板设置图像的高度和宽度。

本节素材	DVD/素材/Chapter06/e-view.html
本节效果	DVD/效果/Chapter06/e-view.html
学习目标	编辑图像大小
难度指数	★★

Step 1　选择图像文件

在Dreamweaver中打开e-view素材文件，在设计视图中选中需要改变大小的图像文件，如图6-10所示。

图6-10

Step 2　设置图片宽度

选中图像后，在属性面板的“宽”文本框中输入“960”，程序自动等比例缩放图像的高度和宽度，如图6-11所示。

图6-11

Step 3　选择浏览方式

❶保存网页，单击“预览”按钮，❷在弹出的菜单中选择预览方式，如图6-12所示。

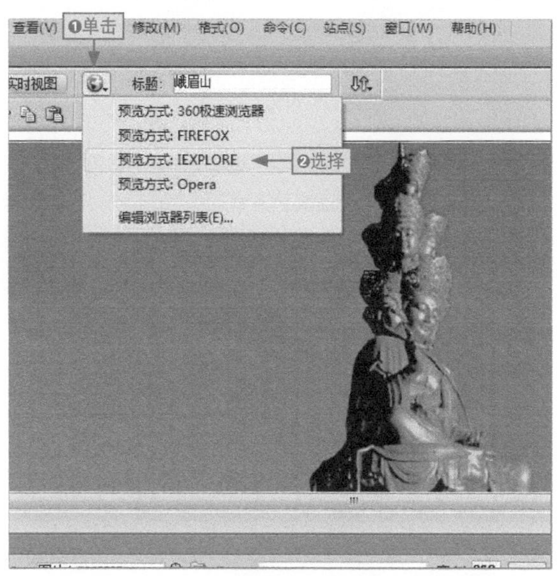

图6-12

Step 4　预览设置效果

程序自动启动IE浏览器，在其中即可查看到裁剪图片大小后的效果，如图6-13所示。

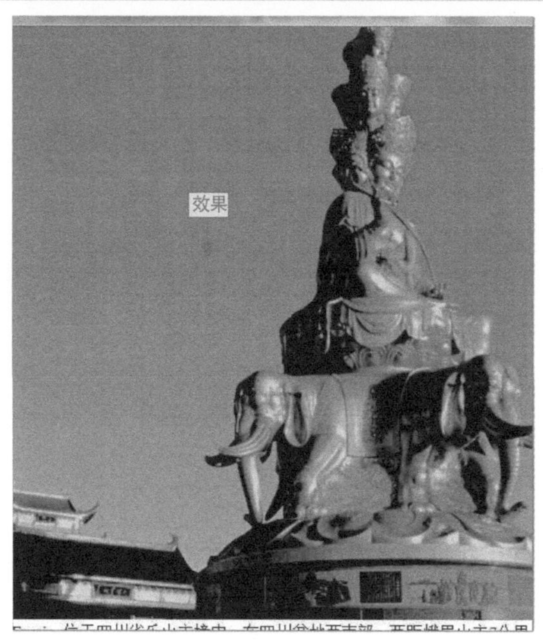

图6-13

专家提醒 | 拖动控制点编辑图像大小

在Dreamweaver中编辑图像大小也可以直接选中图像文件，按住Shift键的同时，拖动图片右下角的控制点来调整，如图6-14所示。

需要注意的是，如果拖动其他边的控制点，或者在拖动右下角的控制点时，没有按住Shift键，都将使图片变形。

拖动
西距峨眉山市7公里，东距乐山市37公里。景区面积154平方公里，
是著名的佛教名山和旅游胜地，有"峨眉天下秀"之称。它是中国四大

图6-14

6.2.3 设置图像对齐方式

在网页中，为了美观或排版需要，通常都会调整图像的对齐方式。

在Dreamweaver CC中，程序提供的图像的对齐方式有左对齐、右对齐、居中对齐和两端对齐4种。

下面将以具体的实例为例，讲解使用对齐方式功能如何设置图像对齐方式，其具体操作如下。

本节素材	DVD/素材/Chapter06/Technology.html
本节效果	DVD/效果/Chapter06/Technology.html
学习目标	设置图像对齐方式
难度指数	★★

Step 1　选择图片文件

❶在Dreamweaver中打开Technology素材文件，❷在页面中选中需要设置对齐方式的图像文件，如图6-15所示。

图6-15

Step 2　设置对齐方式为左对齐

❶单击“格式”菜单项，❷在弹出的菜单中选择“对齐”命令，❸在其子菜单中选择“左对齐”命令，如图6-16所示。

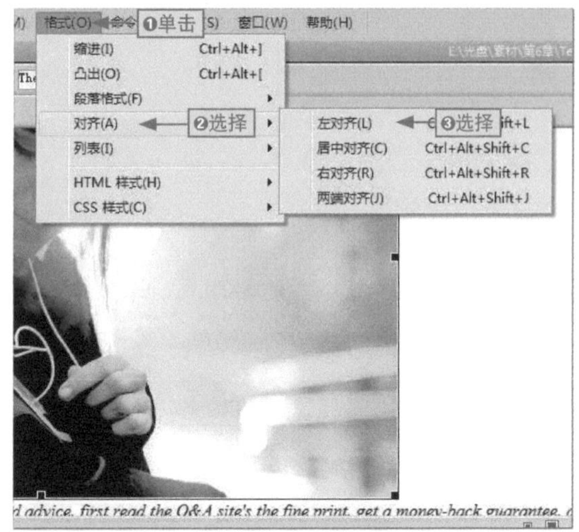

图6-16

Step 3　选择浏览方式

❶保存网页，单击“预览”按钮，❷在弹出的菜单中选择预览方式，如图6-17所示。

图6-17

Step 4　预览设置效果

程序自动启动IE浏览器，在其中即可查看到设置图片左对齐后的页面效果，如图6-18所示。

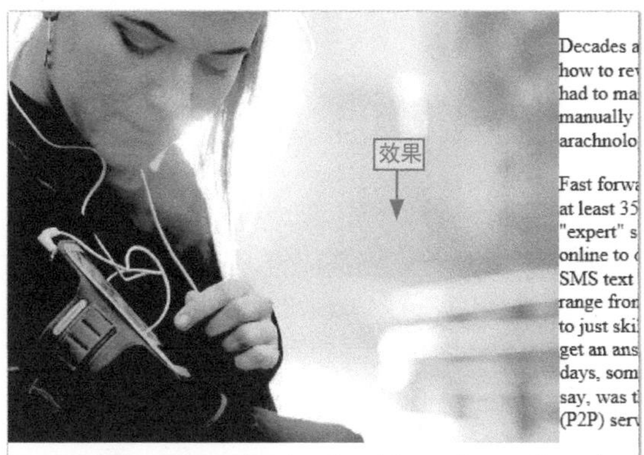

图6-18

核心妙招 | 利用快捷键设置图像对齐方式

在Dreamweaver CC中选择图片后，按Ctrl+Alt+Shift+L组合键可执行左对齐操作；按Ctrl+Alt+Shift+C组合键可执行居中对齐操作；按Ctrl+Alt+Shift+R组合键可执行右对齐操作；按Ctrl+Alt+Shift+J组合键可执行两端对齐操作。

6.2.4　裁剪需要的图像

在网页中插入图像后，如果只需要插入图像的部分内容，此时可以通过裁剪功能裁剪需要的部分，其具体操作如下。

本节素材	DVD/素材/Chapter06/Asking.html
本节效果	DVD/效果/Chapter06/Asking.html
学习目标	裁剪需要的图像
难度指数	★★

Step 1　选择图像文件

❶在Dreamweaver中打开Asking素材文件，❷在页面中选中需要裁剪的图像文件，如图6-19所示。

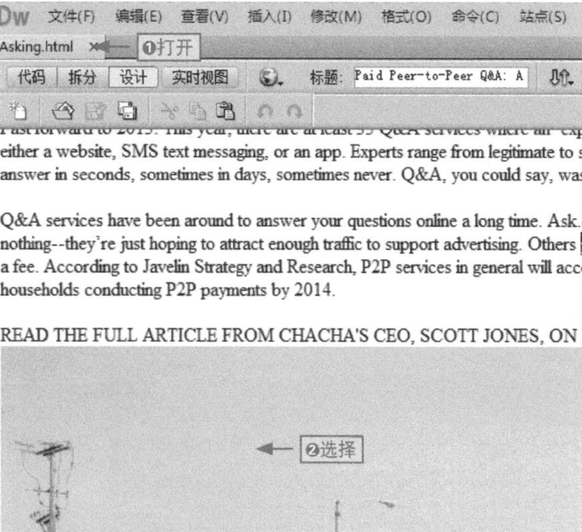

图6-19

Step 2　选择裁剪工具

在属性面板中直接单击“裁剪”按钮启用裁剪工具，如图6-20所示。

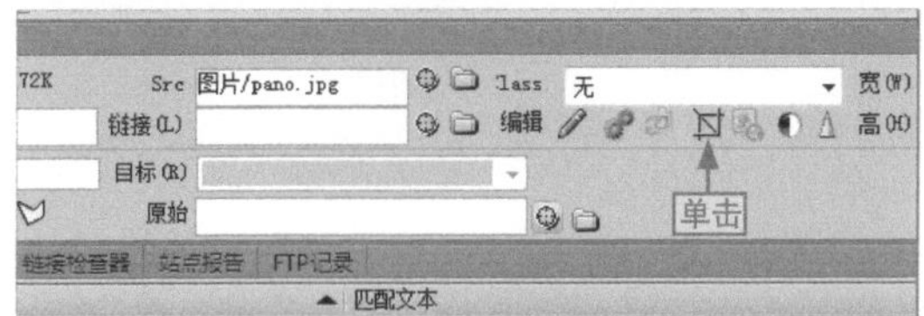

图6-20

Step 3　框选需要裁剪的图像内容

被选中的图像上将自动出现一个黑色方框，移动该方框到需要的裁剪图像位置，拖动方框四周的控制点框住需要的图像内容，如图6-21所示。

图6-21

Step 4　裁剪需要的图片

调整好需要保留的图像内容后，双击鼠标左键完成裁剪操作，如图6-22所示。

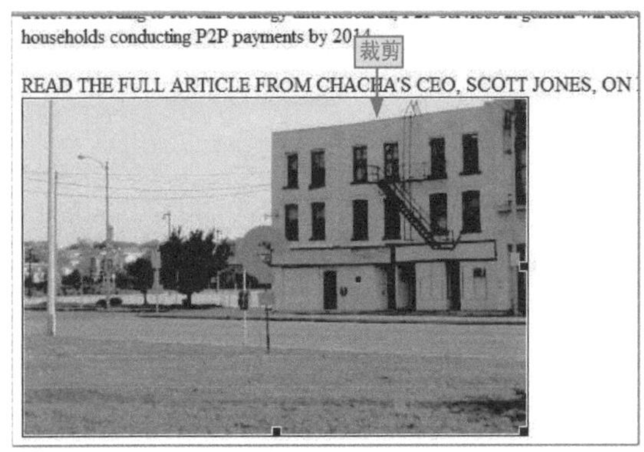

图6-22

Step 5　选择浏览方式

❶保存网页，单击“预览”按钮，❷在弹出的菜单中选择预览方式，如图6-23所示。

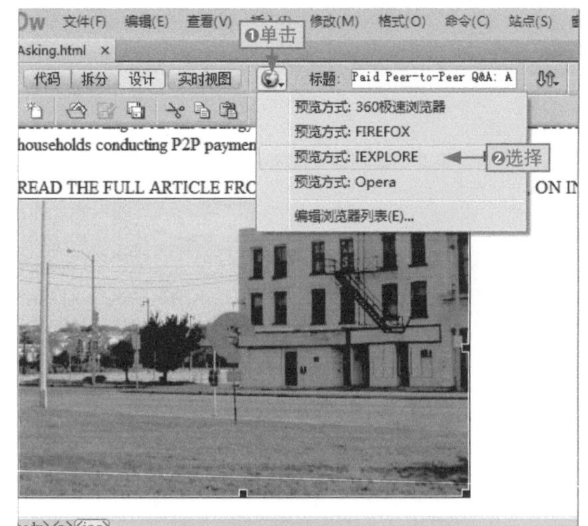

图6-23

Step 6　预览设置效果

程序自动启动IE浏览器，在其中即可查看到裁剪图片后的效果，如图6-24所示。

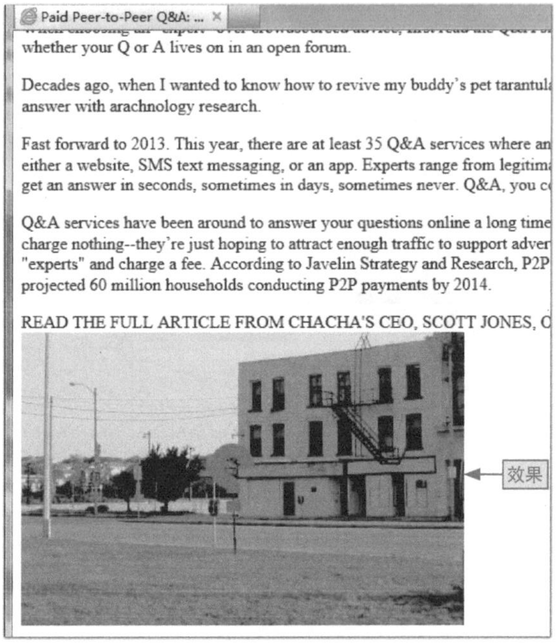

图6-24

核心妙招 | 利用快捷键执行裁剪图片操作

在确定需要保留的图片内容后，直接按Enter键可快速执行裁剪图片操作。

6.2.5 调整图片的亮度和对比度

在网页中插入图片后，如果发现图片的亮度和对比度不是太符合需求，用户还可以打开“亮度/对比度”对话框，然后对其亮度和对比度值进行自定义调整。

下面通过具体的实例，讲解调整图片亮度和对比度的方法。

本节素材	DVD/素材/Chapter06/Technology-h.html
本节效果	DVD/效果/Chapter06/Technology-h.html
学习目标	调整图片的亮度和对比度
难度指数	★★

Step 1 选择图片文件

在Dreamweaver中打开Technology-h素材文件，在页面中选中需要调整亮度和对比度的图片文件，如图6-25所示。

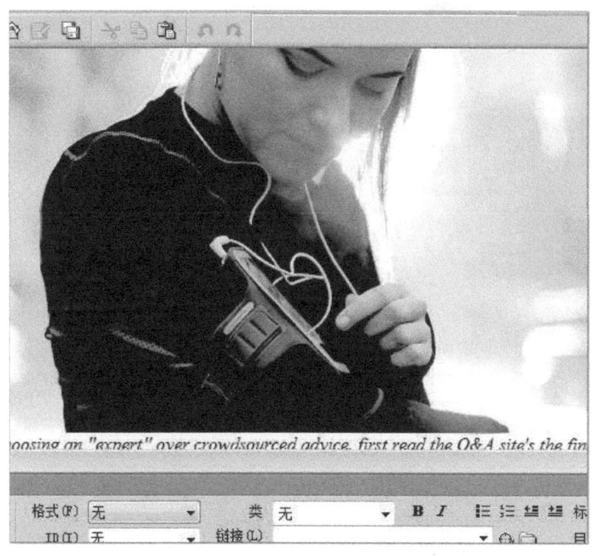

图6-25

Step 2 选择调整亮度工具

在属性面板中单击“亮度和对比度”按钮打开“亮度/对比度”对话框，如图6-26所示。

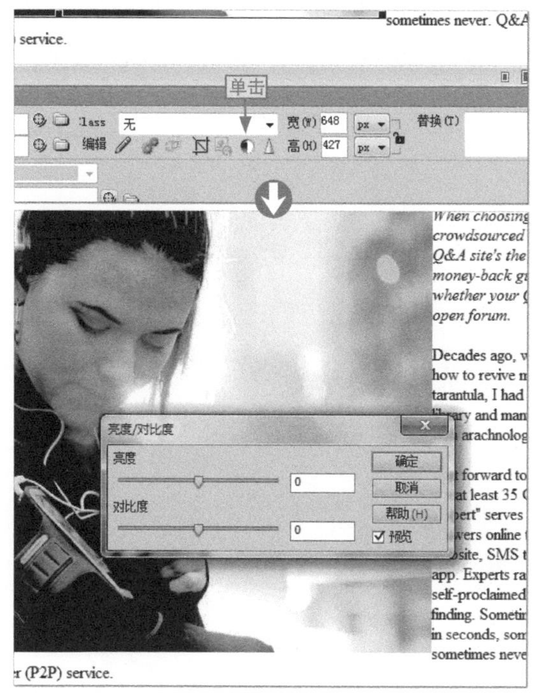

图6-26

Step 3 设置亮度值和对比度值

❶在该对话框中分别在“亮度”和“对比度”文本框中输入亮度值和对比度值，❷单击“确定”按钮，如图6-27所示。

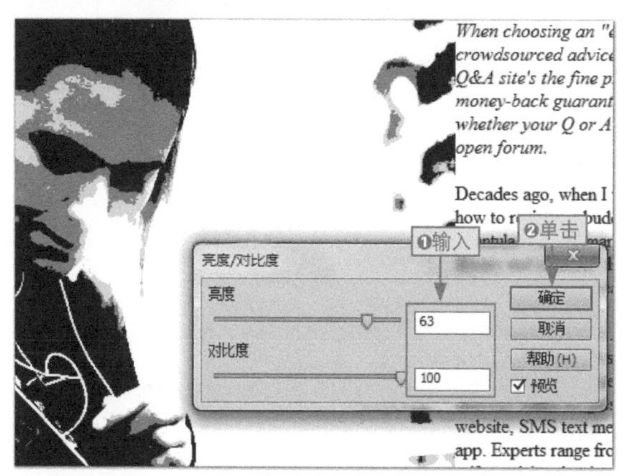

图6-27

专家提醒 | 拖动滑块实时预览调整亮度和对比度

在调整图片的亮度和对比度时，如果不清楚到底哪种亮度和对比度才是最佳的效果，此时可以分别拖动亮度滑块和对比度滑块，实时预览调整的亮度和对比度效果，从而确定图片的亮度值和对比度值。

需要注意的是，此时必须选中“亮度/对比度”对话框中的“预览”复选框，否则不能同步在页面中预览到设置的亮度和对比度效果。

Step 4 选择浏览方式

❶保存网页，单击“预览”按钮，❷在弹出的菜单中选择预览方式，如图6-28所示。

图6-28

Step 5 预览设置效果

程序自动启动IE浏览器，在其中即可查看到调整图片亮度和对比度后的效果，如图6-29所示。

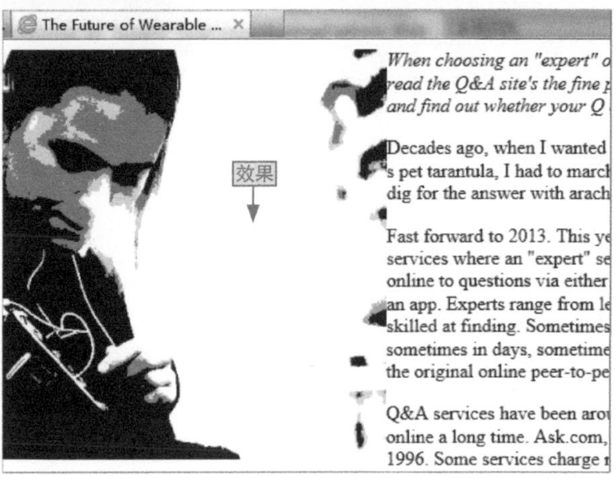

图6-29

6.2.6 设置图像的锐化效果

设置图像的锐化效果可以提高图像边缘轮廓的清晰度，从而让整个图像更清晰。

下面通过具体的实例，讲解调整图片锐化的方法。

本节素材	DVD/素材/Chapter06/soc.html
本节效果	DVD/效果/Chapter06/soc.html
学习目标	设置图像的锐化效果
难度指数	★★

Step 1 选择图像文件

❶在Dreamweaver中打开soc素材文件，❷在页面中选择需要锐化的图像文件，如图6-30所示。

图6-30

Step 2 选择锐化工具

在属性面板中单击“锐化”按钮，打开“锐化”对话框，如图6-31所示。

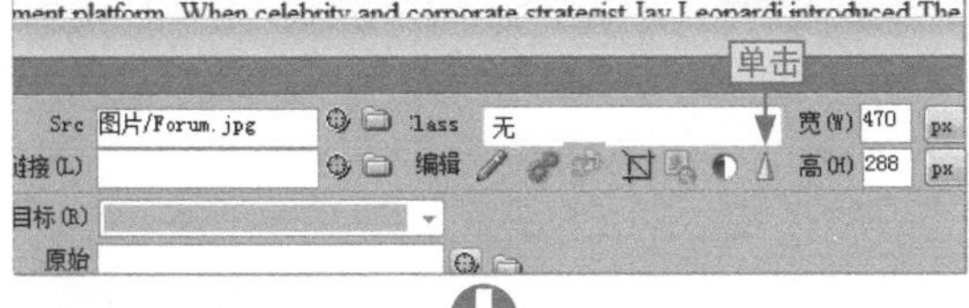

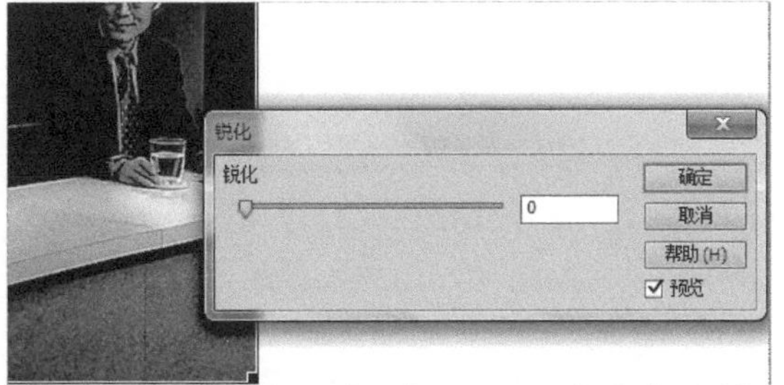

图6-31

Step 3 锐化图像

❶拖动滑动实时预览调整图像的锐化效果，❷完成后单击“确定”按钮，如图6-32所示。

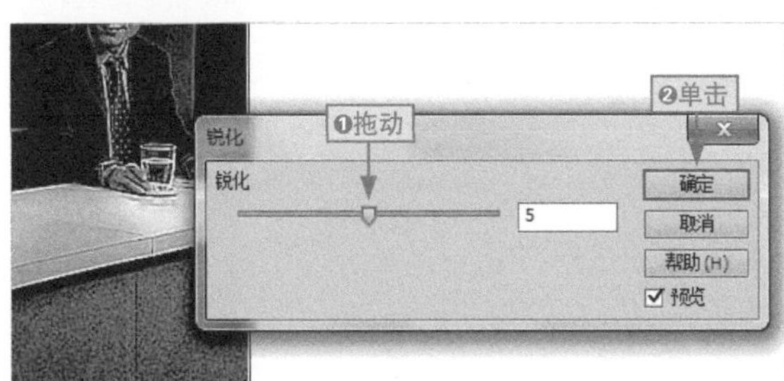

图6-32

Step 4 选择浏览方式

❶保存网页，单击“预览”按钮，❷在弹出的菜单中选择预览方式，如图6-33所示。

图6-33

Step 5 预览设置效果

程序自动启动IE浏览器，在其中即可查看到为图像设置锐化效果后的效果，如图6-34所示。

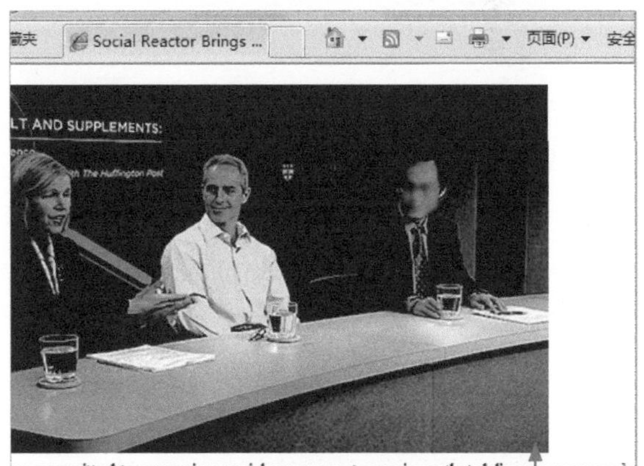

图6-34

6.3 插入其他图像元素

在网页中不仅可以插入图像文件，还可以插入其他的图像元素，如插入图像热区、插入鼠标经过图像等。

6.3.1 插入图像热区

图像热区是在一张图片上的不同部位绘制任意多边形或者圆形的区域，并加入链接的一种技术，下面通过具体实例讲解插入图像热区的方法。

本节素材	DVD/素材/Chapter06/图片/icib.jpg，icib.html
本节效果	DVD/效果/Chapter06/icib.html
学习目标	插入图像热区
难度指数	★★

Step 1 新建页面

打开“icib”素材文件，选择页面中的图像文件，如图6-35所示。

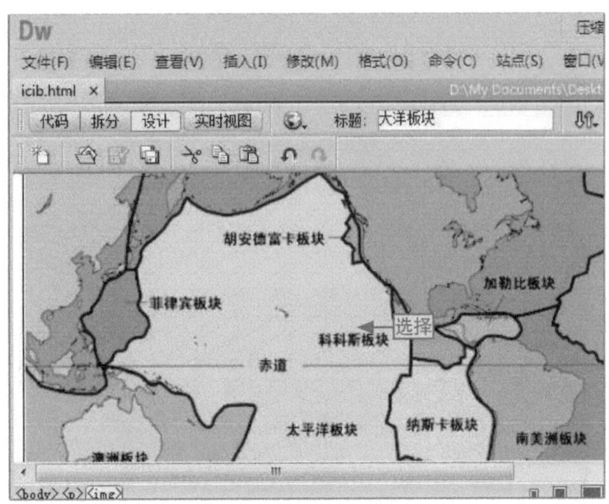

图6-35

Step 2 添加热点

❶选择热点工具，❷在图片的指定位置单击添加一个热点，如图6-36所示。

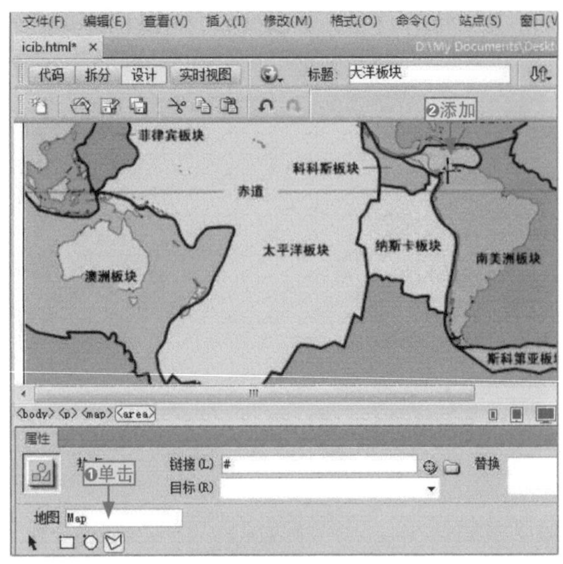

图6-36

Step 3 绘制热区

用相同的方法继续在图片指定区域绘制热点，完成图像热区的绘制，如图6-37所示。

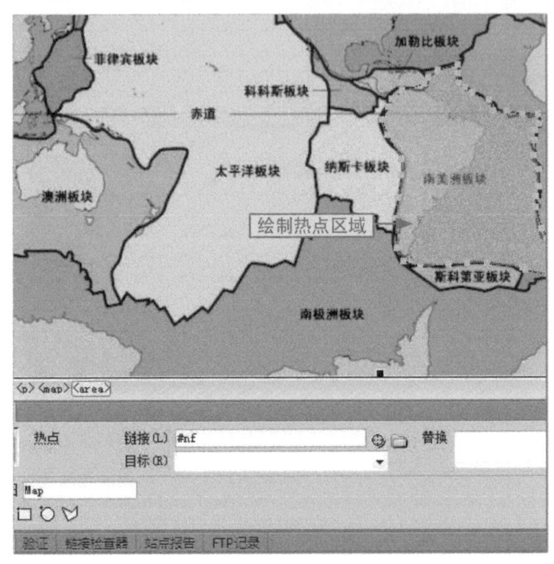

图6-37

Step 4 设置图像热区的链接位置

在属性面板的“链接”文本框中设置单击该热区需要链接的位置，这里输入“icib.html”，即链接到当前页面，如图6-38所示。

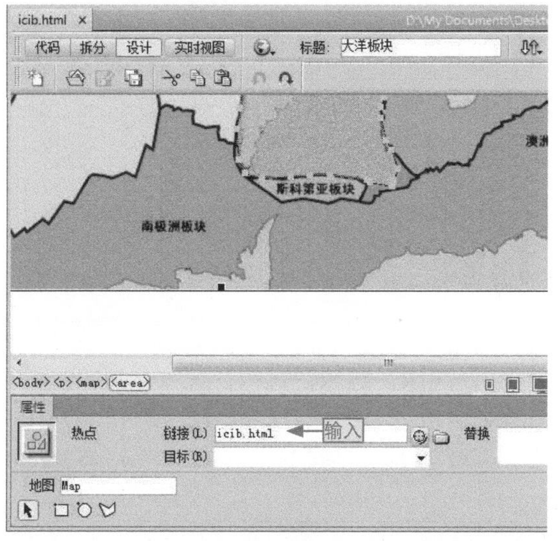

图6-38

Step 5 预览添加图像热区的效果

保存网页，按F12键启动浏览器，在打开的页面中将鼠标光标移动到热区上，此时鼠标光标变为手形，单击执行链接跳转，如图6-39所示。

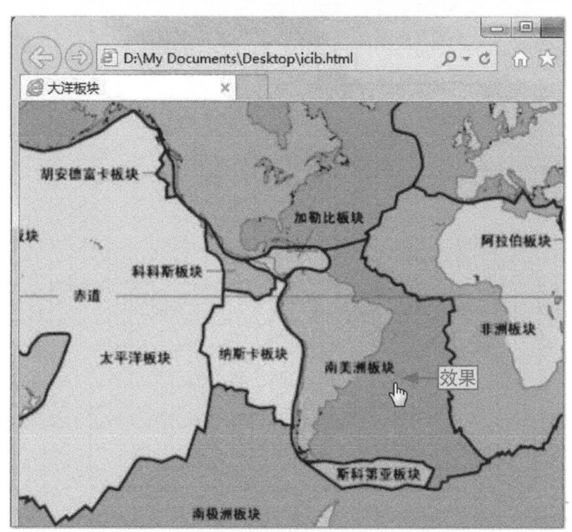

图6-39

6.3.2 鼠标经过图像

鼠标经过图像是当鼠标移动到某一图像时，图像变成了另一幅图像，当鼠标离开时又恢复成原始图像的过程或效果。

本节素材	DVD/素材/Chapter06/cn.html
本节效果	DVD/效果/Chapter06/cn.html
学习目标	鼠标经过图像
难度指数	★★

Step 1 定位文本插入点

打开cn素材文件，将文本插入点定位到代码窗口的<Div>标签之间，如图6-40所示。

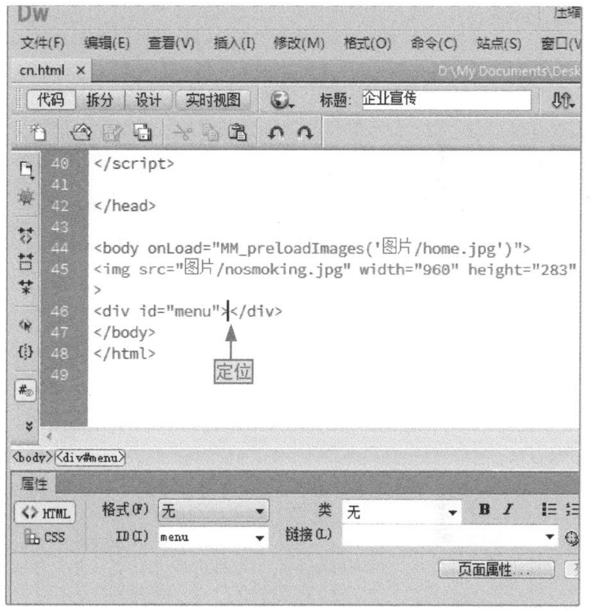

图6-40

Step 2 插入鼠标经过图像

❶单击“插入”菜单项，❷选择“图像”命令，❸在弹出的子菜单中选择“鼠标经过图像”命令，如图6-41所示。

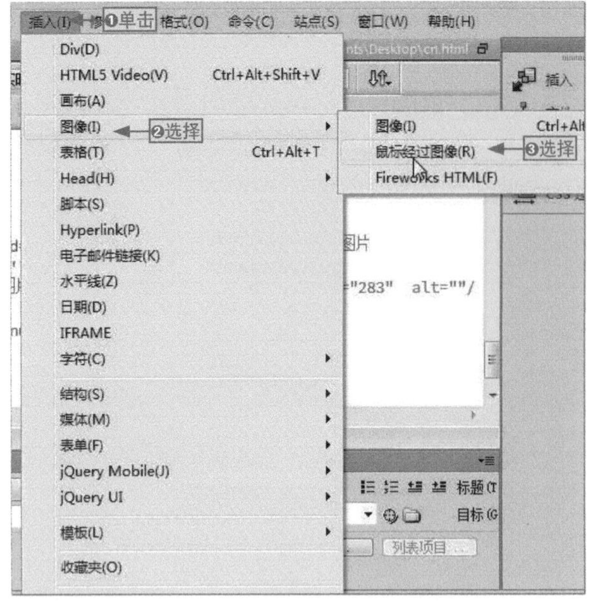

图6-41

Step 3 设置图像名称

❶在打开的“插入鼠标经过图像”对话框中的“图像名称”文本框中输入“home”，❷将文本插入点定位到“原始图像”文本框中，❸单击“浏览”按钮，如图6-42所示。

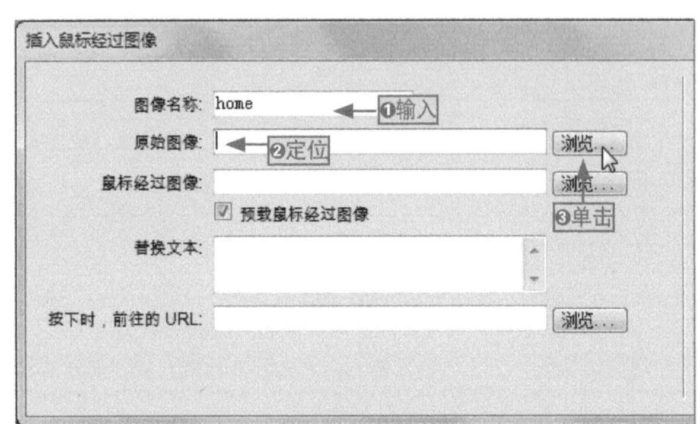

图6-42

专家提醒 | 预载鼠标经过图像

在“插入鼠标经过图像”对话框中，选中“预载鼠标经过图像”复选框，表示即使鼠标未经过图像，浏览器也会预先载入“鼠标经过图像”到本地缓存中。

Step 4 设置原始图像

❶在打开的“原始图像”对话框中找到图像的保存路径，❷在中间的列表框中选择需要的原始图像，❸单击“确定”按钮确认设置的原始图像，如图6-43所示。

图6-43

Step 5 设置鼠标经过图像

❶用相同的方法将素材中的home_v图像设置为“home”图像的鼠标经过图像，❷单击“确定”按钮关闭该对话框，如图6-44所示。

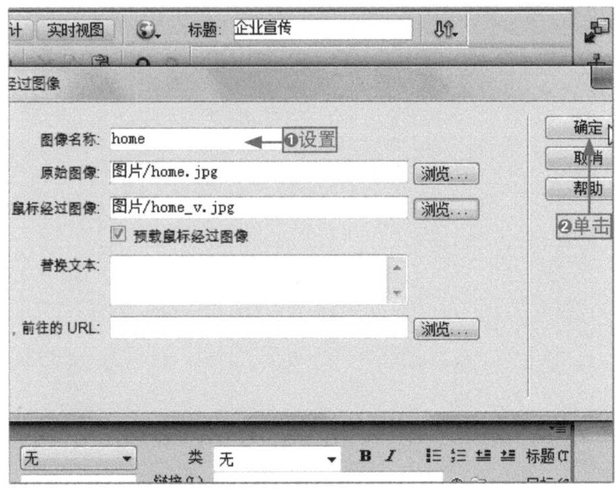

图6-44

Step 6 添加其他鼠标经过图像

用相同的方法添加“关于我们”“产品中心”“新闻中心”和“联系我们”图像及其鼠标经过图像，如图6-45所示。

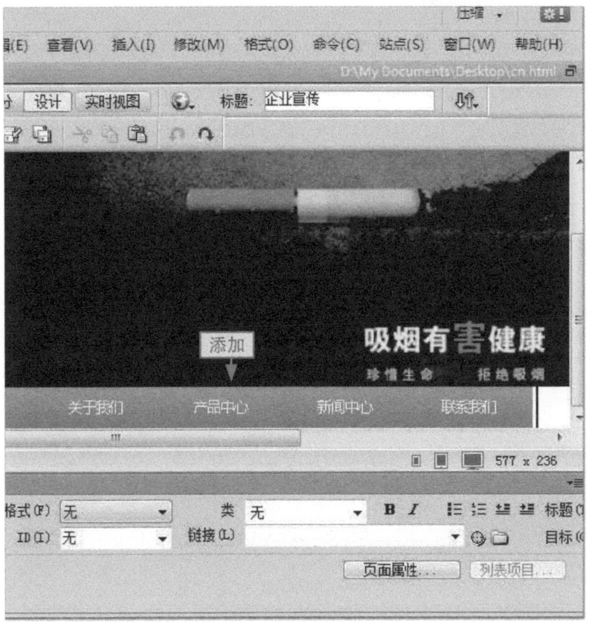

图6-45

Step 7 预览最终效果

保存网页，按F12键启动浏览器，将鼠标光标移动到“关于我们”图像上，此时程序自动显示对应的鼠标经过图像，如图6-46所示。

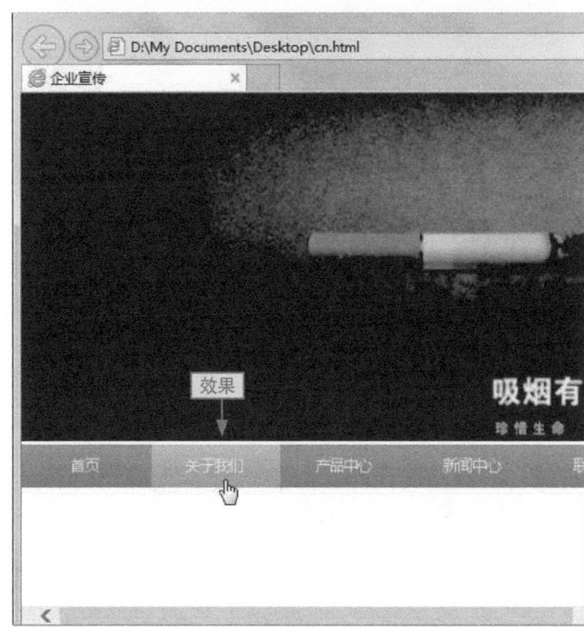

图6-46

6.4 在网页中插入多媒体

为了让网页内容信息显示更加形象直接化、更加丰富、更具娱乐性，除了插入图片外，还可以在网页中插入音频、动画和视频等多媒体文件，以此来丰富我们的网页信息内容。下面将分别具体讲解在网页中插入多媒体文件的各种操作方法。

6.4.1 插入背景音乐

如果要让网页一打开就能听到舒适的音乐，可以通过在网页中添加背景音乐来实现，其具体操作如下。

本节素材	DVD/素材/Chapter06/Files/Your Smile.mp3，cn1.html
本节效果	DVD/效果/Chapter06/cn1.html
学习目标	插入背景音乐
难度指数	★★

Step 1 切换到代码视图

打开cn1素材文件，单击“代码”按钮切换到代码视图，如图6-47所示。

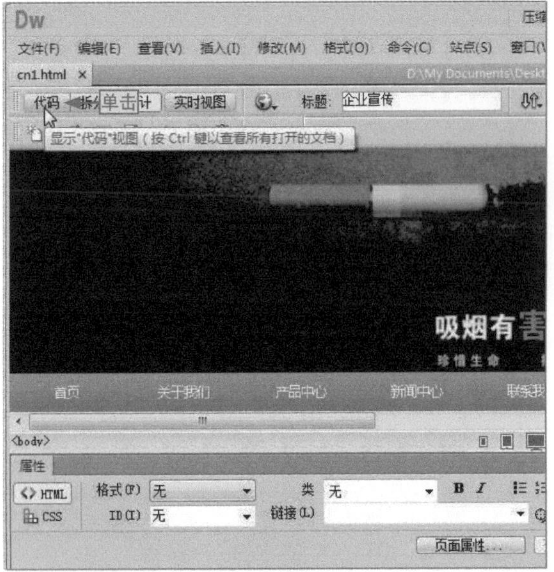

图6-47

Step 2　设置背景音乐

在<head>和</head>标签之间为<bgsound/>标签的src属性设置路径(即输入"<bgsound src="Files/Your Smile.mp3" />"代码)，完成添加背景音乐的操作，如图6-48所示。

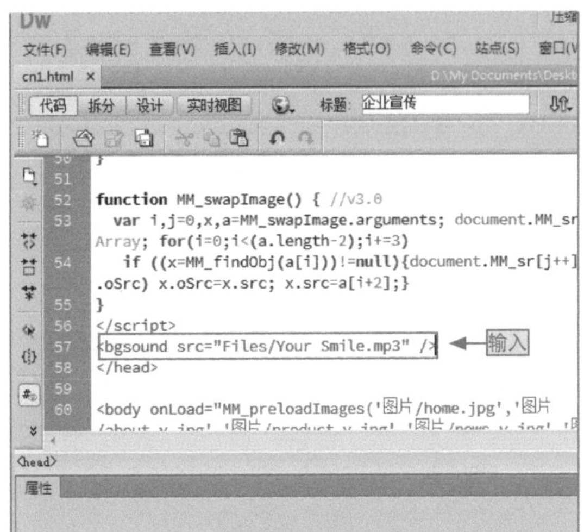

图6-48

Step 3　效果预览

❶保存网页，单击"预览"按钮，❷在弹出的菜单中选择预览方式，启动浏览器即可预览到效果，如图6-49所示。

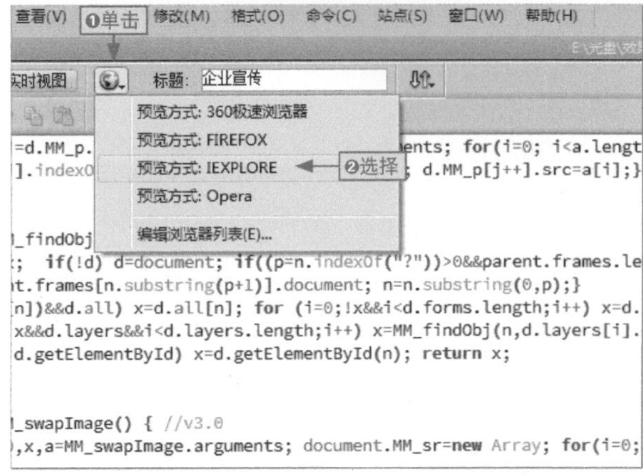

图6-49

专家提醒 | bgsound的常见属性

bgsound标签的属性很多，其中比较常见的属性有如下几个。

src属性：该属性主要用于设置或获取要播放文件的路径。

balance属性：该属性主要用于设置声道，其值为-1000~1000，负值为左声道，正值为右声道，0为立体声。

volume属性：该属性主要用于设置或获取音量设置。

delay属性：该属性主要用于进行播放延时的设置。

6.4.2　插入Flash动画

Flash动画是将音乐、声效、动画以及富有新意的界面融合在一起，以制作出高品质的网页动态效果。在网页中插入Flash动画的具体操作如下。

本节素材	DVD/素材/Chapter06/Files/f1.swf
本节效果	DVD/效果/Chapter06/Football.html
学习目标	插入Flash动画
难度指数	★★

Step 1 执行“Flash SWF”命令

新建一个名称为Football的空白网页，❶单击“插入”菜单项，❷在弹出的菜单中选择“媒体”命令，❸在弹出的子菜单中选择“Flash SWF”命令，如图6-50所示。

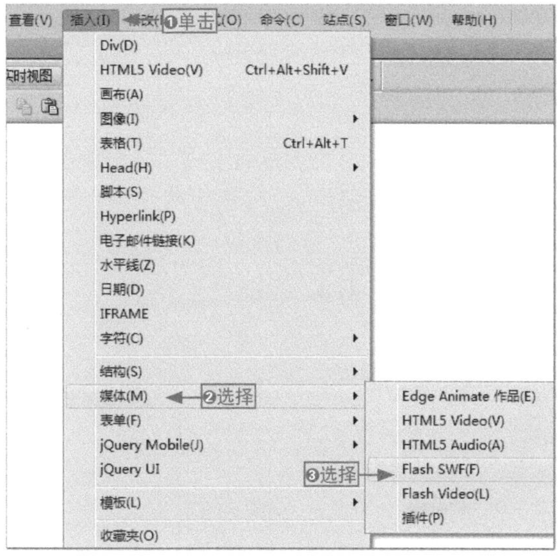

图6-50

Step 2 选择flash文件

❶在打开的“选择SWF”对话框中找到文件的保存路径，❷在中间的列表框中选择需要的flash文件，❸单击“确定”按钮，如图6-51所示。

图6-51

Step 3 设置对象标签辅助功能属性

❶在打开的“对象标签辅助功能属性”对话框中设置标题为football，❷单击“确定”按钮，如图6-52所示。

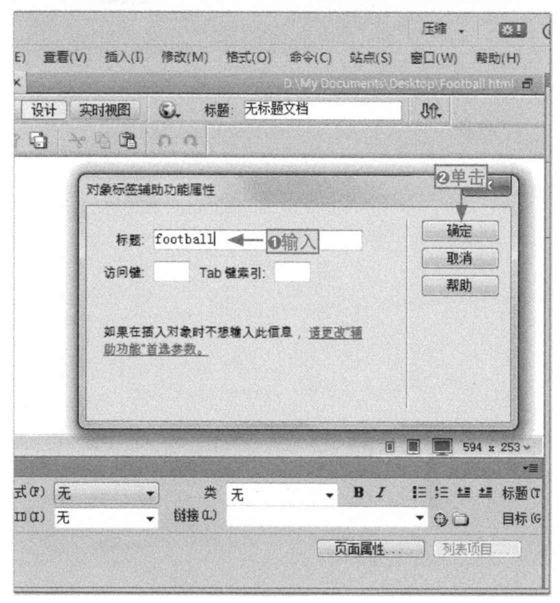

图6-52

Step 4 复制相关文件

按Ctrl+S组合键保存网页，在打开的“复制相关文件”对话框中单击“确定”按钮确认复制相关文件，如图6-53所示。

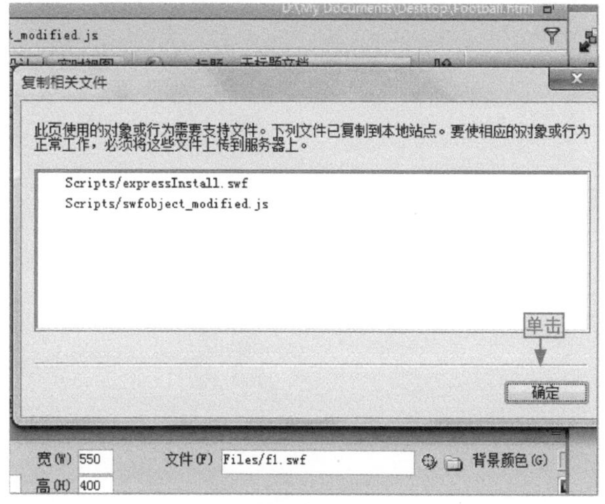

图6-53

Step 5　效果预览

❶单击“预览”按钮，❷在弹出的菜单中选择预览方式，如图6-54所示。

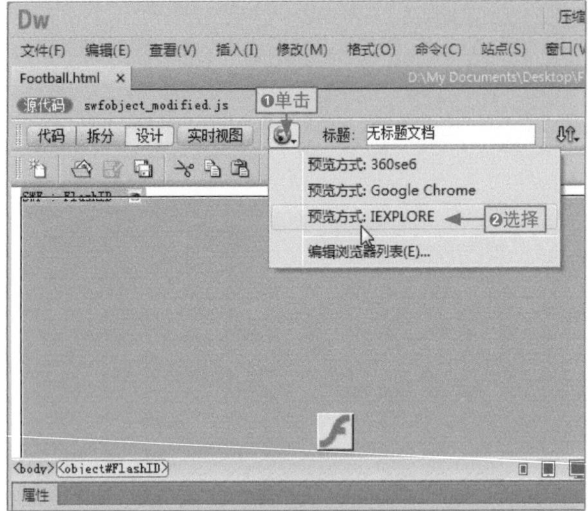

图6-54

Step 6　预览设置效果

程序自动启动IE浏览器，在其中即可查看到在网页中插入flash动画的效果，如图6-55所示。

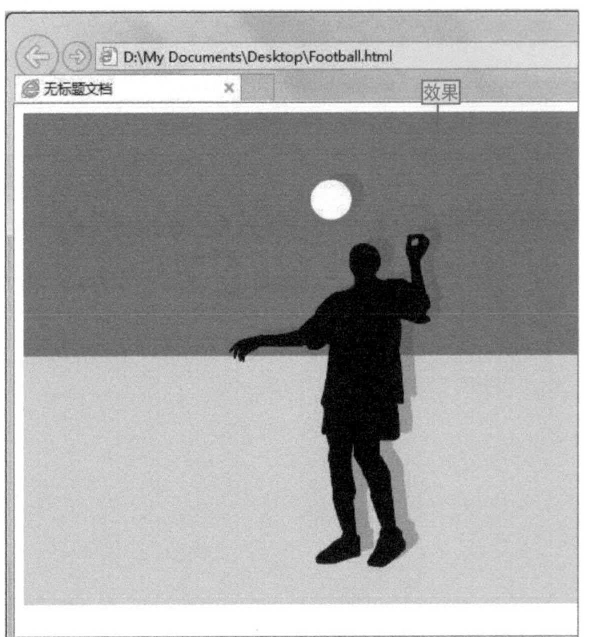

图6-55

6.4.3　插入FLV视频

在Dreamweaver CC中，允许用户插入FLV格式的Flash视频，从而实现不用安装插件也能播放视频的效果。其具体操作如下。

本节素材	DVD/素材/Chapter06/Files/HI-13801.flv
本节效果	DVD/效果/Chapter06/HI-2.html
学习目标	插入FLV视频
难度指数	★★

Step 1　执行“Flash Video”命令

新建一个名为HI-2的空白网页文件，❶单击“插入”菜单项，❷在弹出的菜单中选择“媒体”命令，❸在弹出的子菜单中选择“Flash Video”命令，如图6-56所示。

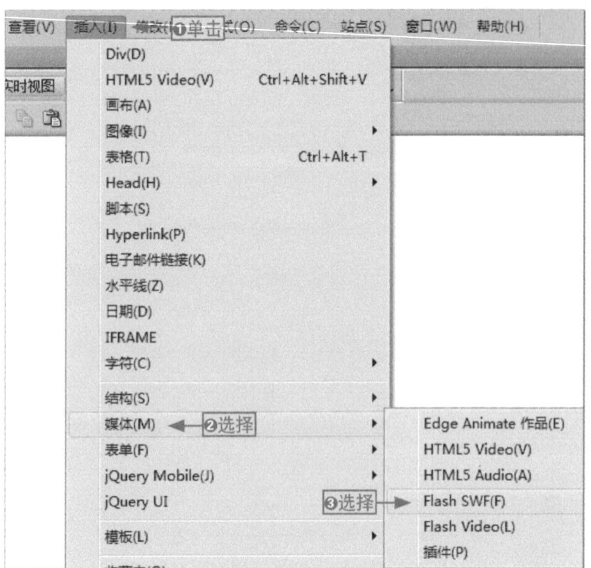

图6-56

Step 2　单击“浏览”按钮

在打开的“插入FLV”对话框单击“浏览”按钮，如图6-57所示。

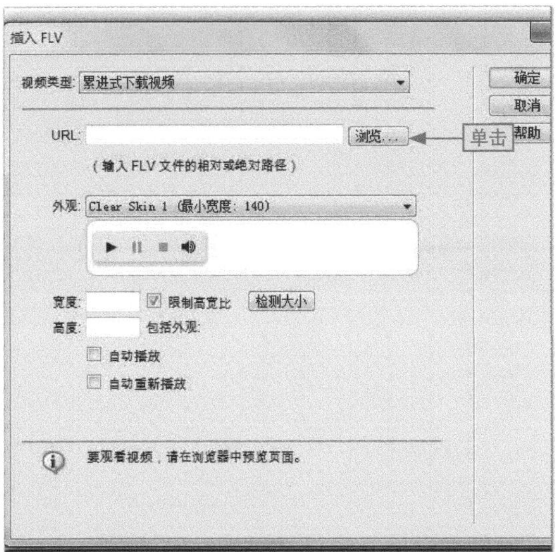

图6-57

Step 3 选择FLV文件

❶在打开的“选择FLV”对话框中找到文件的保存位置，❷在中间的列表框中选择需要的文件，❸单击“确定”按钮，如图6-58所示。

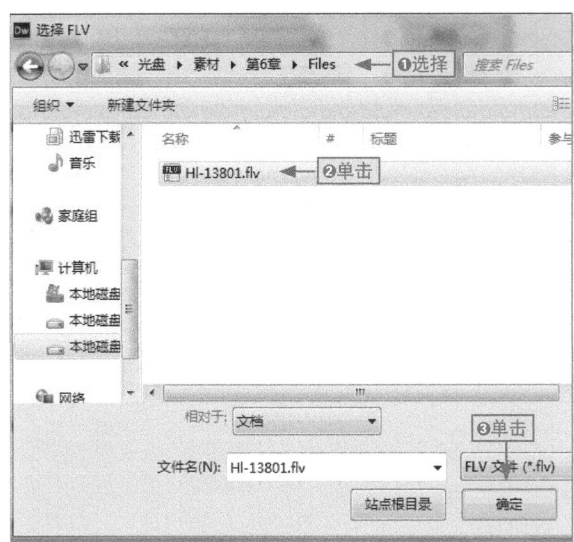

图6-58

Step 4 参数设置

❶在返回的对话框中设置宽度和高度参数，❷选中“自动播放”复选框，❸单击“确定”按钮，如图6-59所示。

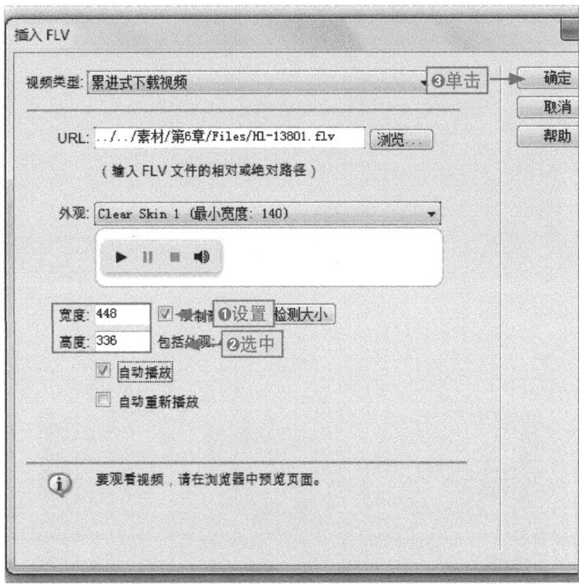

图6-59

Step 5 复制相关文件

按Ctrl+S组合键保存网页，在打开的“复制相关文件”对话框中单击“确定”按钮确认复制相关文件，如图6-60所示。

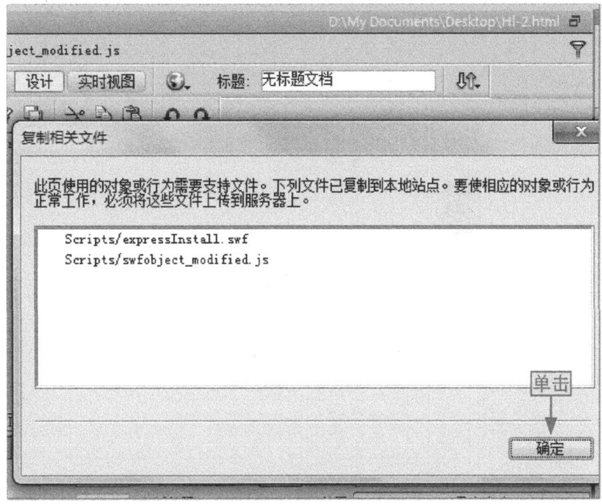

图6-60

Step 6 预览效果

❶保存网页，单击“预览”按钮，❷在弹出的菜单中选择预览方式启动浏览器，在打开的页面中即可查看到插入的FLV格式的视频文件效果，如图6-61所示。

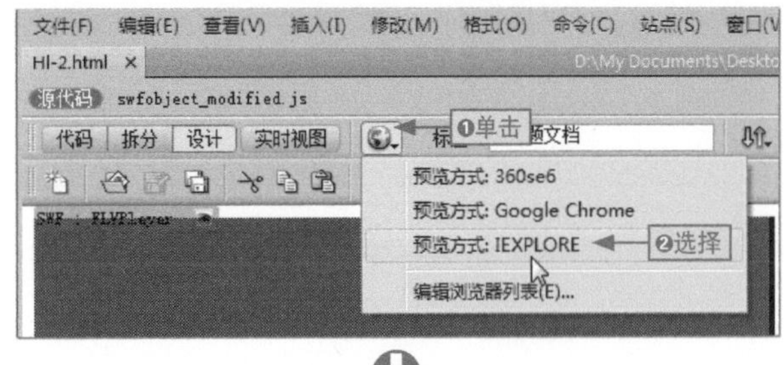

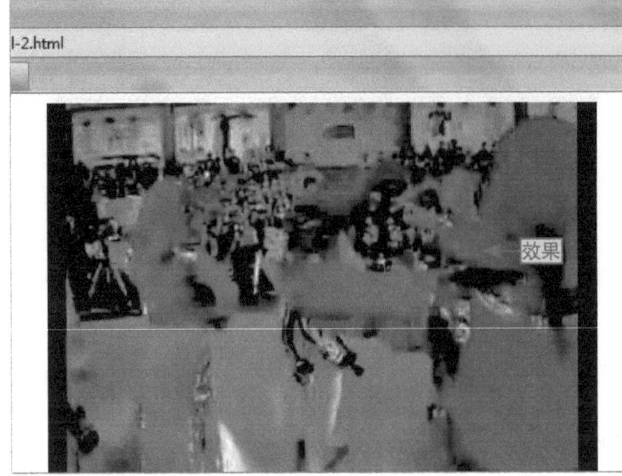

图6-61

6.4.4 插入HTML5视频

在HTML5中提供了视频的标准接口，无需任何插件安装，只要浏览器支持相应的HTML5标签即可顺利的播放HTML5视频。

插入HTML5视频时，可以使用HTML5标签<video></video>插入，也可以通过可视化窗口插入，其具体操作如下。

本节素材	DVD/素材/Chapter06/Files/HI-13802.mp4
本节效果	DVD/效果/Chapter06/k1.html
学习目标	插入HTML5视频
难度指数	★★

Step 1 执行“HTML5 Video”命令

新建一个空白网页文件，❶单击“插入”菜单项，❷在弹出的菜单中选择“媒体”命令，❸在弹出的子菜单中选择“HTML5 Video”命令，如图6-62所示。

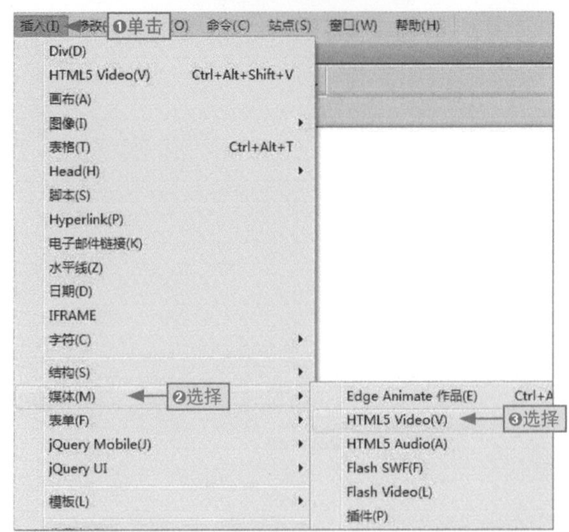

图6-62

Step 2 浏览视频文件

❶选中插入的视频图标，❷单击属性面板中“源”文本框右侧的“浏览”按钮，如图6-63所示。

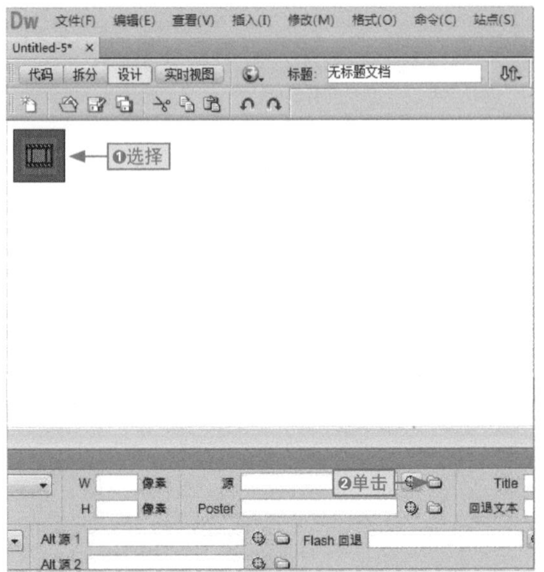

图6-63

Step 3 选择视频文件

❶在打开的“选择视频”对话框中找到文件的保存路径，❷在中间的列表框中选择需要的视频，❸单击“确定”按钮，如图6-64所示。

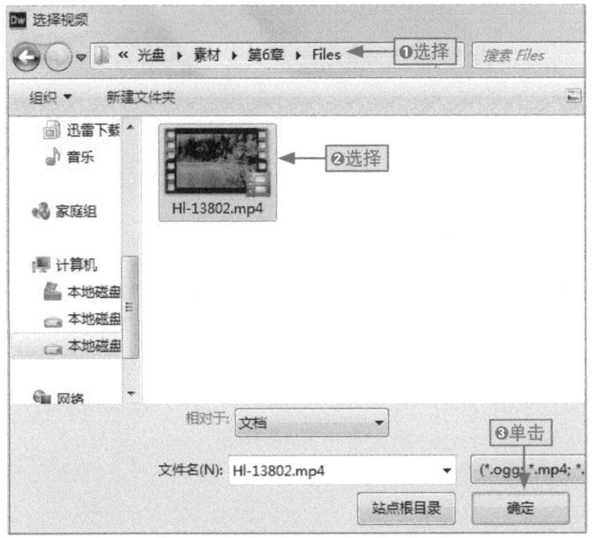

图6-64

Step 4　保存文件

❶按Ctrl+S组合键，在打开的“另存为”对话框中设置文件的保存路径，❷设定文件名为“k1”，❸单击“保存”按钮，如图6-65所示。

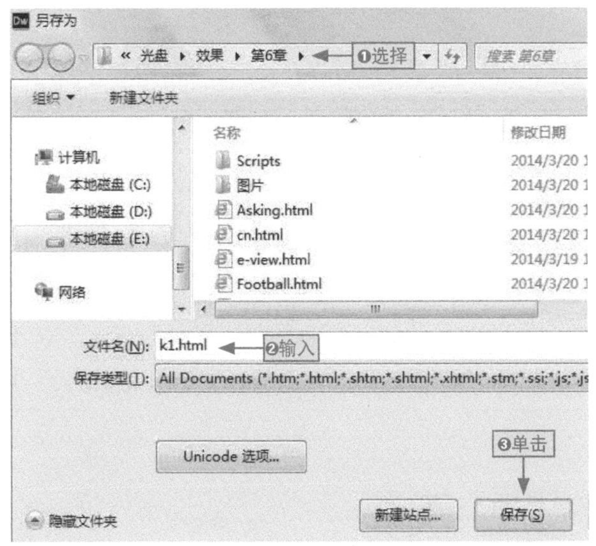

图6-65

Step 5　预览效果

按F12键启动浏览器，在打开的页面中即可查看到插入的HTML5视频效果，如图6-66所示。

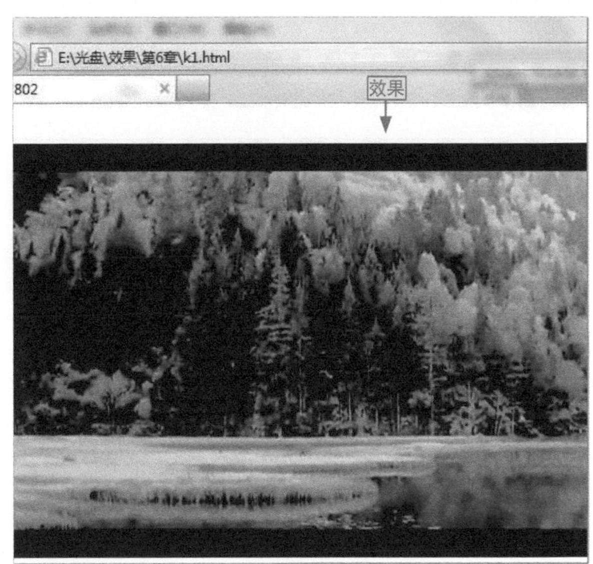

图6-66

6.4.5　插入HTML5音频

在HTML5中也提供了音频的标准接口，无须任何插件安装，只要浏览器支持相应的HTML5标签顺利地播放HTML5音频文件。

插入HTML5音频时，可以使用HTML5标签<audio></audio>插入，也可以通过可视化窗口插入，其具体操作如下

本节素材	DVD/素材/Chapter06/Files/Your Smile.mp3
本节效果	DVD/效果/Chapter06/k2.html
学习目标	插入HTML5音频
难度指数	★★

Step 1　执行“HTML5 Audio”命令

新建一个空白网页文件，❶单击“插入”菜单项，❷在弹出的菜单中选择“媒体”命令，❸在弹出的子菜单中选择“HTML5 Audio”命令，如图6-67所示。

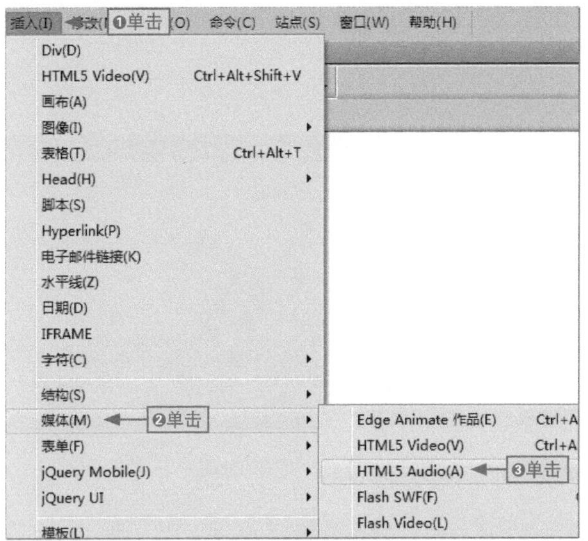

图6-67

Step 2 浏览音频文件

❶选中插入的音频图标，❷单击属性面板中“源”文本框右侧的“浏览”按钮，如图6-68所示。

图6-68

Step 3 选择音频文件

❶在打开的“选择音频”对话框中找到文件的保存路径，❷在中间的列表框中选择需要的音频，❸单击“确定”按钮，如图6-69所示。

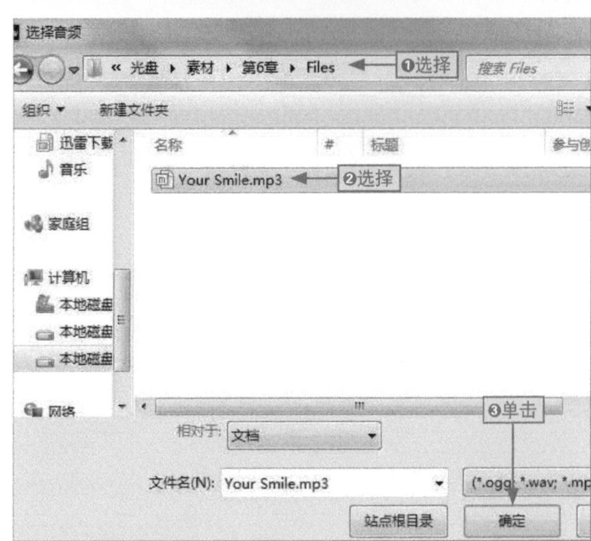

图6-69

Step 4 保存文件

❶按Ctrl+S组合键，在打开的“另存为”对话框中设置文件的保存路径，❷设定文件名为“k2”，❸单击“保存”按钮，如图6-70所示。

图6-70

Step 5 预览效果

按F12键启动浏览器，在打开的页面中即可查看到插入的HTML5音频效果，如图6-71所示。

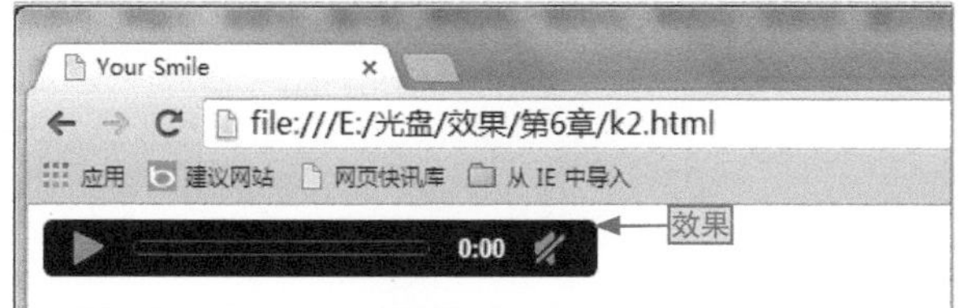

图6-71

6.4.6　插入其他媒体

除了前面介绍的插入媒体文件的方法以外，在Dreamweaver CC中，还可以通过插入插件的方法实现在网页中插入媒体文件。

下面通过插入wmv格式的媒体文件为例，讲解其具体的操作方法。

本节素材	DVD/素材/Chapter06/Files/HI-13803.wmv
本节效果	DVD/效果/Chapter06/k3.html
学习目标	插入其他媒体
难度指数	★★

Step 1　插入插件

新建一个空白网页文件，❶单击“插入”菜单项，❷在弹出的菜单中选择“媒体”命令，❸在弹出的子菜单中选择“插件”命令，如图6-72所示。

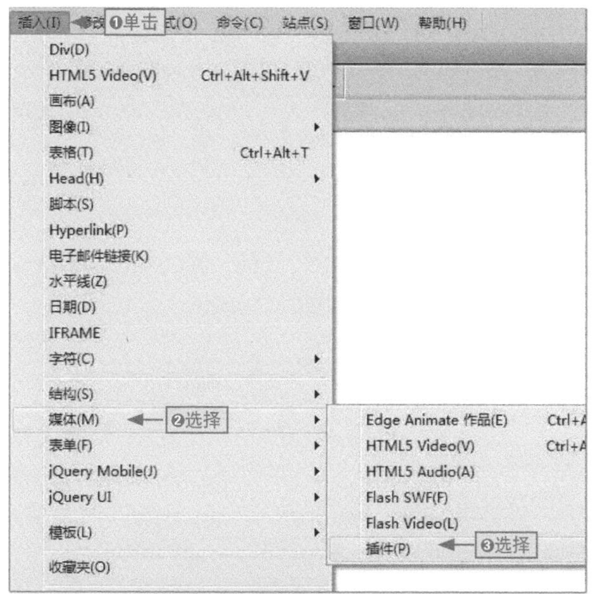

图6-72

Step 2　选择视频文件

❶在打开的“选择文件”对话框中找到所需文件的保存路径，❷在中间的列表框中选择需要的音频，❸单击“确定”按钮，如图6-73所示。

图6-73

Step 3　设置插件的长度和宽度

❶在页面中选择插入的媒体文件，❷在属性面板的“宽”文本框中输入“550”，❸在“高”文本框中输入“323”，如图6-74所示。

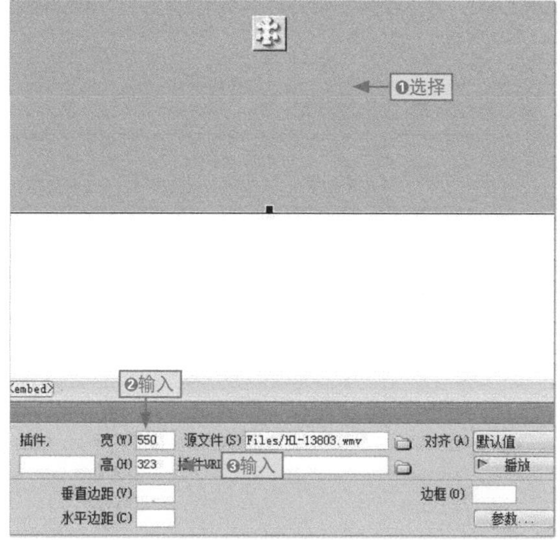

图6-74

Step 4　保存文件

❶按Ctrl+S组合键，在打开的“另存为”对话框中设置文件的保存路径，❷设定文件名为“k3”，❸单击“保存”按钮，如图6-75所示。

图6-75

Step 5　预览效果

按F12键启动浏览器，在打开的页面中即可查看到插入的HTML5视频效果，如图6-76所示。

图6-76

6.5 实战问答

?! NO.1 | 如何让背景音乐循环播放

元芳：通常情况下，在网页中插入的背景音乐后，只播放一遍，有没有什么方法让其一直循环播放呢？

大人：如果要让添加到网页中的背景音乐循环播放，需要将<bgsound>标签的Loop属性设置为-1，其操作如下。

Step 1 ❶在网页中单击“代码”按钮切换到代码视图，❷将文本插入点定位到<bgsound>标签的末尾，如图6-77所示。

图6-77

Step 2 输入“loop="-1"”代码，按Ctrl+S组合键保存，完成整个操作，如图6-78所示。

图6-78

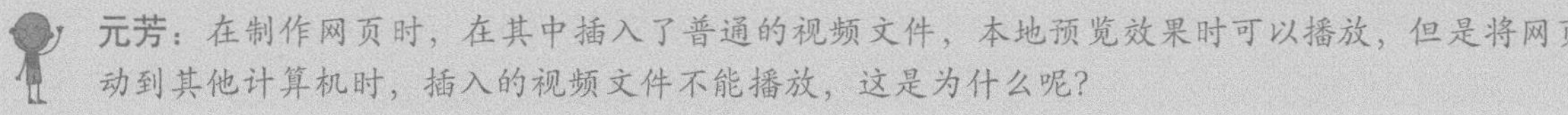

?! NO.2 | 为何插入普通视频的网页在其他计算机不能播放

元芳：在制作网页时，在其中插入了普通的视频文件，本地预览效果时可以播放，但是将网页移动到其他计算机时，插入的视频文件不能播放，这是为什么呢？

大人：出现这样的错误，通常是由于站点的路径不对造成的，因为插入的视频文件是采用绝对路径，因此在其他计算机运行网页时，程序在对方计算机的相同位置找不到视频文件，要解决这个问题，可以将视频文件与网页文件保存在同一文件夹内，再插入视频，即采用相对路径，这样无论在哪里，都能确保视频文件能正常播放。

?! NO.3 | 为什么插入HTML5视频后不能播放

元芳：在制作网页时，在其中插入了HTML5视频，所有的操作和语法格式都没有错误，但是就是不能播放，这是为什么呢？

大人：造成这种情况的原因，可能是因为使用的浏览器不支持HTML5，可以换一个浏览器试试，如遨游浏览器、搜狗浏览器、火狐浏览器等。

6.6 思考与练习

填空题

1. 在HTML中，图像的标签为__________，利用该标签的________________属性可以指定图像路径。

2. 在Dreamweaver中，程序提供的图像的对齐方式有______________、______________、______________和_______________4种。

3. 鼠标经过图像是当鼠标移动到某一图像时，图像变成了另一幅图像，当鼠标离开时又____。

选择题

1. 下列(　　)选项用于设置或获取要播放文件路径。

A. balance属性

B. src属性

C. volume属性

D. delay属性

2. 下列(　　)选项不能通过“插入”菜单的“媒体”子菜单完成。

A. 背景音乐

B. Flash动画

C. FLV视频

D. HTML5视频

判断题

1. GIF 格式的图片支持透明效果，使得彩色图像的边缘能与任何背景平滑地融合，从而彻底地消除锯齿边缘。 (　　)

2. 图片的裁剪工具是截取图像中用户需要的内容。 (　　)

操作题

【练习目的】创建引导页

下面将通过新建一个引导页文件，让读者能亲自体验插入视频动画的相关操作，巩固本章所学的知识。

【制作效果】

本节素材	DVD/素材/Chapter06/index.swf
本节效果	DVD/效果/Chapter06/index.html

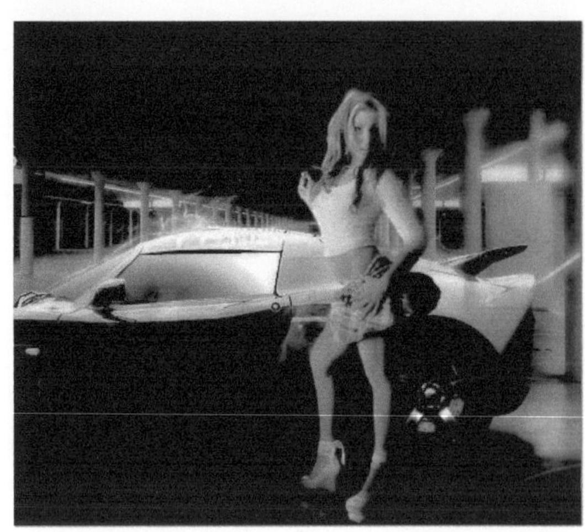

Chapter 07

超链接的应用

本章要点

★ 认识超链接的类型
★ 什么是URL
★ 相对路径
★ 插入文本链接
★ 设置链接打开方式
★ 插入锚点链接
★ 插入空链接
★ 插入E-mail链接

学习目标

超链接是浏览者与服务器之间交互的主要手段，是使用比较频繁的HTML元素，本章将具体介绍超链接的详细知识，包括超链接的类型、超链接的链接路径，以及在Dreamweaver CC中各种超链接的插入方法，让用户快速掌握和学会使用超链接。

知识要点	学习时间	学习难度
认识超链接的类型	25分钟	★★
链接路径有哪些分类	25分钟	★★
各种超链接的创建方法	60分钟	★★★★

重点实例

认识超链接的类型

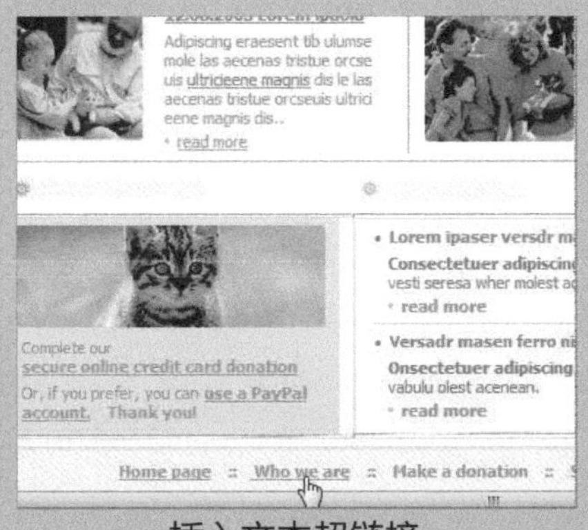

插入文本超链接

插入图像超链接

7.1 认识超链接的类型

在使用超链接之前，首先要认识超链接有哪些类型。根据划分标准的不同，超链接可以分为不同的类型。

7.1.1 按超链接源端点的对象划分

超链接可以按源端点的对象不同来划分，常见的有文本超链接和图像超链接。

◆文本超链接

文本超链接是直接在指定的纯文本内容上添加的超链接，如图7–1所示。

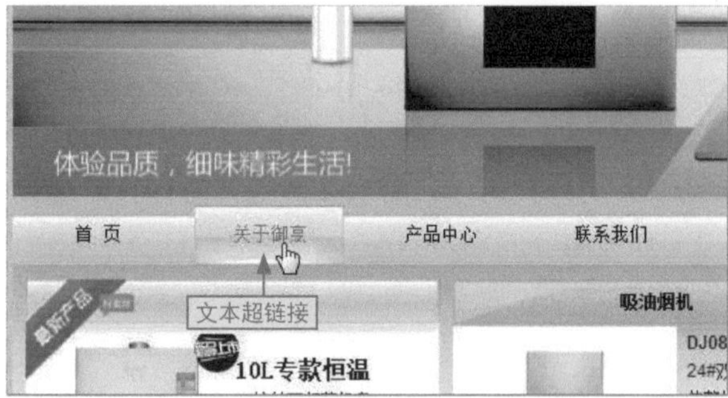

图7–1

◆图像超链接

图像超链接是直接在网页中的图像对象上添加的超链接，如图7–2所示。

图7–2

7.1.2 按执行超链接后的动作划分

超链接可以按执行超链接后的动作不同划分，常见的有页面跳转超链接、邮箱超链接和下载超链接。

◆页面跳转超链接

页面跳转超链接是最常见的一种超链接类型，单击该超链接后，程序自动跳转到其他的网页页面，如图7–3所示。

图7–3

◆邮箱超链接

单击超链接后，可以直接给指定邮箱地址发送电子邮件的超链接称为邮箱超链接，如图7–4所示。

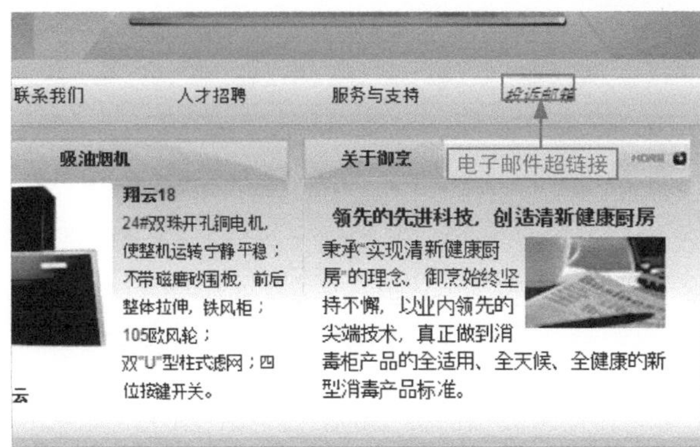

图7-4

专家提醒 | 邮箱超链接的使用说明

单击邮箱超链接直接给指定邮箱地址发送邮件的前提条件是要正确安装了邮件客户端，否则是不能发送邮件的。

◆下载超链接

单击超链接后，程序自动链接到一个需要下载的文件，这样的超链接称为下载超链接，如图7-5所示。

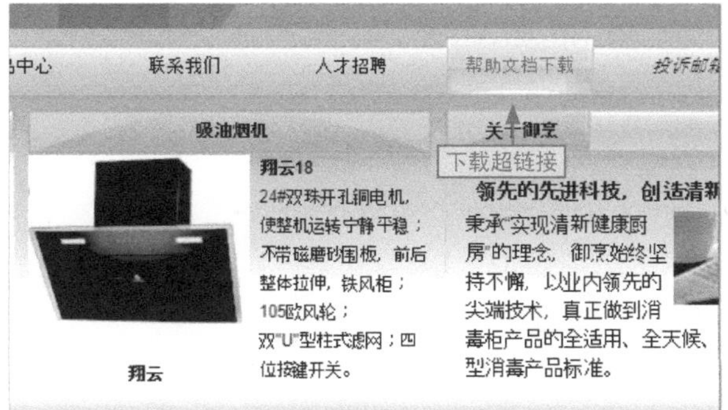

图7-5

7.1.3 按超链接的链接位置划分

按链接路径是在当前页面、当前网站还是其他网站的不同，可以将超链接划分为锚点超链接、内部超链接和外部超链接3种类型。

◆锚点超链接

锚点超链接是指在同一网页或不同网页内指定位置的链接，如图7-6所示。

图7-6

◆内部超链接

内部超链接即在同一个站点内的不同网页之间的链接关系，如图7-7所示。

图7-7

◆外部超链接

外部超链接顾名思义即不在同一个站点内的网页之间的链接关系。如一些网站上的友情链接就是外部超链接，如图7-8所示。

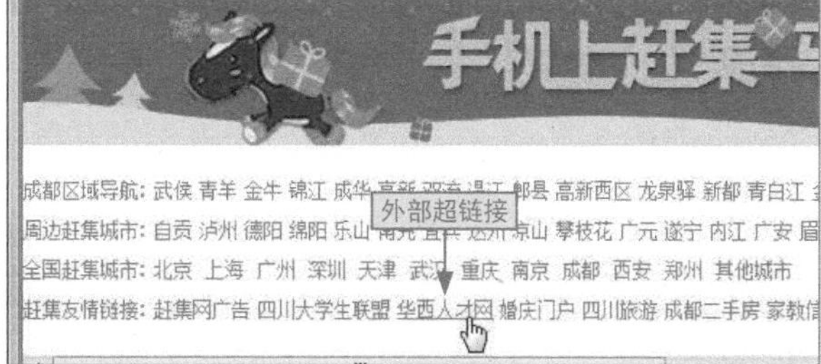

图7-8

7.2 链接路径有哪些分类

如果要轻松管理网站的链接，创建出结构清晰的站点，在创建站点的链接之前，首先应该了解链接中目录和路径的关系。

7.2.1 什么是URL

URL（Uniform Resource Locator）即统一资源定位符，它是互联网上标准资源的地址，主要用于各种www客户程序和服务器程序，表示一个网页地址。

URL由3部分组成：资源类型、存放资源的主机域名、资源文件名。如图7-9所示的网址的结构。

图7-9

7.2.2 相对路径

相对路径是指由当前文件所在位置为参考物的链接地址。

◆同级目录

同级目录表示当前文件和关联文件均在同一级文件夹中，关联时只需直接输入文件名，如图7-10所示。

```
</head>

<body>
<div id="header"><div id="head"><object classid=
"clsid:D27CDB6E-AE6D-11cf-96B8-444553540000" codebase=
"http://download.macromedia.com/pub/shockwave/cabs/flas
height="405" width="905"><param name="movie" value="ima
"quality" value="high">< ...ges/banner.swf" q
"http://www.macromedia.c... player" type="app
height="405" width="905" ...v>
<div id="menu">
<ul>
    <li class=""><a href="index.html">首 页</a></li>
    <li><a href="about.html">关于御景</a></li>
```

链接本目录中的index.html文件

图7-10

◆上级目录

上级目录表示与当前文件关联的文件在其上一级文件夹目录中，关联时需先输入“../”（表示上一级目录），如图7-11所示。

```
<body>
    <div id="menus">
        <ul>
            <li id="m0" ...ouseover="SlidMenu(0)"
                <a href... >首页</a>
            </li>
            <li id="m1" onmouseover="SlidMenu(1)">
                <a href="../company/detail.html">公司介绍</a>
            </li>
            <li id="m2" onmouseover="SlidMenu(2)">
                <a href="product/list-1.html">产品展示</a>
            </li>
            <li id="m3" onmouseover="SlidMenu(3)">
                <a href="news/detail-1.html">新闻中心</a>
            </li>
            <li id="m4" onmouseover="SlidMenu(4)">
                <a href="../company/about.html">企业文化</a>
            </li>
            <li id="m5" onmouseover="SlidMenu(5)">
                <a href="../company/join.html">招商合作</a>
            </li>
            <li id="m6" onmouseover="SlidMenu(6)">
```

链接上级目录中的company目录下的detail.html文件

图7-11

◆下级目录

下级目录表示与当前文件关联的文件在其下一级文件夹目录中，关联时需先输入“目录（目录）/文件名”，如图7-12所示。

```
<ul>
    <li id="m0" class="active" onmouseover="SlidMenu(0)">
        <a href="../../index.html">首页</a>
    </li>
    <li id="m1" o... enu(1)">
        <a href="... .html">公司介绍</a>
    </li>
    <li id="m2" onmouseover="SlidMenu(2)">
        <a href="product/list-1.html">产品展示</a>
    </li>
    <li id="m3" onmouseover="SlidMenu(3)">
        <a href="news/detail-1.html">新闻中心</a>
    </li>
    <li id="m4" onmouseover="SlidMenu(4)">
```

链接下级目录product中的list-1.html文件

图7-12

7.2.3　绝对路径

绝对路径是以Web站点的根目录为参考基础的路径，是包括服务器协议的完全路径，如图7-13所示。

图7-13

7.2.4　根路径

根路径是一种特别的相对路径，表示上与绝对路径的表示方式相似，都是从网站的开始目录查找匹配路径逐级向下查找。表示方式："/"+"目录/文件名"，如图7-14所示。

```
<title>中国第一资源网</title>
</head>

<body>
    <div id="menus">
        <ul>
            <li id="m0" class="active">
                <a href="/index.html">首页</a>
            </li>
            <li>
```

根路径

图7-14

长知识 | 绝对路径与相对路径的路径变化说明

在设计网站时，如果将超链接的路径类型弄错了，可能发生超链接不起作用的情况，这就必须要了解这两种路径类型的路径变化情况，具体如图7-15所示。

1. 当需要链接到其他网站或站点时，必须使用绝对路径。而相对路径最适合于网站或站点的内部链接。
2. 在相对路径中，不同页面对同一页面的引用路径不一定相同，但绝对路径却是一定相同。
3. 绝对路径相对于相对路径而言不方便站点的迁移，比如当站点被迁移到一个网站下作为一个子目录时，绝对路径就会发生改变，而相对路径通常不需要变更。

图7-15

7.3　各种超链接的创建方法

前面讲解了超链接的类型以及对应路径的应用，接下来将着重介绍超链接的创建及应用。用户可以通过编写HTML代码添加超链接，其语法格式为：<a href="链接目标位置">超链接名称</a>，也可以通过"属性"面板设置参数创建超链接。

7.3.1　插入文本链接

本节素材	DVD/素材/Chapter07/宠物之家/
本节效果	DVD/效果/Chapter07/宠物之家/
学习目标	插入文本链接
难度指数	★★

文本链接是指以文本内容作为引导标题的超链接。具体创建方法如下。

Step 1 打开主页页面

启动Dreamweaver CC软件，打开“宠物之家”素材文件夹中的index页面文件，如图7-16所示。

图7-16

Step 2 选择需要插入超链接的文本

❶选择页面下方的“Who we are”文本，❷在“属性”面板中单击“浏览文件”按钮，如图7-17所示。

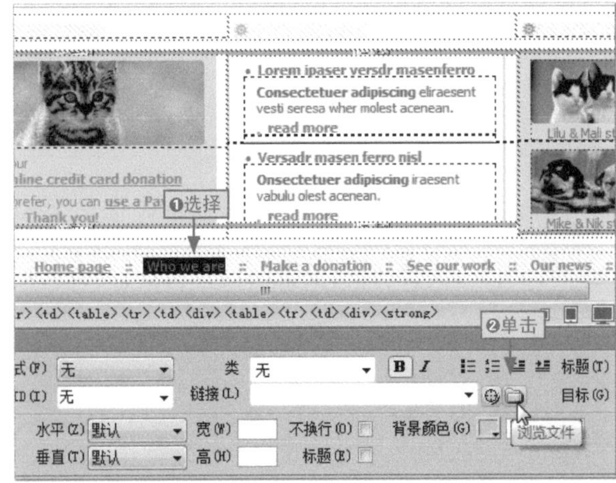

图7-17

Step 3 选择链接目标网页

在打开的对话框中选择要超链接到的网页，单击“确定”按钮，如图7-18所示。

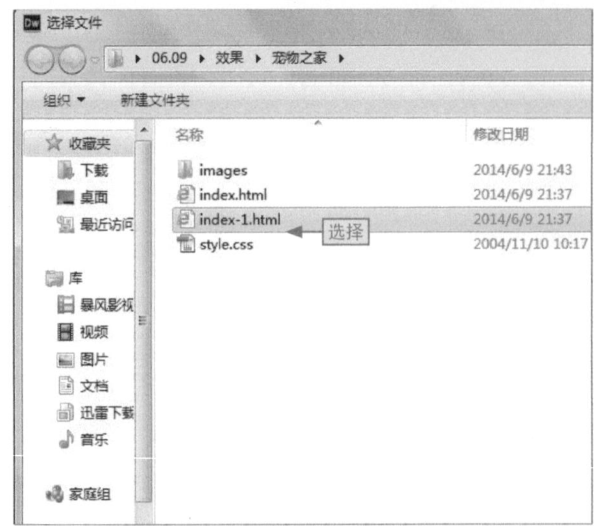

图7-18

Step 4 完成超链接的添加

在返回的设计视图下方的“属性”面板的“链接”文本框中可查看添加的链接位置，如图7-19所示。

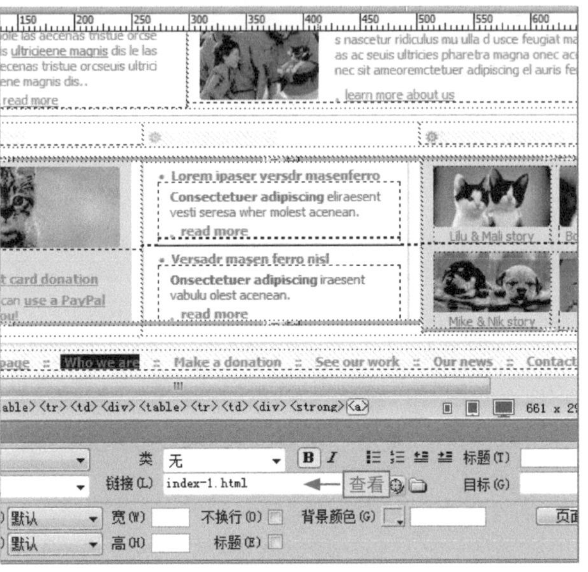

图7-19

Step 5　单击文本超链接

保存网页文件，按F12键启动浏览器并打开页面，单击页面下方的“Who we are”文本超链接，如图7-20所示。

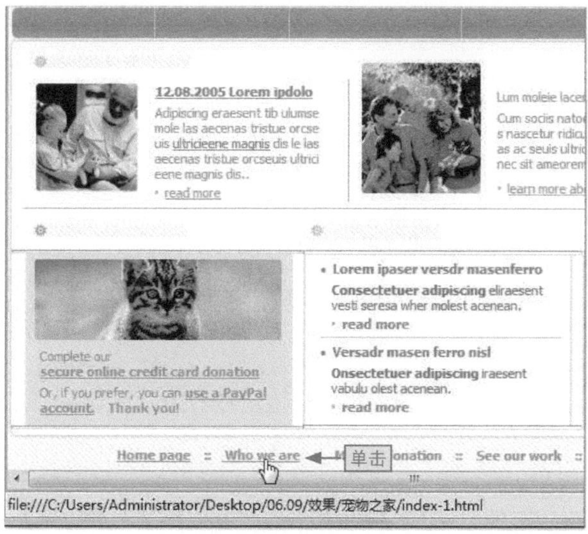

图7-20

Step 6　通过文本超链接打开网页

程序自动在当前窗口中打开标题为“Who we are”的index-1网页，如图7-21所示。

图7-21

7.3.2　设置链接打开方式

默认情况下创建的超链接，其打开方式为在本页打开，用户还可以根据需要修改链接的打开方式。

在网页设计中，超链接的打开方式有5种，各种打开方式介绍，如图7-22所示。

_blank
该打开方式表示将目标页面加载到一个新的窗口中。

_parent
该打开方式表示在包含超级链接的文档的父窗口中加载目标页面。

_self
该打开方式表示将目标页面加载到其单击超级链接的同一窗口中，该打开方式为超链接的默认打开方式。

_top
该打开方式表示将目标页面加载到整个窗口中。

new
该打开方式表示将目标页面加载到一个新的窗口中。

图7-22

如果要修改超链接的打开方式，通过“属性”面板可以很方便地修改，其具体修改操作如下。

本节素材	DVD/素材/Chapter07/宠物之家1/
本节效果	DVD/效果/Chapter07/宠物之家1/
学习目标	设置链接打开方式
难度指数	★★

Step 1　选择超链接文本

❶启动Dreamweaver CC软件，打开“宠物之家1”素材文件夹中的index页面文件，❷在其中选择“Who we are”文本，如图7-23所示。

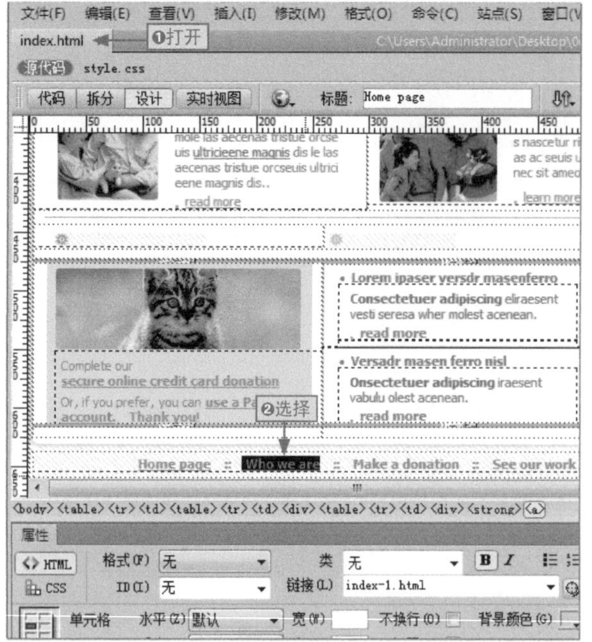

图7-23

Step 2 选择打开方式

❶单击“属性”面板中的“目标”下拉列表框右侧的下拉按钮，❷在弹出的下拉列表中选择new打开方式，如图7-24所示。

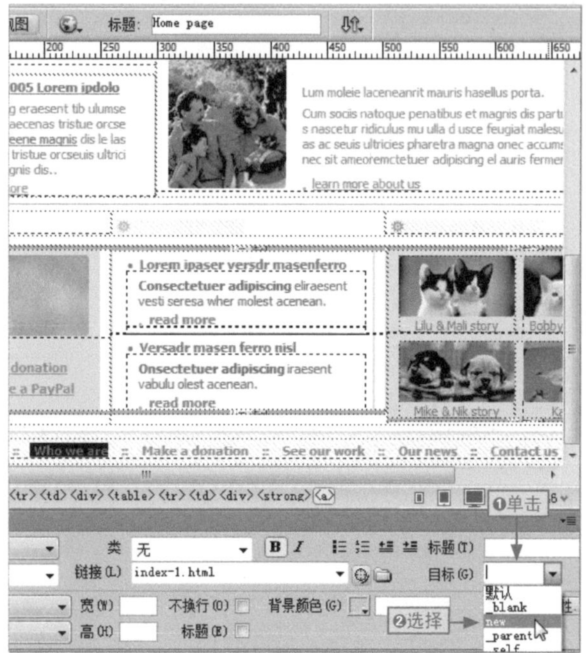

图7-24

Step 3 预览效果

保存网页文件，按F12键启动浏览器并打开页面，单击页面下方的“Who we are”文本超链接，如图7-25所示。

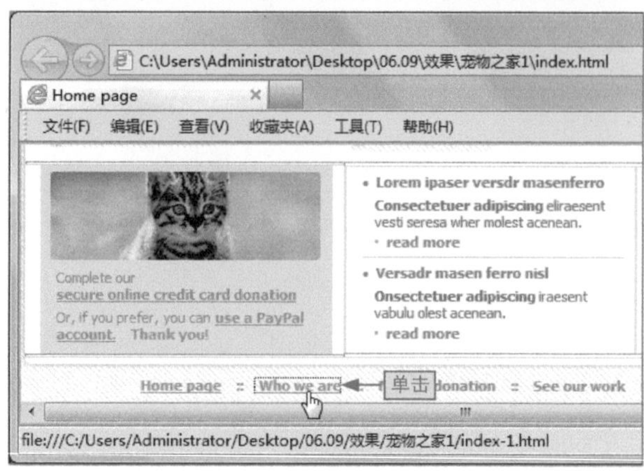

图7-25

7.3.3 插入图像链接

为图像插入链接的方法与文本插入链接的方法相同，只是选择的源对象不同而已。下面通过具体的实例，讲解为图像插入链接的方法，其具体操作如下。

本节素材	DVD/素材/Chapter07/DY鞋城/detail.html
本节效果	DVD/效果/Chapter07/DY鞋城/detail.html
学习目标	插入图像链接
难度指数	★★

Step 1 打开素材文件

打开detail素材文件，选择目标图片，将其地址复制到“链接”文本框中，如图7-26所示。

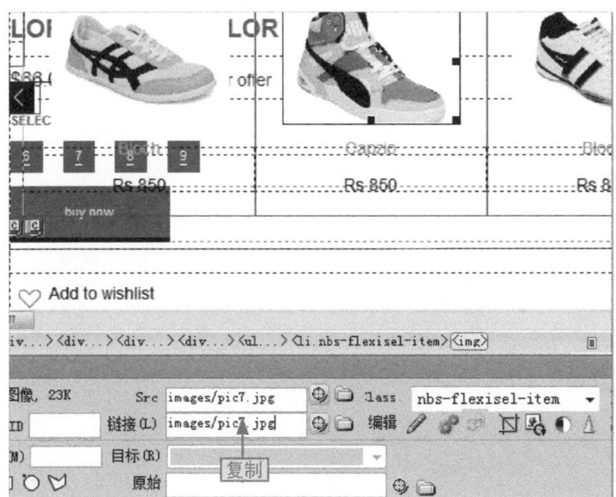

图7-26

Step 2 修改图片大小

修改图片的宽度和高度分别为“150”和“104”，如图7-27所示。

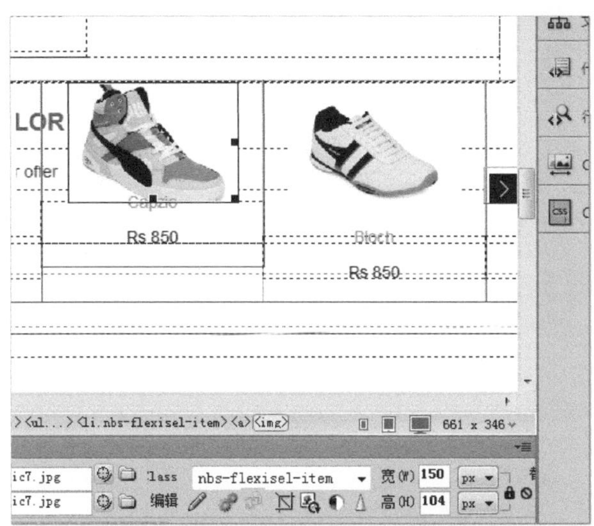

图7-27

Step 3 单击图像超链接

保存网页文件，按F12键启动浏览器并打开页面，单击设置了超链接的图片，如图7-28所示。

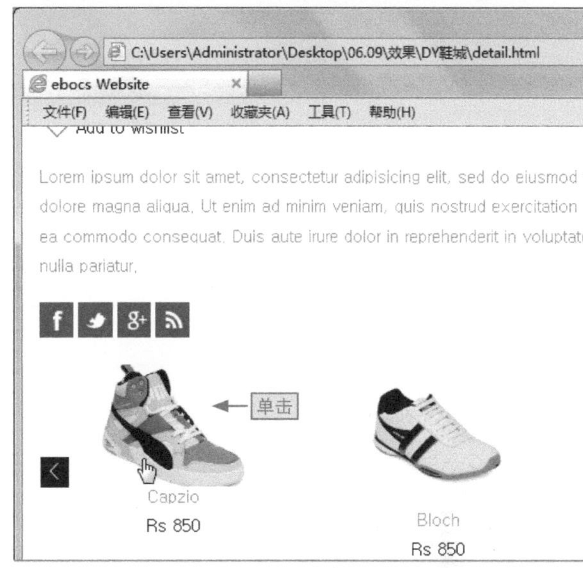

图7-28

Step 4 预览效果

程序自动在当前窗口中打开一个页面，在其中显示指定的图片文件，如图7-29所示。

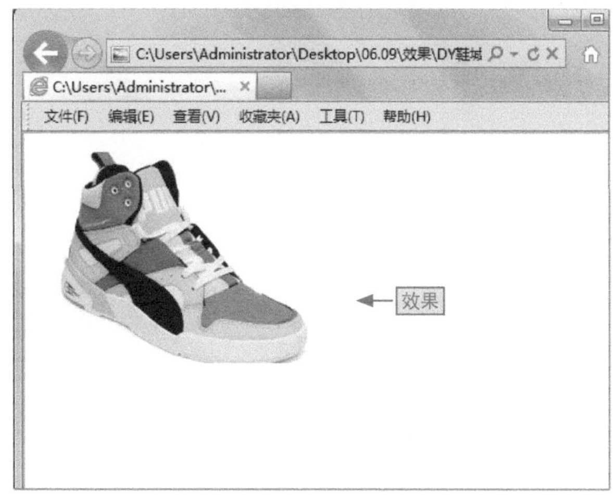

图7-29

7.3.4 插入热点链接

怎么在一个图片中做多个链接呢？热点链接可以做到。热点链接即把一幅图片划分为不同的热点区域，然后分别为每一个区域插入超链接。具体操作如下。

本节素材	DVD/素材/Chapter07/caidan.html、gz.html
本节效果	DVD/效果/Chapter07/caidan.html
学习目标	插入热点链接
难度指数	★★

Step 1　选择图像文件

在Dreamweaver中打开caidan素材文件，并选中需要设置热点链接的图像文件，如图7-30所示。

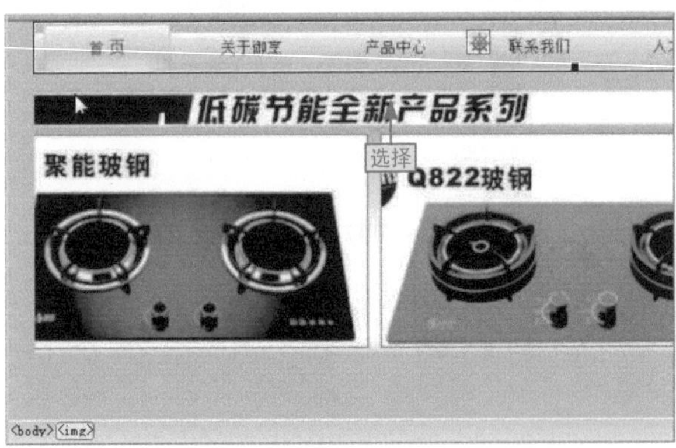

图7-30

Step 2　选择矩形热点工具

在“属性”面板中的热点工具中选择矩形热点工具，如图7-31所示。

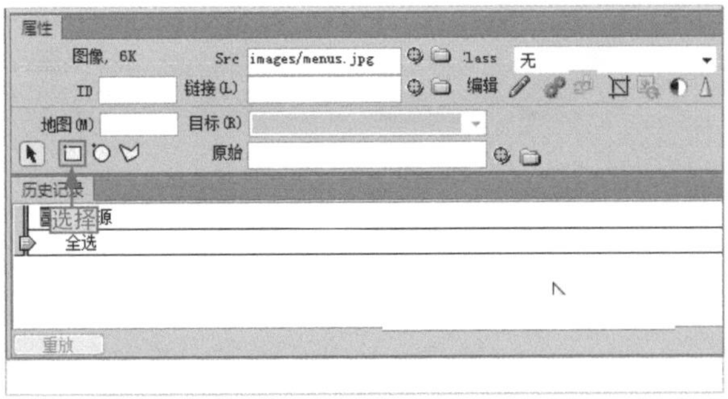

图7-31

Step 3　热点绘制

将鼠标光标移动到图像上，此时鼠标光标变为十字形，在需要的区域进行矩形绘制即可，这里在“人才招聘”文字上绘制一个矩形热点区域，如图7-32所示。

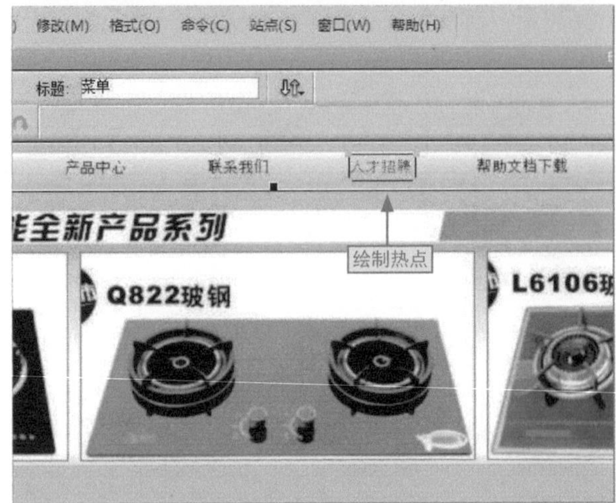

图7-32

Step 4　指定目标链接地址

在“属性”面板中单击“链接”文本框右侧的按钮，开始为热点区域添加链接，如图7-33所示。

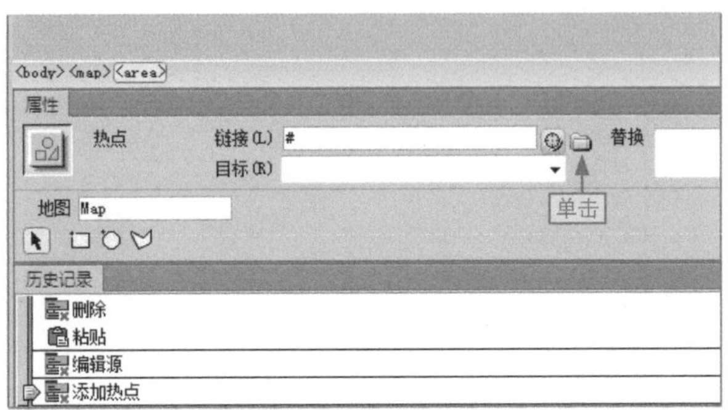

图7-33

Step 5　选择目标链接文件

❶在打开的“选择文件”对话框中选择需要链接到的目标文件，如选择gz.html文件，❷单击“确定”按钮，如图7-34所示。

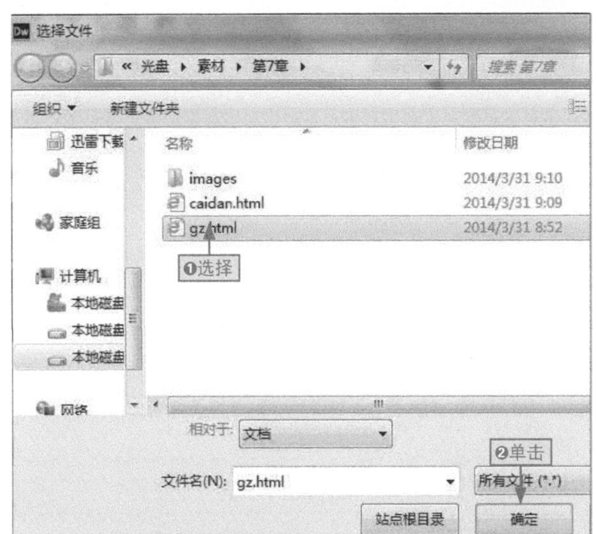

图7-34

Step 6 指定链接打开方式

在“属性”面板的“目标”下拉列表框中选择其目标文件打开方式，此处选择_blank选项，如图7-35所示。

图7-35

Step 7 效果预览

将网页保存后，按F12键进行网页预览，这里单击之前设置的热点链接，如图7-36所示。

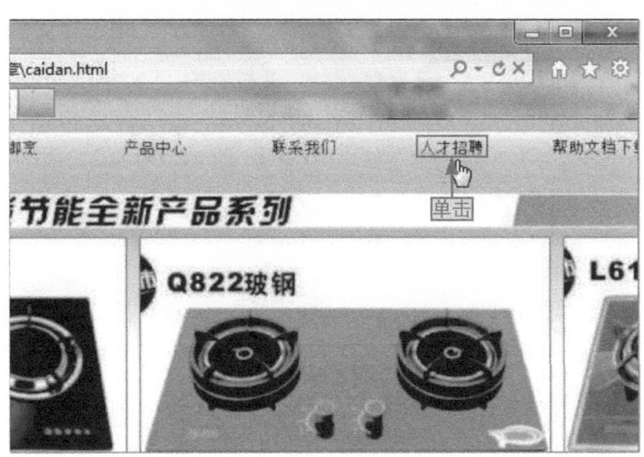

图7-36

Step 8 打开热点链接页面

程序自动查找到链接的gz.html网页文件，并在浏览器中将打开该文件，如图7-37所示。

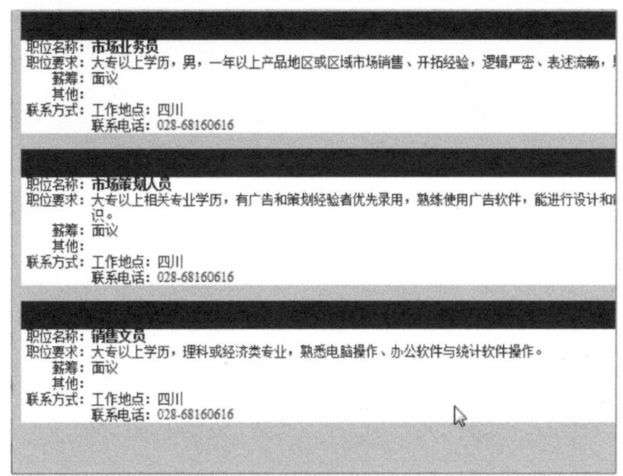

图7-37

7.3.5 插入锚点链接

在使用Dreamweaver CC设计网页时，如果要插入锚点链接，首先需要使用在代码视图中使用超链接标签<a>的name属性添加一个链接位置，再通过插入超链接的方法将链接位置指向该位置即可，其具体操作如下。

本节素材	DVD/素材/Chapter07/shengming.html
本节效果	DVD/效果/Chapter07/shengming.html
学习目标	插入锚点链接
难度指数	★★

Step 1　切换到代码视图

在Dreamweaver中打开shengming素材文件，单击“代码”按钮切换到代码视图，如图7-38所示。

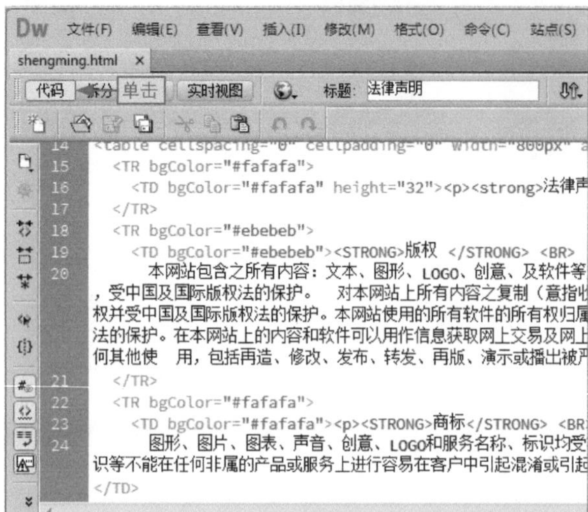

图7-38

Step 2　在主体的顶部添加锚点位置

在代码视图中将文本插入点定位到需要添加锚点的位置处，这里将其定位到<body>标签后，输入“<a name="top"></a>”代码，如图7-39所示。

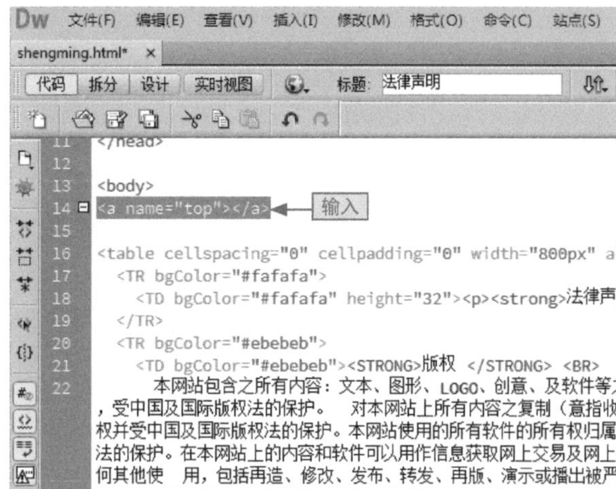

图7-39

Step 3　在设计视图中查看添加的锚点标记

单击“设计”按钮切换到设计视图，可以查看到页面顶部出现一个锚记图标，如图7-40所示。

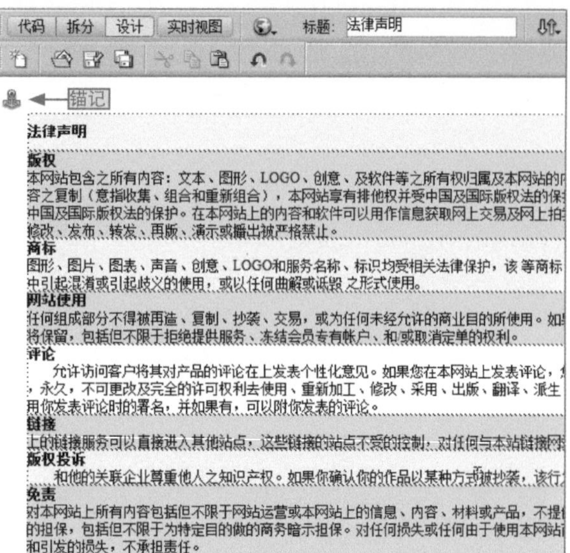

图7-40

Step 4　设置链接到锚点的对象

选择页面底部的“返回顶部”文本内容，将其作为创建锚点超链接的源端点，如图7-41所示。

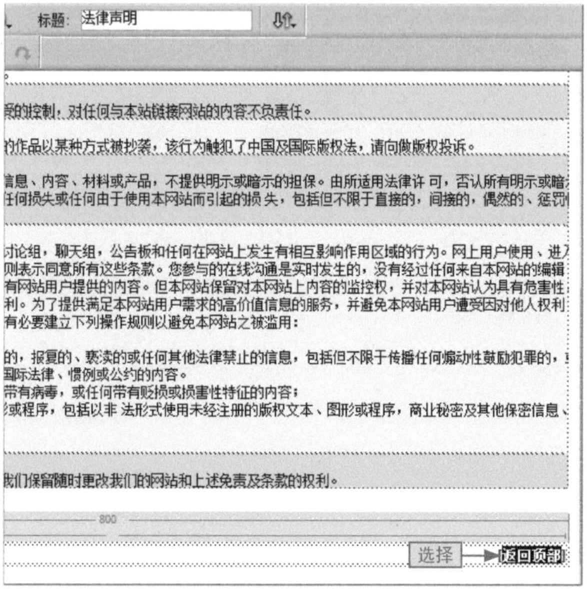

图7-41

Step 5 设置锚点链接

在“属性”面板中的“链接”文本框中输入需要链接的锚点名称，如输入“#top”，如图7-42所示。

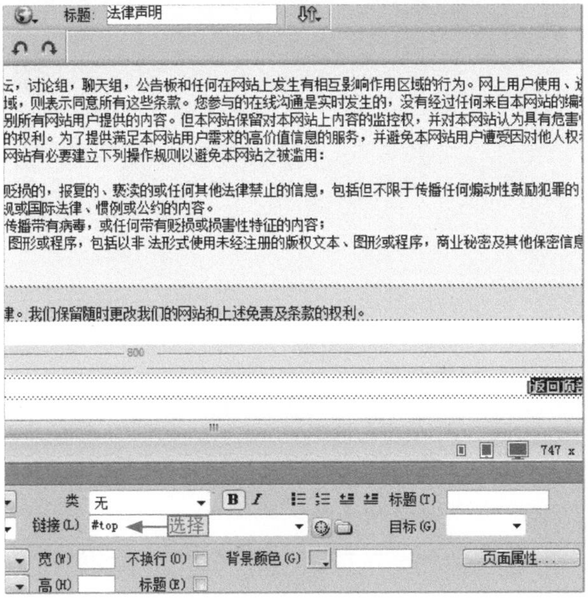

图7-42

Step 6 单击锚点超链接

将网页保存后，按F12键进行网页预览，将鼠标光标移动到具有锚点链接的“返回顶部”文本上，单击，如图7-43所示。

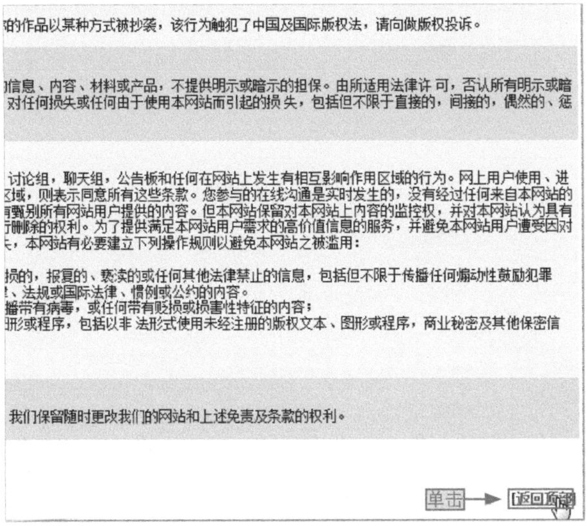

图7-43

Step 7 通过锚点链接返回顶部

程序自动执行该锚点链接，并重新返回到该页面的顶部位置，如图7-44所示。

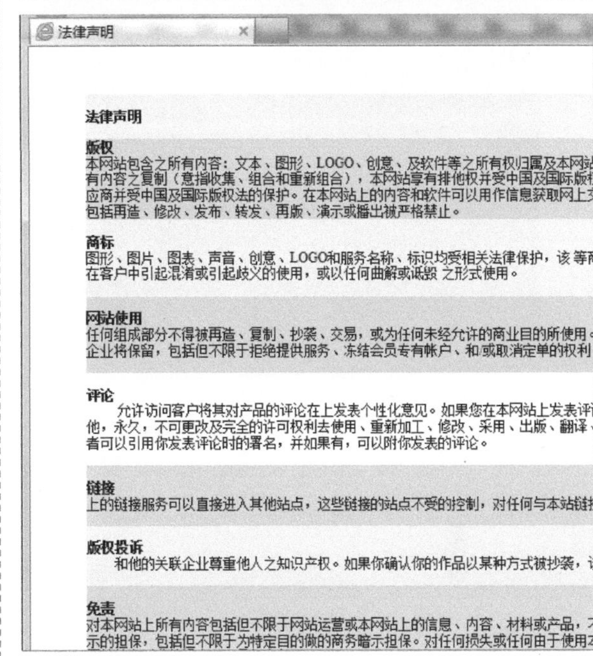

图7-44

7.3.6 插入空链接

空链接即未指派的链接。创建空链接的目的是激活页面上的某个对象或文本，从而让其执行某种特定的行为。插入空链接的具体操作如下。

本节素材	DVD/素材/Chapter07/gongyi.html
本节效果	DVD/效果/Chapter07/gongyi.html
学习目标	插入空链接
难度指数	★★

Step 1 选择需要插入空链接的文本

打开gongyi网页文件，在设计视图中选择需要插入空链接的对象，如这里选择“活动”文本，如图7-45所示。

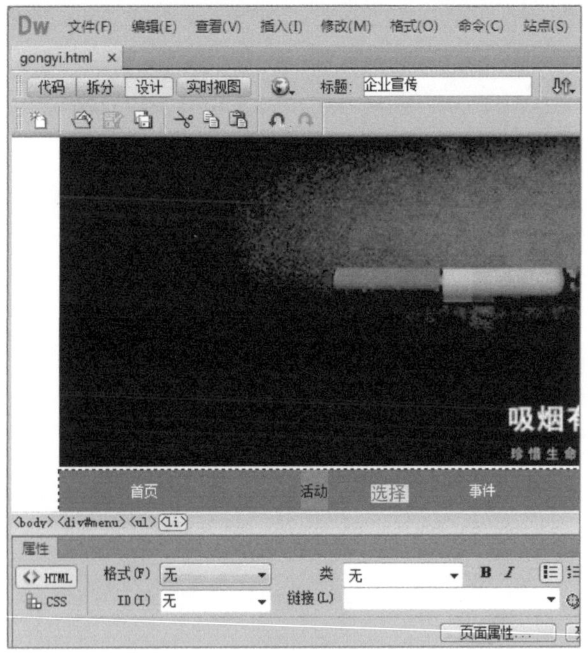

图7-45

Step 2 为文本插入空链接

在“属性”面板的“链接”文本框中直接输入“#”内容，如图7-46所示。

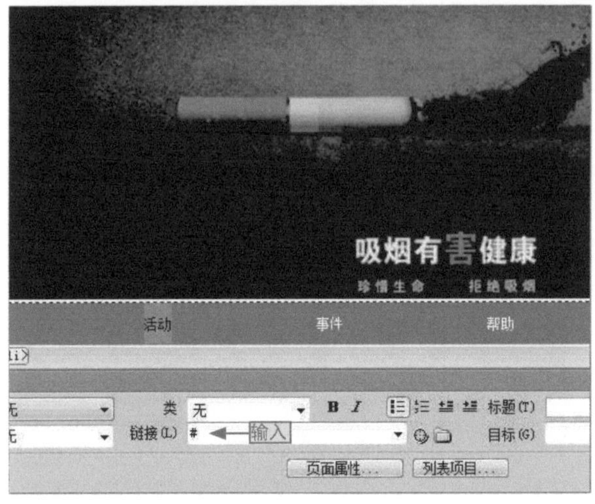

图7-46

Step 3 效果预览

保存网页后按F12键进入效果预览，单击“活动”链接，因为是空链接，所以将不会打开新的页面，如图7-47所示。

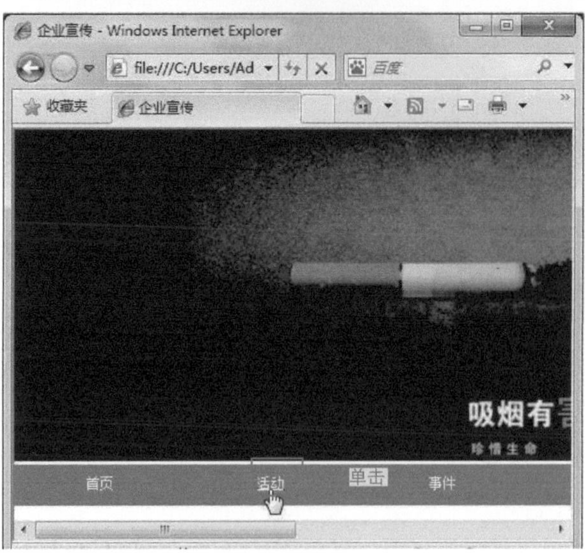

图7-47

7.3.7 插入E-mail链接

E-mail链接即邮件超链接，程序提供的这一功能极大地方便了网页浏览者。

如果要为文本或者对象添加E-mail链接，可以使用如下操作完成。

本节素材	DVD/素材/Chapter07/tousu.html
本节效果	DVD/效果/Chapter07/tousu.html
学习目标	插入E-mail链接
难度指数	★★

Step 1 选择要E-mail链接的文本

打开tousu素材文件，在设计视图中选择需要插入E-mail链接的对象，如这里选择“投诉”文本，如图7-48所示。

图7-48

Step 2 设置E-mail链接

❶单击"插入"菜单项，❷在弹出的菜单中选择"电子邮件链接"命令，如图7-49所示。

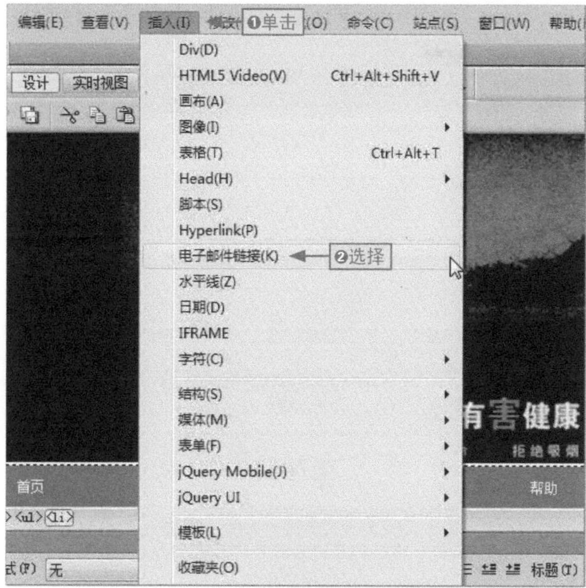

图7-49

Step 3 设置邮件地址

❶在打开的"电子邮件链接"对话框的"电子邮件"文本框中输入邮件地址本文输入"strive.he@hotmail.com"，❷单击"确定"按钮，如图7-50所示。

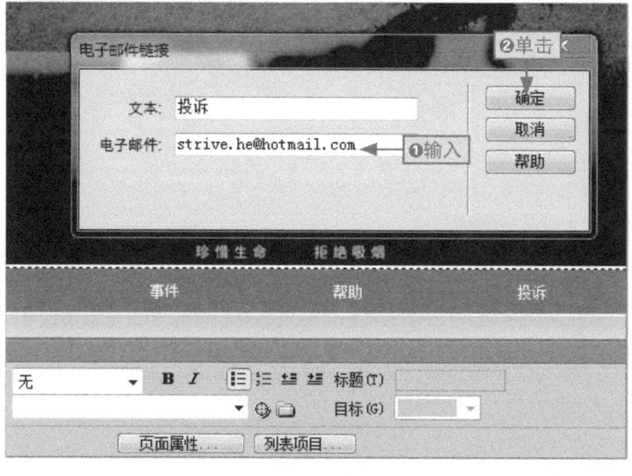

图7-50

Step 4 在浏览器中单击"投诉"邮件超链接

保存网页后按F12键进入效果预览，单击"投诉"链接，如图7-51所示。

图7-51

Step 5 自动启动邮件软件

程序自动启动邮件软件，如启动Outlook程序，在启动的软件界面中自动填入收件人的邮箱地址，如图7-52所示。

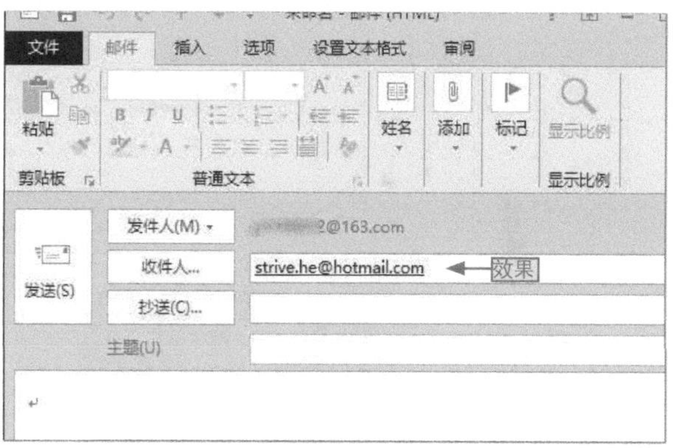

图7-52

7.3.8 插入脚本链接

脚本链接即当单击此超链接时，程序自动执行相应的脚本代码或函数。

本节素材	DVD/素材/Chapter07/fuwu.html
本节效果	DVD/效果/Chapter07/fuwu.html
学习目标	插入脚本链接
难度指数	★★

Step 1 选择需要插入脚本链接的文本

打开fuwu素材文件，在设计视图中选择需要插入脚本链接的文本，如选择“在线客服”文本，如图7-53所示。

图7-53

Step 2 设置脚本链接

在“属性”面板的“链接”文本框中输入脚本代码或函数，本文输入“javascript:alert('客服人员均忙，请电话咨询~~')”（有关JavaScript的知识详见第13章），如图7-54所示。

图7-54

Step 3 效果预览

保存网页后按F12键进入效果预览，单击“在线客服”超链接，如图7-55所示。

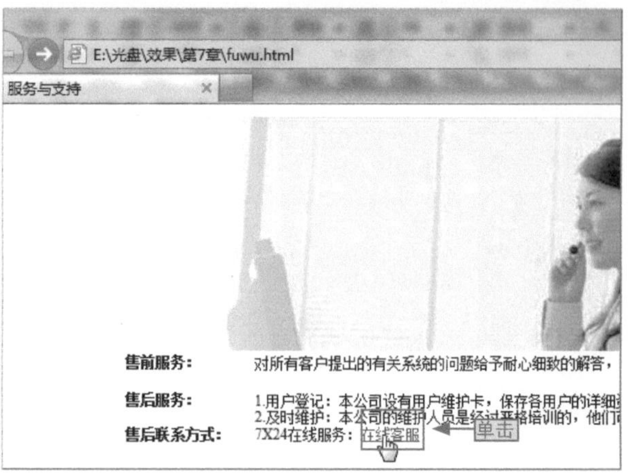

图7-55

Step 4 执行脚本语言

程序自动触发相应的脚本，并打开提示对话框，提示“客服人员均忙，请电话咨询~~”的信息，单击“确定”按钮，如图7-56所示。

图7-56

7.4 实战问答

NO.1 | 超链接打开方式中_BLANK和NEW的区别

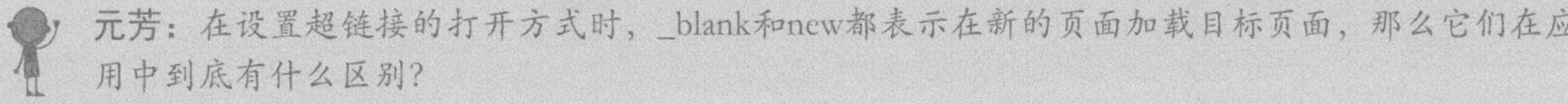

元芳：在设置超链接的打开方式时，_blank和new都表示在新的页面加载目标页面，那么它们在应用中到底有什么区别？

大人：在实际效果中很明显使用target=_blank属性的超级链接总是会打开一个新的窗口来加载目标页面，而使用target=new属性的超级链接则只打开一次新的窗口来加载目标页面。

NO.2 | 为什么锚点链接不起作用

元芳：我在其他页面中设置了一个锚点位置，在当前页面中选择文本，在“属性”面板的“链接”文本框中设置锚点链接，为什么在浏览器中单击该超链接不起作用呢？

大人：这主要是因为设置的锚点链接的位置错误了，如果设置的锚点位置在其他页面，则在设置锚点链接时，必须先输入该锚点位置所在网页的URL地址和名称，然后输入“#”符号和锚点名称。

7.5 思考与练习

填空题

1. 网页中超链接的路径有__________种，分别是__________、__________和__________。

2. 按照路径的不同网页中超链接一般分为__________、__________、和__________。

3. 网页中超链接的打开方式有________种，分别是__________、__________、______、__________和________。

选择题

1. 在同一站点中的网页之间建立的链接是（　　）。

A. 内部超链接

B. 邮件超链接

C. 外部超链接

D. 文本超链接

2. 在同一页面中从一个位置跳转到另一个位置，可以使用（　　）来实现。

A. 邮件超链接

B. 锚点超链接

C. 空链接

D. 下载超链接

3. 为了方便浏览者向指定邮箱地址发送邮件，可以使用以下（　　）来实现。

A. 邮件超链接

B. 图像超链接

C. 锚点超链接

D. 空链接

判断题

1. URL表示无符号的目录。（ ）

2. 邮箱超链接即表示用户访问此链接可以下载一个exe格式的邮件软件程序。（ ）

3. 图像超链接即表示用户访问此超链接会打开一张图片。（ ）

操作题

【练习目的】创建图像链接

下面将通过创建图像链接将其链接目标指向本目录下的文件，并在新窗口中打开为例，让读者亲自体验超链接的创建及相关属性设置操作，巩固本章所学的知识。

【制作效果】

本节素材	DVD/素材/Chapter07/link/
本节效果	DVD/效果/Chapter07/link/index.html

Chapter 08

表格的应用

本章要点

★ 精确插入指定行列的表格
★ 在表格中输入内容
★ 设置表格大小和对齐方式
★ 为表格添加边框
★ 设置单元格中文本和背景格式
★ 插入行或列
★ 在网页中对表格数据排序
★ 导入表格数据

学习目标

表格是HTML的一项非常重要的元素，利用其多种属性能够设计出多样化的表格，以满足网页各种排版需要。

通过本章的学习，读者可以快速掌握有关表格的创建、格式化操作及各种实用的编辑操作，从而在实际的网页设计与制作中达到熟练应用的目的。

知识要点	学习时间	学习难度
创建表格并输入内容	45分钟	★★★
格式化表格效果	30分钟	★★
编辑表格的常见操作和高级操作	60分钟	★★★★

重点实例

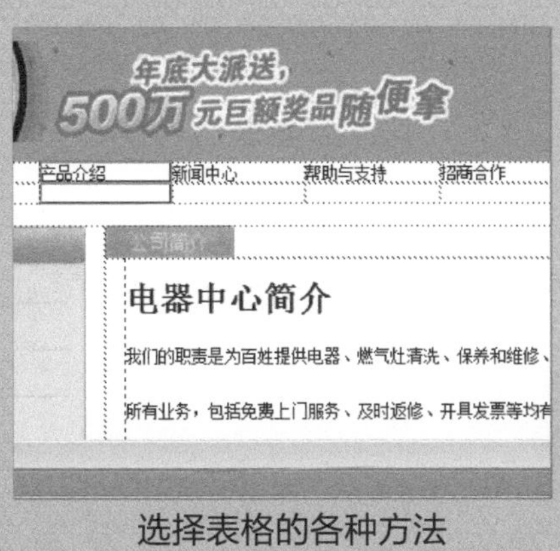

选择表格的各种方法

为表格添加边框

D:\My Documents\Desktop\kebiao3.html
课表

	星期一	星期二	星期三
上午	语文	历史	语文
	数学	物理	数学
	英语	音乐	英语
下午	生物	计算机	生物
	物理	地理	物理
晚上	数学	英语	自习
	语文	英语	物理

网页表格的编辑操作

8.1 创建表格并输入内容

在网页设计中，使用表格可以严格地按要求准确控制要摆放的数据或信息的位置。下面将具体介绍如何在Dreamweaver CC中创建表格，并在其中输入内容。

8.1.1 精确插入指定行列的表格

在Dreamweaver CC中，要精确插入一个指定行列数的表格，通过“插入”菜单的“表格”命令可以快速完成该要求。下面通过具体实例，讲解其具体的操作。

本节素材	DVD/素材/Chapter08/无
本节效果	DVD/效果/Chapter08/biaoge.html
学习目标	精确插入指定行列的表格
难度指数	★★

Step 1 执行插入表格命令

在Dreamweaver中新建biaoge网页文件，❶单击“插入”菜单项，❷在弹出的下拉菜单中选择“表格”命令，如图8-1所示。

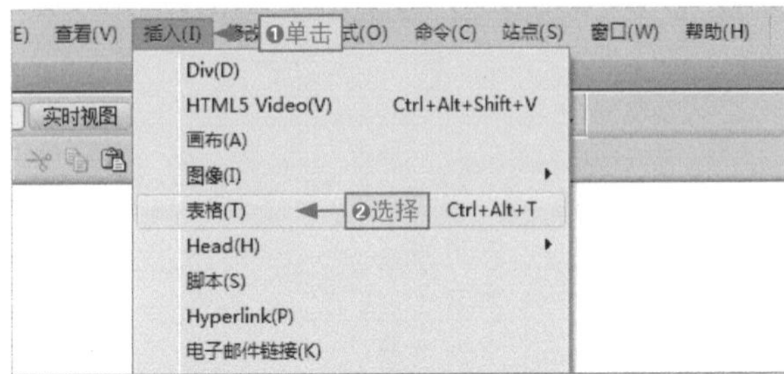

图8-1

专家提醒 | 表格的结构组成

在网页设计中，表格是由表格标记(标签为<table>)、行标记(标签为<tr>)和单元格标记(<td>)三大部分组成的。

Step 2 设置表格

❶在打开的“表格”对话框中分别设置表格的大小，❷在“辅助功能”栏中设置标题和摘要，❸单击“确定”按钮，如图8-2所示。

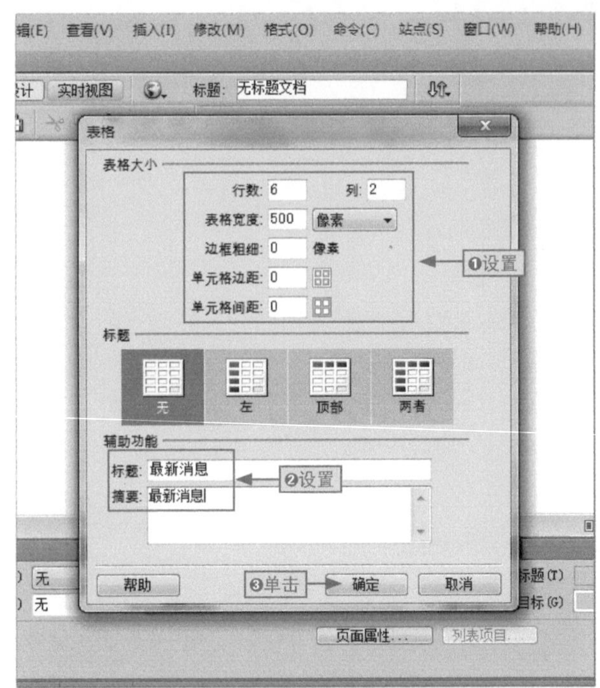

图8-2

Step 3 表格插入完成

程序自动在页面内插入6行2列，表格标题为“最新消息”，宽度为500个像素的表格，如图8-3所示。

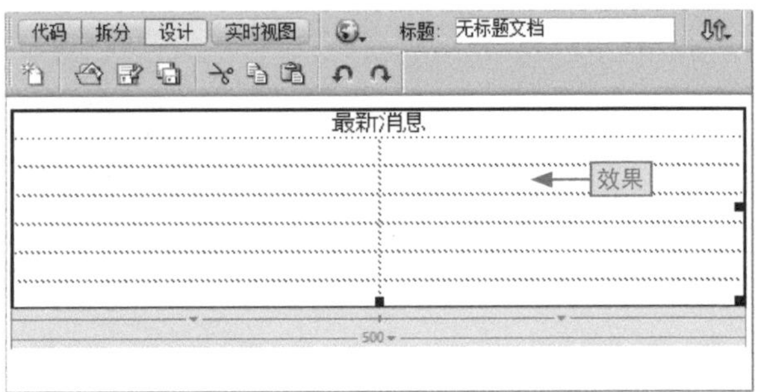

图8-3

8.1.2 在表格中输入内容

通过“表格”对话框在网页中插入的只是一个空表格，需要向其中添加内容才能显示其效果，向其输入内容只需将文本插入点定位到需要输入内容的单元格中，然后直接输入内容即可。具体操作如下。

本节素材	DVD/素材/Chapter08/mulu.html
本节效果	DVD/效果/Chapter08/mulu.html
学习目标	在表格中输入内容
难度指数	★★

Step 1　打开网页文件

在Dreamweaver CC中打开mulu素材文件，其初始效果，如图8-4所示。

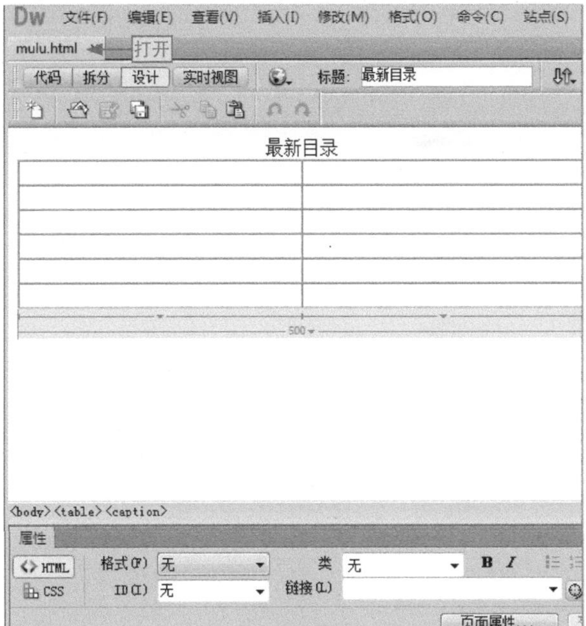

图8-4

Step 2　定位文本插入点

在打开的网页文件中将文本插入点定位到需要添加内容的单元格中，如这里将文本插入点定位到标题下第一行第一列的单元格中，如图8-5所示。

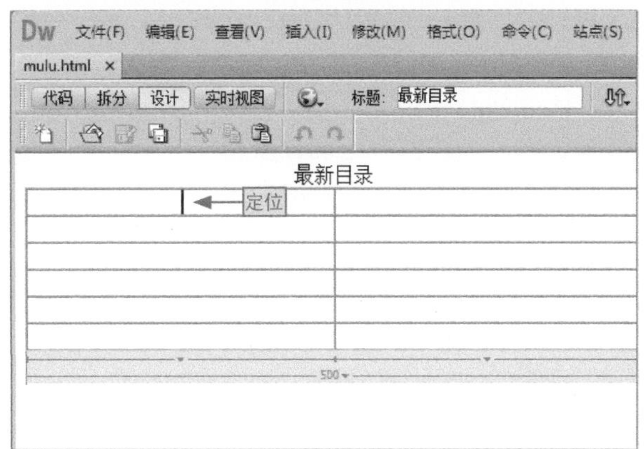

图8-5

Step 3　输入表格内容

❶直接输入“第1章”文本，❷用相同的方法在表格的其他单元格中输入相应的内容，如图8-6所示。

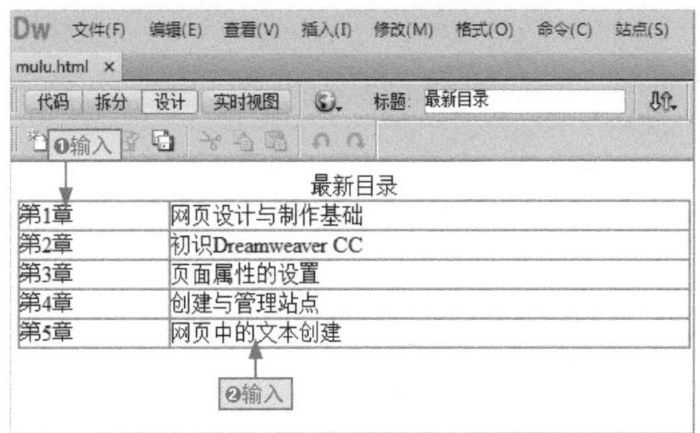

图8-6

Step 4　效果预览

保存文件后，按F12键进入浏览器进行效果浏览，如图8-7所示。

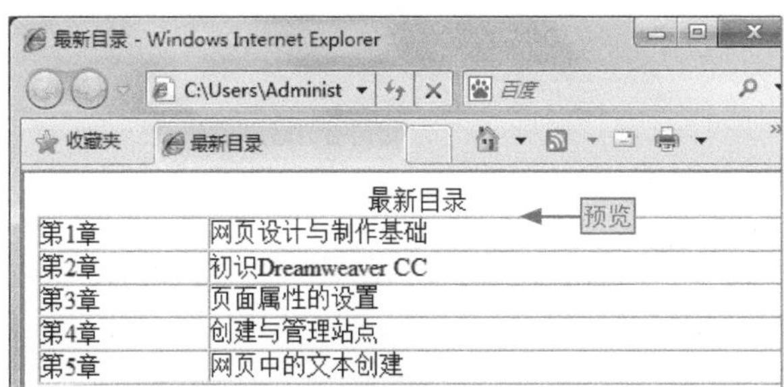

图8-7

8.1.3 插入嵌套表格

在多样的网页中，有时一张表格难以满足其布局要求，往往都会出现在表格中再嵌套一个表格，从而制作出结构复杂的布局效果，插入嵌套表格的具体操作如下。

本节素材	DVD/素材/Chapter08/mulu2.html
本节效果	DVD/效果/Chapter08/mulu2.html
学习目标	插入嵌套表格
难度指数	★★

Step 1 打开素材文件

在Dreamweaver CC中打开mulu2素材文件，其初始效果，如图8-8所示。

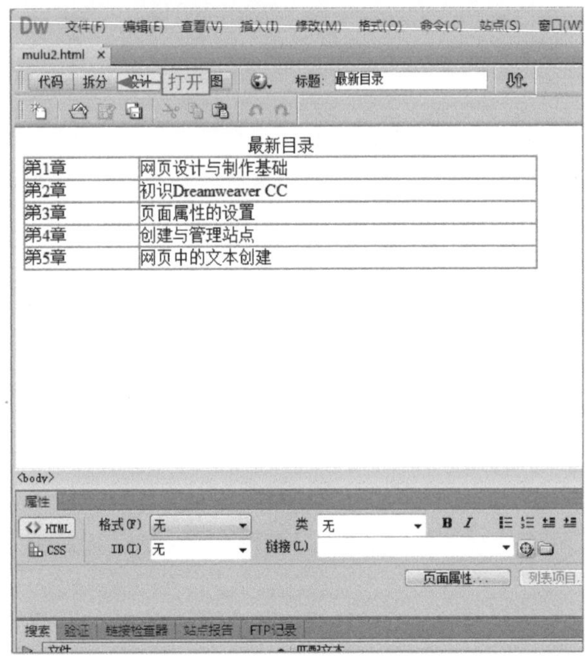

图8-8

Step 2 定位文本插入点

将文本插入点定位到需要嵌套表格的单元格中，如这里将文本插入点定位到标题下方第一行第二列的单元格中，如图8-9所示。

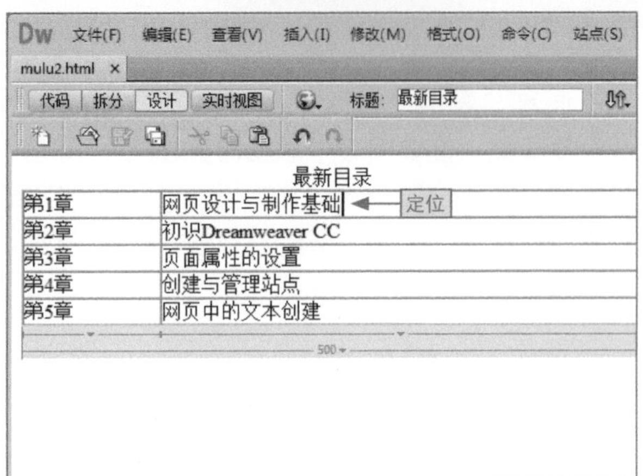

图8-9

Step 3 插入嵌套表格

❶单击“插入”菜单项，❷在弹出的下拉菜单中选择“表格”命令，如图8-10所示。

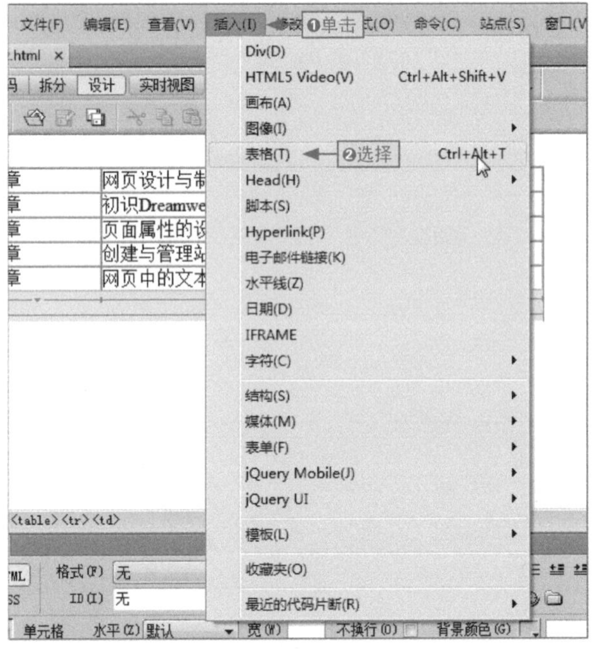

图8-10

Step 4 插入指定行列的嵌套表格

❶在打开的“表格”对话框中精确设置插入嵌套表格的行数、列数、宽度等属性，❷单击“确定”按钮，如图8-11所示。

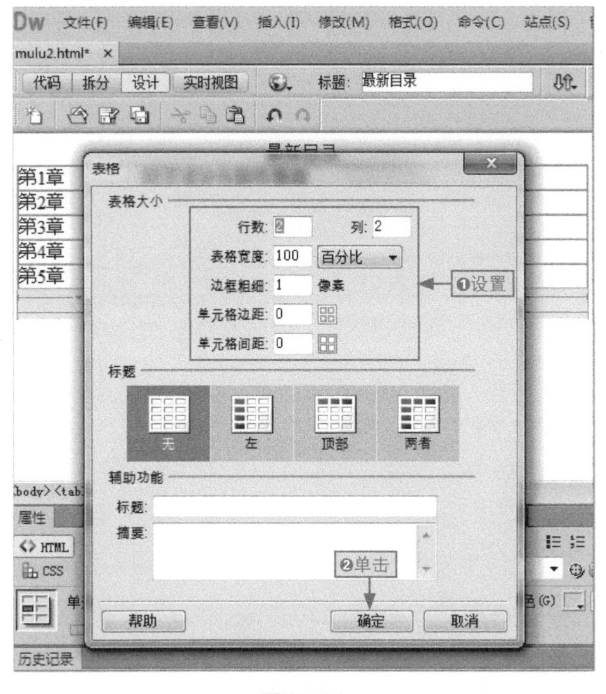

图8-11

Step 5 向嵌套表单元列中输入内容

将文本插入点定位到插入的嵌套单元格中，逐个输入需要显示的文本内容，如图8-12所示。

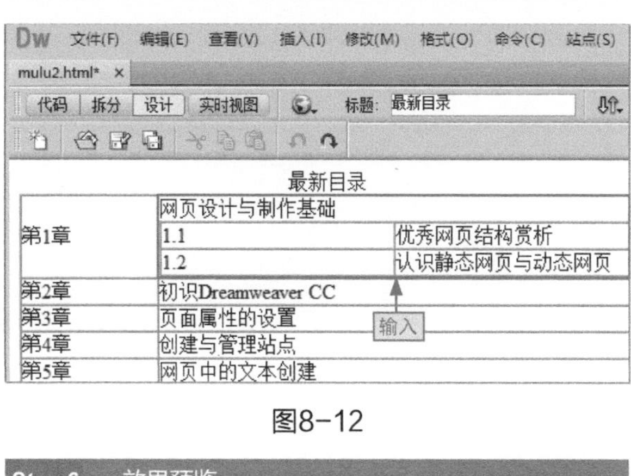

图8-12

Step 6 效果预览

保存文件后，按F12键进入浏览器进行效果浏览，如图8-13所示。

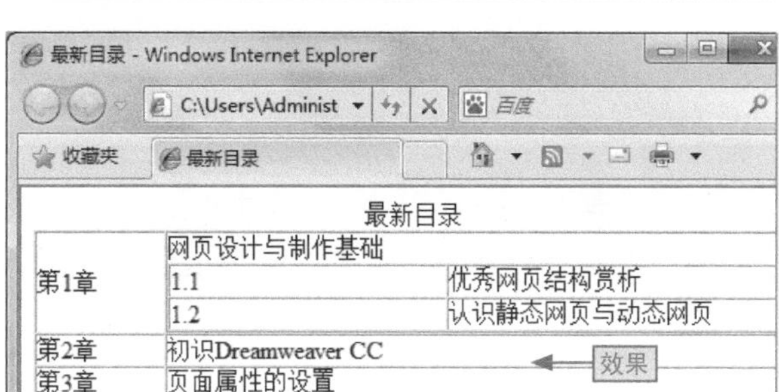

图8-13

8.2 格式化表格效果

默认情况下插入的表格的效果是无填充色、无边框样式和颜色的。为了让表格显示的数据更加规范，表格的外观效果更加美观，此时就需要对插入的表格或者表格中的单元格进行格式化设置。

8.2.1 选择表格及单元格

在对某表格或单元格做设置或格式化时，首先需要选择此对象。本节将介绍如何选择指定表格及单元格，具体操作如下。

本节素材	DVD/素材/Chapter08/caidan.html
本节效果	DVD/效果/Chapter08/无
学习目标	选择表格及单元格
难度指数	★★

Step 1 打开素材文件

在Dreamweaver CC中打开caidan素材网页文件，如图8-14所示。

图8-14

Step 2　按住Ctrl键选择整个表格

按住Ctrl键不放，将鼠标光标移动到表格边缘，当表格所有单元格出现红色边框时单击即可选中表格，如图8-15所示。

图8-15

Step 3　查看选择整个表格后的效果

整个表格选中后，其外边框显示为黑色边框，其效果，如图8-16所示。

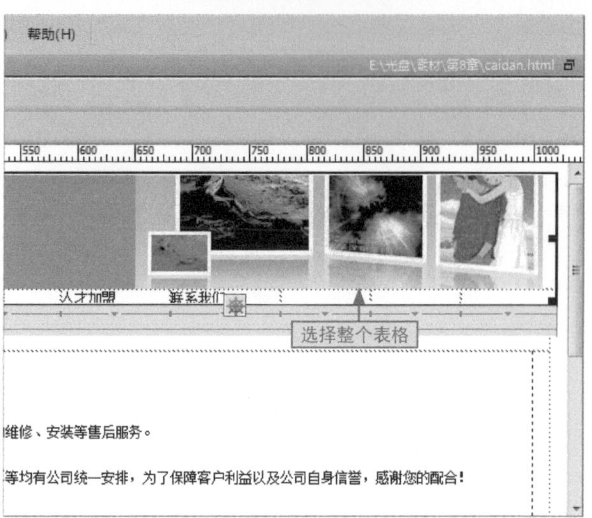

图8-16

Step 4　选择指定单个单元格

按住Ctrl键不放，将鼠标光标移动到需要选择的单元格上，当单元格出现红色边框时单击鼠标左键即可选择该单元格，如图8-17所示。

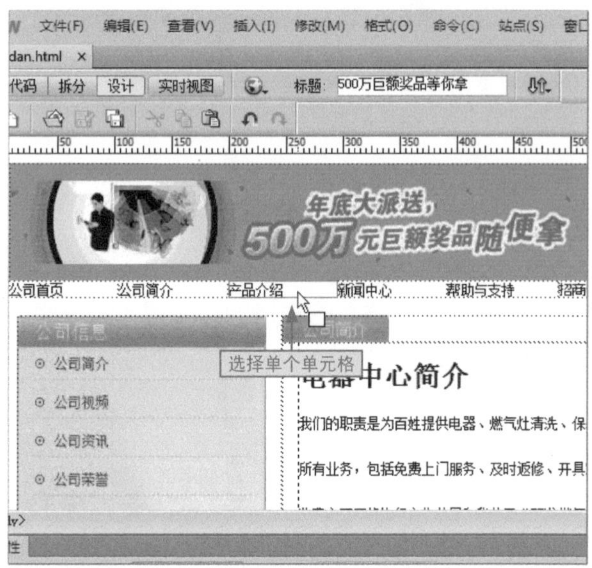

图8-17

Step 5　选择多个连续单元格

将鼠标光标定位到多个连续单元格的开始单元格中，按住鼠标左键不放，拖动即可选择多个连续的单元格，如图8-18所示。

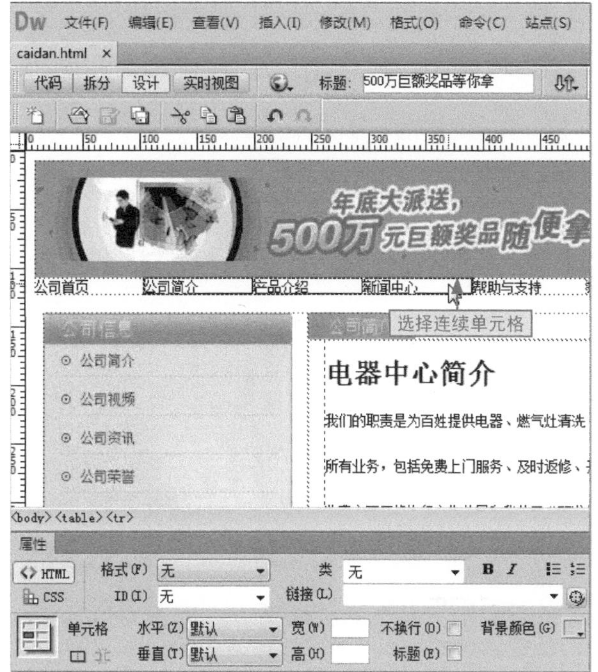

图8-18

Step 6 选择多个不连续单元格

按住Ctrl键不放，用鼠标单击需要选择的任意不连续位置的单元格，即可将所有不连续的单元格全部选择，如图8-19所示。

图8-19

Step 7 选择一行

除了用前面选择多个单元格的方法来选择一行单元格外，另外可以将鼠标光标移到需要选择的行左侧，当鼠标光标变为➡形状时，单击鼠标左键即可选中该行，如图8-20所示。

图8-20

Step 8 选择多行

将鼠标光标移到需要选择多行的最上面或最下面一行左侧，当鼠标光标变为➡形状时，按住鼠标左键不放向下或向上拖动到需要行位置即可选中多行，如图8-21所示。

图8-21

Step 9　选择一列

将鼠标光标移到需要选择的列的上方，当鼠标光标变为▬形状时，单击鼠标左键即可选中该列所有单元格，如图8-22所示。

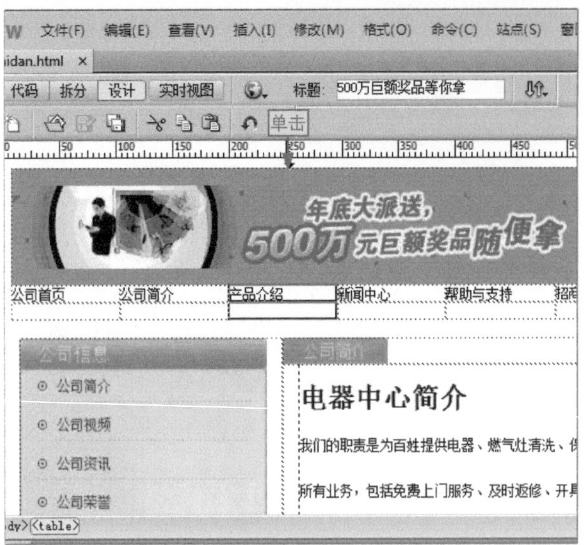

图8-22

Step 10　选择多列

将鼠标光标移到需要选择多列的最左侧或最右侧一列上方，当鼠标光标变为▬形状时，向右或向左拖动鼠标到需要列位置即可选中多列，如图8-23所示。

图8-23

8.2.2　设置表格大小和对齐方式

表格大小即整个表格的宽度和高度，表格的对齐方式则是相对于整个页面而言，将整个表格设置为左对齐、右对齐和居中对齐。

这些属性都可以通过“属性”面板设置。各种对齐方式的具体含义如图8-24所示。

左对齐

如果要将整个表格设置为在页面左侧位置，则可以在“属性”面板的Align下拉列表框中选择“左对齐”选项。

右对齐

如果要将整个表格设置为在页面右侧位置，则可以在“属性”面板的Align下拉列表框中选择“右对齐”选项。

居中对齐

如果要将整个表格设置为在页面的居中位置，则可以在“属性”面板的Align下拉列表框中选择“居中对齐”选项。

图8-24

下面通过具体的实例讲解设置表格大小和对齐方式的方法。

本节素材	DVD/素材/Chapter08/caidan1.html
本节效果	DVD/效果/Chapter08/caidan1.html
学习目标	设置表格大小和对齐方式
难度指数	★★

Step 1　选择目标表格

❶在Dreamweaver中打开caidan素材文件，❷在其中选择需要设置表格大小和对齐方式的单元格，如图8-25所示。

图8-25

Step 2 修改表格的大小

在“属性”面板的“宽”文本框中输入“1000”，更改表格的宽度，如图8-26所示。

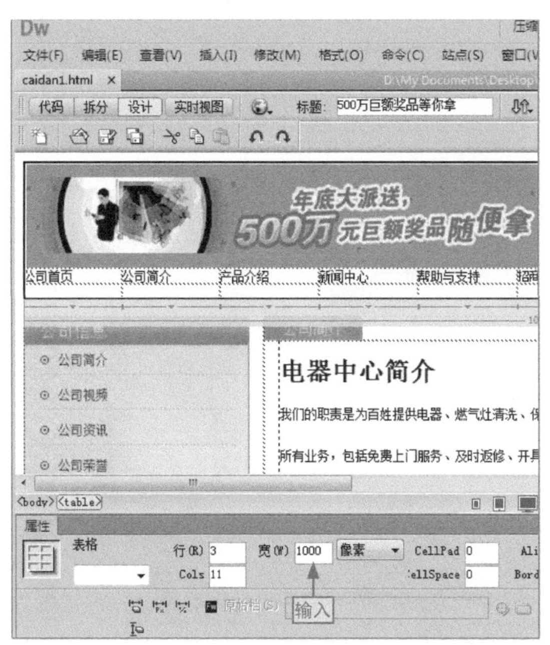

图8-26

Step 3 修改表格的对齐方式

❶单击Align下拉按钮，❷在弹出的下拉列表中选择“居中对齐”选项，如图8-27所示。

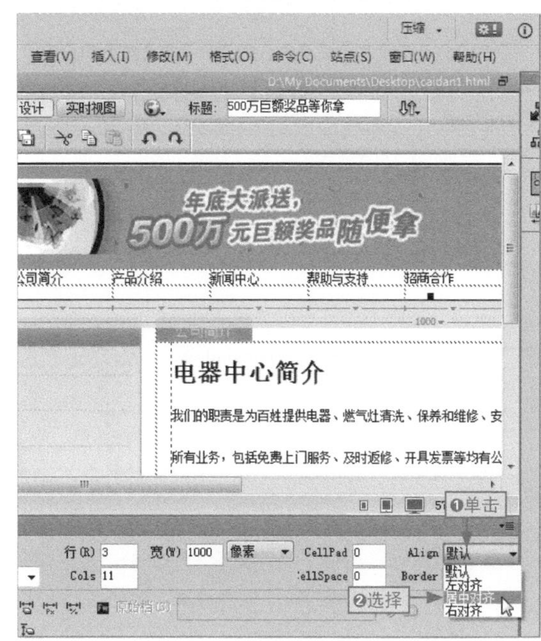

图8-27

Step 4 效果预览

设置完成后，保存网页并按F12键进行效果预览，如图8-28所示。

图8-28

8.2.3 为表格添加边框

在网页设计中，如果要设置表格的边框样式，可以使用表格的Border属性来设置，默认情况下，该属性的属性值为0，表示表格没有边框。

如果为该属性设置非零的正数，则表示为表格添加边框，添加表格边框的粗细则根据设置的非零正数的大小而定。

下面通过具体的实例讲解如何为表格添加边框，其具体操作如下。

本节素材	DVD/素材/Chapter08/sxi.html
本节效果	DVD/效果/Chapter08/sxi.html
学习目标	为表格添加边框
难度指数	★★

Step 1　选择要编辑的表格

❶在Dreamweaver中打开sxi素材文件，❷在设计视图中选择要编辑的表格，如图8-29所示。

图8-29

Step 2　设置Border属性值

在“属性”面板的Border文本框中输入“2”，为表格添加边框，如图8-30所示。

图8-30

Step 3　效果预览

设置完成后，保存网页并按F12键进行效果预览，如图8-31所示。

图8-31

8.2.4 设置单元格中文本和背景格式

为了让表格的效果更加美观，还可以根据需要对单元格中的文本显示格式以及单元格的背景格式进行设置。

下面通过具体实例进行讲解，其具体操作如下。

本节素材	DVD/素材/Chapter08/caidan2.html
本节效果	DVD/效果/Chapter08/caidan2.html
学习目标	设置单元格中文本和背景格式
难度指数	★★

Step 1 选择整行单元格

❶在Dreamweaver中打开caidan2素材文件，❷在设计视图中选择要设置属性的整行单元格，如图8-32所示。

图8-32

Step 2 设置单元格中文本的字体格式

❶在“属性”面板中设置字体为粗体，❷字体大小为14，如图8-33所示。

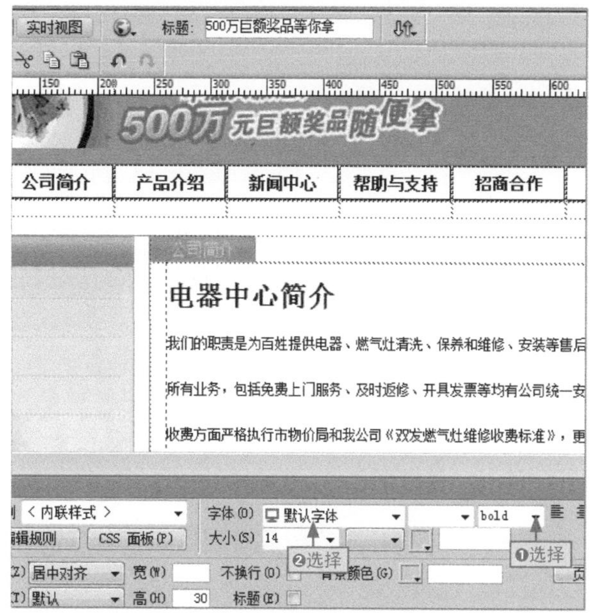

图8-33

Step 3 设置单元格的背景颜色

通过背景颜色拾色器面板设置单元格的背景颜色为#CCCCCC，如图8-34所示。

图8-34

Step 4 效果预览

设置完成后，保存网页并按F12键进行效果预览，如图8-35所示。

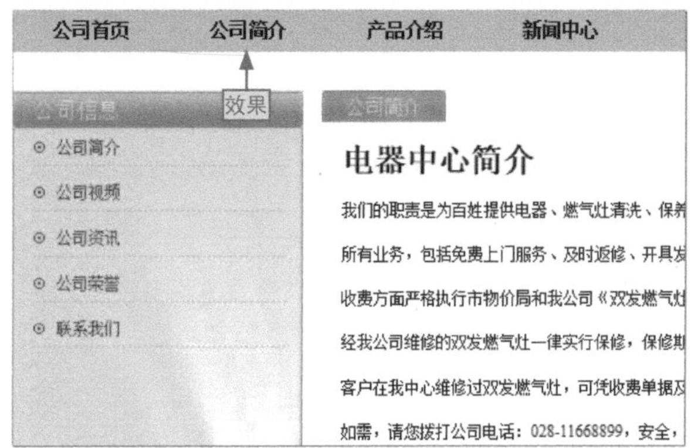

图8-35

8.2.5 设置单元格大小与对齐方式

如果要让表格中的数据排列更整齐，这时可以通过单元格的大小属性和对齐方式属性来调整。

对于单元格的对齐方式，分为水平方向上的对齐方式和垂直方向上的对齐方式。其中，水平方向上包括左对齐、居中对齐和右对齐3种方式，各种对齐方式的作用如图8-36所示。

左对齐

该对齐方式表示表格中内容向左墙线对齐。

居中对齐

该对齐方式表示表格中内容在单元格中居中对齐。

右对齐

该对齐方式表示表格中内容向右墙线对齐。

图8-36

垂直方向上包括顶端对齐、居中对齐、底部对齐和基线对齐4种方式，各种对齐方式的作用如下，如图8-37所示。

顶端对齐

该对齐方式表示单元格中内容靠其上边线对齐。

图8-37

居中对齐

该对齐方式表示单元格中内容处在上下中间部位。

底部对齐

该对齐方式表示单元格中内容靠其下边线对齐。

基线对齐

该对齐方式表示单元格中内容垂直方向上对齐到字体基线上。

图8-37(续)

下面通过具体的实例讲解设置单元格大小与对齐方式的具体操作方法。

本节素材	DVD/素材/Chapter08/sxi2.html
本节效果	DVD/效果/Chapter08/sxi2.html
学习目标	设置单元格大小与对齐方式
难度指数	★★

Step 1　选择整行单元格

❶在Dreamweaver中打开sxi2网页文件，❷在其中选择第三行所有单元格，如图8-38所示。

图8-38

Step 2　设置单元格大小

在“属性”面板“宽度”和“高度”选项中输入值以设置单元格的大小，本处分别输入“180”和“150”，如图8-39所示。

图8-39

Step 3　设置水平对齐方式

❶在“属性”面板中单击“水平”下拉列表框，❷在弹出的下拉列表中选择“居中对齐”选项，如图8-40所示。

图8-40

Step 4　设置垂直对齐方式

❶在“属性”面板中单击“垂直”下拉列表框，❷在弹出的下拉列表框中选择“居中”选项，如图8-41所示。

图8-41

Step 5　效果预览

设置完成后，保存网页并按F12键进行效果预览，如图8-42所示。

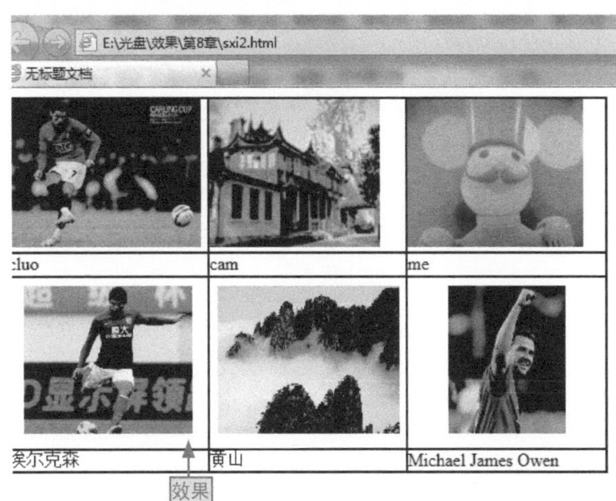

图8-42

8.3 编辑表格的常见操作

在利用表格布局网页结构时，往往都不能一步到位地完成布局，因此，用户有必要了解一些编辑表格的常见操作，如插入行或列、删除行或列，以及单元格的复制、剪切、粘贴合并和拆分等操作。

8.3.1 插入行或列

1. 插入整行或整列

当在网页制作过程中遇到行或列不够用时，此时就需要向表格中新插入行或列。

下面通过具体的实例，讲解插入整行或整列的操作，其具体操作方法如下。

本节素材	DVD/素材/Chapter08/kebiao.html
本节效果	DVD/效果/Chapter08/kebiao.html
学习目标	插入行或列
难度指数	★★

Step 1　打开素材文件

在Dreamweaver中打开kebiao素材文件，其初始效果如图8-43所示。

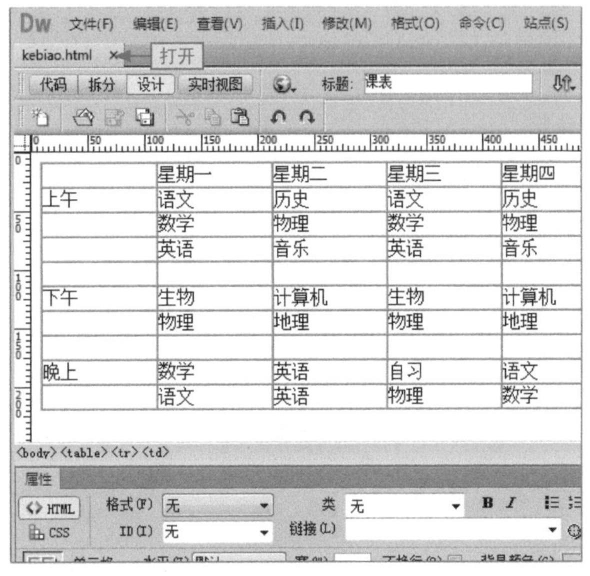

图8-43

Step 2　执行插入行命令

❶将文本插入点定位到“星期一”单元格中，❷右击，在弹出的菜单中选择“表格”命令，❸在其子菜单中选择“插入行”命令，如图8-44所示。

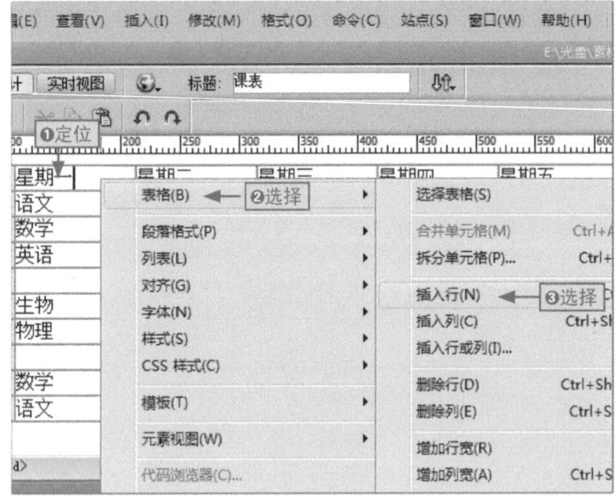

图8-44

Step 3　自动插入一行空白行

程序自动在“星期一”单元格所在行的上方插入一行空白单元格，如图8-45所示。

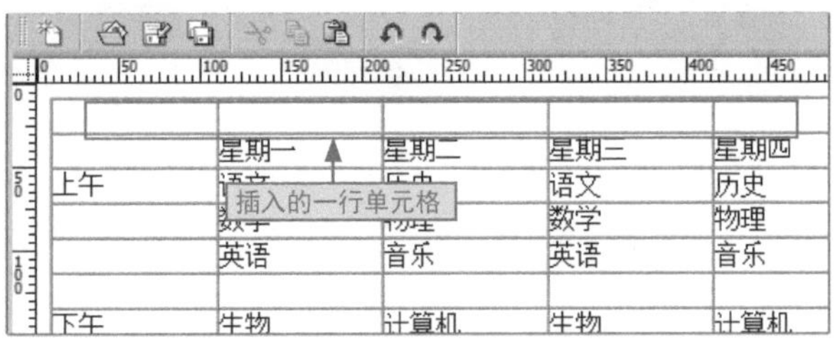

图8-45

Step 4 执行插入列命令

❶将文本插入点定位到“星期一”单元格中，❷右击，在弹出的菜单中选择“表格”命令，❸在其子菜单中选择“插入列”命令，如图8-46所示。

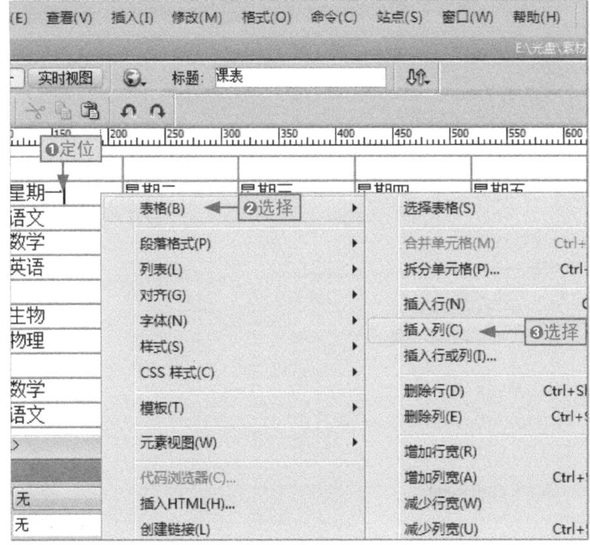

图8-46

Step 5 自动插入一列空白列

程序自动在“星期一”单元格所在列的左侧插入一列空白单元格，如图8-47所示。

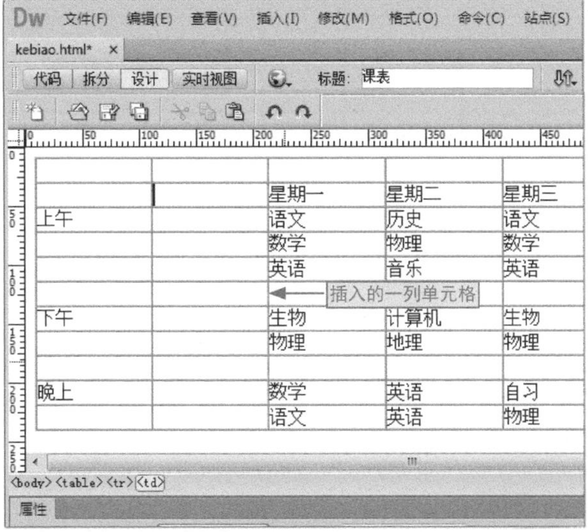

图8-47

2. 插入连续多行或多列

如果要在表格的某个位置插入连续的多行或者多列，不需要逐行插入，采用直接批量插入的方法即可，从而提高工作效率。

批量插入连续多行和多列的操作相似，下面以插入连续的多行为例讲解相关的操作，其具体操作方法如下。

本节素材	DVD/素材/Chapter08/kebiao1.html
本节效果	DVD/效果/Chapter08/kebiao1.html
学习目标	插入多行或多列
难度指数	★★

Step 1 定位文本插入点

❶在Dreamweaver中打开kebiao1素材文件，❷将文本插入点定位到“星期一”单元格中，如图8-48所示。

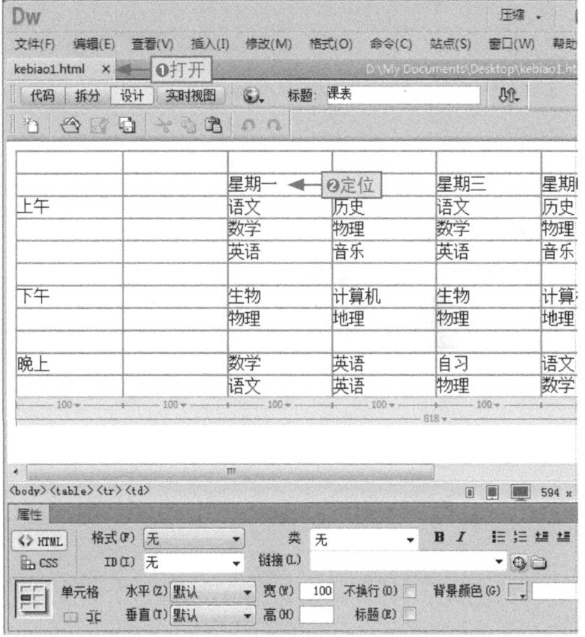

图8-48

Step 2 执行插入行或列命令

❶直接右击，在弹出的菜单中选择“表格”命令，❷在其子菜单中选择“插入行或列”命令，如图8-49所示。

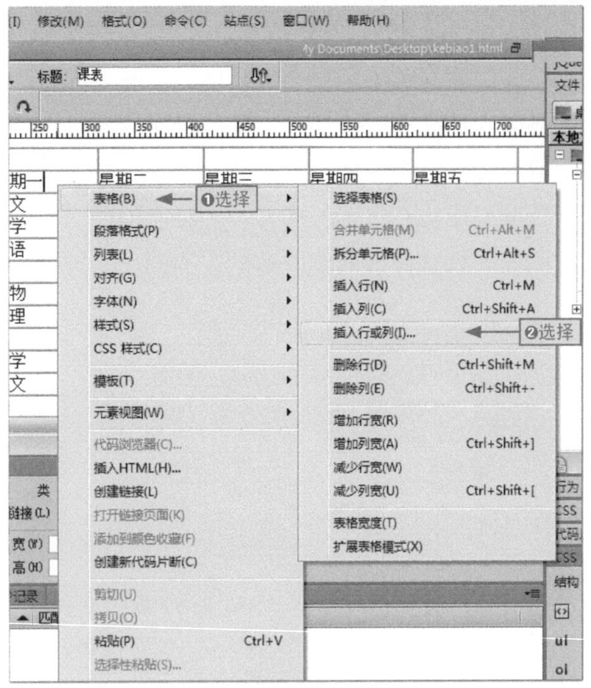

图8-49

Step 3　设置插入的行

❶在打开的"插入行或列"对话框中设置插入"行"的数量以及位置，❷单击"确定"按钮，如图8-50所示。

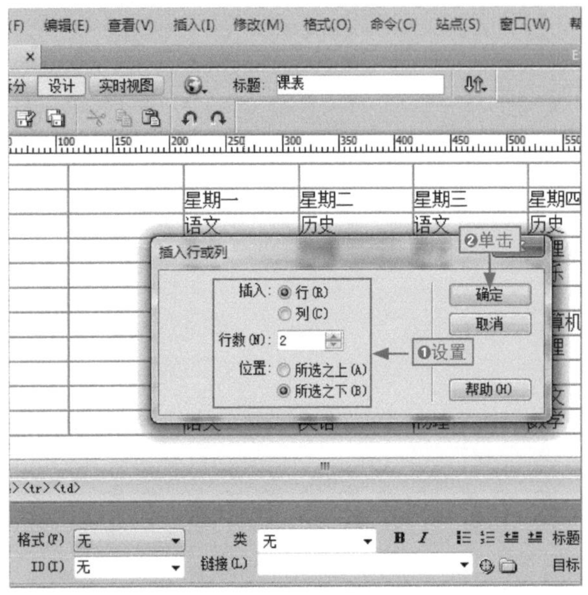

图8-50

Step 4　自动插入连续两行单元格

程序自动在"星期一"单元格所在行的下方插入两行空白单元格，如图8-51所示。

图8-51

Step 5　效果预览

设置完成后，保存网页并按F12键进行效果预览，如图8-52所示。

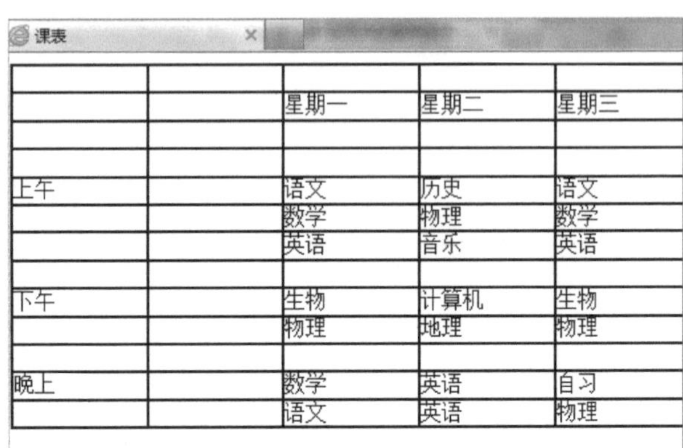

图8-52

专家提醒 | 批量插入连续多列

批量插入连续多列的操作步骤与插入多行相比，不同的是在"插入行或列"对话框中需要选中"列"单选按钮。

8.3.2 删除行或列

对于插入到表格中的行或列，如果有不需要的行列，需要将其删除。下面通过具体实例，讲解删除行和列的操作方法。

本节素材	DVD/素材/Chapter08/kebiao2.html
本节效果	DVD/效果/Chapter08/kebiao2.html
学习目标	删除行或列
难度指数	★★

Step 1　定位文本插入点

❶在Dreamweaver中打开kebiao2网页文件。❷将文本插入点定位到“下午”单元格上方的单元格，如图8-53所示。

文件(F) 编辑(E) 查看(V) 插入(I) 修改(M) 格式(O) 命令(C) 站点(S) 窗口(W)
kebiao2.html ×　❶选择
代码 拆分 设计 实时视图 标题: 课表

	星期一	星期二	星期三	星期四
上午	语文	历史	语文	历史
	数学	物理	数学	物理
	英语	音乐	英语	音乐
❷定位				
下午	生物	计算机	生物	计算机
	物理	地理	物理	地理
晚上	数学	英语	自习	语文
	语文	英语	物理	数学

图8-53

Step 2　执行删除行命令

❶右击，在弹出的菜单中选择“表格”命令，❷在其子菜单中选择“删除行”命令，如图8-54所示。

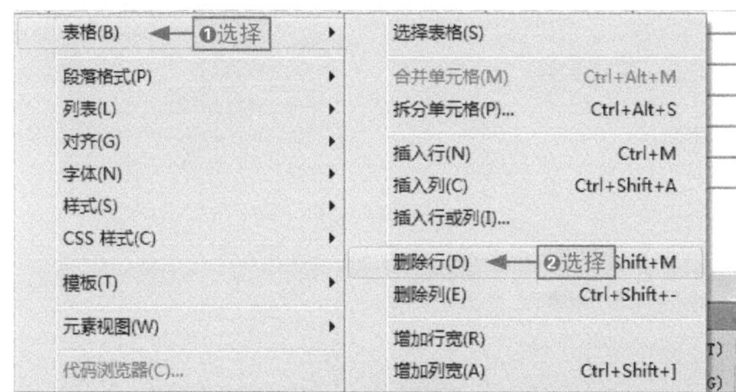

图8-54

Step 3　删除单元格所在行

程序自动将该行删除，并且下方所有的单元格自动上移，如图8-55所示。

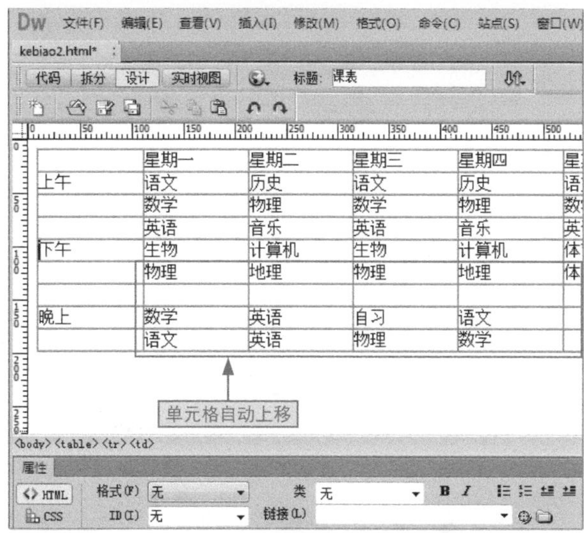

图8-55

Step 4　执行删除列命令

将文本插入点定位到“星期五”单元格右侧的单元格，❶右击，在弹出的菜单中选择“表格”命令，❷选择“删除列”命令，如图8-56所示。

图8-56

Step 5 删除列后的视图效果

选择删除列之后，选定列即从表格中消失，其效果如图8–57所示。

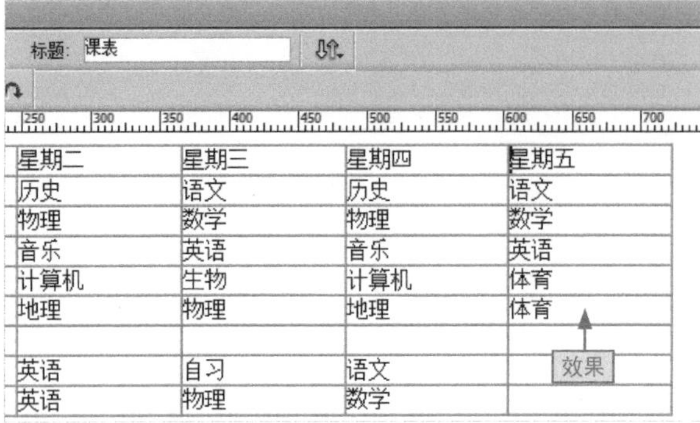

图8–57

8.3.3 复制、剪切和粘贴单元格

熟练掌握单元格的复制、剪切和粘贴操作，可以快速复制和移动单元格中的数据，下面通过具体实例，讲解相关的操作方法。

本节素材	DVD/素材/Chapter08/kebiao3.html
本节效果	DVD/效果/Chapter08/kebiao3.html
学习目标	复制、剪切和粘贴单元格
难度指数	★★

Step 1 选择复制单元格

❶打开kebiao3素材文件，❷选择需要复制文本的单元格，如图8–58所示。

图8–58

Step 2 执行复制操作

右击，在弹出的快捷菜单中选择“拷贝”命令执行复制操作，如图8–59所示。

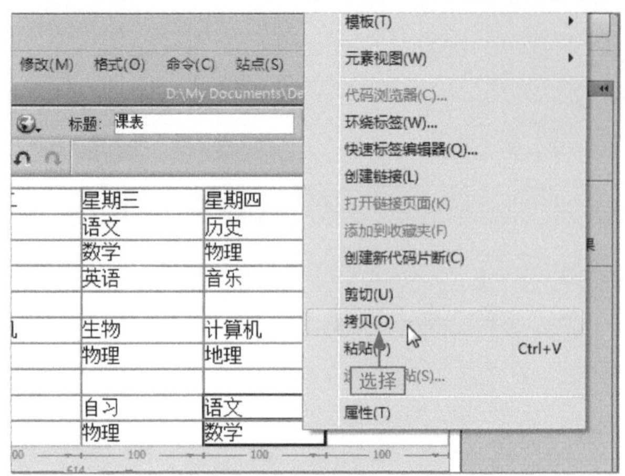

图8–59

Step 3 粘贴数据到指定单元格

❶选择需要粘贴数据的文件，❷右击，在弹出的菜单中选择“粘贴”命令，如图8–60所示。

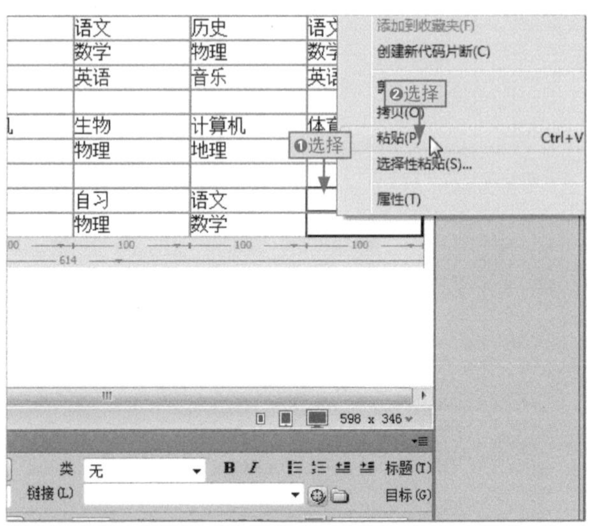

图8–60

Step 4 预览效果

保存网页，按F12键预览网页，在打开的页面中即可查看到效果，如图8–61所示。

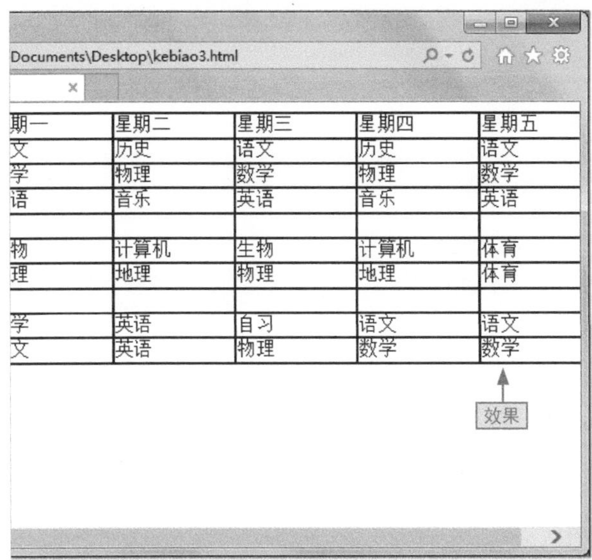

图8-61

专家提醒 | 利用快捷键实现复制、剪切与粘贴

对于网页中单元格的复制、剪切和粘贴操作，也可以使用快捷键完成，具体如下。

- 按Ctrl+C组合键执行复制操作。
- 按Ctrl+X组合键执行剪切操作。
- 按Ctrl+V组合键执行粘贴操作。

8.3.4　合并单元格

当在网页制作过程中难免会遇到将连续的多个单元格进行合并，如果要执行合并单元格操作，可以使用如下方法来完成。

本节素材	DVD/素材/Chapter08/kebiao4.html
本节效果	DVD/效果/Chapter08/kebiao4.html
学习目标	合并单元格
难度指数	★★

Step 1　打开素材文件

在Dreamweaver CC中打开kebiao4网页文件，其初始效果如图8-62所示。

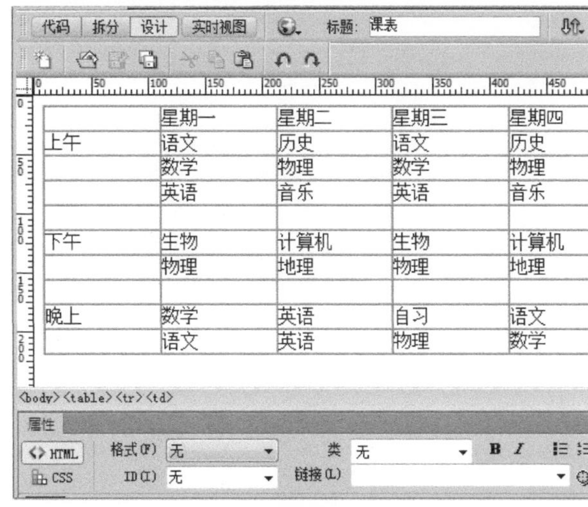

图8-62

Step 2　选择单元格

选择需要合并的单元格，这里选择“上午”单元格及其下面的两个单元格，如图8-63所示。

图8-63

Step 3　执行合并单元格命令

❶在选择的单元格上右击，在弹出的菜单中选择“表格”命令，❷在其子菜单中选择“合并单元格”命令，如图8-64所示。

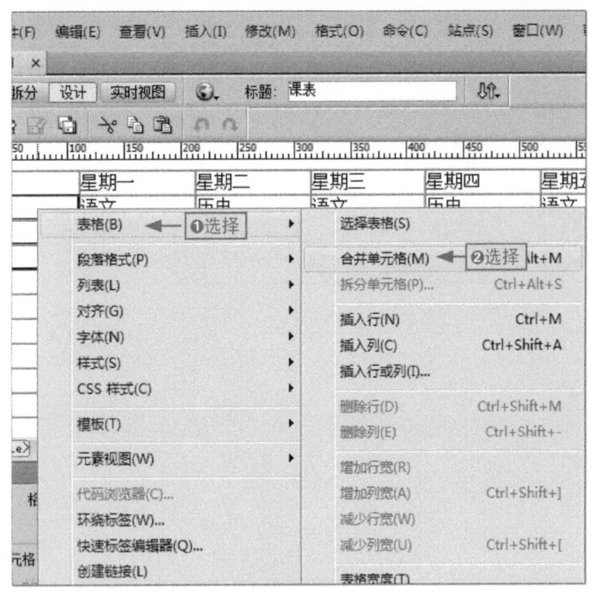

图8-64

Step 4　合并后的表格

程序自动将选择的单元格进行合并，其效果如图8-65所示。

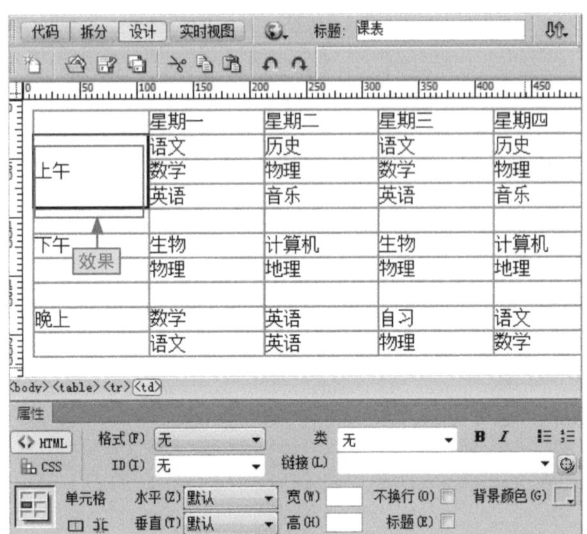

图8-65

8.3.5　拆分单元格

拆分单元格及将一个单元格拆分为多个单元格，在网页制作过程中，如果要拆分单元格，其具体操作如下。

本节素材	DVD/素材/Chapter08/kebiao5.html
本节效果	DVD/效果/Chapter08/kebiao5.html
学习目标	
难度指数	

Step 1　打开素材文件

打开kebiao5网页文件，将文本插入点定位到“语文”单元格中，如图8-66所示。

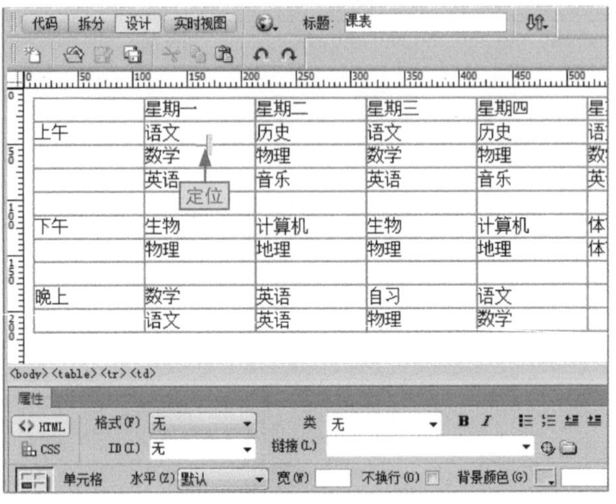

图8-66

Step 2　执行拆分单元格命令

❶直接右击，在弹出的快捷菜单中选择“表格”命令，❷在弹出的子菜单中选择“拆分单元格”命令，如图8-67所示。

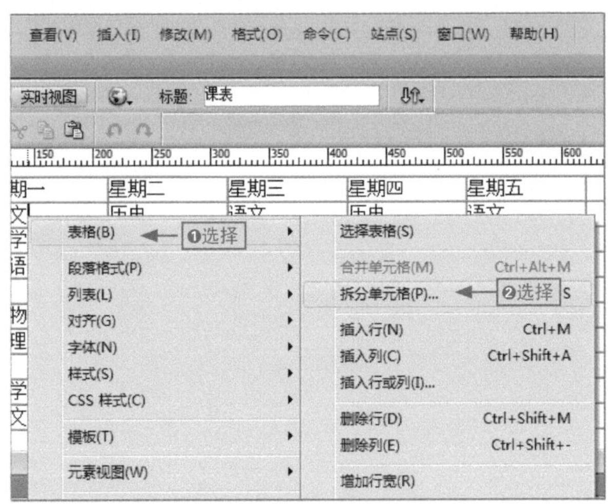

图8-67

Step 3 参数设置

❶在打开的“拆分单元格”对话框中设置拆分形式及拆分数量，这里设置按行将单元格拆分为两行，❷单击“确定”按钮，如图8-68所示。

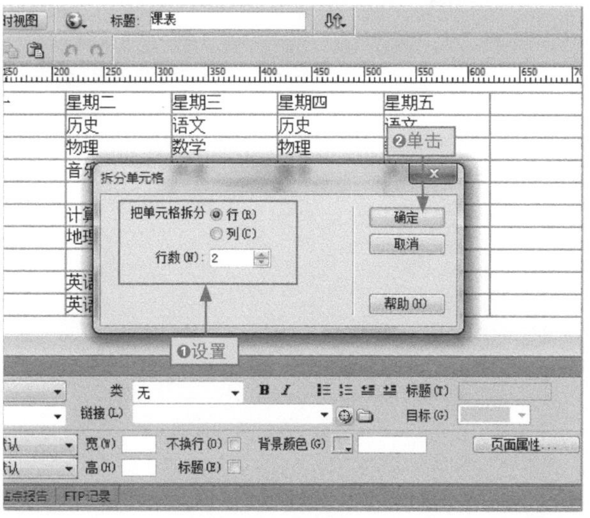

图8-68

Step 4 在拆分的单元格中录入数据

程序自动将“语文”单元格拆分为上下两个单元格，在新的单元格中输入内容“单周由Strive上”完成操作，如图8-69所示。

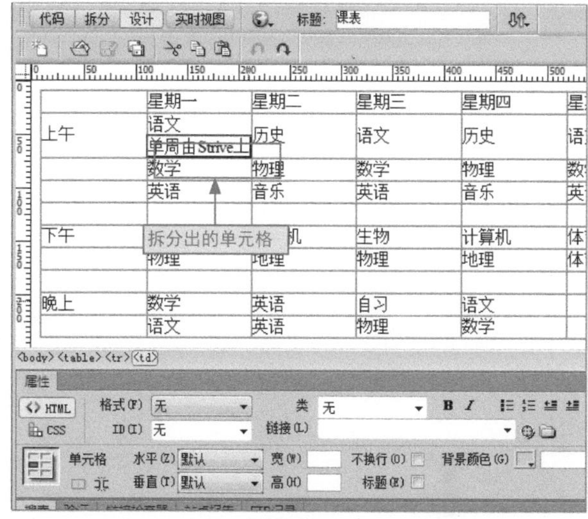

图8-69

8.4 表格的高级操作

在网页制作过程中，除了掌握复制、剪切、拆分和合并等表格的基本操作以外，还需要掌握一些必要的高级操作，如对表格的数据排序、从外部导入数据，以及将网页中的表格数据导出到外部等。

8.4.1 在网页中对表格数据排序

表格不仅可以应用于对网页的结构进行布局，还可以用于存储数据，如存储成绩、工资等，对于这种存储数据的表格，还可以像Excel一样，对其中的数据进行排序，其操作如下。

本节素材	DVD/素材/Chapter08/chengji.html
本节效果	DVD/效果/Chapter08/chengji.html
学习目标	在网页中对表格数据排序
难度指数	★★

Step 1 打开素材文件

在Dreamweaver中打开chengj网页文件，其效果如图8-70所示。

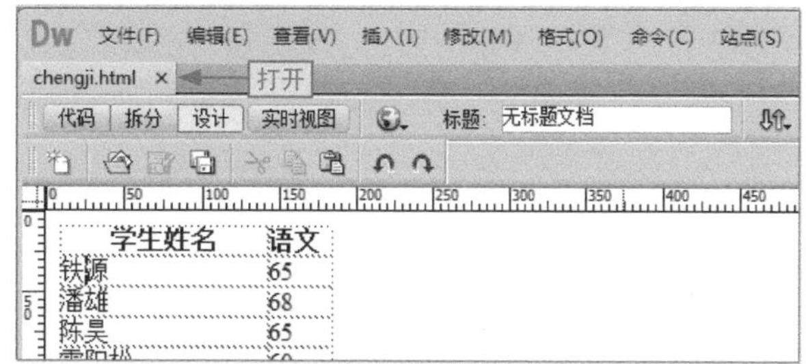

图8-70

Step 2 选择排序表格

在设计视图中选择需要排序的表格。这里选择整个成绩表，如图8-71所示。

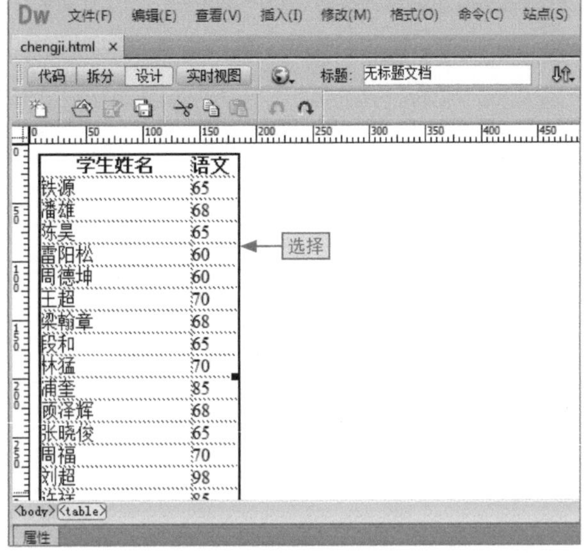

图8-71

Step 3 执行排序表格命令

❶单击“命令”菜单项，❷在弹出的菜单中选择“排序表格”命令，如图8-72所示。

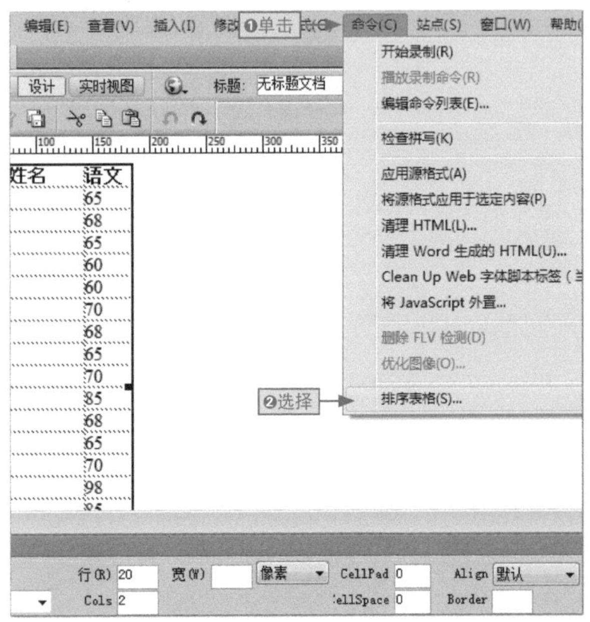

图8-72

Step 4 设置排序参数

❶在打开的“排序表格”对话框的“排序按”下拉列表框中选择“列2”，❷在“书序”栏中分别选择“按数字顺序”和“降序”选项，❸单击“确定”按钮，如图8-73所示。

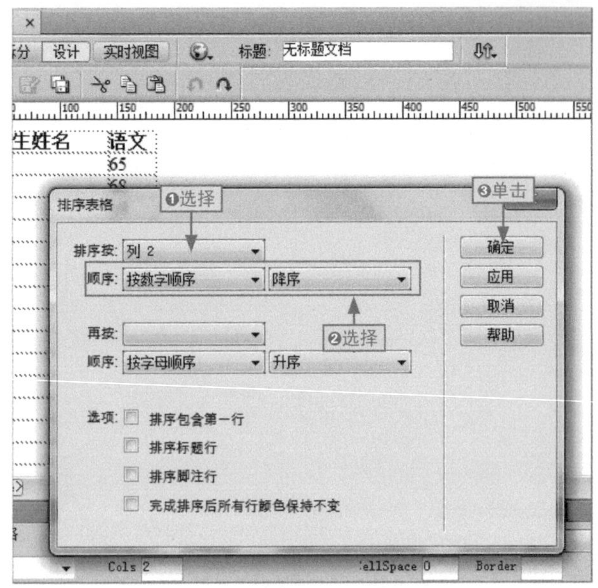

图8-73

Step 5 排序后的表格

程序自动按语文成绩的降序顺序重排成绩表中的数据，其效果如图8-74所示。

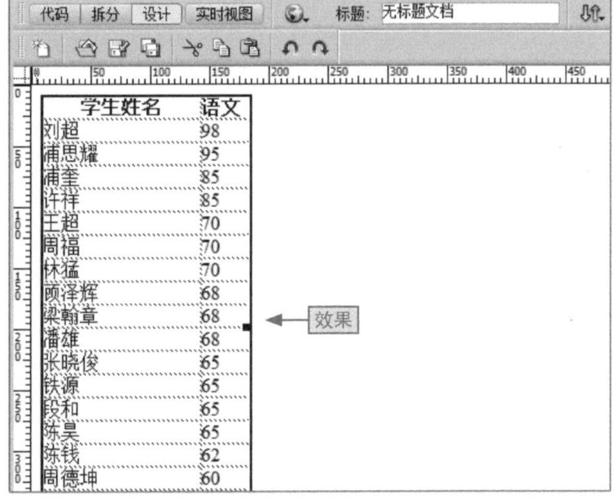

图8-74

8.4.2　导入表格数据

在网页制作过程中，也可以将事先做好的表格数据文件直接导入到内容中。具体操作步骤如下。

本节素材	DVD/素材/Chapter08/kebiao.xlsx
本节效果	DVD/效果/Chapter08/daorubiaoge.html
学习目标	导入表格数据
难度指数	★★

Step 1　执行导入文件命令

启动Dreamweaver CC，新建一个空白的网页文件。❶在菜单栏中单击“文件”菜单项，❷在弹出的菜单中选择“导入”命令，❸在其子菜单中选择“Excel文档”命令，如图8-75所示。

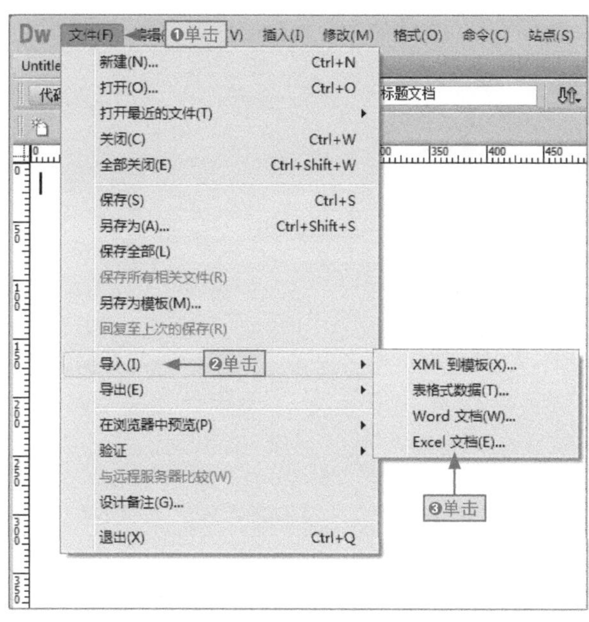

图8-75

Step 2　选择导入的Excel文件

❶在打开的“导入Excel文档”对话框中找到文件的保存位置，❷在中间的列表框中选择需要导入的文件，❸单击“打开”按钮，如图8-76所示。

图8-76

Step 3　导入成功后的页面

此时程序自动将kebiao.xlsx文档中的表格内容导入到网页内容中。如图8-77所示，最后将该网页以daorubiaoge.html为名进行保存，完成整个操作。

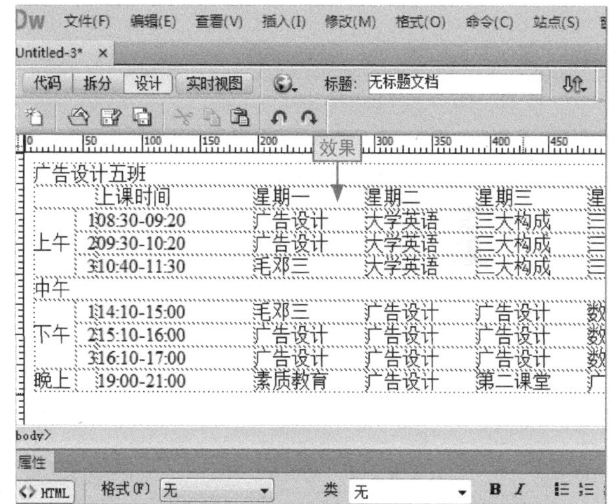

图8-77

专家提醒 | 导入数据的注意事项

在导入数据时，外部文件中存储的数据为纯文字数据，没有使用表格保存，此时必须确保各个数据之间有分隔符，如制表符、逗号、分号等。

8.4.3 导出表格数据

在网页制作过程中，也可根据需要将网页中的数据导出到外部，具体操作步骤如下。

本节素材	DVD/素材/Chapter08/kebiaoxlsx.html
本节效果	DVD/效果/Chapter08/daochu.txt
学习目标	导出表格数据
难度指数	★★

Step 1 打开素材文件

在Dreamweaver中打开kebiaoxlsx网页文件，并选中课表表格，如图8-78所示。

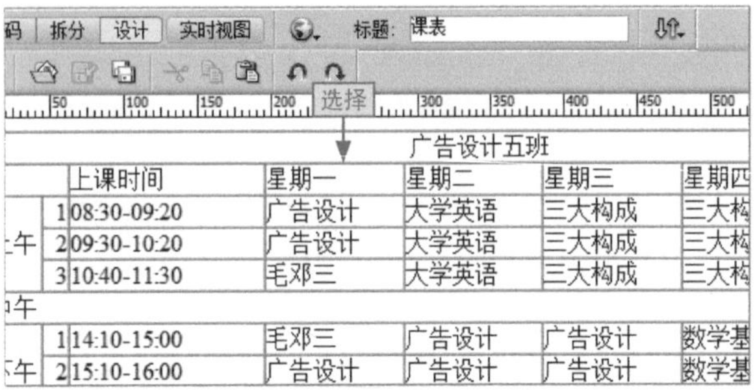

图8-78

Step 2 执行导出文件命令

❶单击菜单栏中“文件”菜单项，❷在弹出的菜单中选择“导出/表格”命令，如图8-79所示。

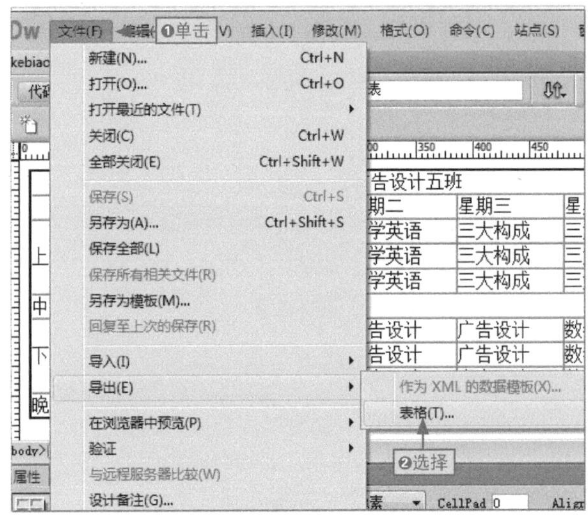

图8-79

Step 3 导出参数设置

❶在打开的“导出表格”对话框中设置定界符为“逗点”，保持默认的换行符，❷单击“导出”按钮，如图8-80所示。

图8-80

Step 4 设置导出文件

❶在打开的“表格导出为”对话框输入文件名称或选择要导出到的文件，❷单击“保存”按钮，如图8-81所示。

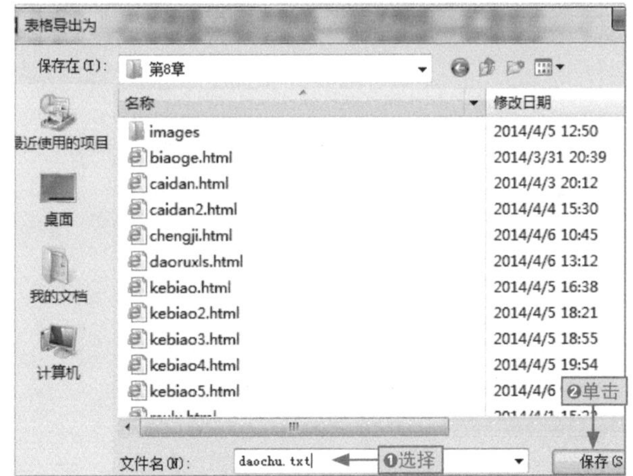

图8-81

Step 5 查看导出后的文件

在导出文件的保存位置，双击导出的文件daochu.txt，即可查看到导出文件中的数据效果，如图8-82所示。

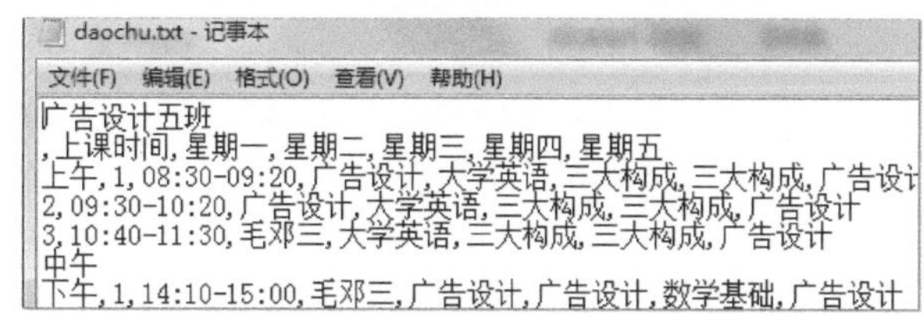

图8-82

8.5 实战问答

?! NO.1 | 如何快速、准确地选择表格及单元格

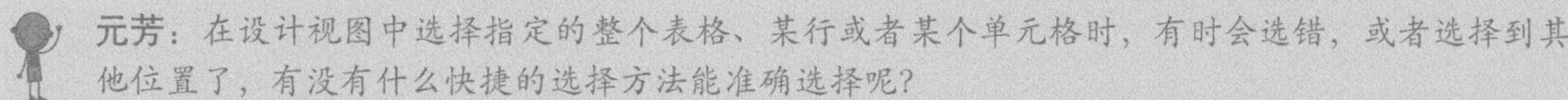

元芳：在设计视图中选择指定的整个表格、某行或者某个单元格时，有时会选错，或者选择到其他位置了，有没有什么快捷的选择方法能准确选择呢？

大人：在实际操作过程中对选择表格及单元格除了用Ctrl键和鼠标操作外，还可以直接选择标签的方式来选择指定表格及其单元格，具体操作如下。

Step 1 在设计视图中将文本插入点定位到需要选择的单元格中，如图8-83所示。

图8-83

Step 2 单击标签栏中的<table>、<tr>或<td>标签可快速地选择整个表格、整行和指定单元格，如图8-84所示。

图8-84

?! NO.2 | 在表格中能插入图像文件吗

元芳：新建的表格中，有时为了丰富或完善单元格中的数据，需要在其中添加图像文件。那么，在表格的单元格中可以插入图像文件吗？如果可以应该怎么操作呢？

大人：在网页制作中，允许在表格中插入图像，其操作方法与在普通位置插入图像的操作相同，只是定位的位置是在表格中，其具体的操作方法如下。

Step 1 在创建好的表格中将文本插入点定位到要添加图像的单元格中，如这里将文本插入点定位到第一行的第一个单元格中，如图8-85所示。

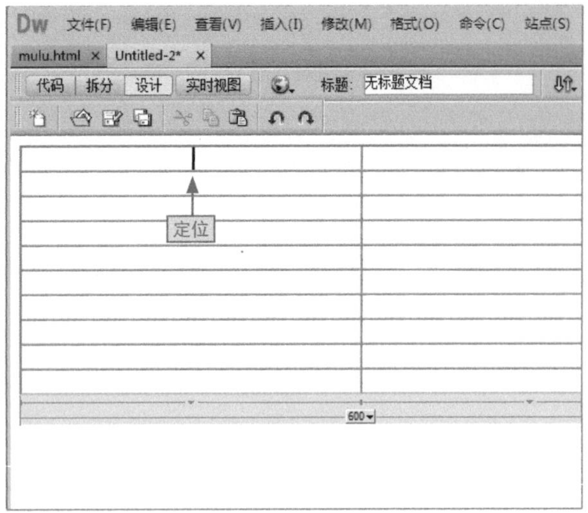

图8-85

Step 2 ❶单击菜单栏中的“插入”菜单项，❷在弹出的菜单中单选择“图像”命令，❸在其子菜单中选择“图像”命令，如图8-86所示。

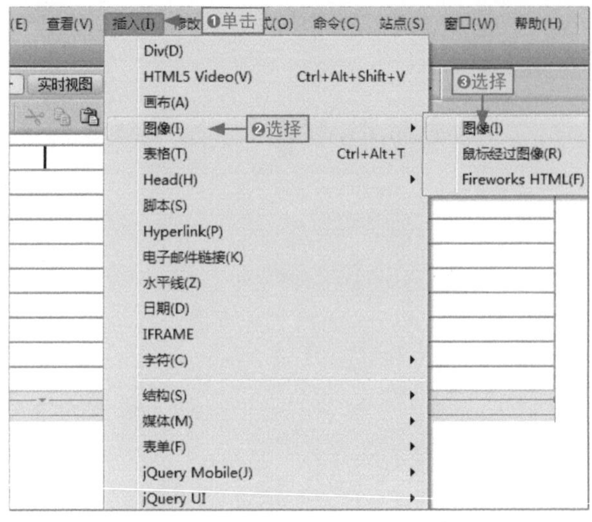

图8-86

Step 3 ❶在打开的“选择图像源文件”对话框中选择图像文件，❷单击“确定”按钮，如图8-87所示。

图8-87

Step 4 适当调整图像大小等属性，完成后保存网页即可完成整个操作，如图8-88所示。

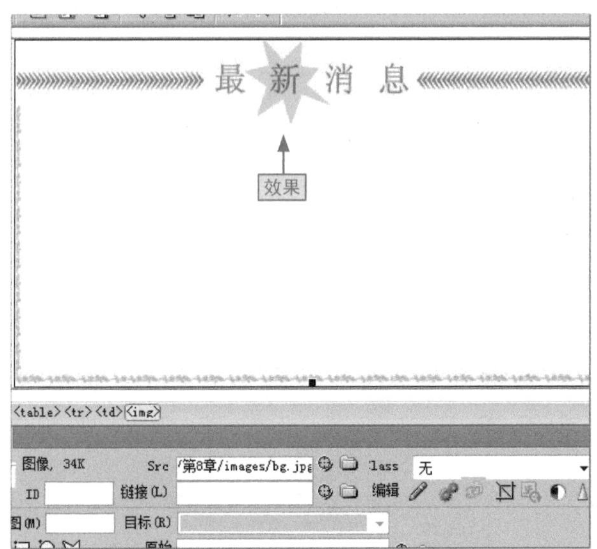

图8-88

?! NO.3 | 为什么网页中的表格无法进行排序操作

元芳：我设计了一个保存员工工资的网页，其中的数据是用表格保存的，现在需要按照实发工资的降序顺序对表格排序，为什么不能完成排序操作呢？

大人：出现这种问题的原因可能是保存工资的表格结构不是标准的二维结构，即表格中包含了合并单元格或者拆分单元格，在网页中，如果表格中包含合并或者拆分单元格，是不能进行排序操作的。

?! NO.4 | 为什么导入到网页中的数据出现了混乱

元芳：在记事本中保存了一些数据，这些数据都用分号分隔的，但是将其导入到网页中后，数据排列出现了混乱，这是为什么呢？

大人：这有可能是分隔符为全角造成的，即记事本中的分号为全角，重新将分号更改为半角状态，即英文状态下输入，再重新导入到网页中即可解决该问题。

8.6 思考与练习

填空题

1. 表格的标签元素是______________。

2. 使用表格的______________属性，即可对表格的对齐方式进行设置。

选择题

1. 下列(　　)选项不属于表格的组成部分。

A. 表格标记(标签为<table>)

B. 行标记(标签为<tr>)

C. 单元格标记(<td>)

D. 表格内容

2. 下列(　　)选项不属于表格的对齐方式。

A. 左对齐

B. 基线

C. 居中对齐

D. 右对齐

3. 按住下列(　　)键，单击表格中的某个单元格可以将该单元格选择。

A. Ctrl

B. Alt

C. Shift

D. Ctrl+Shift

判断题

1. 在表格中，不能继续插入表格。（ ）

2. 为了使表格效果更完美，可以通过设置表格或者单元格的属性来达到效果。（ ）

3. 任何结构的表格中，都可以执行排序操作。（ ）

4. 如果要将记事本中的数据导入到网页中，必须确保分隔符为半角状态。（ ）

操作题

【练习目的】制作课表

下面将通过制作一个课表为例，让读者能亲自体验在网页中插入表格、在表格中输入内容、合并表格、调整表格和单元格属性的相关操作，巩固本章所学的相关知识。

【制作效果】

本节素材	DVD/素材/Chapter08/无
本节效果	DVD/效果/Chapter08/lianxi.html

JAVA5班课表

	星期一	星期二	星期三	星期
上午	语文	历史	语文	历史
	数学	物理	数学	物理
	英语	音乐	英语	音乐
下午	生物	计算机	生物	计算
	物理	地理	物理	地理
晚上	数学	英语	自习	语文
	语文	英语	物理	数学

注：*星期一上午第一节语文课，单周时由strive.he老师上。*

Chapter 09

使用CSS层叠样式表

本章要点

- ★ CSS的3种类型
- ★ CSS的语法格式
- ★ 建立ID样式
- ★ 建立类样式
- ★ 建立外部样式
- ★ 设置文本样式
- ★ 设置列表样式
- ★ 设置过渡样式

学习目标

前面介绍了文本、图像、媒体等对象在网页中的基本使用方法和操作，在网页中编辑这些对象的属性，可以使对象显示更加美观，从而让整个页面和效果更美观。本章将介绍一个重要的网页语言——CSS样式表，通过创建各种CSS样式，可以让对象显示出意想不到的效果。

知识要点	学习时间	学习难度
了解CSS样式表及其使用方式	45分钟	★★
各种CSS样式的创建方法	60分钟	★★★
CSS中的常用样式	60分钟	★★★★

重点实例

设置字体样式

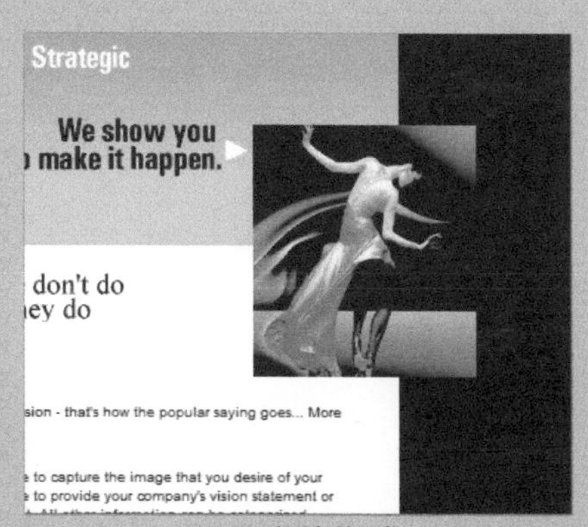

设置定位样式

设置旋转样式

9.1 了解CSS样式表

CSS(Cascading Style Sheets)层叠样式表是一种重要的网页设计语言，其作用是定义各种网页标签的样式属性，从而丰富网页的表现力，此外，使用层叠样式表，可以让样式和代码分离开，让整个网页代码更清晰。

9.1.1 什么是CSS

CSS是一种能让网页表现与内容分离的一种样式设计语言。

相对于传统HTML的表现而言，CSS能够对网页中的对象的位置排版进行像素级的精确控制，支持几乎所有的字体字号样式，拥有对网页对象和模型样式编辑的能力，如图9-1所示。

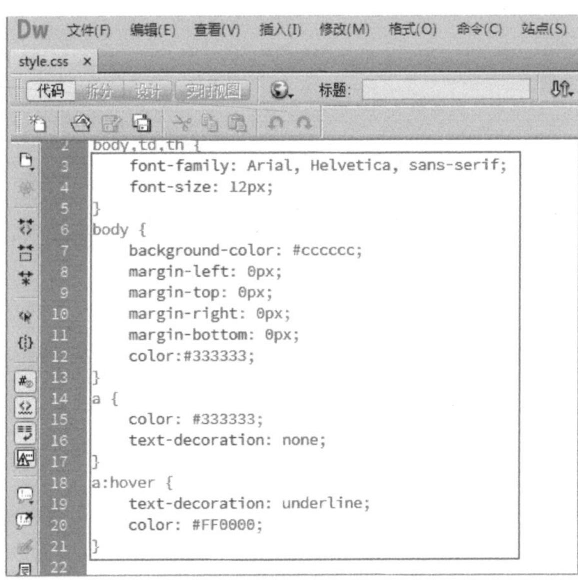

图9-1

9.1.2 CSS的3种类型

CSS的定义类型主要有3种，分别是自定义的CSS、重定义标签的CSS和伪类及伪对象，下面分别对每种样式进行详细介绍。

◆自定义的CSS

顾名思义，自定义即自由定义需要使用的样式名称，如图9-2所示的自定义的#menu样式就是自定义的CSS样式。

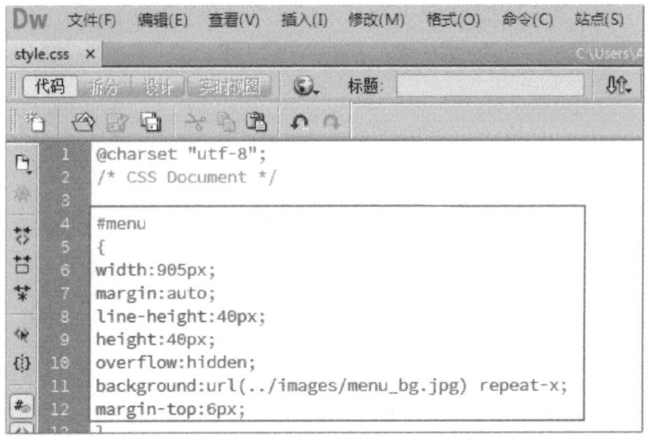

图9-2

◆重定义标签的CSS

重定义标签样式即对现有的HTML标签样式进行样式的重定义，如图9-3所示重定义<ul>标签和<img>标签的样式。

图9-3

◆伪类及伪对象

CSS中存在一些比较特殊的属性，称为伪类，常用的伪类有:link、:visited、:hover、:first-child、:active、:focus和:lang等，如图9-4所示。

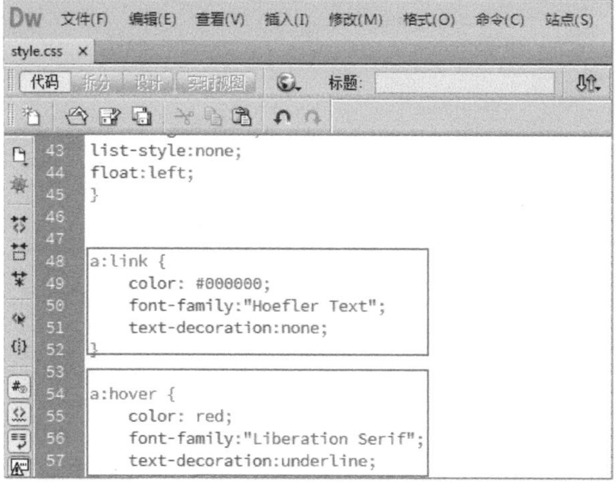

图9-4

9.1.3 CSS的语法格式

层叠样式表是一个纯文本文件常以.css作为扩展名的文件。CSS 规则由3个主要的部分构成：选择符、属性和值组成。

其具体的语法格式及其介绍，如图9-5所示。

图9-5

对于选择符和属性的具体介绍如下。

◆选择符

选择符是要定义样式的html标记，将此作为选择符定义后，则在html页面中该标记下的内容会按照CSS定义的规则发生改变，如图9-6所示为常见的选择符类型。

元素选择符

元素选择符将任意HTML元素作为CSS的选择符以格式化其样式。

类(Class)选择符

在一个文档中可以为不同类型的元素定义相同的类名，Class可以实现把相同样式的元素统一为一类，类名前加“.”符号。

ID选择符

ID选择符可以唯一地定义每个元素的成分。ID选择符前加“#”符号。

关联选择符

关联选择符即用空格隔开的两个或更多单一选择符组成的字符串。

组合选择符

为了减少样式表的重复声明，组合选择符声明是允许的。

伪类和伪元素

伪类和伪元素是特殊的类和元素，其格式为“选择符:伪类{属性:值}”。

图9-6

◆属性

CSS属性指的是在选择符中要改变的内容，常见的有字体属性、颜色属性、文本属性、布局大小属性等，如图9-7所示。

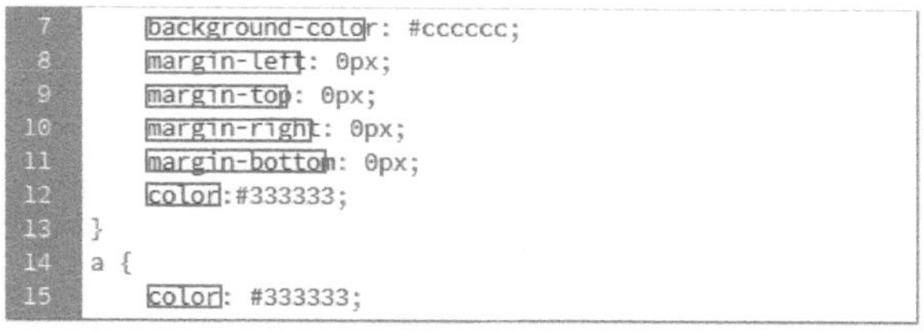

```
    background-color: #cccccc;
    margin-left: 0px;
    margin-top: 0px;
    margin-right: 0px;
    margin-bottom: 0px;
    color:#333333;
}
a {
    color: #333333;
```

图9-7

9.2 CSS样式的嵌入、内联和外联方式

CSS层叠样式表如果不附加到网页文件上，也就无任何意义。用户可以通过嵌入式CSS、内联式CSS和外联式CSS这3种方法将样式添加到网页中。

9.2.1 嵌入式CSS

内嵌式CSS即直接将表现和内容混杂在一起。要使用内嵌式CSS，需要在相关的标签内使用样式(style)属性。style属性可以包含任何CSS属性。

本节素材	DVD/素材/Chapter09/neiqian.html
本节效果	DVD/效果/Chapter09/neiqian.html
学习目标	嵌入式CSS
难度指数	★★

Step 1 切换到代码视图

打开neiqia素材文件，单击“代码”按钮切换到代码设计视图，如图9-8所示。

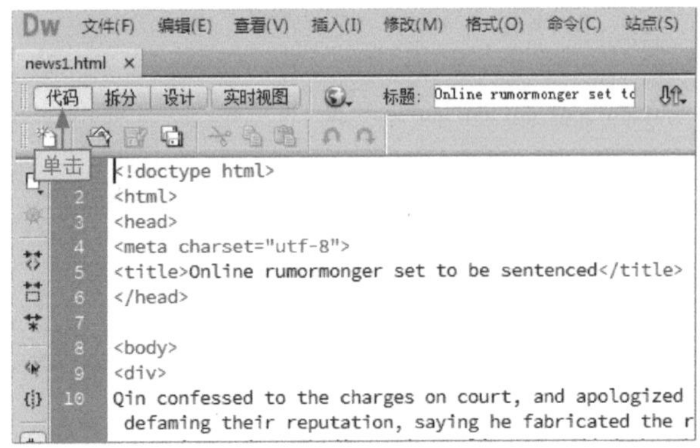

单击
<!doctype html>
<html>
<head>
<meta charset="utf-8">
<title>Online rumormonger set to be sentenced</title>
</head>
<body>
<div>
Qin confessed to the charges on court, and apologized

图9-8

Step 2 嵌入CSS代码

将文本插入点定位到需要格式化的标签处，这里将文本插入点定位到第9行的<div>标签位置，并输入如图9-9所示的代码。

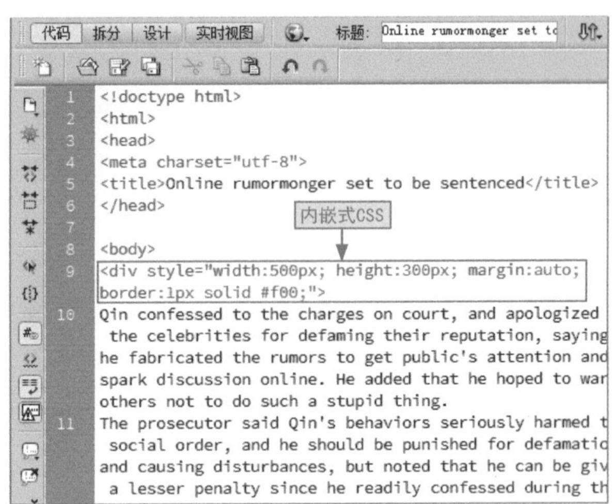

内嵌式CSS
<div style="width:500px; height:300px; margin:auto; border:1px solid #f00;">

图9-9

Step 3 嵌入CSS代码后的页面样式

单击“设计”按钮切换到设计视图，此时即可查看到在<div>标签处嵌入CSS样式代码后的页面效果，如图9-10所示。

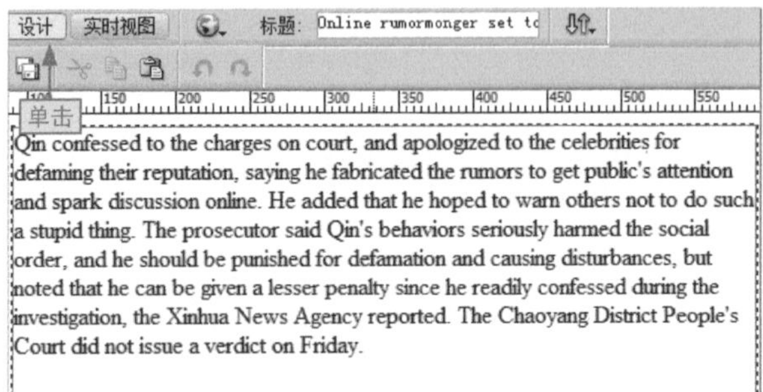

单击
Qin confessed to the charges on court, and apologized to the celebrities for defaming their reputation, saying he fabricated the rumors to get public's attention and spark discussion online. He added that he hoped to warn others not to do such a stupid thing. The prosecutor said Qin's behaviors seriously harmed the social order, and he should be punished for defamation and causing disturbances, but noted that he can be given a lesser penalty since he readily confessed during the investigation, the Xinhua News Agency reported. The Chaoyang District People's Court did not issue a verdict on Friday.

图9-10

9.2.2 内联式CSS

当单个网页文档需要特殊的样式时，就应该使用内联(内部)样式表。使用<style>标签在文档头部定义内部样式表。

本节素材	DVD/素材/Chapter09/neilian.html
本节效果	DVD/效果/Chapter09/neilian.html
学习目标	内联式CSS
难度指数	★★

Step 1 定位文本插入点

在Dreamweaver CC中打开neilian素材文件，将文本插入点定位到</head>标签前面，如图9-11所示。

```
<!doctype html>
<html>
<head>
<meta charset="utf-8">
<title>Online rumormonger set to be sentenced</title>
|
</head>  定位

<body>
<div>
Qin confessed to the charges on court, and apologized
 defaming their reputation, saying he fabricated the r
attention and spark discussion online. He added that h
 not to do such a stupid thing.
The prosecutor said Qin's behaviors seriously harmed t
he should be punished for defamation and causing distu
that he can be given a lesser penalty since he readily
```

图9-11

Step 2 嵌入CSS代码

先输入<style></style>标签，并在其之间输入如图9-12所示的样式代码。

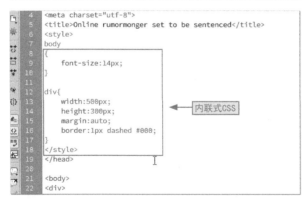

```
<meta charset="utf-8">
<title>Online rumormonger set to be sentenced</title>
<style>
body
{
    font-size:14px;
}

div{
    width:500px;
    height:300px;
    margin:auto;
    border:1px dashed #000;
}
</style>
</head>

<body>
<div>
```

内联式CSS

图9-12

Step 3 嵌入CSS代码后的页面样式

在头部定义了<body>和<div>的样式，切换到设计视图即可查看到设置样式后的效果，如图9-13所示。

设计
实时视图
标题: Online rumormonger set to
单击
Qin confessed to the charges on court, and apologized to the celebrities for defaming their reputation, saying he fabricated the rumors to get public's attention and spark discussion online. He added that he hoped to warn others not to do such a stupid thing. The prosecutor said Qin's behaviors seriously harmed the social order, and he should b punished for defamation and causing disturbances, but noted that he can be given a lesser penalty since he readily confessed during the investigation, the Xinhua News Agency reported. The Chaoyang District People's Court did not issue a verdict on Friday.

图9-13

9.2.3 外联式CSS

外联式样式表即将外部样式文件引用到本页面。当样式需要应用于很多页面时，外部样式表将是理想的选择。

在使用外部样式表的情况下，可以通过改变一个文件来改变整个站点的外观。

如果要将某个外部CSS样式文件附加到网页，可以使用<link>标签来完成，其具体操作如下。

本节素材	DVD/素材/Chapter09/wailian.html、style.css
本节效果	DVD/效果/Chapter09/wailian.html
学习目标	外联式CSS
难度指数	★★

Step 1 定位文本插入点

在Dreamweaver CC中打开wailian素材文件，将文本插入点定位到</head>标签前面，如图9-14所示。

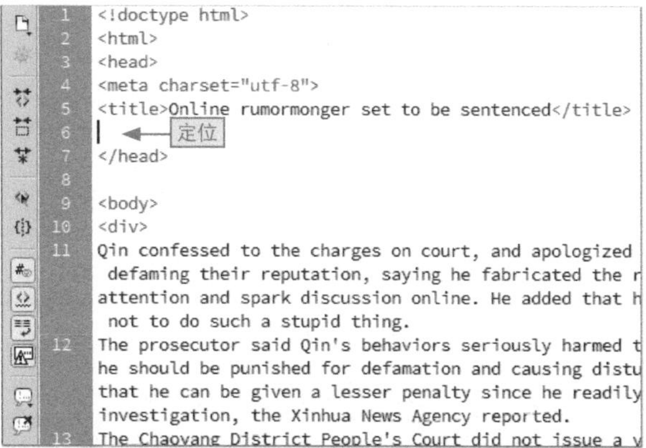
<!doctype html>
<html>
<head>
<meta charset="utf-8">
<title>Online rumormonger set to be sentenced</title>
定位
</head>
<body>
<div>
Qin confessed to the charges on court, and apologized
defaming their reputation, saying he fabricated the r
attention and spark discussion online. He added that h
not to do such a stupid thing.
The prosecutor said Qin's behaviors seriously harmed t
he should be punished for defamation and causing distu
that he can be given a lesser penalty since he readily
investigation, the Xinhua News Agency reported.
The Chaoyang District People's Court did not issue a v

图9-14

Step 2　嵌入CSS代码

直接输入“<link href="style.css" rel="stylesheet" type="text/css" />”代码完成将外部CSS文件添加到该网页文档，如图9-15所示。

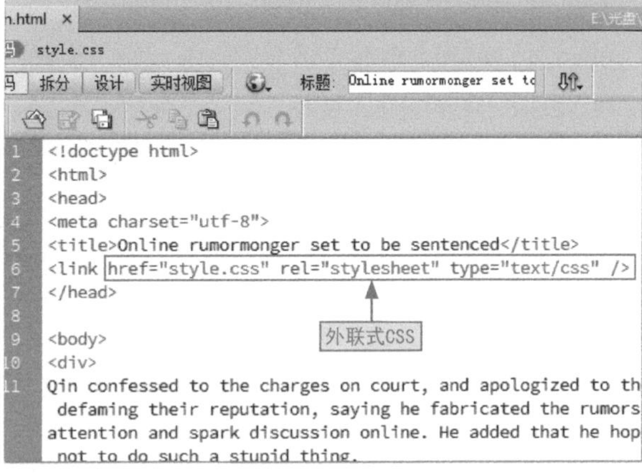

图9-15

Step 3　嵌入CSS代码后的页面样式

切换到设计视图即可查看到使用<link>标签嵌入外部CSS样式代码文件后的页面效果，如图9-16所示。

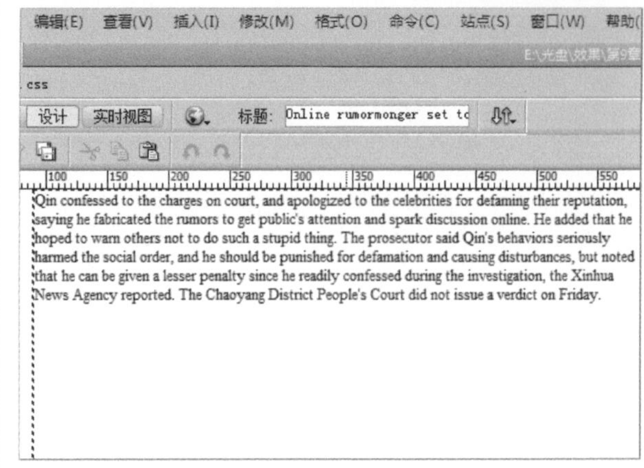

图9-16

9.3 各种CSS样式的创建方法

CSS样式的创建可以通过CSS设计器方便地完成，本节将具体介绍各种常见CSS样式的创建方法，包括建立ID样式、建立类样式、建立标签样式、建立复合样式和建立外部样式。

9.3.1 建立ID样式

如果不清楚需要创建CSS样式的对象的ID，可以直接在页面中选择ID对象，再通过CSS设计器添加样式。其具体操作如下。

本节素材	DVD/素材/Chapter09/web/
本节效果	DVD/效果/Chapter09/web/index.html
学习目标	建立ID样式
难度指数	★★

Step 1　打开素材文件

在Dreamweaver CC中打开web文件夹下的index素材文件，如图9-17所示。

图9-17

Step 2 添加CSS源

❶单击“CSS设计器”面板中的“添加CSS源”按钮，❷选择“在页面中定义”命令，如图9-18所示。

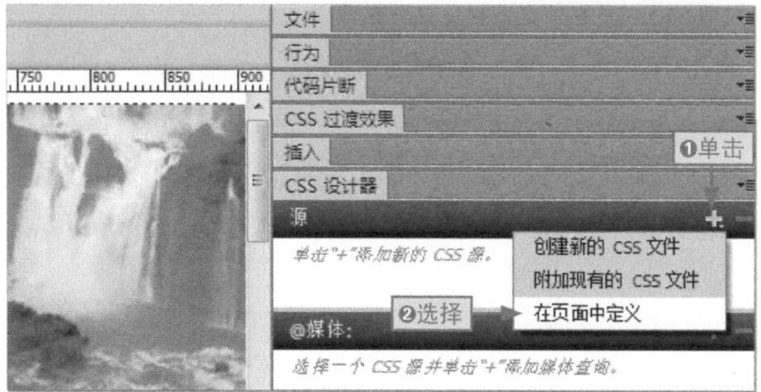

图9-18

Step 3 选择需要添加样式的对象

在页面中选择需要设置样式的对象，这里选择ID编号为menu的层，如图9-19所示。

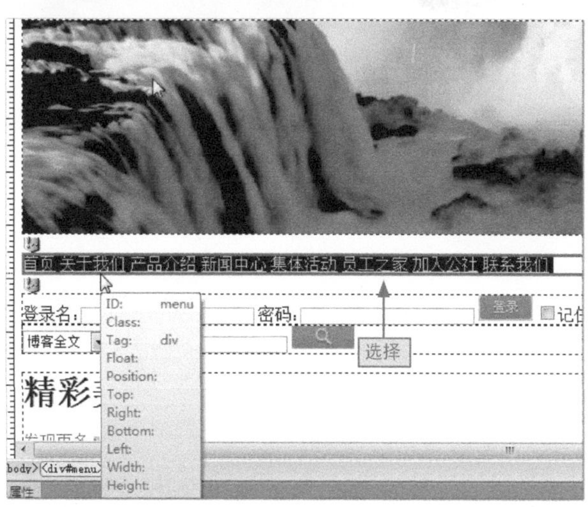

图9-19

Step 4 添加ID选择器

❶在“CSS设计器”面板中选择“源”栏中的“<style>”选项，❷单击“选择器”栏中的“添加选择器”按钮，当在“选择器”栏中出现#加上选中对象的ID(本文将出现“#menu”选择符)时按Enter键，如图9-20所示。

图9-20

Step 5 改变布局样式

❶单击width属性右侧的auto文本框，选择px选项后设置其宽度值为960，❷用相同方法设置高度的属性值为30px，如图9-21所示。

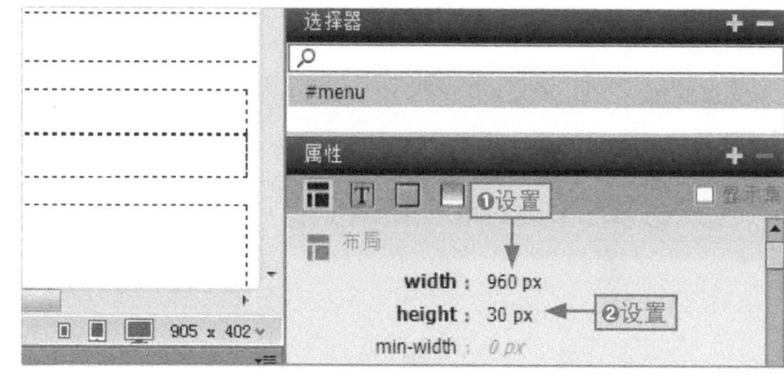

图9-21

Step 6 改变文本样式

❶单击“文本”按钮，❷设置line-height属性值为30px，如图9-22所示。

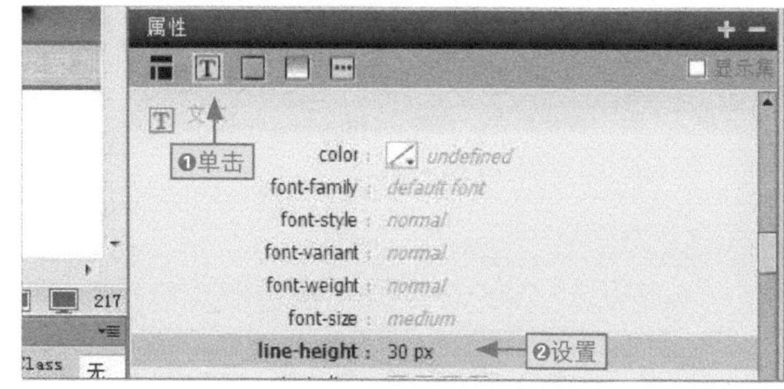

图9-22

Step 7　改变层的背景样式

❶单击“背景”按钮，❷单击background-color属性对应的下拉按钮，在弹出的筛选器中选择背景颜色为#D60314，如图9-23所示。

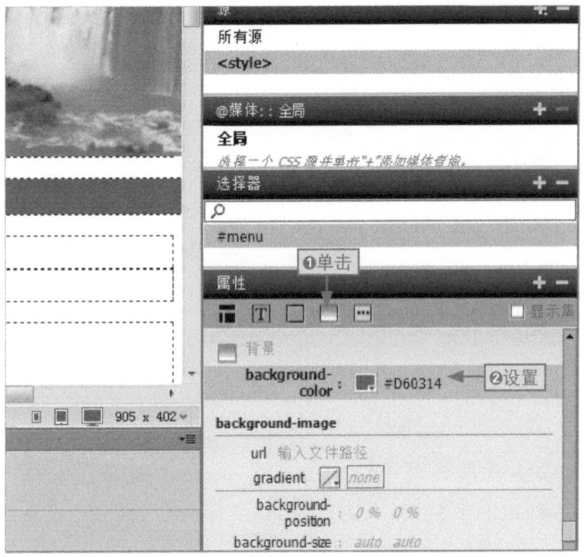

图9-23

Step 8　保存页面

保存页面并将页面切换到代码视图，查看所添加的ID选择器，如图9-24所示。

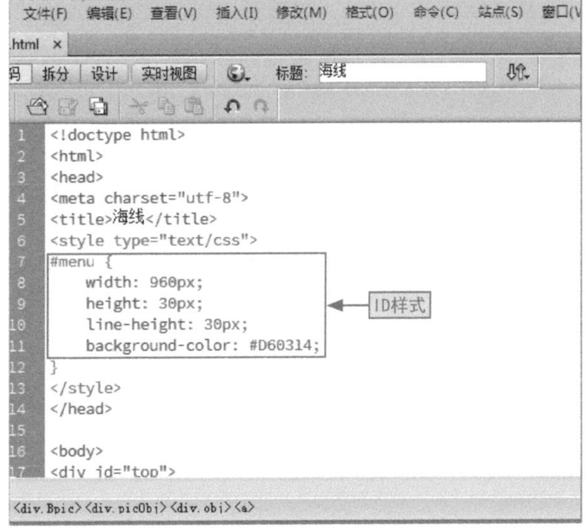

图9-24

9.3.2　建立类样式

定义类样式与定义ID样式相似，唯一需要注意的是，在设置类样式名时，在名称前面添加“.”符号，其添加的具体操作如下。

学习目标	建立类样式
难度指数	★★

Step 1　添加CSS源

❶新建网页，单击“CSS设计器”面板中的“添加CSS源”按钮，❷在弹出的菜单中选择“在页面中定义”命令，如图9-25所示。

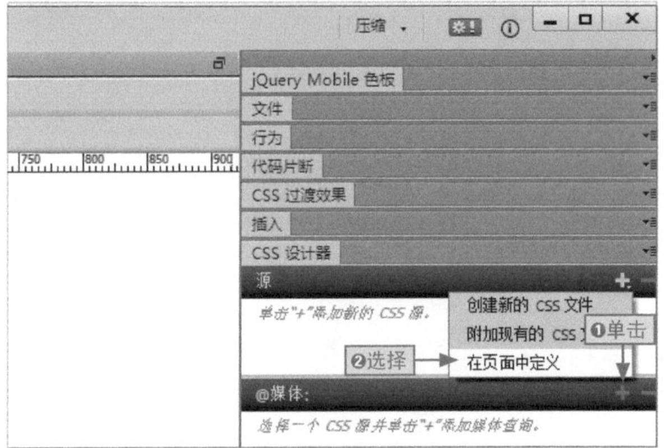

图9-25

Step 2　添加类选择器

❶单击“选择器”栏中的“添加选择器”按钮，❷输入类样式名称，如输入“.banner”类样式名称，按Enter键，如图9-26所示。

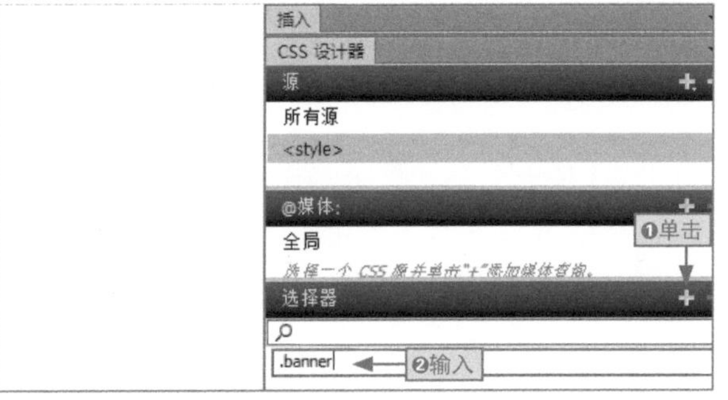

图9-26

Step 3 查看添加的类样式

将页面视图切换到代码视图窗口，窗口中将出现刚才添加的类样式，如图9-27所示。

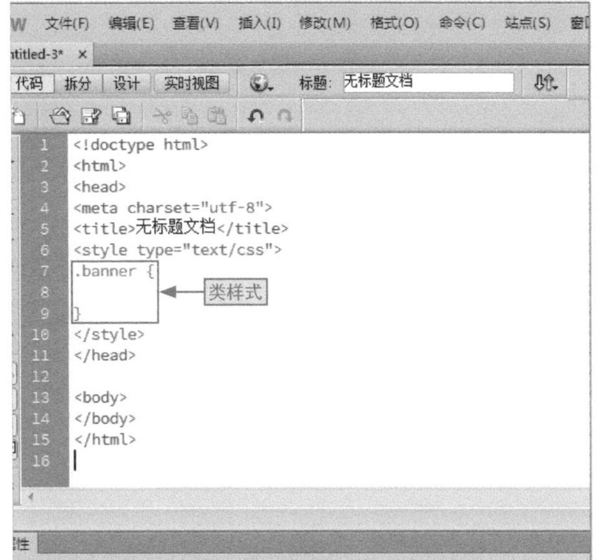

图9-27

9.3.3 建立标签样式

在建立标签样式时，直接在选择器中输入需要定义的标签名称即可。

在输入标签时，程序会自动弹出一个下拉列表，在其中显示包含当前输入关键字的所有标签，供用户智能选择。

下面通过建立img标签样式为例，讲解建立标签样式的操作方法，其具体操作如下。

学习目标	建立标签样式
难度指数	★★

Step 1 添加CSS源

❶新建网页，单击“CSS设计器”面板中的“添加CSS源”按钮，❷在弹出的菜单中选择“在页面中定义”命令，如图9-28所示。

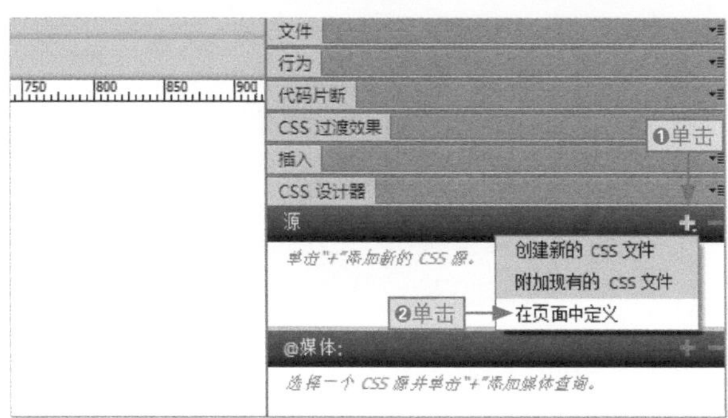

图9-28

Step 2 添加img标签选择器

❶单击“选择器”栏中的“添加选择器”按钮，❷输入标签元素，如输入“img”，按Enter键确认，如图9-29所示。

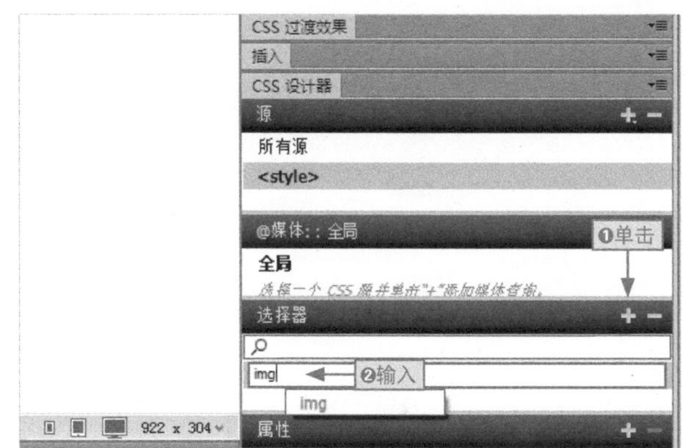

图9-29

Step 3 查看添加的标签样式

将页面视图切换到代码视图窗口，窗口中将出现刚才添加的img标签样式，如图9-30所示。

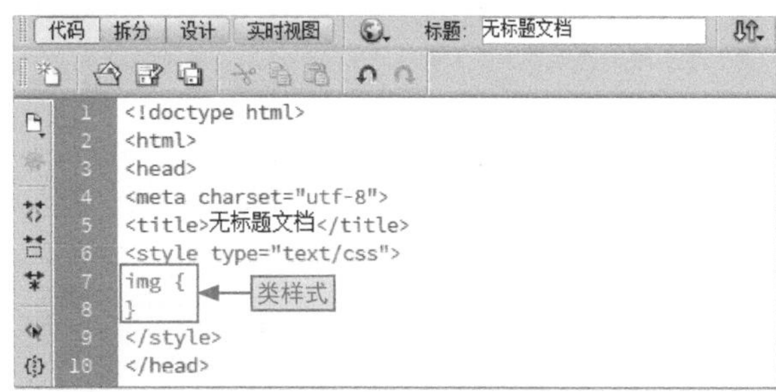

图9-30

9.3.4 建立复合样式

复合样式用于同时影响两个或多个标签、类或ID类型的复合CSS规则。

下面通过具体实例，讲解建立复合样式的方法，其具体操作如下。

本节素材	DVD/素材/Chapter09/web/
本节效果	DVD/效果/Chapter09/web/index2.html
学习目标	建立复合样式
难度指数	★★

Step 1　打开素材文件

在Dreamweaver CC中打开web文件夹中的index2素材文件，如图9-31所示。

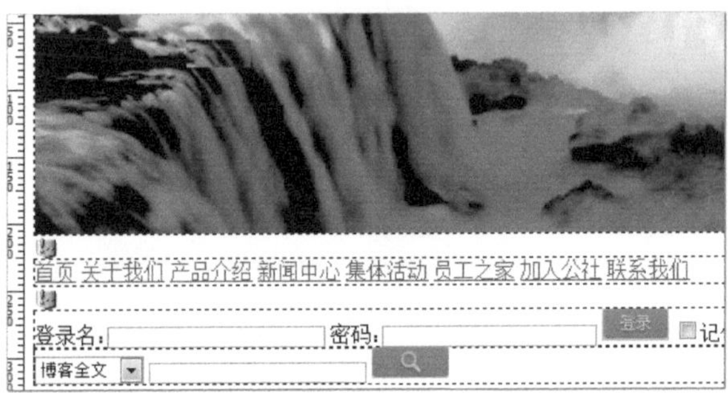

图9-31

Step 2　添加CSS源

❶单击“CSS设计器”面板中的“添加CSS源”按钮，❷在弹出的菜单中选择“在页面中定义”命令，如图9-32所示。

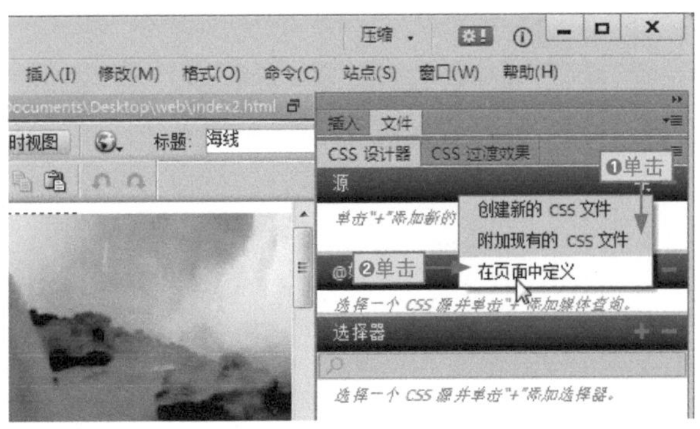

图9-32

Step 3　添加复合选择器

❶单击“选择器”栏中的“添加选择器”按钮，❷输入复合样式名称，如输入“.obj img”复合样式名称，按Enter键，如图9-33所示。

图9-33

Step 4　设置选择器的样式

❶在“CSS设计器”面板的“属性”栏中设置宽度属性值为“200px”，❷设置高度属性值为“200px”，如图9-34所示。

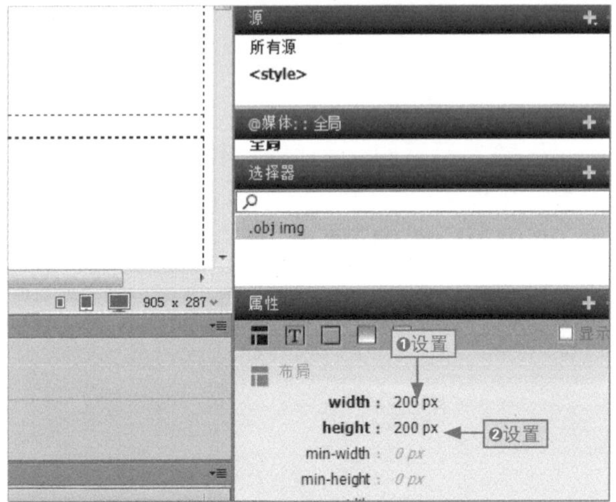

图9-34

Step 5　查看添加的复合样式

将页面视图切换到代码视图窗口，窗口中将出现刚才添加的样式代码，如图9-35所示。

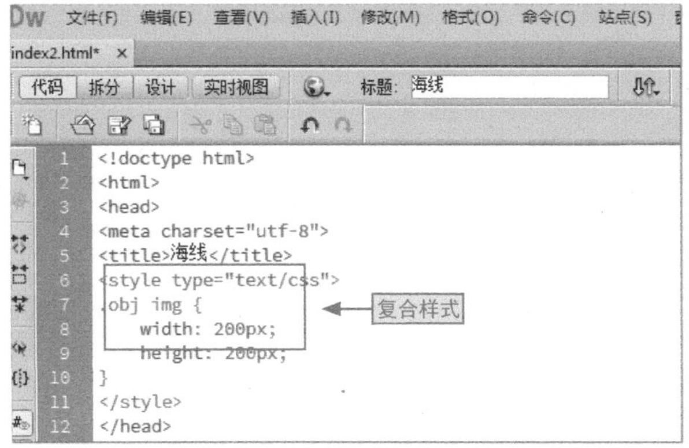

图9-35

9.3.5　建立外部样式

外部样式即将用于格式化页面样式的代码封装到.css的文件中，而后用外联方式嵌入到需要用此样式的页面文件中。建立外部样式的操作方法如下。

本节素材	DVD/素材/Chapter09/无
本节效果	DVD/效果/Chapter09/gd.css
学习目标	建立外部样式
难度指数	★★

Step 1　新建样式文件

启动Dreamweaver CC软件，在“新建”栏中选择CSS选项，如图9-36所示。

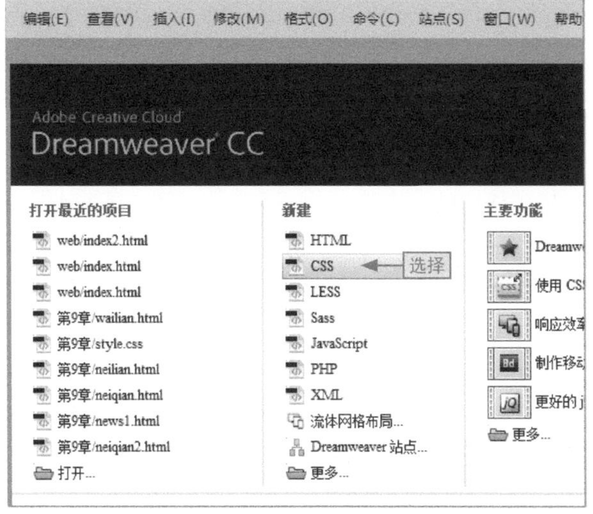

图9-36

Step 2　添加body标签选择器

❶选择“CSS设计器”面板中“源”栏中的Untitled-1选项，❷单击“添加选择器”按钮，❸输入样式名称，如输入body标签样式名称，按Enter键，如图9-37所示。

图9-37

Step 3　自定义body标签的属性

❶在“CSS设计器”面板中“属性”栏中单击“文本”按钮，❷设置font-sie属性的属性值为“12px”，如图9-38所示。

图9-38

Step 4　保存样式文件

设置完成后按Ctrl+S组合键，❶在打开的对话框中设置保存位置以及❷文件的保存名称，❸单击“保存”按钮，如图9-39所示。

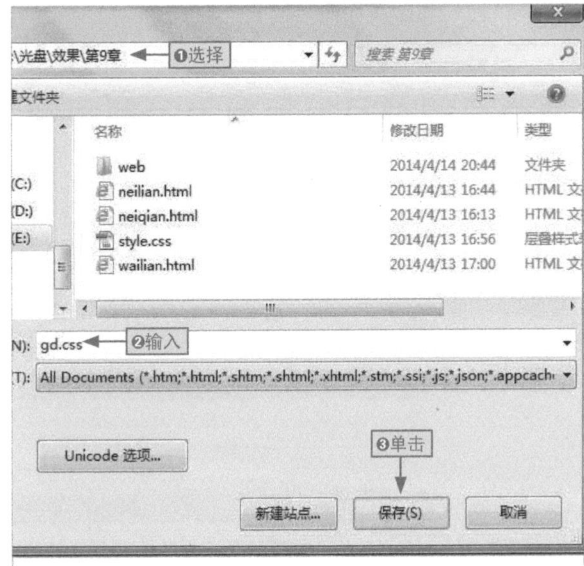

图9-39

Step 5　查看样式文件

外部样式文件到此创建完毕，在其保存位置将出现gd.css文件(如需引用此文件按外联嵌入方式引用到网页文件即可)，如图9-40所示。

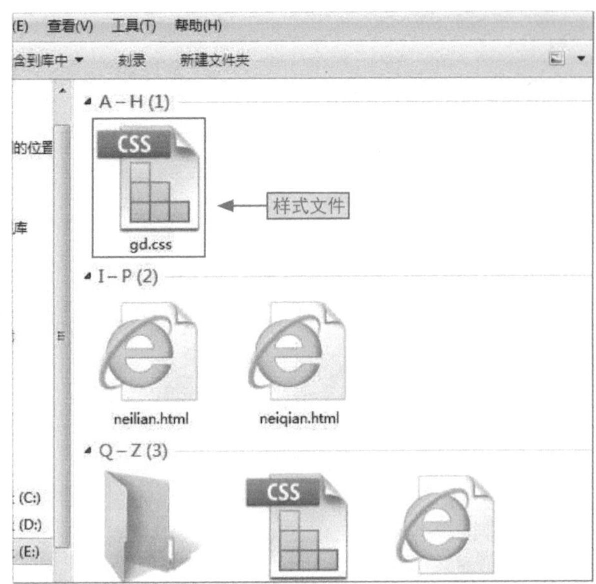

图9-40

9.4 CSS中的常用样式

通过前面的知识点学习，用户已经了解并掌握了CSS层叠样式的使用方式以及各种层叠样式表的创建，接下来将介绍在日常的CSS样式中常用到的样式属性。

9.4.1 设置字体样式

在网页设计中，对于字体的外观效果设置，可以用相关的字体属性来格式化，常用的字体属性有如下11种，如图9-41所示。

color

color属性用于为指定的文本内容设置相应的文本颜色。

图9-41

font-family

font-family属性用于设置文本的字体，其默认值为“Times New Roman”，多个值时用逗号分隔即可。

font-size

font-size属性用于设置文本的字体大小，其默认值为medium，也可以用正整数设置字体大小。

图9-41 (续)

font-style

font-style属性用于设置文本的字型，其值有normal(正常字体，为默认值)、italic(斜体)和oblique (倾斜的字)3种。

font-weight

font-weight属性用于设置文本的粗细，默认为normal，值为bold表示粗体字体，值为lighter表示更细的字体，值为bolder表示更粗的字体。

text-decoration

text-decoration属性用于设置文本的装饰，其值有none(默认值)、underline(下划线)、line-through(贯穿线)和blink(闪烁的文本)。

font-variant

font-variant属性用于设置文本中的字母是否为尺寸较小的大写字母，其值有normal(正常，默认值)、small-caps(小型大写字母)。

text-transform

text-transform属性用于设置文本的大小写，其值有none(无转换，默认值)、capitalize(将每个单词的第一个字母转换成大写，其余不转换)、uppercase(转换成大写)、lowercase(转换成小写)。

line-height

line-height属性用于设置文本行高，其默认值为normal，也可以用数字设置，但是数字不能为负值。

图9-41 (续)

letter-spacing

letter-spacing用于设置文字之间的间距，其默认值为normal，相当于0，加宽间距用正数，减小间距用负数。

word-spacing

word-spacing属性用于设置单词之间的间距，其默认值为normal，加宽间距用正数，减小间距用负数。

图9-41 (续)

下面通过具体的实例，讲解如何在CSS样式中使用这些属性来格式化字体样式。

本节素材	DVD/素材/Chapter09/tqsite/index.html
本节效果	DVD/效果/Chapter09/tqsite/index.html
学习目标	设置字体样式
难度指数	★★

Step 1 查看素材效果

在Dreamweaver CC中打开index素材文件，其效果如图9-42所示。

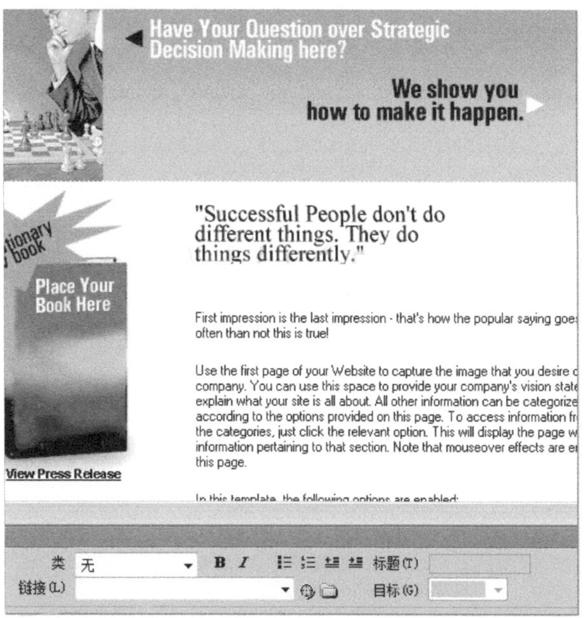

图9-42

Step 2　新建样式文件

打开“新建文档”对话框，在其中的“页面类型”列表框中双击CSS选项，如图9-43所示。

图9-43

Step 3　添加类选择器

❶在“CSS设计器”面板选择“源”栏中的Untitled-1选项，❷单击“添加选择器”按钮，❸在出现的文本框中输入“.content”类选择器，按Enter键，如图9-44所示。

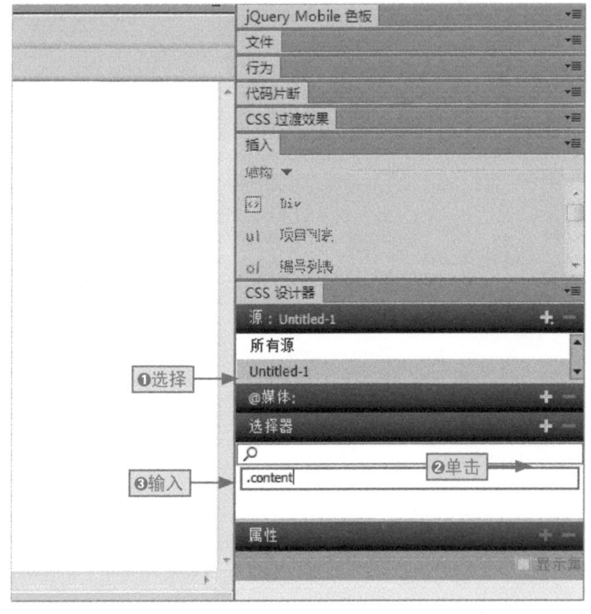

图9-44

Step 4　设置字体样式

❶在“CSS设计器”面板中“属性”栏中单击“文本”按钮，❷设置字体为14像素大小的红色斜体字，如图9-45所示。

图9-45

Step 5　保存样式文件

样式设定完成后，按Ctrl+S组合键保存文件，❶在打开的对话框中选择保存路径，❷输入文件名，❸单击“保存”按钮，如图9-46所示。

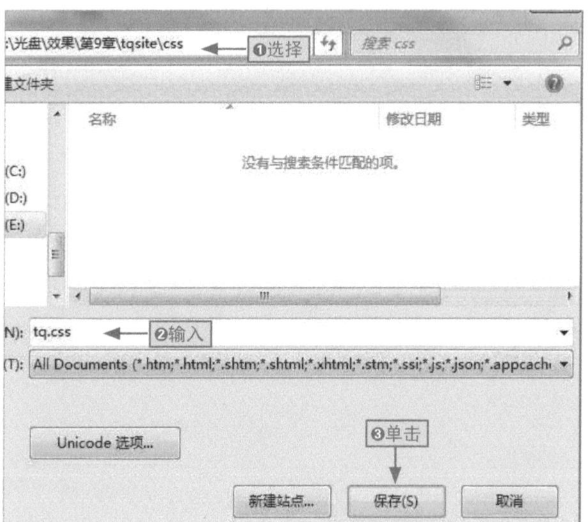

图9-46

Step 6　向页面中添加样式文件

将视图窗口切换到index页面，❶单击菜单栏中"格式"菜单项，❷选择"CSS样式"命令，❸在弹出的子菜单中选择"附加样式表"命令，如图9-47所示。

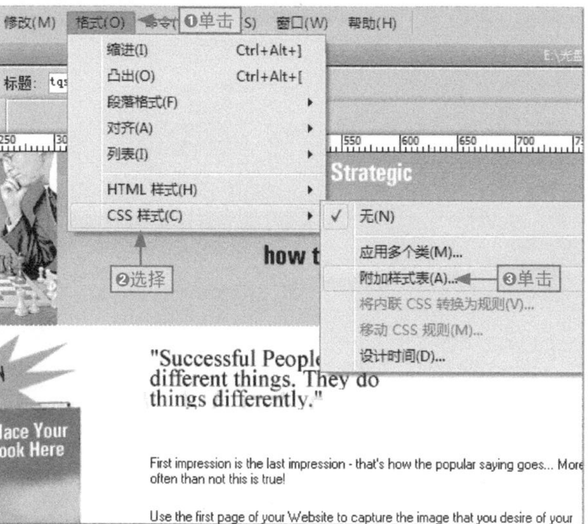

图9-47

Step 7　选择样式文件

❶在打开的"使用现有的CSS文件"对话框中单击"浏览"按钮，浏览选择前面建立的tq.css文件，❷在返回的对话框中单击"确定"按钮即可，如图9-48所示。

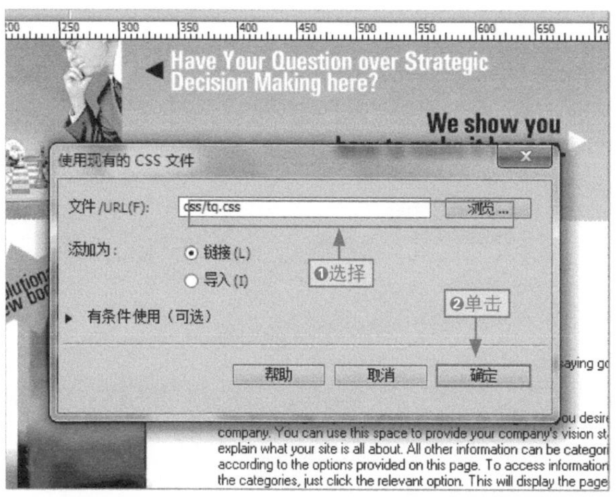

图9-48

Step 8　给对象指定样式

❶选择需要改变样式的对象，❷在"属性"面板的"类"下拉列表框中选择content样式，如图9-49所示。

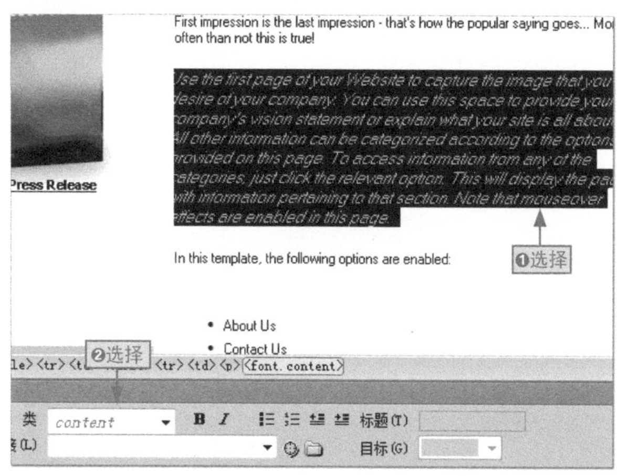

图9-49

Step 9　预览效果

设置完成后保存网页文件，按F12键进入页面效果预览，如图9-50所示。

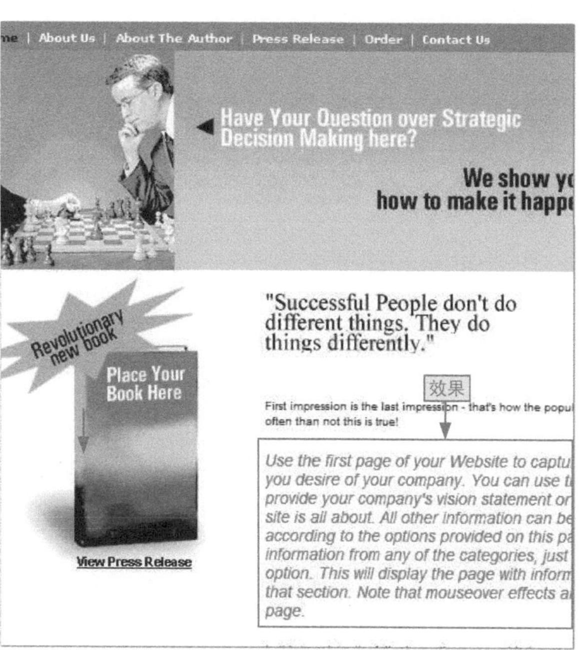

图9-50

9.4.2 设置文本样式

在网页设计过程中，对于文本的外观效果设置是最常见的一种设置，设置文本效果的常见属性有如下6种，如图9-51所示。

text-indent

text-indent属性用于设置文本的首行缩进，其默认值为0。当属性值为负值时，表示首行会被缩进到左边。

text-overflow

text-overflow属性用于设置文本溢出时是否用省略符号标示，默认值为clip，表示自动省略不显示多余内容，属性值为ellipsis表示用省略符号标识还有内容未显示。

vertical-align

vertical-align属性用于设置内容的垂直对齐方式，其默认值为baseline(与基线对齐)。

text-align

text-align属性用于设置内容的水平对齐方式，其默认值为left(左对齐)。

word-break

word-break属性用于设置自动换行的处理方法，其默认值为normal。

word-wrap

word-wrap属性用于设置当前行超过指定容器的边界时是否断开转行。

图9-51

下面通过具体的实例，讲解如何在CSS样式中使用这些属性来格式化文本样式。

本节素材	DVD/素材/Chapter09/tqsite/about.html
本节效果	DVD/效果/Chapter09/tqsite/about.html
学习目标	设置文本样式
难度指数	★★

Step 1　打开素材文件

在Dreamweaver CC中打开about网页文件，在其中可查看到设置段落格式前的页面效果，如图9-52所示。

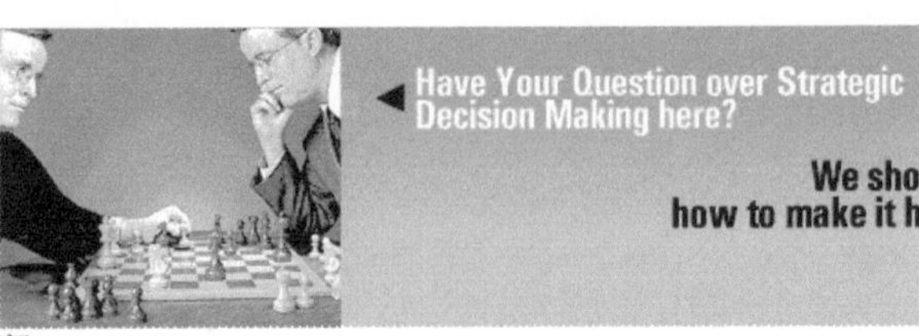

图9-52

Step 2　新建CSS样式源

❶单击“CSS设计器”面板右侧的“添加CSS源”按钮，❷选择“在页面中定义”命令，如图9-53所示。

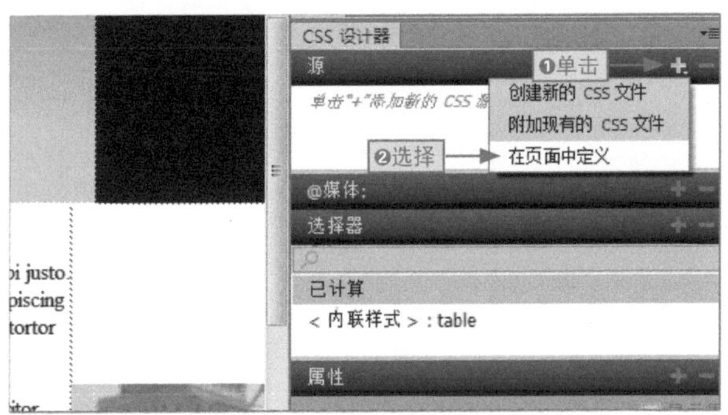

图9-53

Step 3 添加p标签选择器

❶在“CSS设计器”面板的“源”栏中选择<style>选项，❷单击“选择器”栏右侧的“添加选择器”按钮，❸在出现在文本框中输入“p”名称，按Enter键，如图9-54所示。

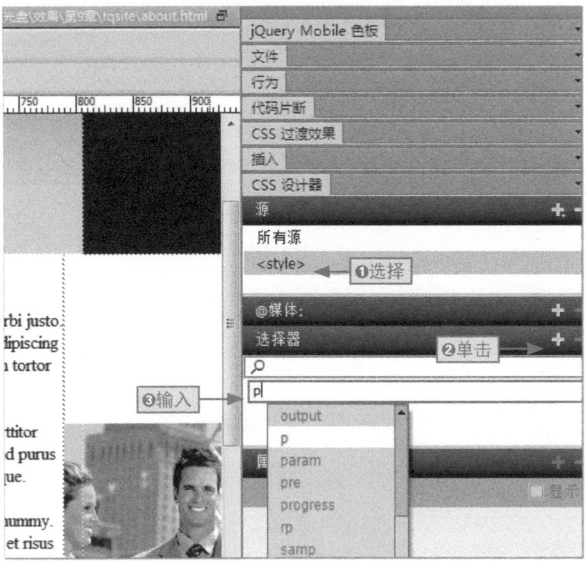

图9-54

Step 4 设置文本样式

❶在“CSS设计器”面板中“属性”栏单击“文本”按钮，❷设置首行缩进8mm，如图9-55所示。

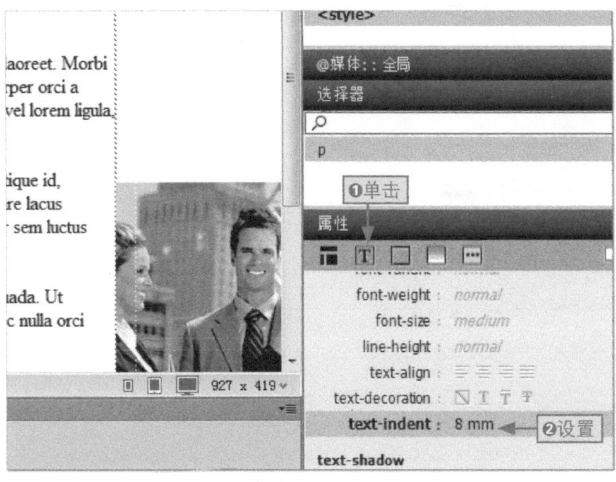

图9-55

Step 5 效果预览

设置完成后保存文件，按F12键进入页面效果预览，如图9-56所示。

Lorem ipsum dolor sit amet, consectetuer adipiscing elit. Vestibulum, dolor sit amet, varius laoreet. Morbi justo. **Phasellus adipiscing**. Nunc vitae arcu magna, gravida wisi id lacus. Vivamus est ullamcorper orci a adipiscing gravida tempor, tortor lacus tellus enim, malesuada augue pulvinar mollis, purus dolor vel lorem ligula, in tortor metus nec turpis et lectus. Mauris nec adipiscing elit.

Egestas, nunc sem, rutrum ut, laoreet ut, nonummy gravida. Pellentesque habitant morbi tristique id, porttitor eros, id felis. Morbi id felis. Mauris eget tempus enim ut orci vitae tellus. Morbi dui ornare lacus euismod purus est, dapibus tellus. Vestibulum ante at justo. Nam scelerisque a, pharetra porttitor sem luctus pellentesque.

Auctor. Nam diam mauris, volutpat laoreet. Sed interdum euismod nec, dolor. Nulla malesuada. Ut nonummy. **Sed ornare, erat sed elit metus, ullamcorper risus**. Sed in faucibus eu, leo. Donec nulla orci luctus et risus in risus.

Tristique velit, vitae leo. Mauris molestie justo arcu, pellentesque eget,

图9-56

9.4.3 设置背景样式

在网页设计过程中要设置背景样式，可以使用background属性来全部定义，也可以单独设置某项背景样式。

在CSS样式中，常用的背景样式设置属性有如下5种，如图9-57所示。

background-color

background-color属性用于背景颜色，默认值为transparent，表示背景颜色为透明。也可以用RGB颜色值、十六进制颜色值和颜色名称作为该属性值。

图9-57

background-image

background-image属性用于设置要使用的背景图像，如果要指定图像路径，使用“background-image:url('URL')”格式，该属性默认值为none。

background-position

background-position属性用于设置背景图像的位置。

background-repeat

background-repeat属性用于设置背景图像是否平铺，其值有repeat(默认值，表示纵向和横向平铺)、no-repeat(不平铺)、repeat-x(仅横向平铺)、repeat-y(仅纵向平铺)。

background-attachment

background-attachment属性用于设置背景图像是否固定或者随着页面的其余部分滚动，其值有scroll(默认值，随内容滚动)和fixed(固定不滚动)两个。

图9-57 (续)

下面通过具体的实例，讲解如何在CSS样式中使用这些属性来格式化文本样式。

本节素材	DVD/素材/Chapter09/tqsite/contact.html
本节效果	DVD/效果/Chapter09/tqsite/contact.html
学习目标	设置背景样式
难度指数	★★

Step 1　打开素材文件

在Dreamweaver CC中打开contact素材文件，在其中可查看到设置页面背景前的页面效果，如图9-58所示。

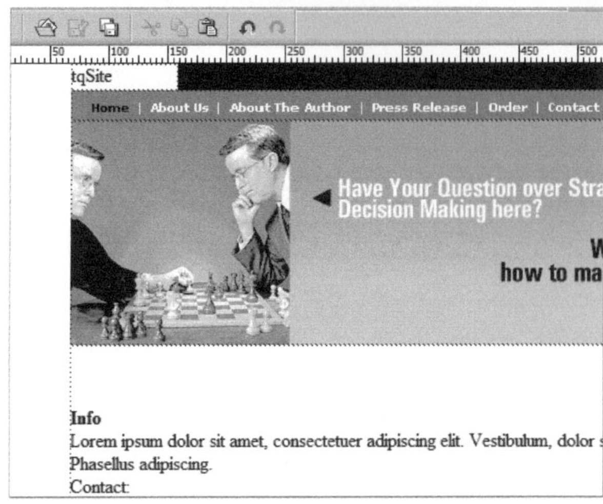

图9-58

Step 2　新建CSS样式源

❶单击“CSS设计器”面板右侧的“添加CSS源”按钮，❷选择“在页面中定义”命令，如图9-59所示。

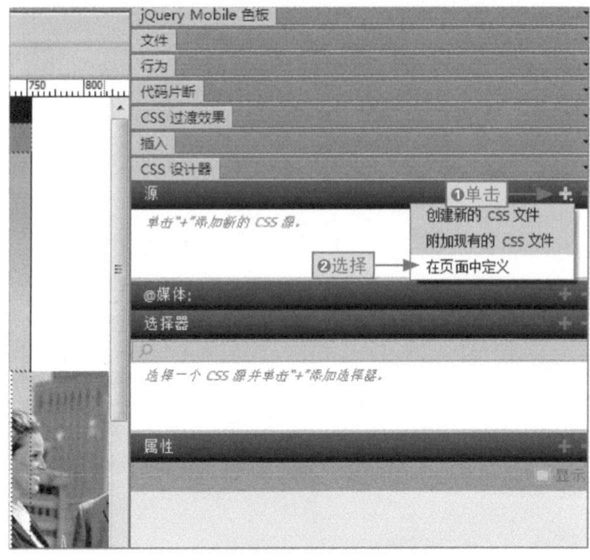

图9-59

Step 3　添加body标签选择器

❶在“CSS设计器”面板中选择“源”栏中的<style>选项，❷单击“选择器”栏右侧的“添加选择器”按钮，❸在出现在文本框中输入“body”名称，按Enter键，如图9-60所示。

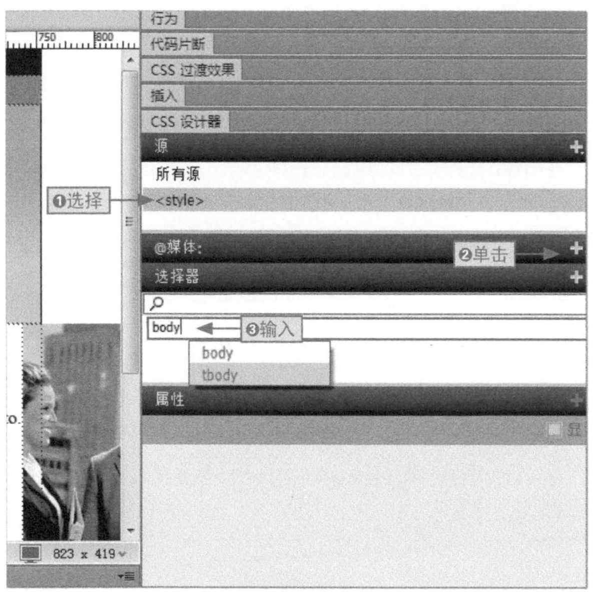

图9-60

Step 4 设置background-image属性

❶在“CSS设计器”面板的“属性”栏中单击“背景”按钮，❷单击background-image属性中url文本框右侧的“浏览”按钮，如图9-61所示。

图9-61

Step 5 选择背景图像

❶在打开的对话框中选择需要的背景图像文件，❷单击“确定”按钮，如图9-62所示。

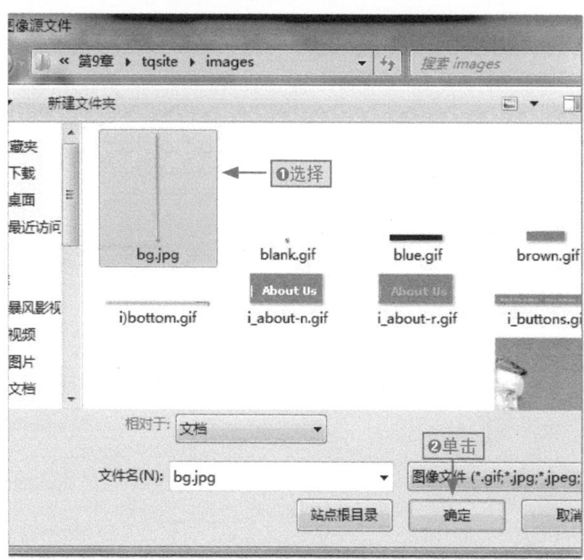

图9-62

Step 6 设置背景图像的平铺和是否滚动属性

❶在background-repeat属性中选择repeat-x选项，设置背景图像只横向平铺，❷在background-attachment属性中单击scroll选项，❸选择fixed选项设置图像不随着内容的滚动而滚动，如图9-63所示。

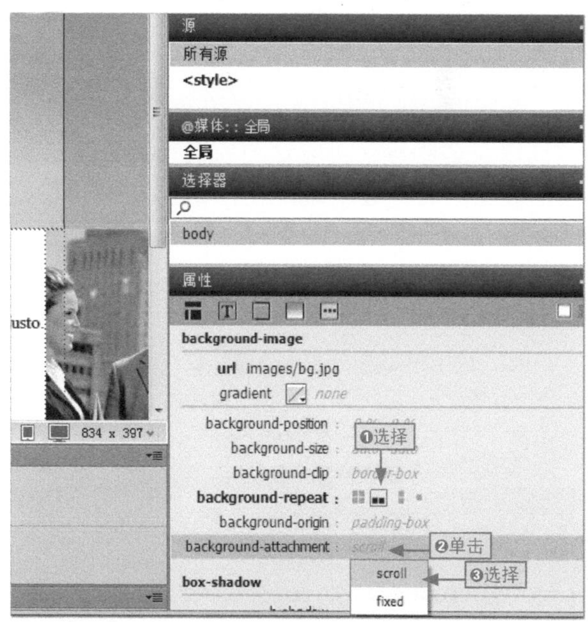

图9-63

Step 7　效果预览

设置完成后保存文件，按F12键进入页面效果预览，这里可以看到页面背景已经有了纵向渐变的效果，如图9-64所示。

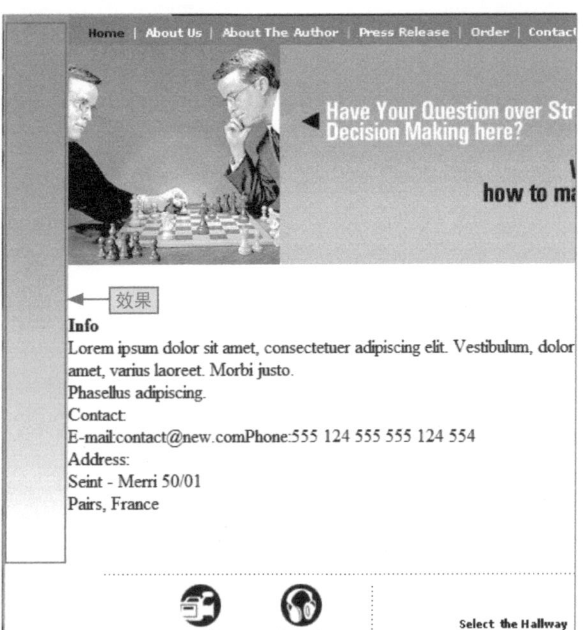

图9-64

9.4.4　设置方框样式

在网页设计过程中设置或改变方框的大小、填充以及边距等，可以让对象的排列方式更合理。设置对象方框样式的常用属性有如下4种，如图9-65所示。

width

width属性用于设置元素的宽度，默认值为auto，也可以用使用px、cm等单位定义具体的宽度。

height

height属性用于设置元素的高度，默认值为auto，也可以用使用px、cm等单位定义具体的高度。

图9-65

margin

margin属性用数值和单位来设置对象的四边的外边距，其值按上(margin-top)、右(margin-right)、下(margin-bottom)、左(margin-left)的顺序作用于四边，默认值为auto。

padding

padding属性用数值和单位来设置对象的内容距四边的距离(即内边距)，其值按上(padding-top)、右(padding-right)、下(padding-bottom)、左(padding-left)的顺序作用于四边。

图9-65 (续)

下面通过具体的实例，讲解如何在CSS样式中使用这些方框属性。

本节素材	DVD/素材/Chapter09/tqsite/product.html
本节效果	DVD/效果/Chapter09/tqsite/product.html
学习目标	设置方框样式
难度指数	★★

Step 1　打开素材文件

在Dreamweaver CC中打开product素材文件，在其中可查看到表格中图像的位置，如图9-66所示。

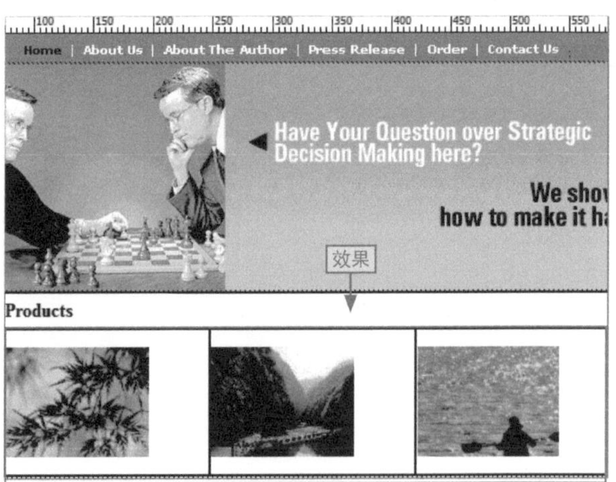

图9-66

Step 2 新建CSS样式源

❶单击“CSS设计器”面板右侧的“添加CSS源”按钮，❷在弹出的菜单中选择“在页面中定义”命令，如图9-67所示。

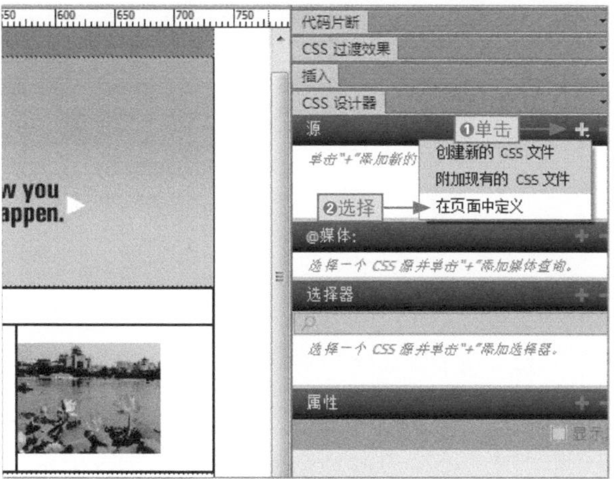

图9-67

Step 3 添加类选择器

❶在“CSS设计器”面板中选择“源”栏列中的<style>选项，❷单击“选择器”栏右侧的“添加选择器”按钮，❸在出现的文本框中输入“.pic”名称，按Enter键，如图9-68所示。

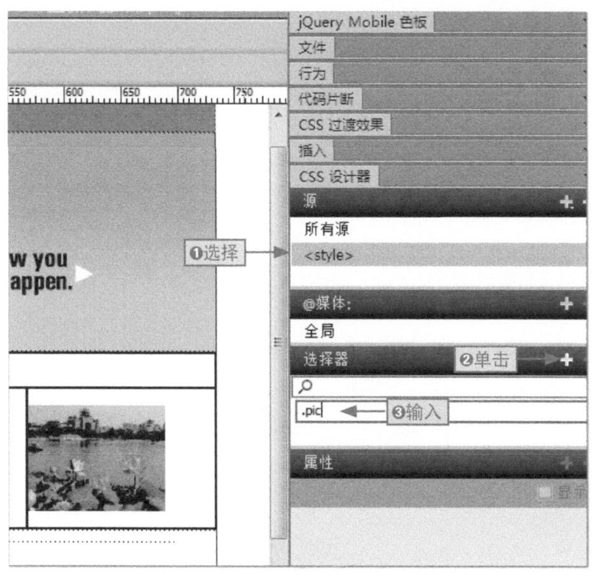

图9-68

Step 4 设置大小

在“CSS设计器”面板中“属性”栏设置宽度和高度都为“100px”，如图9-69所示。

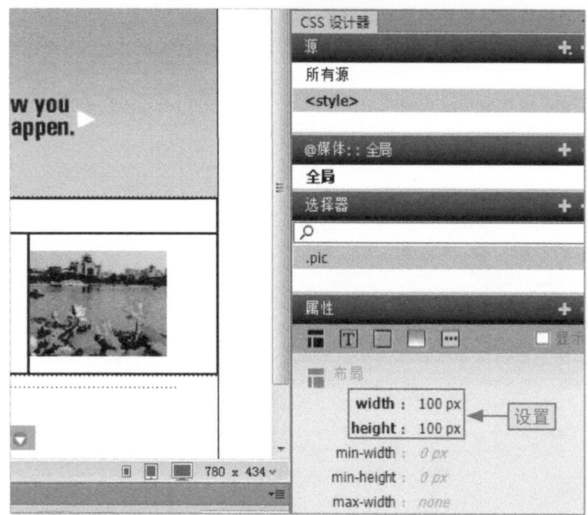

图9-69

Step 5 设置外边距

❶在margin属性可视化区域中单击中间的按钮断开同步设置，❷单击左边距属性的(margin-left)的“0”值激活文本框，将其修改为“35px”，如图9-70所示。

图9-70

专家提醒 | 设置对象的内边距

设置内容的内边距是在padding可视化区域中进行的，如图9-71所示。其具体的设置操作方法与设置外边距的操作方法相同。

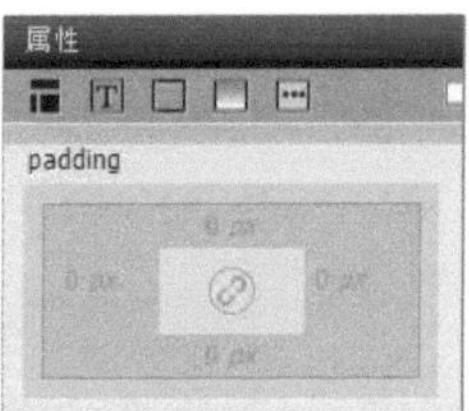

图9-71

Step 6　为图像应用CSS样式

❶在设计视图中选择图像对象，❷在“属性”面板的Class下拉列表框中选择pic选项将该样式附加到该对象上，用相同方法为其他图像添加样式，如图9-72所示。

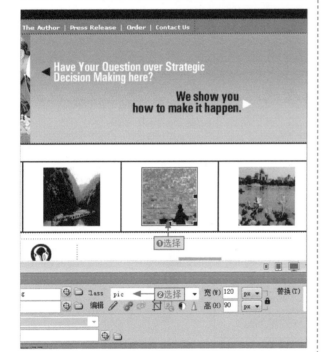

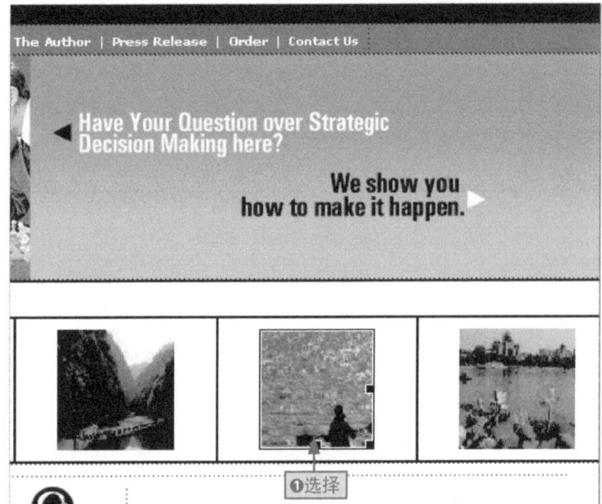

图9-72

Step 7　效果预览

设置完成后保存文件，按F12键进入页面效果预览，如图9-73所示。

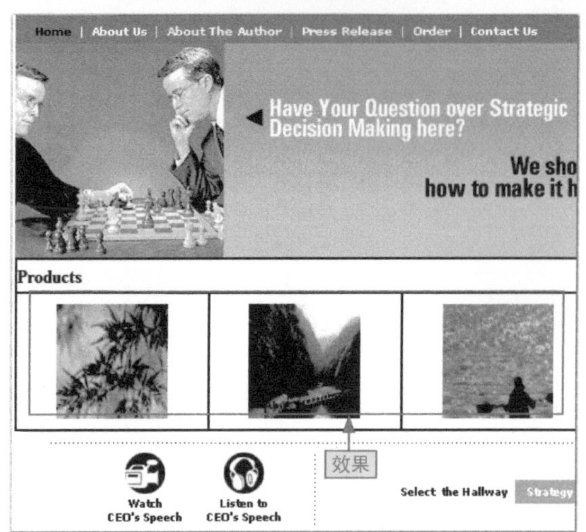

图9-73

9.4.5　设置边框样式

所有对象的边框样式都可以使用border属性来设置，也可以单独对边框的某个属性进行设置，在CSS样式中，用于设置边框样式的常用属性有如下4种，如图9-74所示。

border

border对象的边框样式复合属性，语法格式为“border : border-width border-style border-color”。

border-width

border-width用于设置对象边框的宽度，默认值为medium(中等边框)，也可以是thin(细边框)和thick(粗边框)，还可以用非负的正数自定义粗细。

border-style

border-style用于设置对象边框的样式，其值有none(默认值，无边框)、dotted(点线)、dashed(虚线)、solid(实线)、double(双线)、groove(3D凹槽)、ridge(3D凸槽)、inset(3D凹边)和outset(3D凸边)。

图9-74

border-color

border-color属性用于设置对象四条边框的颜色，其值的取值与background-color属性的取值相同。

图9-74 (续)

下面通过具体的实例，讲解如何在CSS样式中使用这些属性设置对象的边框样式。

本节素材	DVD/素材/Chapter09/tqsite/product1.html
本节效果	DVD/效果/Chapter09/tqsite/product1.html
学习目标	设置边框样式
难度指数	★★

Step 1　打开素材文件

在Dreamweaver CC中打开product1素材文件，其初始效果如图9-75所示。

图9-75

Step 2　新建CSS样式源

❶单击“CSS设计器”面板右侧的“添加CSS源”按钮，❷在弹出的菜单中选择“在页面中定义”命令，如图9-76所示。

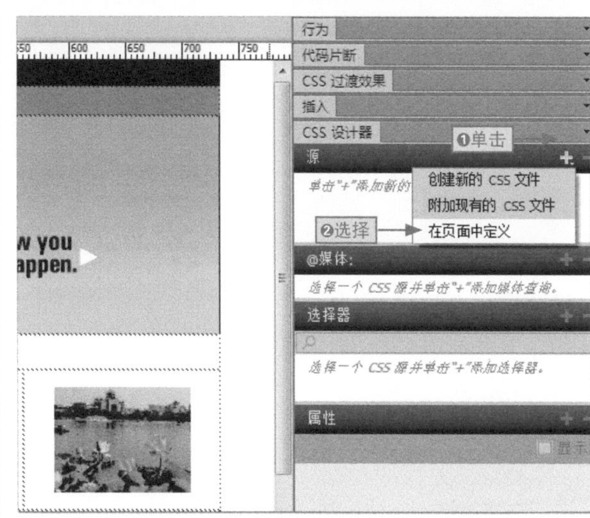

图9-76

Step 3　添加复合选择器

❶在“CSS设计器”面板中选择“源”栏中的<style>选项，❷单击“选择器”栏右侧的“添加选择器”按钮，❸在出现在文本框中输入“#list tr td”名称，按Enter键，如图9-77所示。

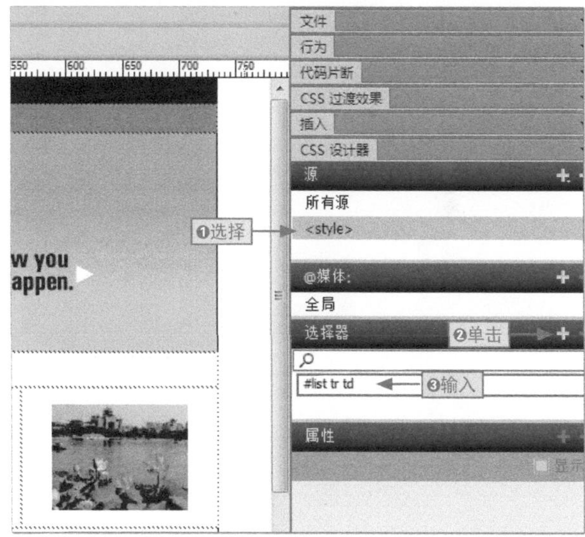

图9-77

Step 4　设置边框样式

❶在“CSS设计器”面板中的“属性”栏中单击“边框”按钮，❷设置边框为1像素的红色实线，如图9-78所示。

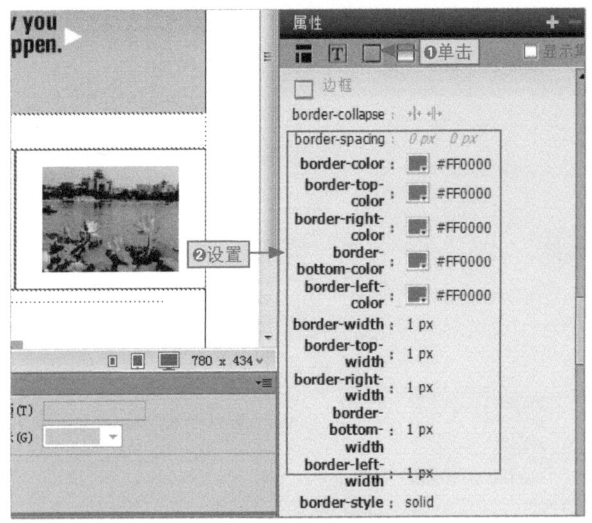

图9-78

Step 5　效果预览

设置完成后保存文件，按F12键进入页面效果预览，如图9-79所示。

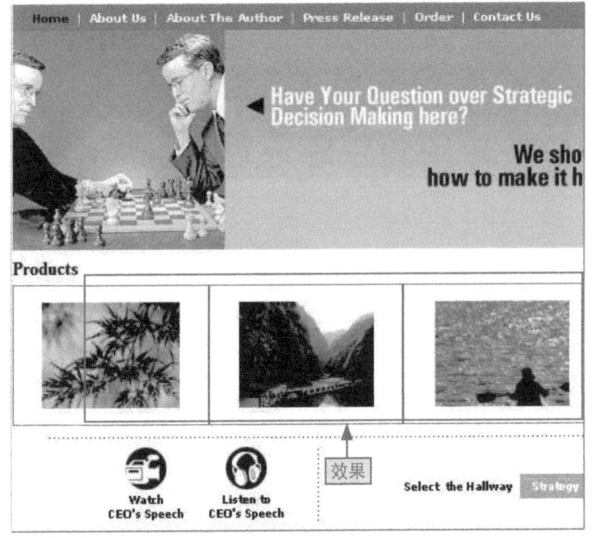

图9-79

9.4.6　设置列表样式

列表是HTML里一种很有用的显示方式，在第5章介绍了如何通过可视化操作(即菜单命令)的方式添加列表。使用CSS样式也可以非常方便地设置列表样式，常用的设置列表样式的属性有如下4种，如图9-80所示。

list-style-image

list-style-image属性用于设置列表项标记的图像或前缀图像，默认情况下该属性值为none，表示无图形被显示。如果要指定列表图像，则使用URL()函数来获取路径。

list-style-position

list-style-position属性用于设置列表项标记的排列位置，其值有两个，默认为outside值，表示列表项目标记放置在文本以外，且环绕文本不根据标记对齐；属性值为inside，表示列表项目标记放置在文本以内，且环绕文本根据标记对齐。

list-style-type

list-style-type属性用于设置列表项所使用的预设标记，默认值为disc(实心圆)。如果要用数字标记，则属性值为decimal。

marker-offset

marker-offset属性用于设置标记容器和主容器之间的间距，默认值为auto，表示浏览器自动设置间距。

图9-80

下面通过具体的实例，讲解如何在CSS样式中使用这些列表属性格式化列表效果。

本节素材	DVD/素材/Chapter09/tqsite/list.html
本节效果	DVD/效果/Chapter09/tqsite/list.html
学习目标	设置列表样式
难度指数	★★

Step 1　打开素材文件

在Dreamweaver CC中打开list素材文件，其初始效果如图9-81所示。

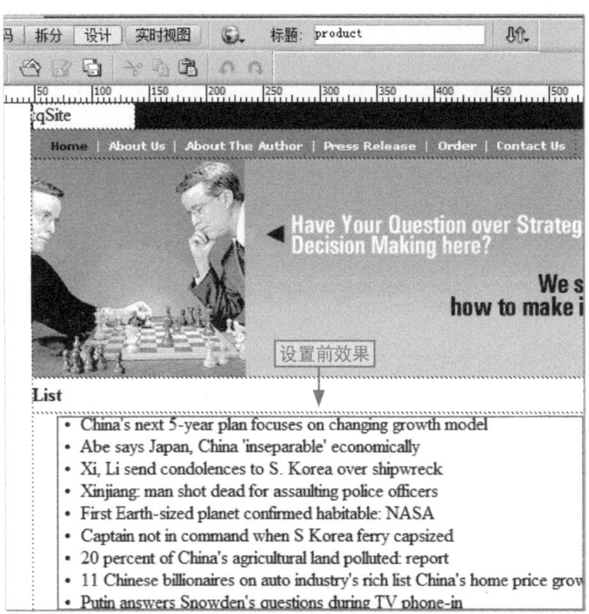

图9-81

Step 2　新建CSS样式源

❶单击“CSS设计器”面板右侧的“添加CSS源”按钮，❷在弹出的菜单中选择“在页面中定义”命令，如图9-82所示。

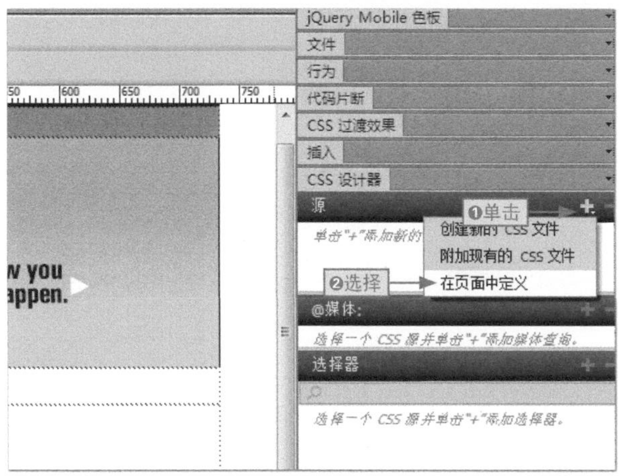

图9-82

Step 3　添加复合选择器

❶在“CSS设计器”面板下选择“源”栏中的<style>选项，❷单击“选择器”栏右侧的“添加选择器”按钮，❸在出现在文本框中输入“#list ul li”名称，按Enter键，如图9-83所示。

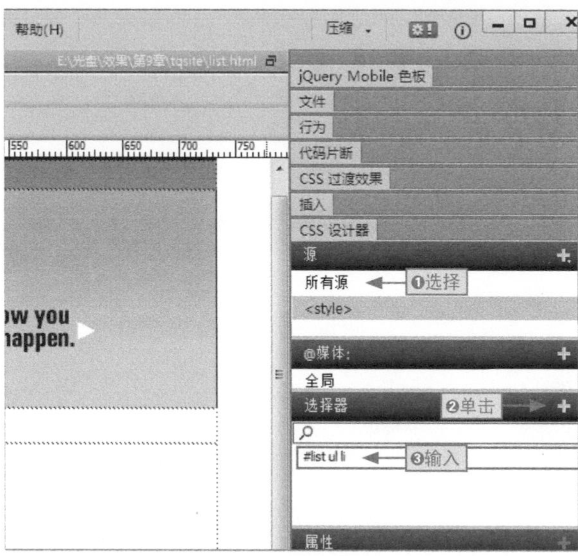

图9-83

Step 4　设置列表样式

❶在“CSS设计器”面板中的“属性”栏中单击“其他”按钮，❷在list-style-position属性中选择outside选项将列表项符号放置在文本之外，❸在list-style-type属性中选择circle选项将列表项前标记设置为空心圆，如图9-84所示。

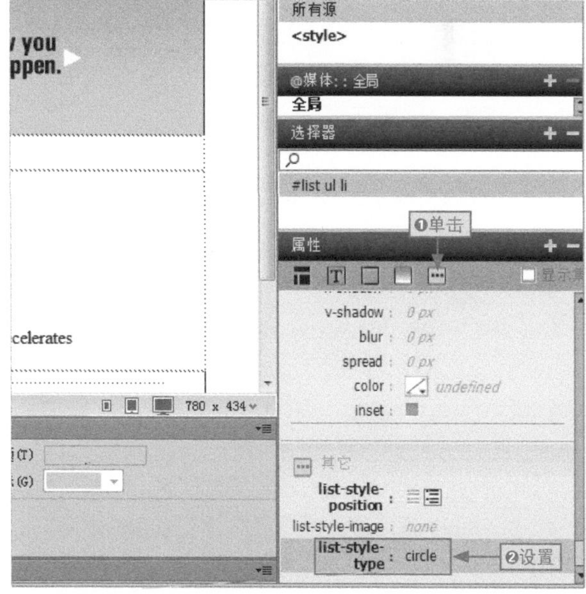

图9-84

Step 5 效果预览

上述设置完成后保存文件，按F12键进入页面效果预览，如图9-85所示。

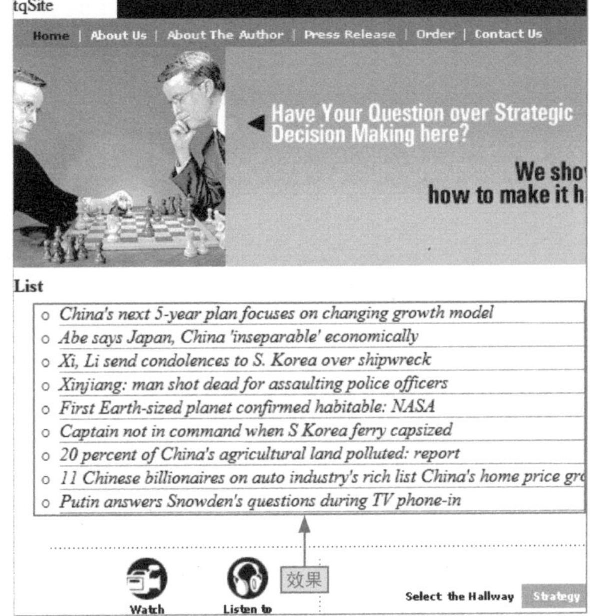

图9-85

9.4.7 设置定位样式

定位属性主要用于控制网页中某个元素在页面中所显示的位置。常用的定位属性有如下6种，如图9-86所示。

position

position属性用于设置元素的定位方式，其值有static(默认值，无定位)、absolute(绝对定位)、fixed(固定定位)和relative(相对定位)4种。

z-index

z-index属性用于设置对象的层叠顺序，默认值为auto，即0，表示层叠顺序与父元素相等；值为负数，表示下移；值为正数，表示上移。

图9-86

top

top属性用于设置元素的上外边距边界与其包含块上边界之间的间距，默认值为auto，也可使用百分比、px、cm等单位设置元素的上边位置，属性值允许为负数。

right

right属性用于设置元素的右外边距边界与其包含块右边界之间的间距，默认值为auto，也可使用百分比、px、cm等单位设置元素的右边位置，属性值允许为负数。

bottom

bottom属性用于设置元素的底外边距边界与其包含块右边界之间的间距，默认值为auto，也可使用百分比、px、cm等单位设置元素的底边位置，属性值允许为负数 。

left

left属性用于设置元素的左外边距边界与其包含块左边界之间的间距，默认值为auto，也可使用百分比、px、cm等单位设置元素的左边位置，属性值允许为负数。

图9-86 (续)

下面通过具体的实例，讲解如何在CSS样式中使用这些定位属性，定位对象在页面中的显示位置。

本节素材	DVD/素材/Chapter09/tqsite/adv.html
本节效果	DVD/效果/Chapter09/tqsite/adv.html
学习目标	设置定位样式
难度指数	★★

Step 1 打开素材文件

在Dreamweaver CC中打开adv素材文件，可以查看到广告图片位置在左上角，如图9-87所示。

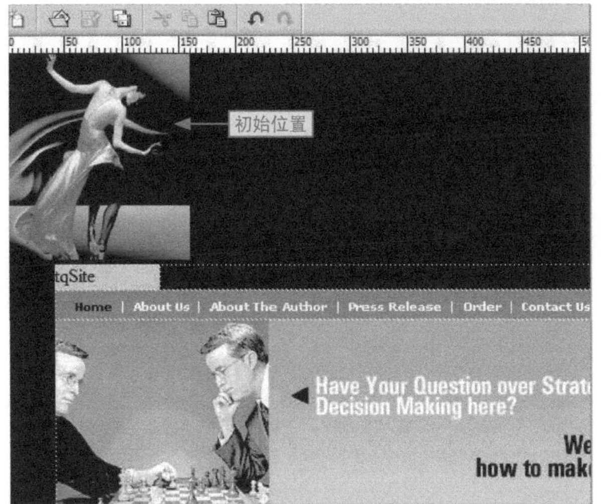

图9-87

Step 2 新建CSS样式源

❶单击“CSS设计器”面板右侧的“添加CSS源”按钮，❷在弹出的菜单中选择“在页面中定义”命令，如图9-88所示。

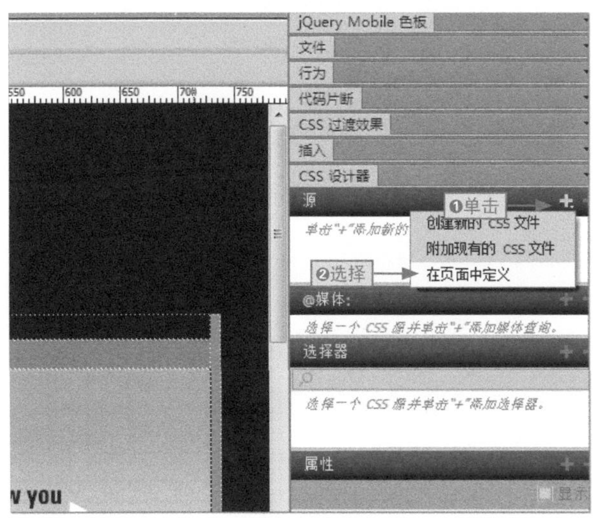

图9-88

Step 3 添加ID选择器

❶在“CSS设计器”面板下选择“源”栏中的<style>选项，❷单击“选择器”右侧的“添加选择器”按钮，❸在出现的文本框中输入“#adv”名称，按Enter键，如图9-89所示。

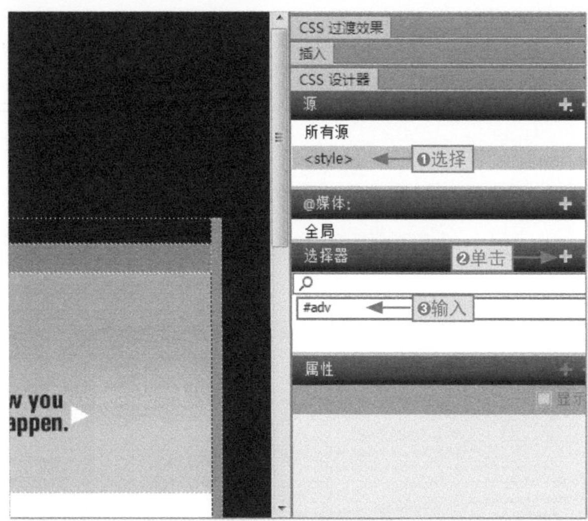

图9-89

Step 4 设置广告图片的位置

在“CSS设计器”面板中的“属性”栏设置广告位置距右边100像素上边150像素的绝对定位，如图9-90所示。

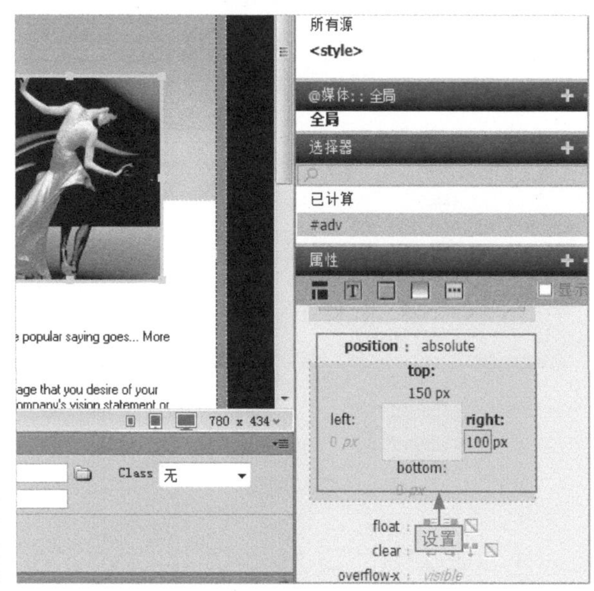

图9-90

Step 5 效果预览

上述设置完成后保存文件，按F12键进入页面效果预览，如图9-91所示。

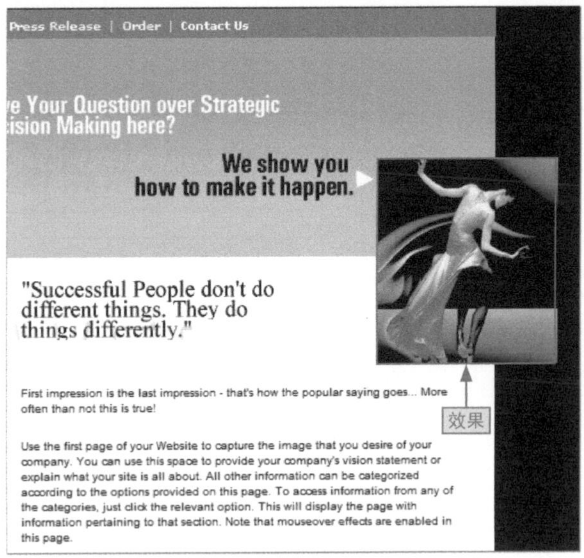

图9-91

9.4.8 设置过渡样式

在页面中为对象添加不同的过渡样式，可以很好地增强网页的画面效果，常用的过渡样式属性有如下2种，如图9-92所示。

transform

transform属性设置对象变形，如旋转、放大、缩小及移动等。

transition

transition用于设置对象的自定义CSS动画，Internet Explorer 9 以及更早版本的浏览器不支持transition 属性。

图9-92

下面通过具体的实例，讲解如何在CSS样式中使用这些属性来实现过渡效果。

本节素材	DVD/素材/Chapter09/tqsite/product2.html
本节效果	DVD/效果/Chapter09/tqsite/product2.html
学习目标	设置过渡样式
难度指数	★★

Step 1 打开素材文件

在Dreamweaver CC中打开product2素材文件，其效果如图9-93所示。

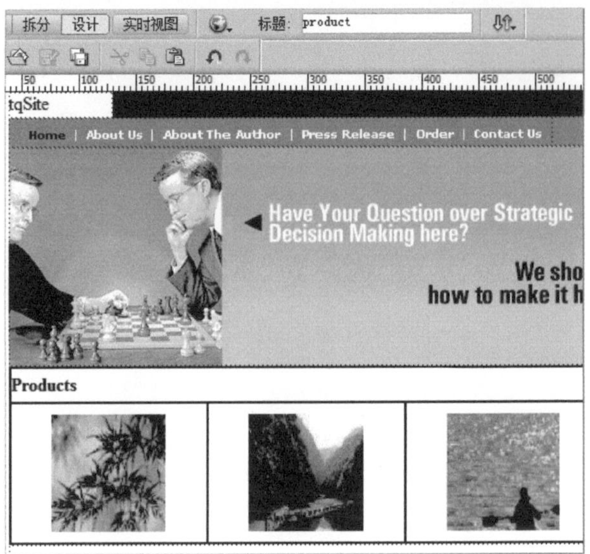

图9-93

Step 2 单击“新建过渡效果样式”按钮

单击“CSS过渡效果”面板中的“新建过渡效果样式”按钮，如图9-94所示。

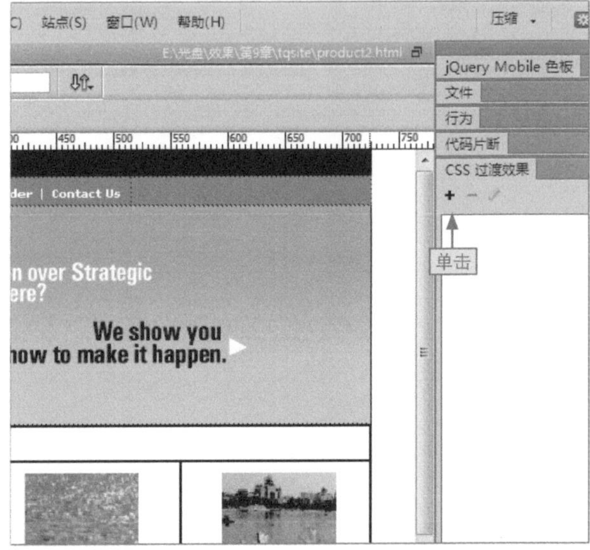

图9-94

专家提醒 | 添加“CSS过渡效果”面板

❶在菜单栏中单击“窗口”菜单项，❷在子菜单中选择“CSS过渡效果”命令可将“CSS过渡效果”面板设置窗口添加到Dreamweaver工作界面中，如图9-95所示。

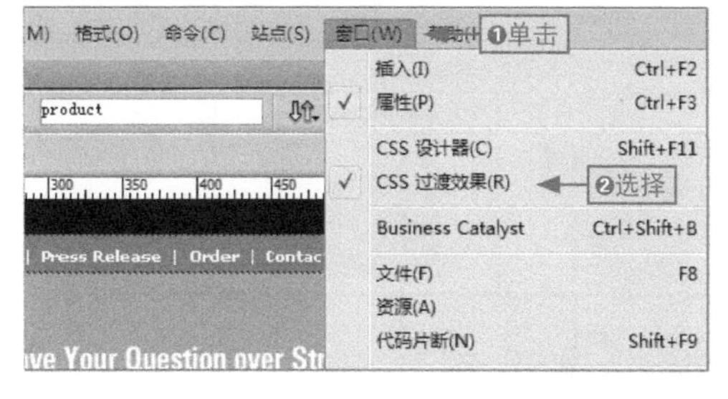

图9-95

Step 3 设置目标规则和开启过渡效果

❶在打开的“新建过渡效果”对话框的“目标规则”下拉列表框中选择.pic选项，❷在“过渡效果开启”下拉列表框中选择hover选项，如图9-96所示。

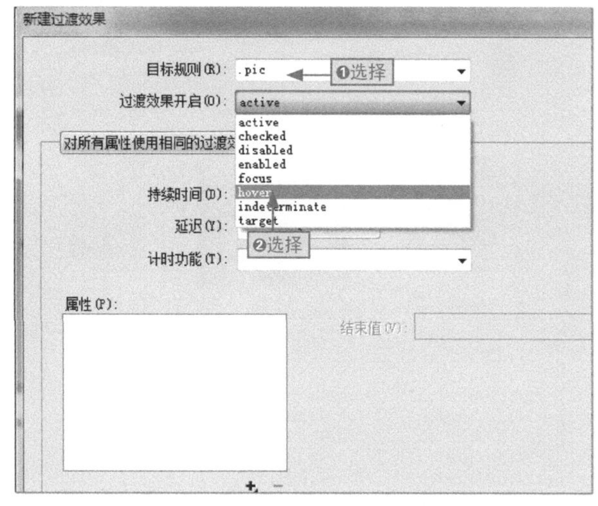

图9-96

Step 4 添加过渡效果属性

单击“属性”列表框右下角的“添加”按钮+，在弹出的菜单中选择transform属性，如图9-97所示。

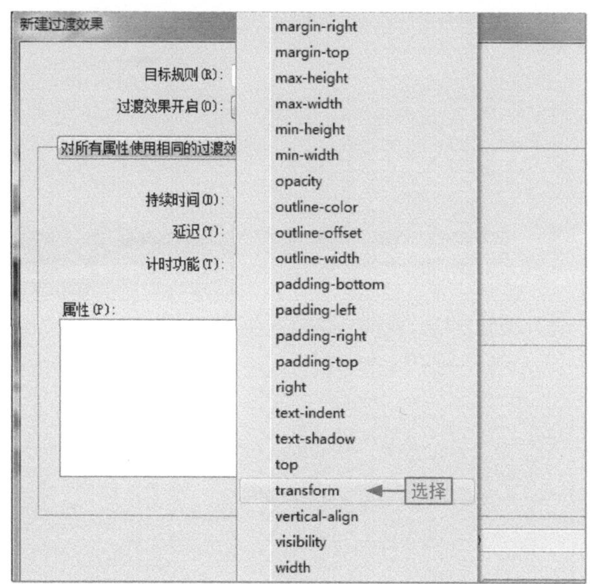

图9-97

Step 5 设置参数值

❶在该对话框的“结束值”文本框中输入“rotate(20deg)”，❷单击“创建过渡效果”按钮，如图9-98所示。

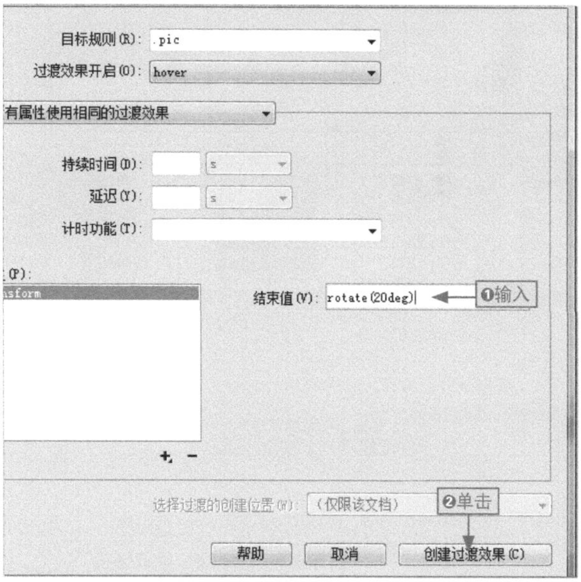

图9-98

专家提醒 | rotate()函数的说明

rotate()函数的主要作用是设置旋转角度，其语法格式为rotate(旋转角度deg)。

Step 6 效果预览

按F12键进入页面效果预览，将鼠标光标移动到具有pic样式的图像上时，此图像将旋转20°。

专家提醒 | 升级浏览器版本

如果在效果预览时无法正常显示效果，请将浏览器升级以支持此属性，如图9-99所示。

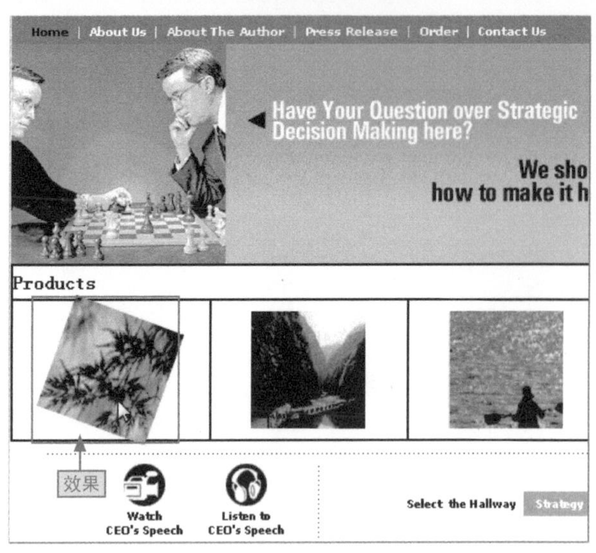

图9-99

长知识 | 放大/缩小过渡效果

使用transform属性，还可以设置对象的放大/缩小过渡效果，其方法与设置对象旋转过渡效果的方法相似，只需在“新建过渡效果”对话框中对“transform”属性的赋值输入“scale(倍数)”，其中，scale()函数的作用就是用于设置放大/缩小效果。如下图9-100所示为设置放大/缩小过渡效果的前后对比效果。

图9-100

9.5 实战问答

NO.1 | 如何导入外部CSS样式表文件

元芳：在网页中引用外部样式文件，除了用<link>方式链接外部样式文件以外，可以通过导入的方式导入吗？具体应该怎么导入呢？

大人：在网页中外部样式文件是可以通过导入方式导入的，其操作方法与链接外部样式文件的方法相似，其具体操作如下。

Step 1 ❶单击菜单栏中“格式”菜单项，❷在弹出的菜单中选择“CSS样式”命令，❸在其子菜单中选择“附加样式表”命令，如图9-101所示。

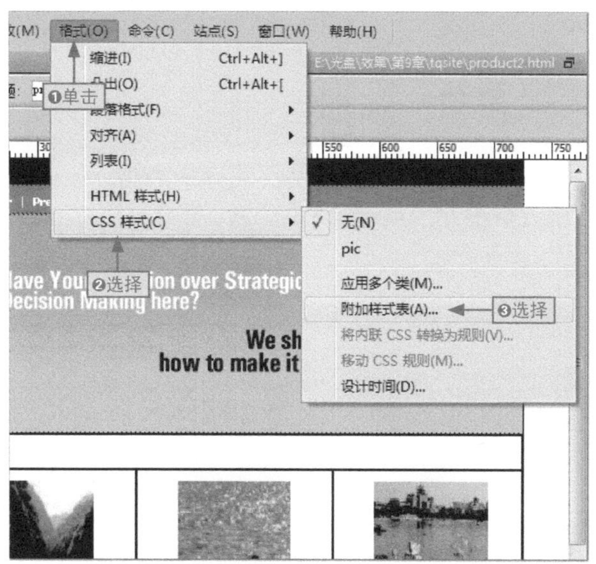

图9-101

Step 2 ❶在“使用现有的CSS文件”对话框中单击“浏览”按钮选择样式文件，❷选中“导入”单选按钮，❸单击“确定”按钮后向页面导入样式文件成功，如图9-102所示。

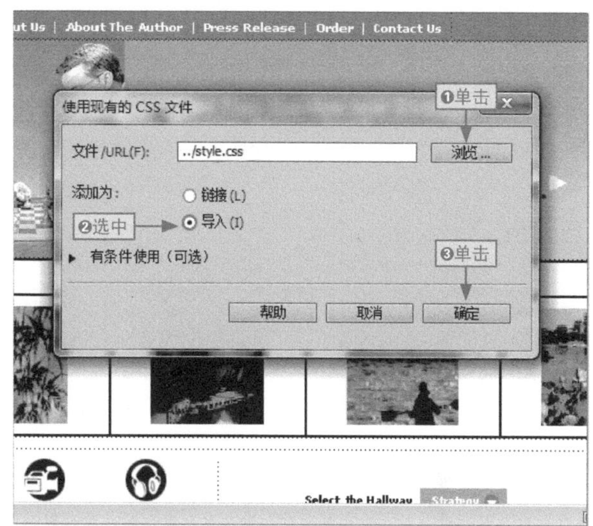

图9-102

?! NO.2 | 如何自动调整图像大小

元芳：通常在设置对象大小时都会设置明确的尺寸，当对象需要根据某种情况或某个对象而确定尺寸大小时，此时对象的大小应该如何设置？

大人：对于这种情况，一般可以使用expression()函数来自动设定对象尺寸大小，其具体操作：在设置width属性时输入expression表达式，如“expression((this.width>50)?"50px":"auto")”，如图9-103所示。

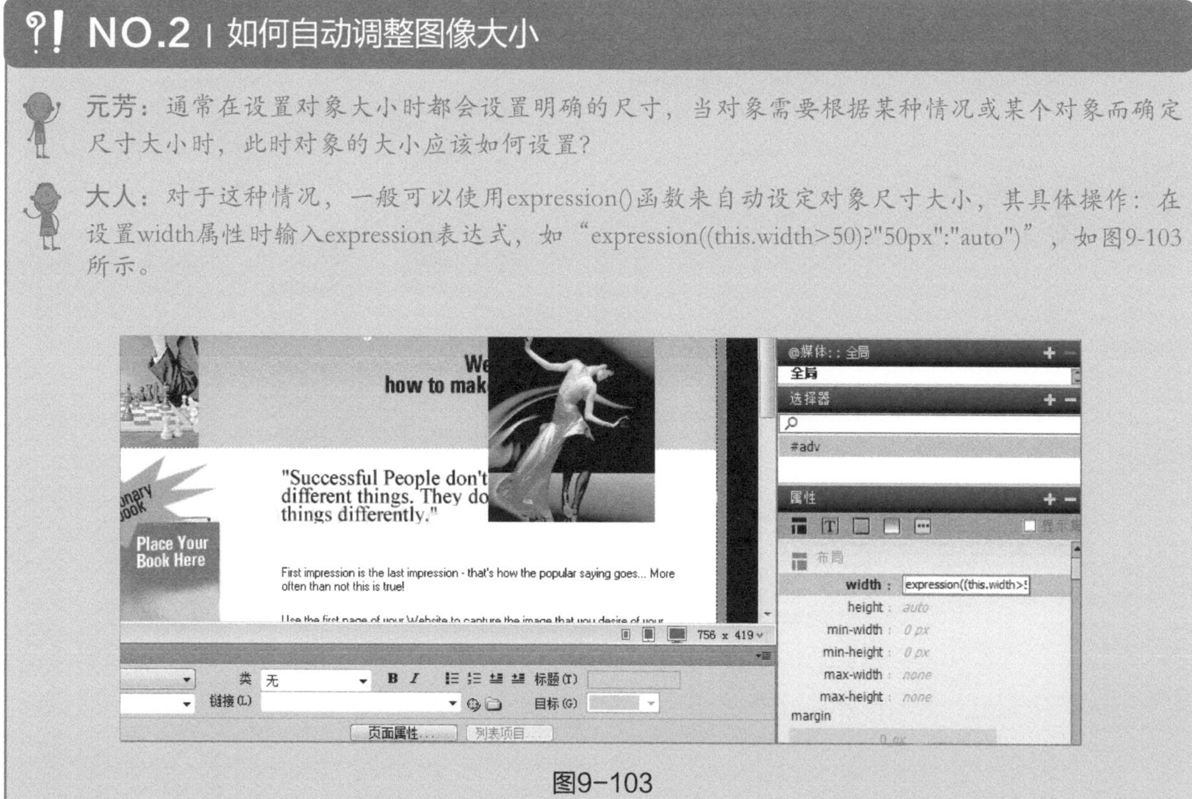

图9-103

9.6 思考与练习

填空题

1. 设置对象的宽度属性是________。

2. 设置字体颜色的属性是________。

3. CSS属性中，________属性用来设置背景颜色 。

选择题

1. 在CSS语言中，下列(　　)是“左边框”的语法。

A. border-left-width: <值>

B. border-top-width: <值>

C. border-left: <值>

D. border-top-width: <值>

2. 下列选项中不属于CSS文本属性的是(　　)。

A. font-size　　B. text-transform

C. text-align　　D. line-height

判断题

1. 在CSS属性中，height属性用于设置对象高度。(　　)

2. font-style属性主要用于设置字体大小。(　　)

操作题

【练习目的】格式化产品页面

下面通过格式化产品页的样式为例，让读者亲自体验CSS样式的创建及相关操作，巩固本章所学的知识。

【制作效果】

本节素材	DVD/素材/Chapter09/tqsite/products.html
本节效果	DVD/效果/Chapter09/tqsite/products.html

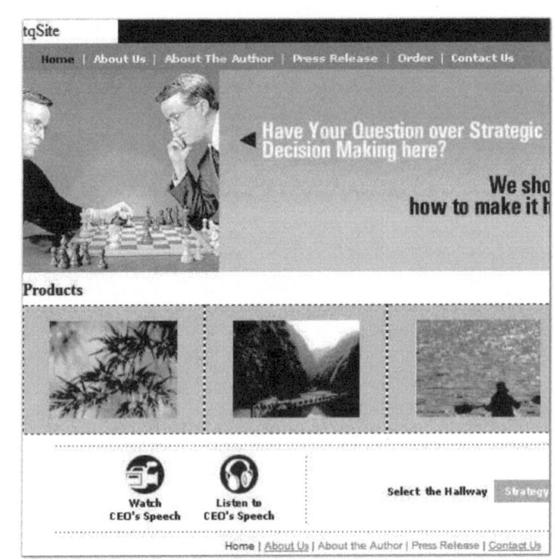

Chapter 10

利用Div层布局

本章要点

- ★ 创建层
- ★ 为层添加CSS样式表
- ★ 什么是盒子模型
- ★ 通过float属性定位层
- ★ 通过position属性定位层
- ★ 居中布局
- ★ 浮动布局
- ★ 一列固定宽度布局

学习目标

在第8章介绍了表格可以用于布局网页的结构，但是用表格布局网页结构具有局限性。当遇到复杂的网页布局结构时，如将某些元素置于其他指定元素上方，此时就需要使用Div层来布局网页结构，才可以更好、更方便地解决该问题。本章将具体介绍层的应用，包括层的概念、层的创建、层的定位方法及层的常用布局方式等。

知识要点	学习时间	学习难度
认识并创建层	30分钟	★★
Div层的定位方法	45分钟	★★★
Div常用布局方式的应用	60分钟	★★★★

重点实例

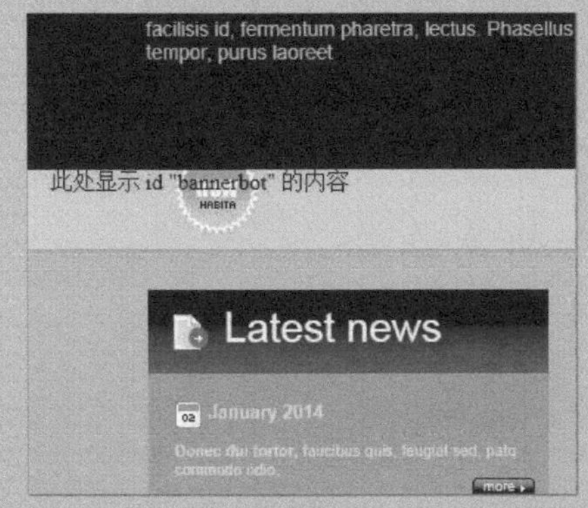

创建层

Div层的定位方法

Div常用布局方式的应用

10.1 认识并创建层

在网页设计中，由于层具有很强的灵活性，因此被广泛应用，利用层不仅可以精确设置对象的所处位置，还能实现一些简单的效果。下面具体介绍什么是层以及创建层的方法。

10.1.1 什么是层

Div(层)元素是用来为网页内容提供结构和背景的块元素。Div的起始标签和结束标签之间的所有内容都是用来构成这个块的，其中所包含元素的特性由Div标签的属性控制。

通过Div元素，可以把页面分割为独立的、不同的部分，使网页内容结构化、模块化，如图10-1所示。

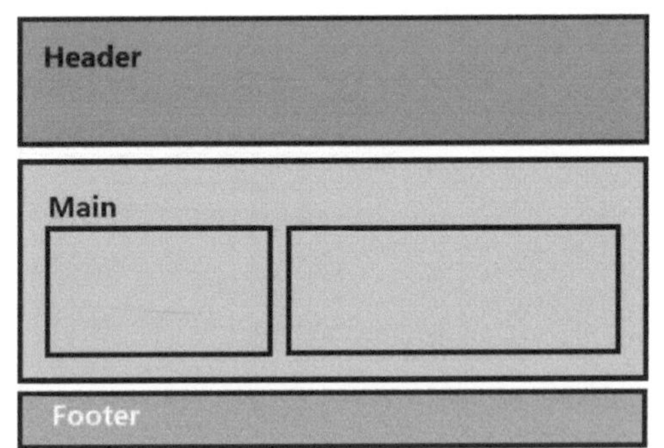

图10-1

10.1.2 创建层

如果要创建层，可以通过“插入”菜单的“结构”子菜单的Div命令完成，也可以通过“插入”面板的Div按钮完成，二者的具体操作相似，下面通过具体实例，讲解创建层的具体方法。

本节素材	DVD/素材/Chaptr10/lw/index.html
本节效果	DVD/效果/Chaptr10/lw/index.html
学习目标	创建层
难度指数	★★

Step 1　定位文本插入点

打开index素材文件，将文本插入点定位到需要插入层的位置，如图10-2所示。

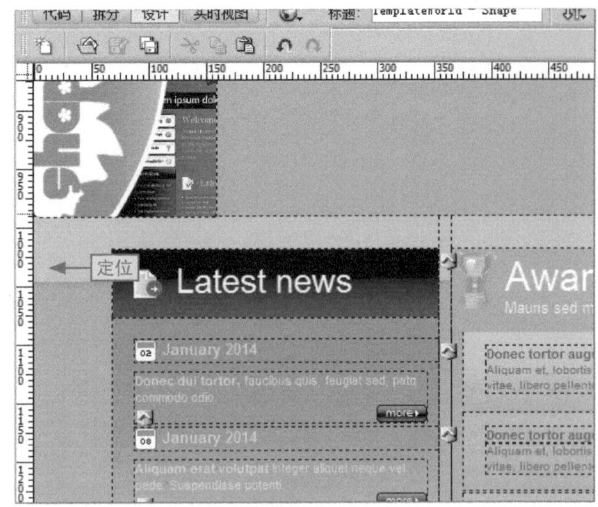

图10-2

Step 2　执行插入层命令

❶单击“插入”菜单项，❷在弹出的菜单中选择“结构”命令，❸在其子菜单中选择Div命令，如图10-3所示。

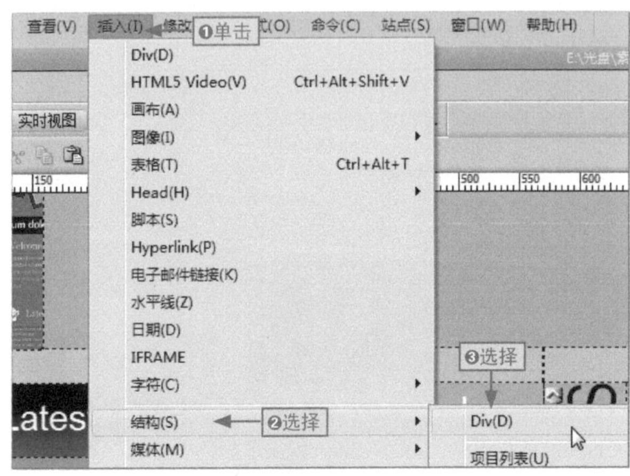

图10-3

Step 3　选择插入位置

❶在打开的“插入Div”对话框中单击“插入”下拉按钮，❷在弹出的下拉列表框中选择“在插入点”选项，如图10-4所示。

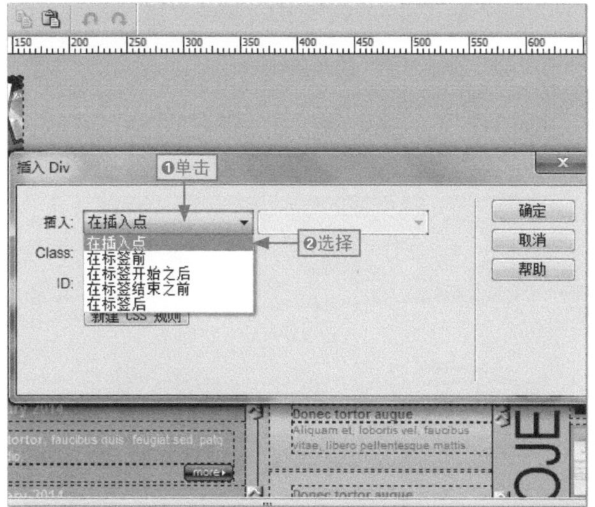

图10-4

Step 4　为插入的层指定ID

❶单击ID下拉列表框右侧的下拉按钮，❷在弹出的下拉列表中选择bannerbot选项，❸单击“确定”按钮，如图10-5所示。

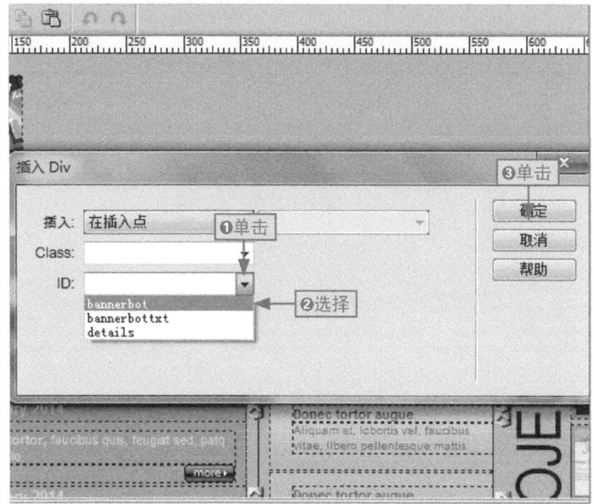

图10-5

Step 5　效果预览

添加完Div后，按Ctrl+S组合键保存网页文档，按F12键进入页面效果预览，如图10-6所示。

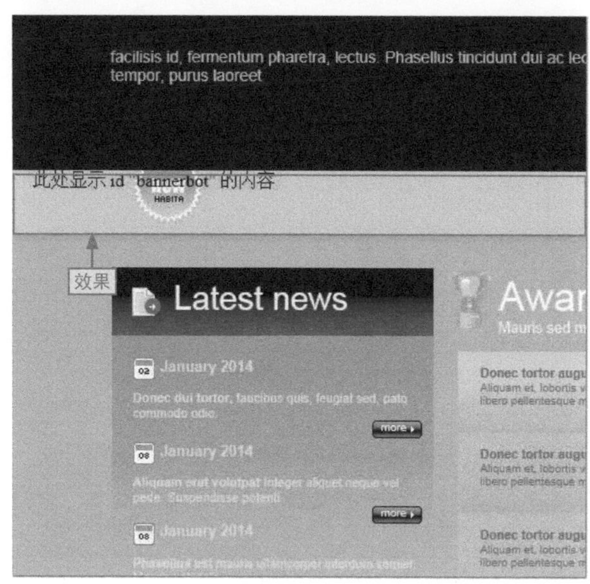

图10-6

10.1.3　创建嵌套层

与表格一样，层也可以进行嵌套，在某个层内部创建的层即为嵌套层，也称子层，嵌套层外部的层称为父层。在Dreamweaver CC中，创建嵌套层的方法如下。

本节素材	DVD/素材/Chaptr10/lw/about.html
本节效果	DVD/效果/Chaptr10/lw/about.html
学习目标	创建嵌套层
难度指数	★★

Step 1　单击“Div”按钮

打开about素材文件，在“插入”面板中单击Div按钮，如图10-7所示。

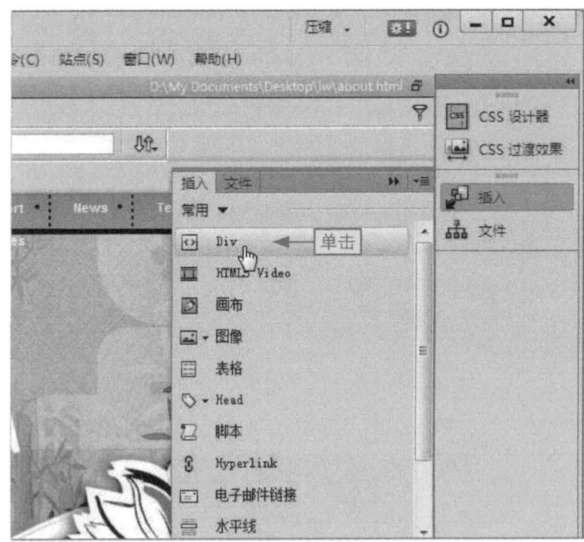

图10-7

Step 2 指定层插入的位置

❶在打开的“插入Div”对话框中选择“在标签开始之后”选项，❷在弹出的下拉列表中选择“<div id="content">”选项，如图10-8所示。

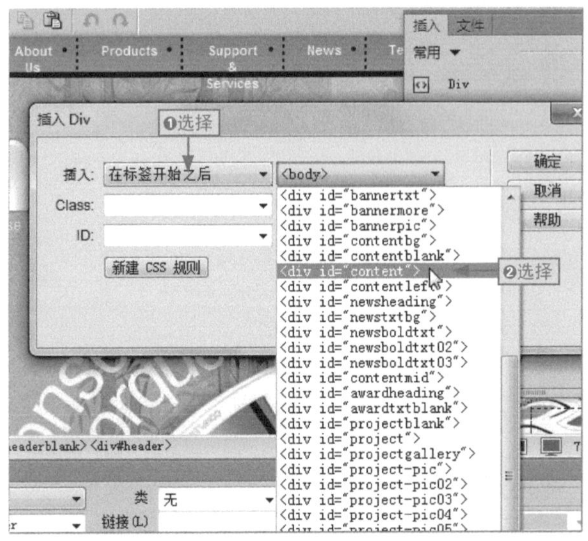

图10-8

Step 3 为插入的层指定ID

❶单击ID下拉列表框右侧的下拉按钮，在弹出的下拉列表中选择bannerbot选项，❷单击“确定”按钮，如图10-9所示。

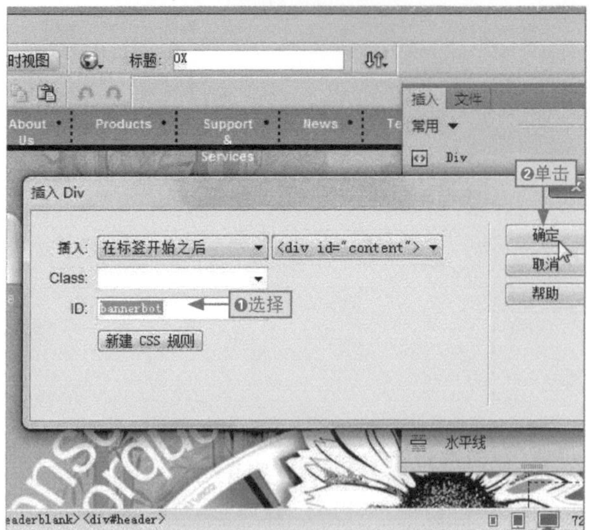

图10-9

Step 4 创建层并删除默认占位符内容

程序自动插入一个层，并在其中显示默认的占位符内容，直接删除文本内容，将文本插入点定位到该位置，如图10-10所示。

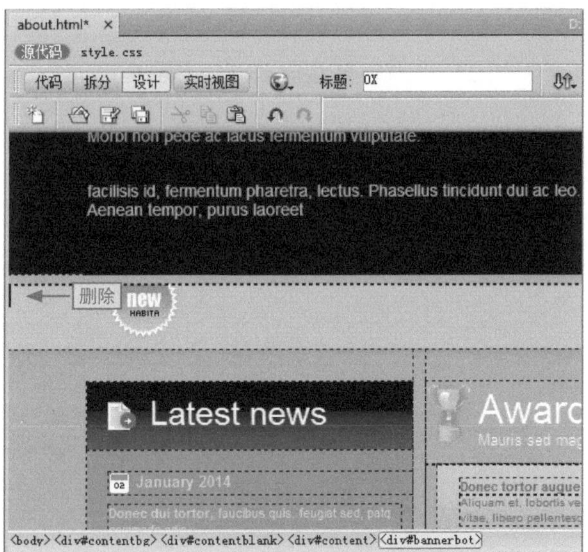

图10-10

Step 5 为嵌套层指定ID

❶再次打开“插入Div”对话框，在ID下拉列表框中选择bannerbottxt选项，❷单击“确定”按钮，如图10-11所示。

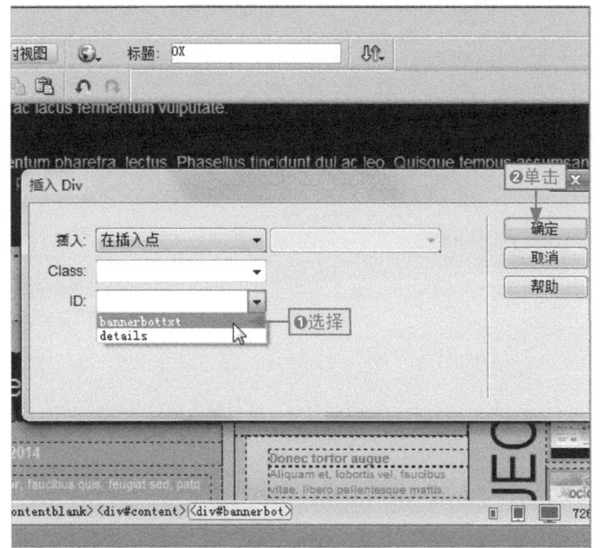

图10-11

Step 6 完成嵌套层的创建

在返回的设计视图中即可查看到插入嵌套层后，在其中显示的默认的占位符内容，如图10-12所示。

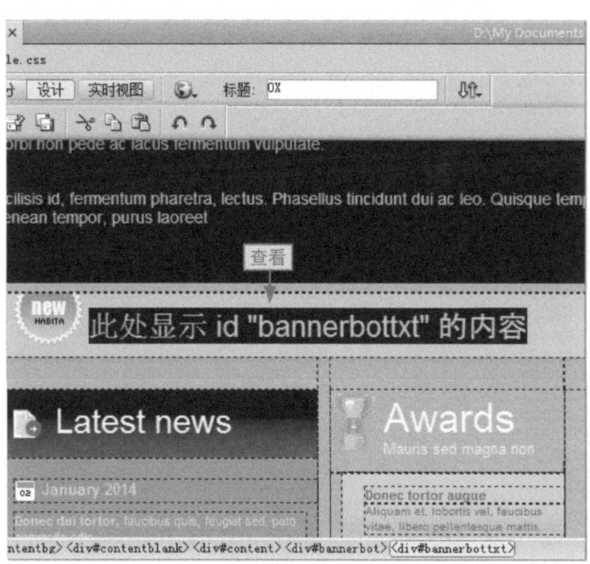

图10-12

Step 7 在代码视图中查看嵌套层

单击“代码”按钮切换到代码视图，在其中可以更直观地查看到创建的嵌套层结构，如图10-13所示。

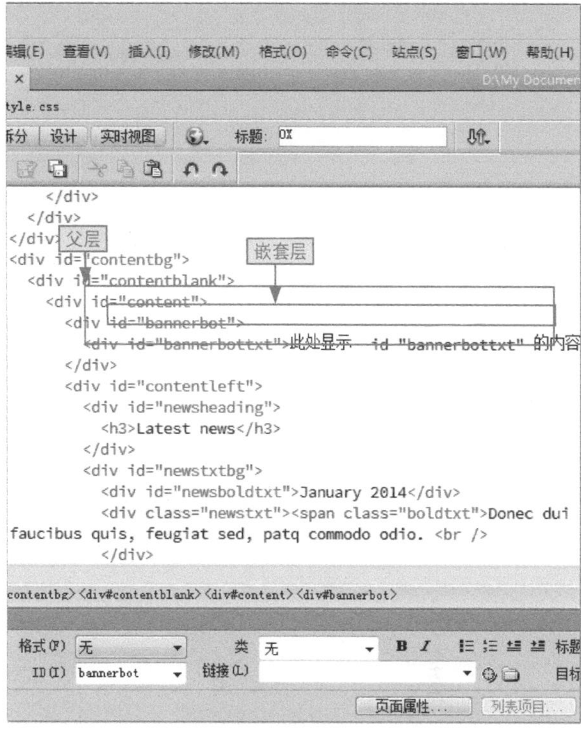

图10-13

10.1.4 为层添加CSS样式表

使用Div层只能布局网页的页面结构，如果要让页面效果更丰富、美观，还必须为层添加CSS样式。

给Div层添加样式，可通过直接给Div标签定义样式，也可以用类，还可以用ID为其指定样式。

本节素材	DVD/素材/Chaptr10/lw/contact.html、css/style.css
本节效果	DVD/效果/Chaptr10/lw/contact.html
学习目标	为层添加CSS样式表
难度指数	★★

Step 1 打开素材文件

在Dreamweaver CC中打开contact素材文件，在其中可查看到只用Div层布局的网页效果，如图10-14所示。

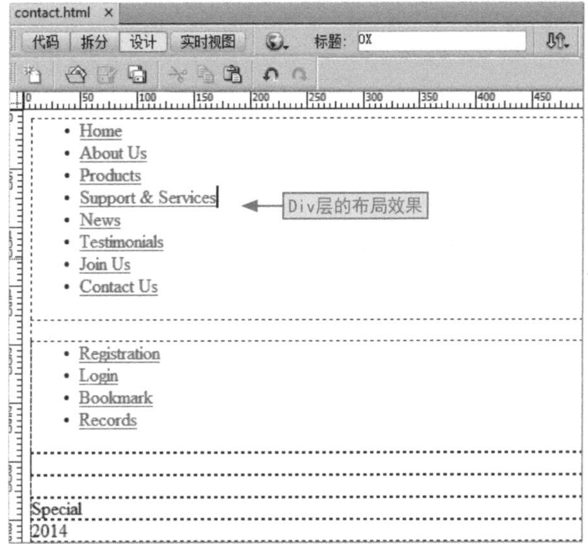

图10-14

Step 2 添加样式文件

❶单击菜单栏中的“格式”菜单项，❷在弹出的菜单中选择“CSS样式”命令，❸在其子菜单中选择“附加样式表”命令，如图10-15所示。

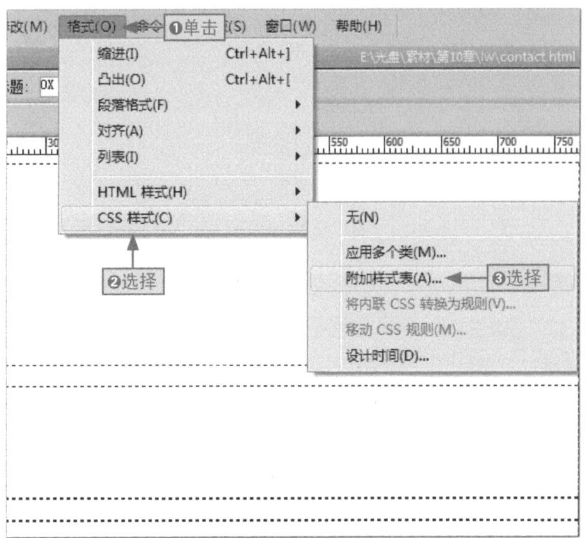

图10-15

Step 3 选择样式文件

❶在打开的“使用现有的CSS文件”对话框中通过浏览的方式选择样式文件，❷单击“确定”按钮，如图10-16所示。

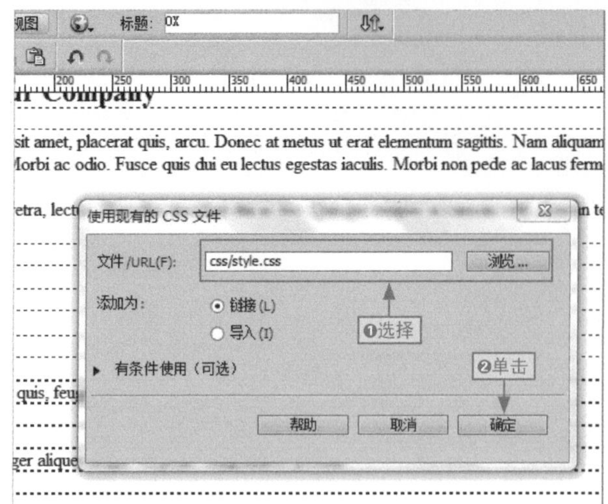

图10-16

专家提醒 | 为独立的Div添加样式

将样式文件引用到页面后，如果要为某个层添加样式，只需要选择该层，在“属性”面板的Class下拉列表框中选择需要的样式即可。

Step 4 使用CSS样式后的页面

为页面添加好CSS样式文件后，页面明显较之前美观整洁了，如图10-17所示。

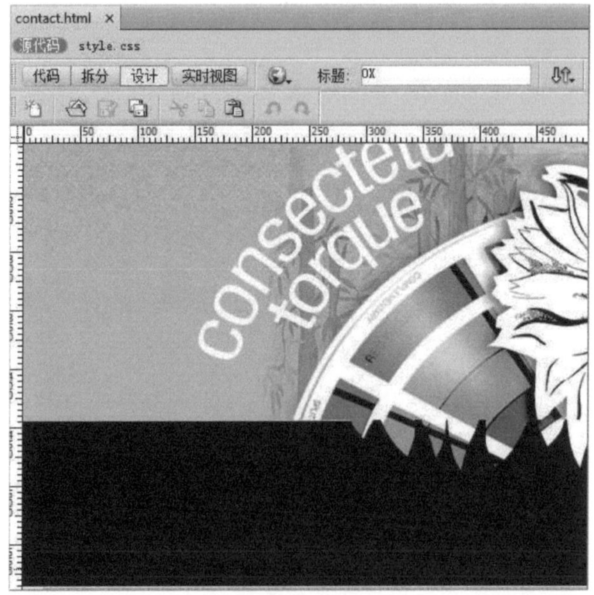

图10-17

10.2 Div层的定位方法

使用Div布局可以减少网页中的元素数目，提高网站的易用性，实现灵活定位对象的效果，下面将具体介绍Div层的定位方法，在这之前，首先要了解什么是盒子模型。

10.2.1 什么是盒子模型

日常生活中的用于盛装东西的盒子或箱子具有大小、边框等属性。

在网页设计中也有盒子模型，一个独立的盒子模型由content(内容)、border(边框)、padding(内边距)和margin(外边距)4个部分组成。其具体的结构示意图如图10-18所示。

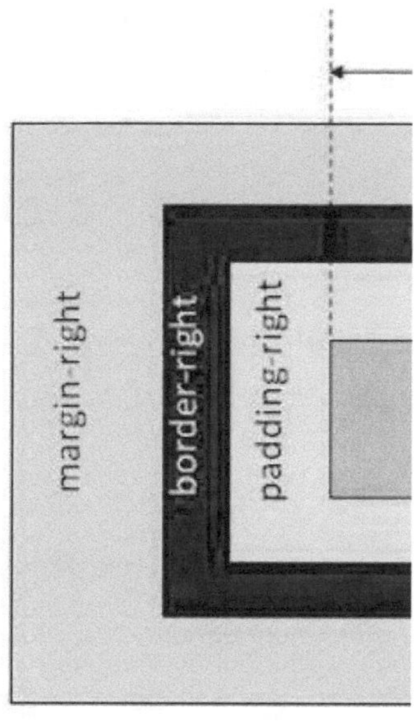

图10-18

盒子模型中各部分对应的说明如图10-19所示。

content(内容)

在网页设计上，内容常指文字、图片等元素，也可以是Div嵌套，与现实生活中的盒子不同的是，CSS盒子具有弹性，可以装无限多的东西。

图10-19

border(边框)

border的属性主要有3个，分别是color、width和style。需要注意的是，在设置边框时，在给元素设置background-color背景色时，IE浏览器作用的区域为content+padding，而Firefox浏览器作用的区域则是content+padding+border。

padding(内边距)

如果设置4个属性值，按照顺时针方向，依次为上、右、下、左padding的值，如果需要专门设置某一个方向的padding，可以使用padding-left、padding-right、padding-top或padding-bottom设置。

margin(外边距)

margin就是说明该盒子与其他东西要保留多大的距离。

图10-19 (续)

专家提醒 | body盒子说明

body是一个特殊的盒子，在默认情况下，body会有一个若干像素的margin，因此边框会定位于浏览器窗口的左上角，而没有紧贴着浏览器窗口的边框。此外，body盒子的背景色会延伸到margin的部分。

10.2.2 通过float属性定位层

盒子在标准流中的定位除了通过前面章节中讲到的margin、padding等外，还可用float(浮动)属性(float属性用于设置指定对象是否浮动以及浮动的方式)来定位。

专家提醒 | 什么是标准流

标准流指的是在不使用其他的与排列和定位相关的特殊CSS规则时，各种元素的排列规则。

本节素材	DVD/素材/Chaptr10/JinDian/jindianjieshao.html
本节效果	DVD/效果/Chaptr10/JinDian/jindianjieshao.html
学习目标	通过float属性定位层
难度指数	★★

Step 1　打开网页文件

在Dreamweaver CC中打开jindianjieshao素材文件，其初始效果如图10-20所示。

图10-20

Step 2　选择对象并设置浮动

❶选择“CSS设计器”面板中的<style>源，❷选择.picObj选择符，❸选择float属性为左浮动，如图10-21所示。

图10-21

Step 3　预览浮动后的页面

设置浮动后，页面中的样式为.picObj的对象均向左浮动依次排开，保存网页后，按F12键预览其效果，如图10-22所示。

图10-22

10.2.3 通过position属性定位层

如果要精确设置对象在盒子中的位置，就需要使用position属性来完成，其操作如下。

本节素材	DVD/素材/Chaptr10/JinDian/jindianjieshao1.html
本节效果	DVD/效果/Chaptr10/JinDian/jindianjieshao1.html
学习目标	通过position属性定位层
难度指数	★★

Step 1 打开网页文件

在Dreamweaver CC中打开jindianjieshao1素材文件，其初始效果如图10-23所示。

图10-23

Step 2 选择对象并设置定位

❶选择“CSS设计器”面板中的“<style>源，❷选择#adv选择符，❸设置position属性值，这里设置为“absolute(绝对定位)”且上边与右边间距都为10px，如图10-24所示。

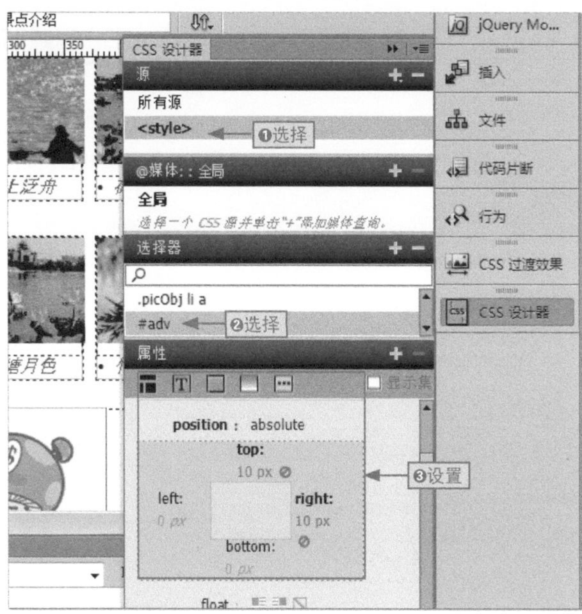

图10-24

专家提醒 | position的定位方式

absolute超出文档流的绝对定位而不考虑它周围内容的布局。relative保持对象在正常的HTML流中，但是它的位置可以根据它的上一对象进行偏移。static无特殊定位，默认值。fixed固定定位。

Step 3 效果预览

设置完成后保存文档，按F12键进入页面预览，通过页面可以看到设定的ID编号为adv的Div对象出现在了距页面右边10像素、顶部10像素的位置上，如图10-25所示。

图10-25

10.3 Div常用布局方式的应用

了解了Div(层)的基本概念及应用操作，下面将介绍日常工作中用Div布局的常见形式及创建方法。

10.3.1 居中布局

Div居中布局是比较常见的一种应用方式，在屏幕尺寸难以统一大小的情况下，如何让Div能做到自动居中呢，具体操如下。

本节素材	DVD/素材/Chaptr10/yp/pro.html
本节效果	DVD/效果/Chaptr10/yp/pro.html
学习目标	居中布局
难度指数	★★

Step 1 打开网页文件

在Dreamweaver CC中打开pro素材文件，在页面中可以看到页面内容是向页面的左边靠齐的，如图10-26所示。

图10-26

Step 2 选择对象并设置其居中

❶选择“CSS设计器”面板中的<style>源，❷在“选择器”列表框中选择.pro选择符，❸在“属性”栏中设置margin属性值，这里设置4个方向均为auto，如图10-27所示。

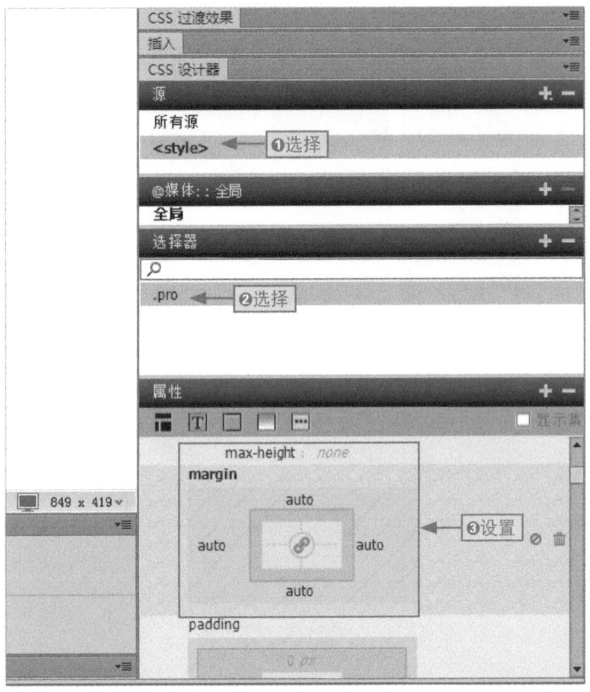

图10-27

Step 3 设置后的页面

将margin属性设置为“auto”后，在Dreamweaver软件设计视图中可以看到包含在样式为pro的Div对象中的图像已自动居中，如图10-28所示。

图10-28

10.3.2 浮动布局

因为布局的需要，有时候需要将Div向左右浮动，如果要将对象进行浮动布局，其具体操作如下。

本节素材	DVD/素材/Chaptr10/yp/pro_2.html
本节效果	DVD/效果/Chaptr10/yp/pro_2.html
学习目标	浮动布局
难度指数	★★

Step 1 打开网页文件

在Dreamweaver CC中打开pro_2素材文件，在页面中可以看到页面内容是向页面的左边靠齐的，如图10-29所示。

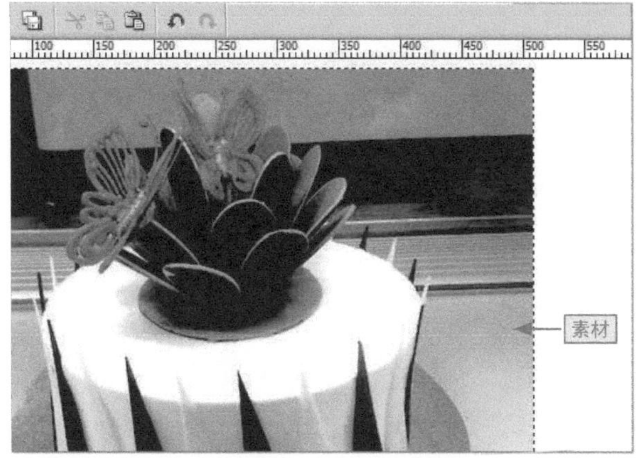

图10-29

Step 2 设置Div浮动

❶选择“CSS设计器”面板中的<style>源，❷在“选择器”列表框中选择.pro选择符，❸设置float属性值，这里设置为“right”向右浮动，如图10-30所示。

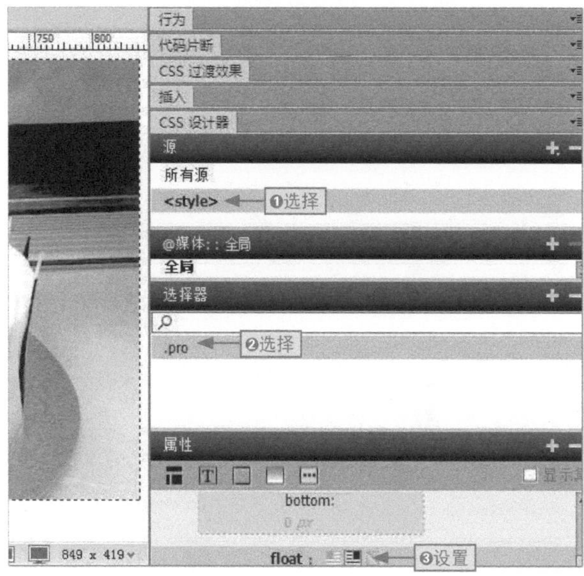

图10-30

Step 3 效果预览

保存页面后，按F12键进行页面预览，在页面中可以看到包含在样式为pro的Div对象中的图像已停留在页面右边，如图10-31所示。

图10-31

10.3.3　一列固定宽度布局

固定宽度即将其宽度值设定一个不变的值，让内容在固定宽度的Div层中显示。

设置Div对象固定宽度只需要将width属性设置一个固定值即可，其具体操作如下。

本节素材	DVD/素材/Chaptr10/yp/pro_3.html
本节效果	DVD/效果/Chaptr10/yp/pro_3.html
学习目标	一列固定宽度布局
难度指数	★★

Step 1　打开网页文件

在Dreamweaver CC中打开pro_3素材文件，在页面中可以看到页面内容是向页面的左边靠齐的，而且整个Div层为一列，宽度为页面宽度，如图10-32所示。

图10-32

Step 2　设置Div宽度

❶选择“CSS设计器”面板中的<style>源，❷在“选择器”列表框中选择.pro选择符，❸设置width属性值，这里设置为“500px”，如图10-33所示。

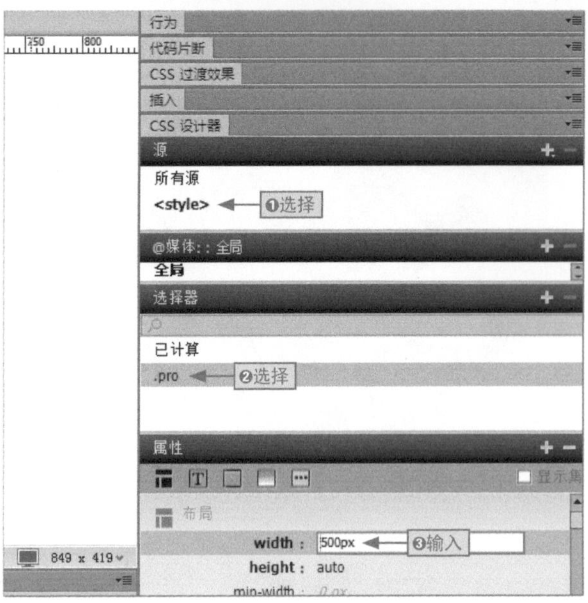

图10-33

Step 3　效果预览

设置完成后，按F12键进行页面预览，在页面中可以看到样式为pro的Div对象宽度变小为500像素，如图10-34所示。

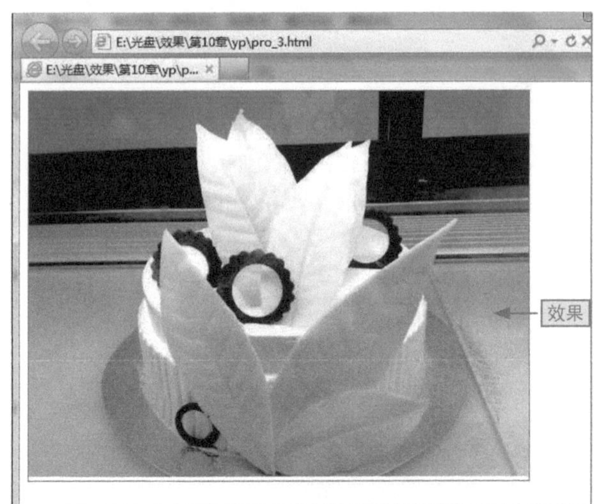

图10-34

10.3.4　一列自适应宽度布局

自适应宽度即参照某对象而改变其宽度值，设置Div对象自适应宽度和设置固定宽度类似，只需要将width属性设置百分比或auto即可，具体操作如下。

本节素材	DVD/素材/Chaptr10/yp/pro_4.html
本节效果	DVD/效果/Chaptr10/yp/pro_4.html
学习目标	一列自适应宽度布局
难度指数	★★

Step 1　打开素材文件

在Dreamweaver CC中打开pro_4素材文件，在页面中可以看到页面内容是居中排列到Div层的居中位置，而且整个Div的列宽为页面的宽度，如图10-35所示。

图10-35

Step 2　设置自适应宽度

❶选择“CSS设计器”面板中的<style>源，❷选择.pro选择符，❸设置width属性值，这里设置为“80%”，如图10-36所示。

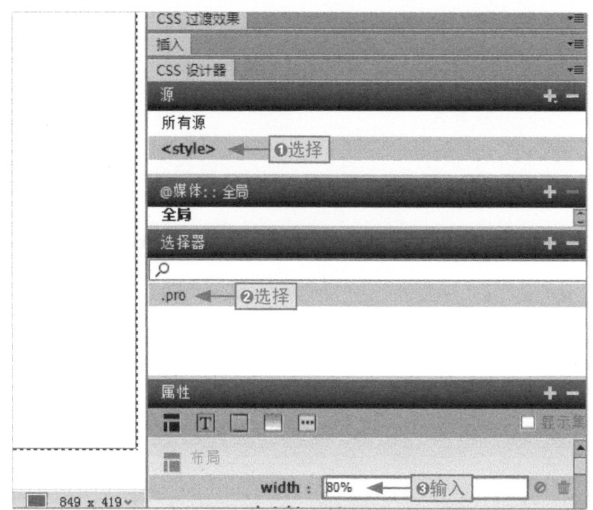

图10-36

Step 3　效果预览

设置完成后，按F12键进行页面预览，在页面中可以看到样式为pro的Div对象宽度占窗体的80%，如图10-37所示。

图10-37

10.3.5　两列固定宽度布局

两列固定宽度是让两个Div在水平行中排列显示，但两列宽度固定不变，第一列浮在左上方，第二列浮在第一列右侧，具体操作如下。

本节素材	DVD/素材/Chaptr10/yp/pro_5.html
本节效果	DVD/效果/Chaptr10/yp/pro_5.html
学习目标	两列固定宽度布局
难度指数	★★

Step 1　打开素材文件

在Dreamweaver CC中打开pro_5素材文件，在页面中可以看到两个Div是纵向排列且宽度也不固定，如图10-38所示。

图10-38

Step 2　设置两列固定宽度

❶选择“CSS设计器”面板中的<style>源，❷选择#menu选择符，❸设置width属性值，这里设置为“130px”，如图10-39所示。

专家提醒 | 两列自适应宽度

两列自适应宽度与两列固定宽度的操作类似，唯一不同之处是，两列自适应宽度只需将宽度设置为非固定值。

图10-39

Step 3　设置对象浮动

为了让两个层排列在一行为两列，这里设置其向左浮动，如图10-40所示。以同样的方式设置ID编号为pro的Div宽度为“510px”且向左浮动。

图10-40

Step 4　预览效果

设置完成后，按F12键进行页面预览，在页面中可以看到两列固定宽度的对象，如图10-41所示。

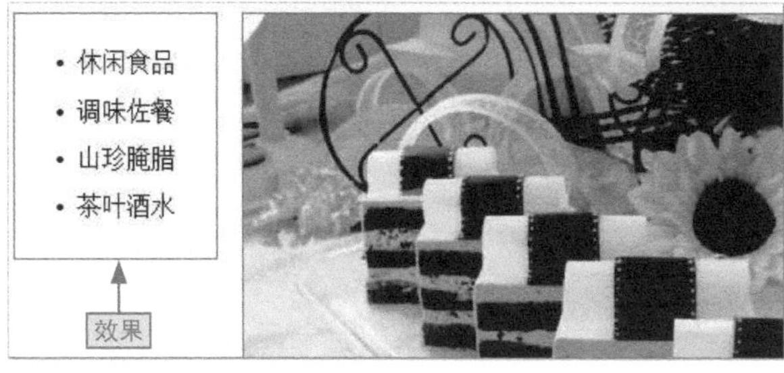

图10-41

10.4 实战问答

?! NO.1 | 如何清除Div浮动

元芳：在网页中对第一个Div设置了浮动，第二个Div未设置浮动，但有时候这两个Div会靠在一起，如何禁止这种情况？

大人：遇到这种情况，一般我们会清除第二个Div的向某个方向浮动的效果，其操作是：❶选择Div层，❷在“CSS设计器”面板中自动选择对应的选择器，在“属性”栏中设置clear属性即可，如图10-42所示。

图10-42

?! NO.2 | 如何设置Div对象的行高

元芳：在Div中的内容间距太紧或有时候Div中的内容只有一行时想让其居中，应该如何设置？

大人：对于这种情况，一般可以通过设置line-height属性值来解决，其具体操作是：❶在设计视图中选择需要设置的Div对象，❷在“CSS设计器”面板中自动选择对应的选择器，在“属性”栏中设置line-height属性即可，如图10-43所示。

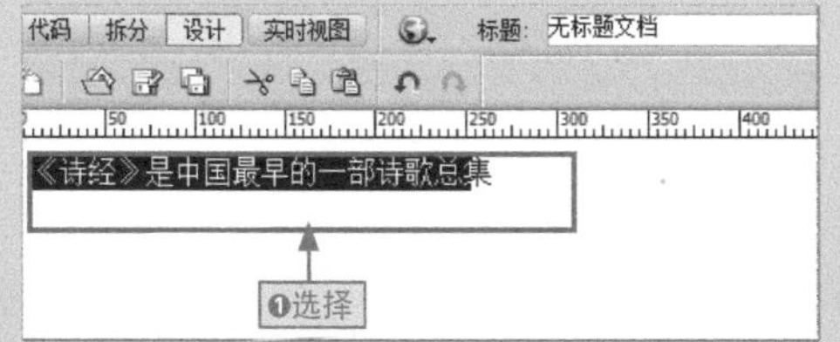

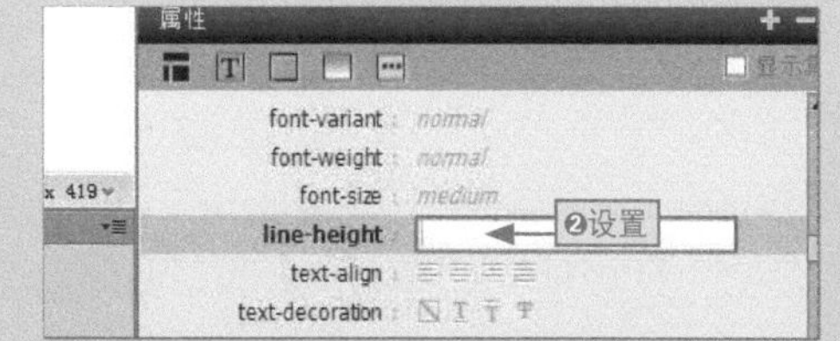

图10-43

10.5 思考与练习

填空题

1. 浮动属性是________。

2. 设置对象外边距用________属性。

选择题

1. 下列(　　)标签可用于网页布局。

A. diz　　B. dix

C. dic　　D. Div

2. Div浮动属性float可设下列(　　)值。

A. top

B. left

C. middle

D. bottom

判断题

1. padding属性用于设置外边距。　　(　　)

2. margin属性用于设置内边距。　　(　　)

3. float属性用于设置对象是否浮动及浮动方式。　　(　　)

操作题

【练习目的】格式化鲜花价格页面

下面通过格式化鲜花价格页面的效果，让读者亲自体验通过Div布局页面效果和定位对象位置的相关操作，巩固本章所学的知识。

【制作效果】

本节素材	DVD/素材/Chaptr10/HuaDian/HuaZhiXian.html
本节效果	DVD/效果/Chaptr10/HuaDian/HuaZhiXian.html

Chapter 11

使用模板和库

本章要点

★ 创建模板
★ 定义可编辑区域
★ 创建基于模板的网页
★ 从模板中分离网页
★ 管理模板
★ 创建库文件
★ 向页面添加库文件
★ 修改并更新库文件

学习目标

在完整的网站制作过程中，很多页面都具有相同的布局结构。为了避免重复的劳作，同时也为了统一网页风格，可以使用模板和库来操作。本章将给读者介绍模板和库的作用，以及模板的定义、创建、模板管理等，让读者清楚认识模块和库，并在网站制作过程中熟练应用。

知识要点	学习时间	学习难度
使用模板	60分钟	★★★
使用库	45分钟	★★

重点实例

定义可编辑区域

从模板中分离网页

向页面添加库文件

11.1 使用模板

模板是一种特殊类型的网页文档，是快速制作统一风格网页的一种有效途径，下面将具体介绍有关使用模板必须要掌握的基础操作。

11.1.1 创建模板

1. 创建空白模板

创建空白模板的方法与创建空白网页的方法相似，也是通过“新建文档”对话框完成的，下面通过具体实例，讲解创建空白模板的操作方法。

Step 1 打开“新建文档”对话框

启动Dreamweaver CC软件，❶单击菜单栏中“文件”菜单项，❷在弹出的菜单中选择“新建”命令打开“新建文档”对话框，如图11-1所示。

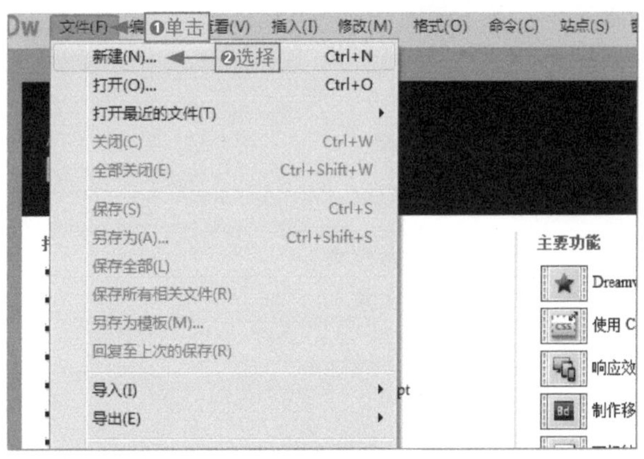

图 11-1

Step 2 新建模板

在“页面类型”列表框中选择“HTML模板”选项，单击“创建”按钮，如图11-2所示。

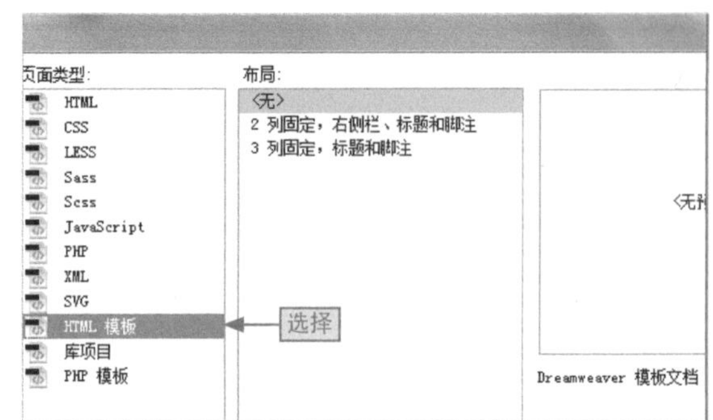

图 11-2

2. 基于网页创建模板

如果用户要创建的网页与已经存在的某个网站的结构相似，可基于该网页创建模板，再经过简单设计与修改，从而快速创建新模板。

◆直接另存为模板

在“文件”菜单中选择“另存为模板”命令即可，如图11-3所示。

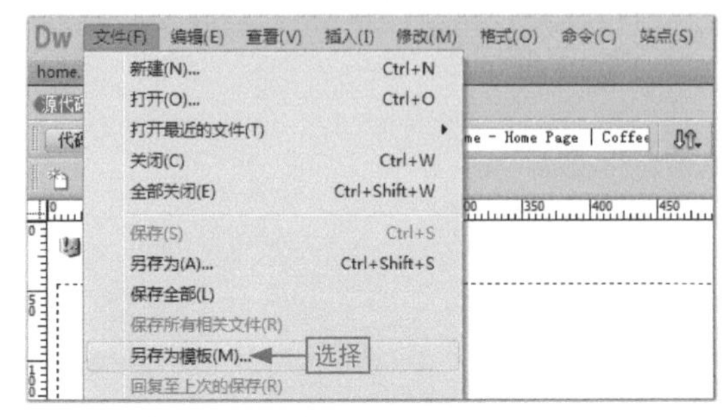

图 11-3

◆通过“另存为”对话框保存为模板

在网页中打开“另存为”对话框，❶设置保存类型项为“Template Files(*.dwt)”，❷单击“保存”按钮，如图11-4所示。

图 11-4

专家提醒 | 模板是创建在站点位置

在创建模板前，首先要创建站点，如果未创建站点，在执行保存操作时，程序会提示创建站点，如果有站点，在执行保存时，❶在打开的“另存模板”对话框中选择存放在哪个站点，❷设置模板名称后，❸单击“保存”按钮即可，如图11-5所示。

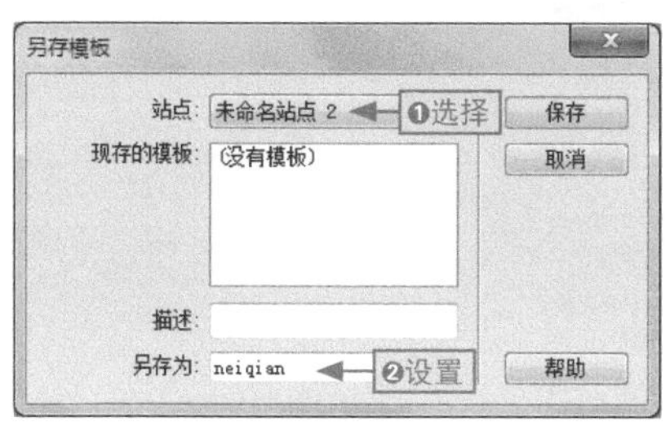

图 11-5

11.1.2 定义可编辑区域

可编辑区域是在基于模板的页面文档中用户可以操作编辑的部位，创建模板后通常都需要定义可编辑区。其操作如下。

本节素材	DVD素材/Chapter11/template/cf.dwt
本节效果	DVD/效果/Chapter11/template/cf.dwt
学习目标	定义可编辑区域
难度指数	★★

Step 1 定位文本插入点

在Dreamweaver CC中打开cf模板文件，并将文本插入点定位到需要添加的可编辑处，如图11-6所示。

图 11-6

Step 2 插入可编辑区域

❶在“插入”菜单中选择“模板”命令，❷在其子菜单中选择“可编辑区域”命令，如图11-7所示。

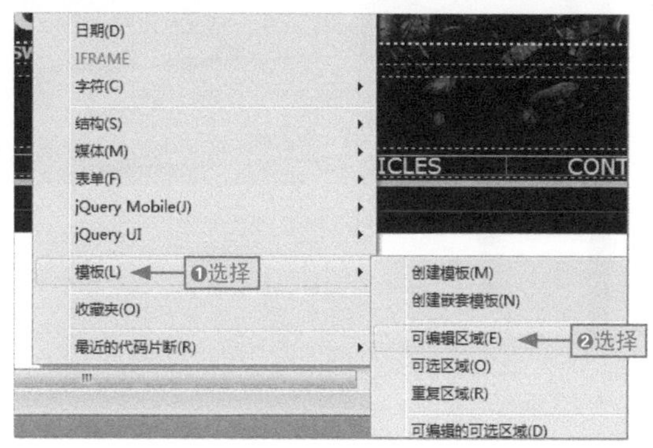

图 11-7

Step 3 定义可编辑区域名称

❶在打开的“新建可编辑区域”对话框中输入可编辑区域的名称，这里输入“Content”，❷单击“确定”按钮，如图11-8所示。

图 11-8

Step 4　添加可编辑区域后的页面

将可编辑区域添加到模板页中，页面中将出现名称为Content的一个标签对象，其效果如图11-9所示。

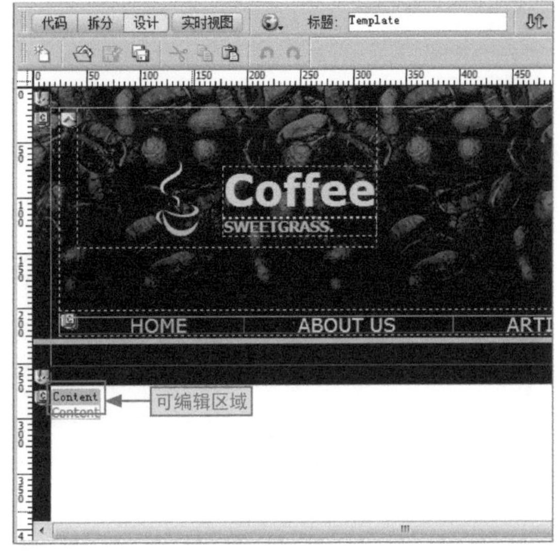

图 11-9

专家提醒 | 删除可编辑区域

如果插入了错误的可编辑区，可在该可编辑区域对象上右击，选择“删除标签”命令将其删除，如图11-10所示。

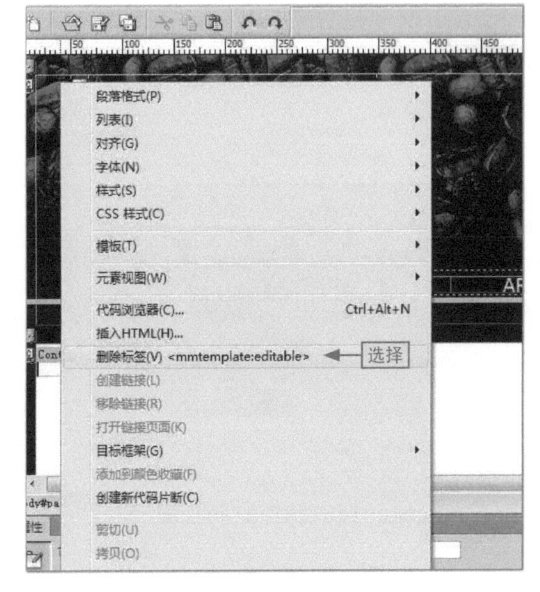

图 11-10

11.1.3　创建基于模板的网页

创建基于模板的网页是指从模板新建一个网页文件，其具体操作如下。

本节素材	DVD/素材/Chapter11/template/mub.dwt
本节效果	DVD/效果/Chapter11/template/index.html
学习目标	创建基于模板的网页
难度指数	★★

Step 1　基于mub模板新建网页

启动Dreamweaver CC中打开“新建文档”对话框，❶单击“网站模板”选项卡，❷选择“模板”站点，❸选择mub模板，❹单击“创建”按钮，如图11-11所示。

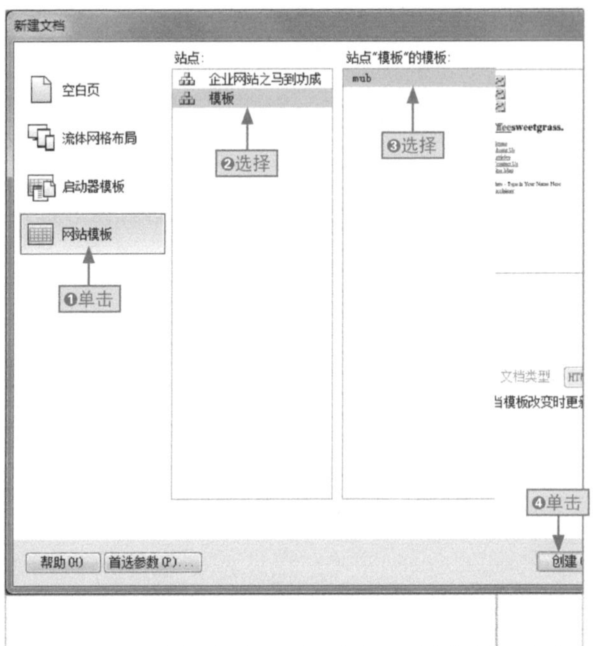

图 11-11

Step 2　在设计视图中查看新建的网页

新建的基于模板的网页在没有编辑内容前页面效果和模板内容几乎一样，如图11-12所示。

图 11-12

Step 3　为页面添加内容

在新建的页面中只可在可编辑区域内操作，这里在Content可编辑区添加内容，如图11-13所示。

图 11-13

Step 4　效果预览

编辑完成后，保存文档并按F12键进行页面效果预览，如图11-14所示。

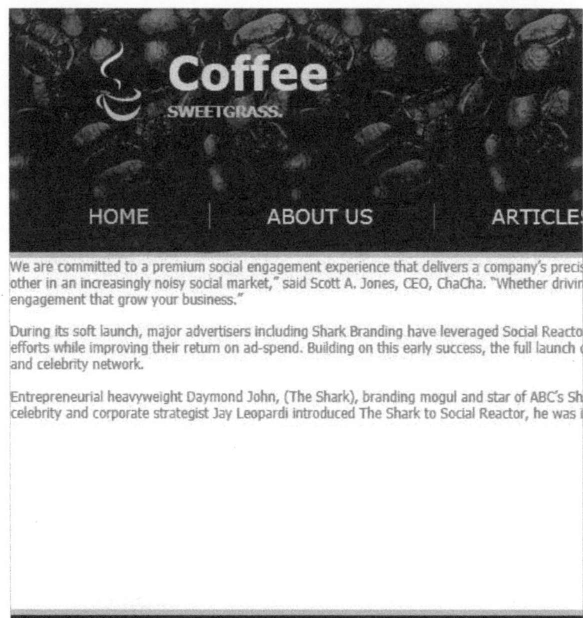

图 11-14

11.1.4　从模板中分离网页

从模板中分离网页是指网页从模板中分离出来。

网页与模板分离后，二者之间就没有关系了。在模板文档中原来不可编辑的区域，此时在网页中变为可编辑了。

相反，在对模板的修改操作，也不会影响或更新网页了。

从模板中分离网页的具体操作如下。

本节素材	DVD/素材/Chapter11/template/contact.html
本节效果	DVD/效果/Chapter11/template/contact.html
学习目标	从模板中分离网页
难度指数	★★

Step 1　打开素材文件

在Dreamweaver CC中打开contact素材文件，其初始效果如图11-15所示。

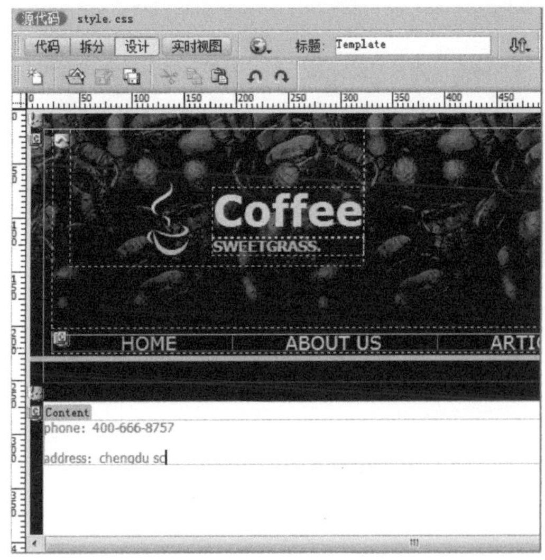

图 11-15

Step 2 执行从模板中分离命令

❶单击“修改”菜单项，❷在弹出的菜单中选择“模板”命令，❸选择“从模板中分离”命令，如图11-16所示。

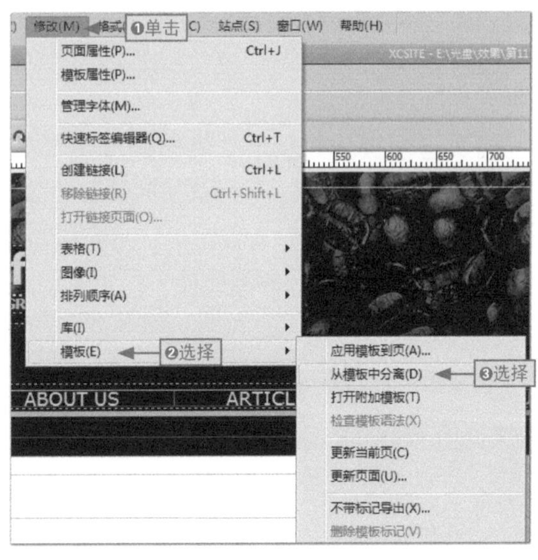

图 11-16

Step 3 编辑分离后的页面

从模板中分离出的文件将不再受可编辑区域的约束，全文均可编辑，如这里将原模板中的Coffee更改为Logo，如图11-17所示。

图 11-17

11.1.5 管理模板

1. 找到要管理的模板

管理模板即对现有模板进行编辑、重命名、删除等操作。要管理模板，首先要在资源管理面板中找到需要管理的模板，其具体操作如下。

Step 1 执行打开资源面板命令

启动Dreamweaver CC软件，❶单击“窗口”菜单项，❷在弹出的菜单中选择“资源”命令，如图11-18所示。

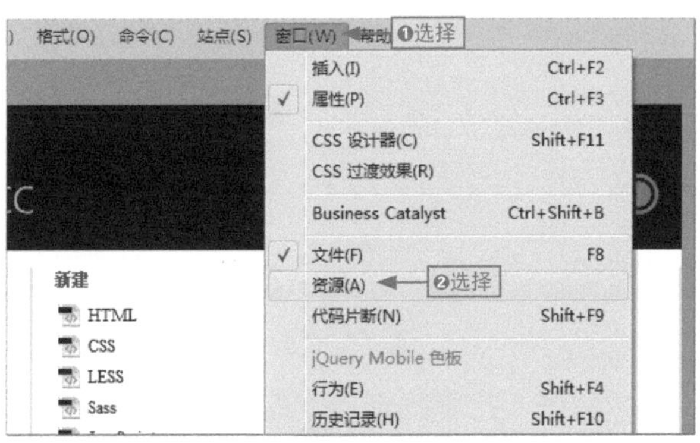

图 11-18

Step 2　进入模板管理

在“资源”面板中，单击左侧的“模板”按钮即可从面板的列表中查看到站点下的模板，如图11-19所示。

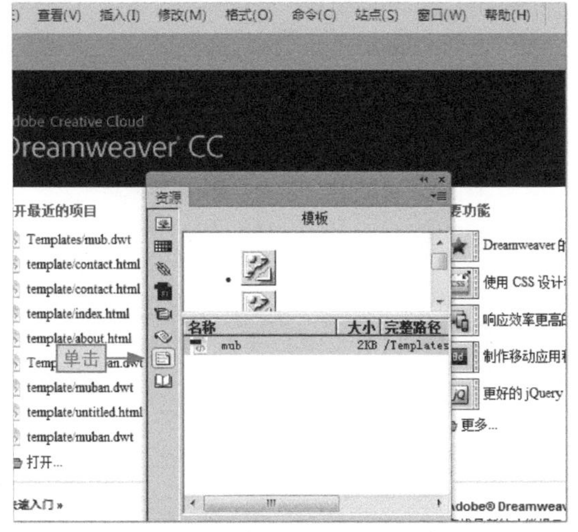

图 11-19

2. 管理模板的常见操作

管理模板的操作可通过快捷菜单快速完成，下面介绍几种常见操作的具体方法。

◆删除模板

在“资源”面板的列表框中选择模板，右击，在弹出的菜单中选择“删除”命令可将其删除，如图11-20所示。

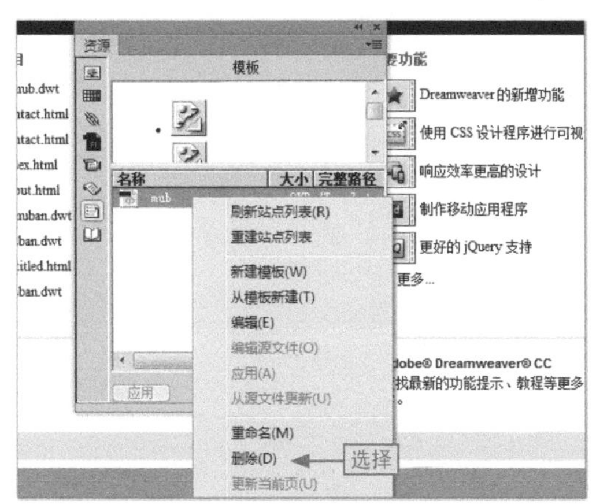

图 11-20

◆重命名模板

在“资源”面板的列表框中选择模板，右击，在弹出的菜单中选择“重命名”命令进入名称可编辑状态，修改名称即可，如图11-21所示。

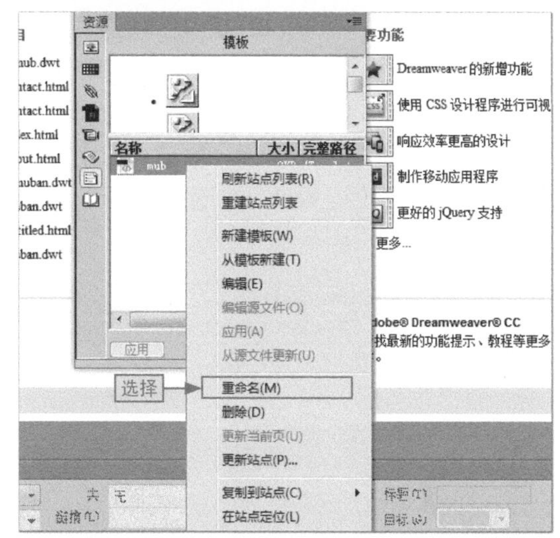

图 11-21

◆更新站点

当模板内容有变动后，需要更新其子页面时，右击模板，选择“更新站点”命令，在打开的“更新页面”对话框中单击“开始”按钮更新整个站点中所有基于此模板创建的网页页面，如图11-22所示。

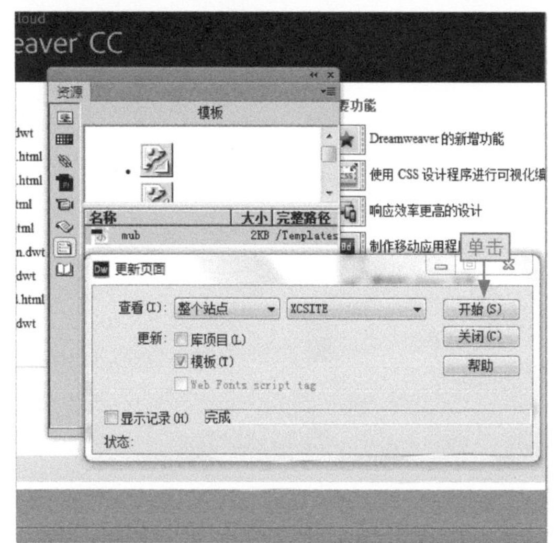

图 11-22

11.2 使用库

库是一种特殊的文件，是一组单个资源或资源副本。库的作用类似于插件，它是页面中重复使用的一部分内容或一段代码。

11.2.1 创建库文件

创建库文件前需要创建一个站点，随后打开资源面板进行库文件操作，创建库文件具体操作如下。

本节素材	DVD/素材/Chapter11/无
本节效果	DVD/效果/Chapter11/lib/Library/header.lbi
学习目标	创建库文件
难度指数	★★

Step 1　打开资源面板

创建TCSITE站点后，❶单击“窗口”菜单项，❷在弹出的菜单中选择“资源”命令打开“资源”面板，如图11-23所示。

图 11-23

Step 2　建立库文件

❶单击“资源”面板中的“库”按钮，❷在库列表任意处右击，在弹出的菜单中选择“新建库项”命令，如图11-24所示。

图 11-24

Step 3　重命名库文件

双击新建的库文件进入名称的可编辑状态，输入“header”，按Enter键为新建立的库文件重新命名，如图11-25所示。

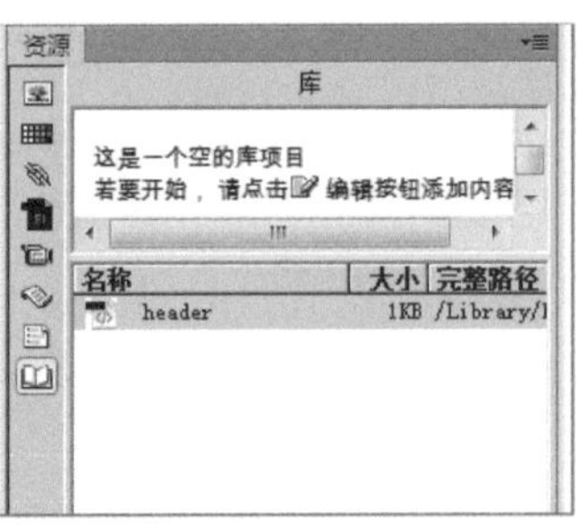

图 11-25

Step 4 保存库文件

在库文件中输入内容(在库中输入内容的方法与普通页面相似)，完成后保存该文件，如图11-26所示。

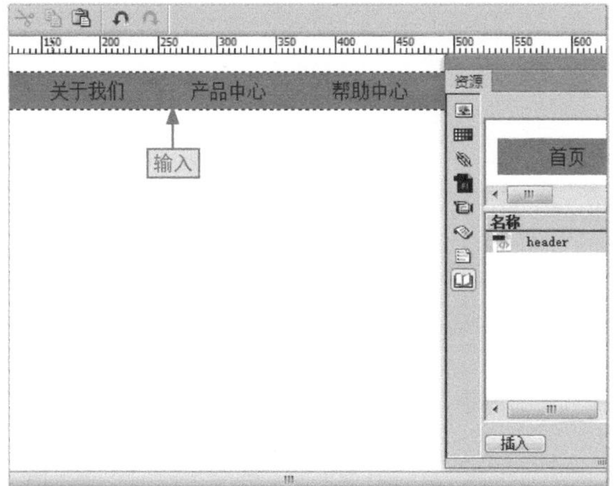

图 11-26

11.2.2 向页面添加库文件

创建好库文件后，即可在页面中使用了，其具体的操作如下。

本节素材	DVD/素材/Chapter11/lib/Library/header.lbi
本节效果	DVD/效果/Chapter11/lib/index.html
学习目标	向页面添加库文件
难度指数	★★

Step 1 打开素材文件

启动Dreamweaver CC并打开需要添加库文件的网页，这里打开index素材文件，如图11-27所示。

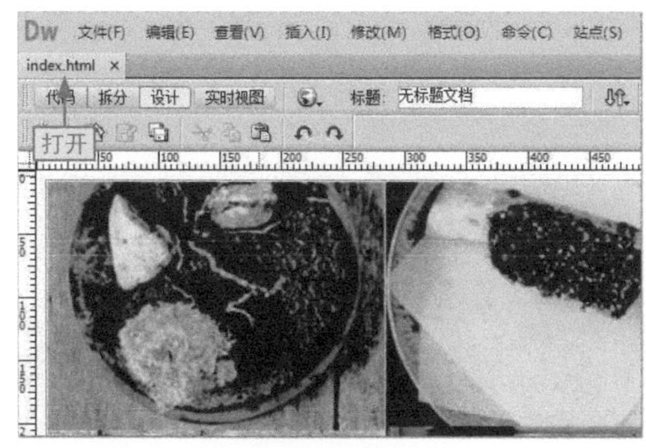

图 11-27

Step 2 添加库文件到网页头部

打开"资源"面板，在其中选择库文件，按住鼠标左键不放将其拖到页面需要嵌入的库的位置，这里将header.lbi库文件嵌入到页面头部，如图11-28所示。

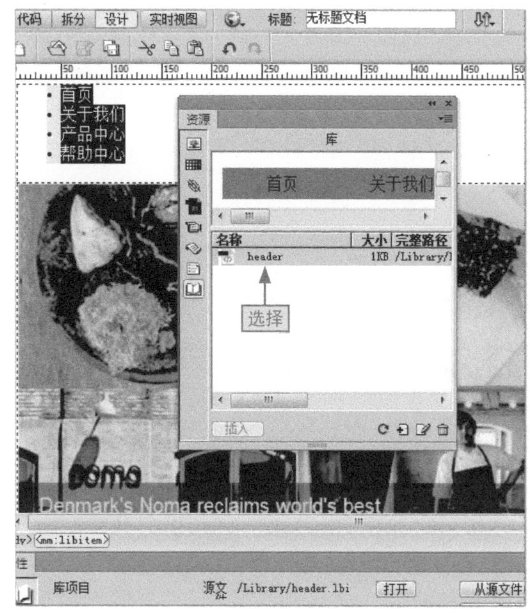

图 11-28

Step 3 效果预览

设置完成后保存页面，按F12键进入页面效果预览，如图11-29所示。

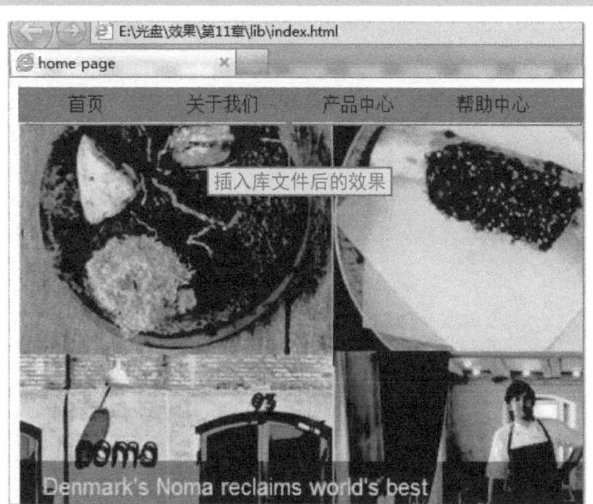

图 11-29

11.2.3 修改并更新库文件

如果对库文件进行修改后，需要对添加该库文件的页面进行更新，其具体操作如下。

本节素材	DVD/素材/Chapter11/lib/Library/menu.lbi
本节效果	DVD/效果/Chapter11/lib/product.html
学习目标	修改并更新库文件
难度指数	★★

Step 1 选择库

启动Dreamweaver CC并打开资源面板，并选择需要修改的库，这里选择menu库，如图11-30所示。

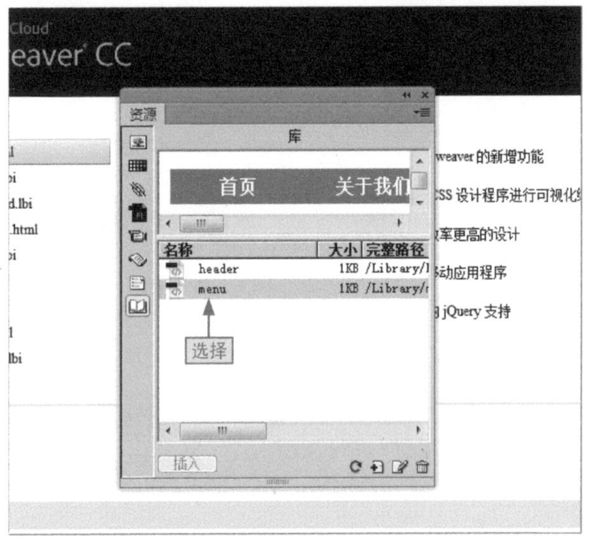

图 11-30

Step 2 修改库

在打开的库文件中对内容进行修改，这里新增“联系我们”项目，如图11-31所示。

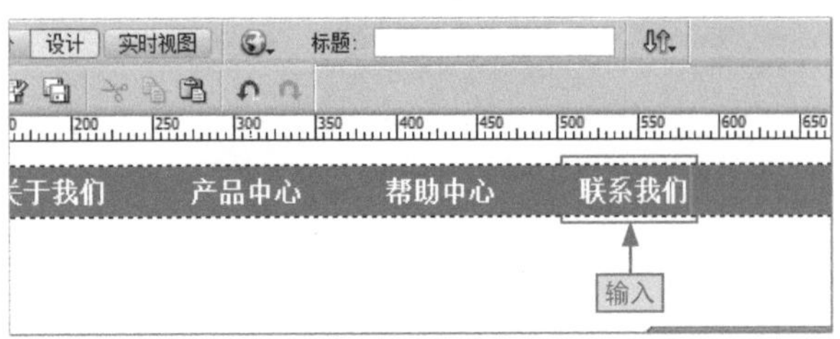

图 11-31

Step 3 选择要更新的页面

修改完库后保存文件时将打开“更新库项目”对话框，❶选择需要更新的网页，❷单击“更新”按钮，如图11-32所示。

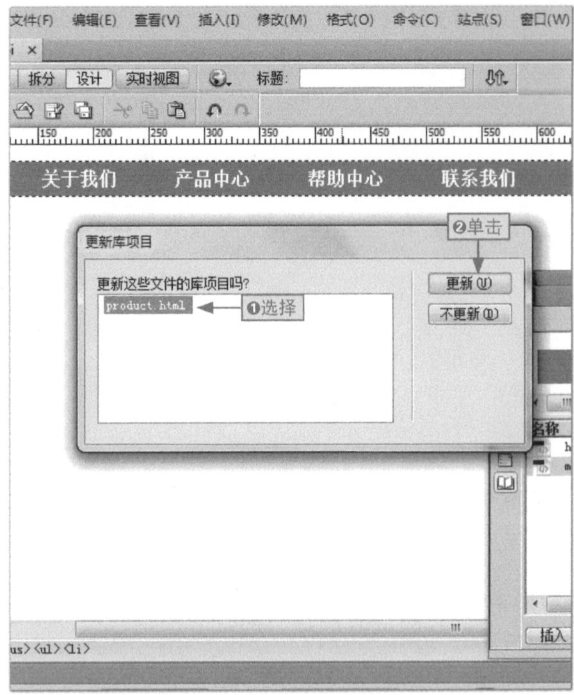

图 11-32

Step 4 更新页面

在打开的“更新页面”对话框中对相关网页进行更新，完成后单击“关闭”按钮，如图11-33所示。

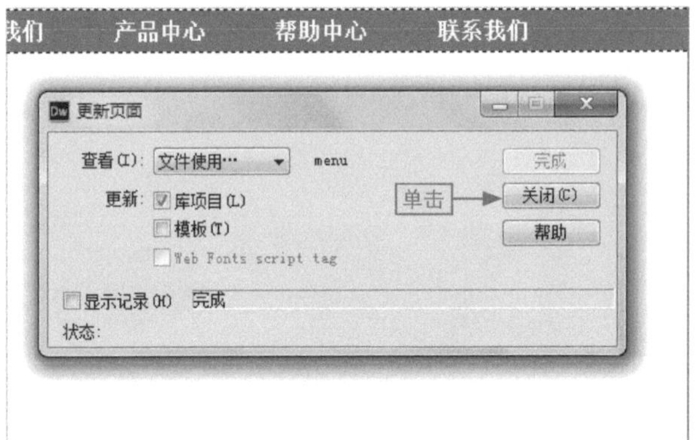

图 11-33

11.3 实战问答

?! NO.1 | 如何在现有网页文件上应用模板

元芳：通过新建的方式可以创建一个基于模板的网页，但是现在网页已做好了，可以将模板添加到该网页上吗？如何操作呢？

大人：在网页的设计与制作过程中，程序允许用于在已经做好的网页上应用模板，其具体操作如下。

Step 1 ❶打开网页文件后，在菜单栏中单击“修改”菜单项，❷在弹出的菜单中选择“模板”命令，❸在其子菜单中选择“应用模板到页”命令，如图11-34所示。

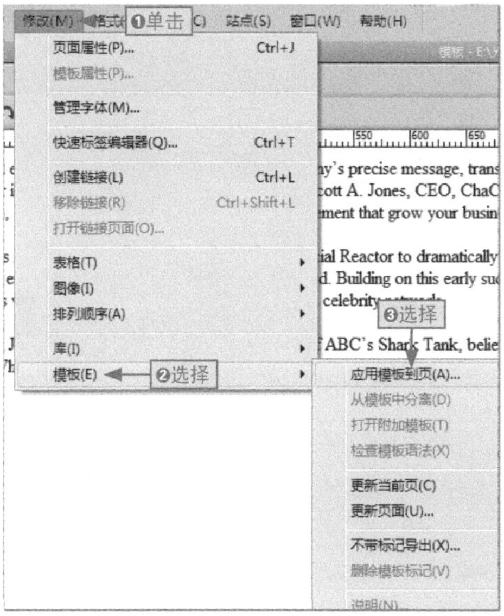

图 11-34

Step 2 ❶在打开的“选择模板”对话框中的“站点”下拉列表框中选择XCSITE站点，❷在“模板”列表框中选择mub模板页，❸单击“选定”按钮，如图11-35所示。

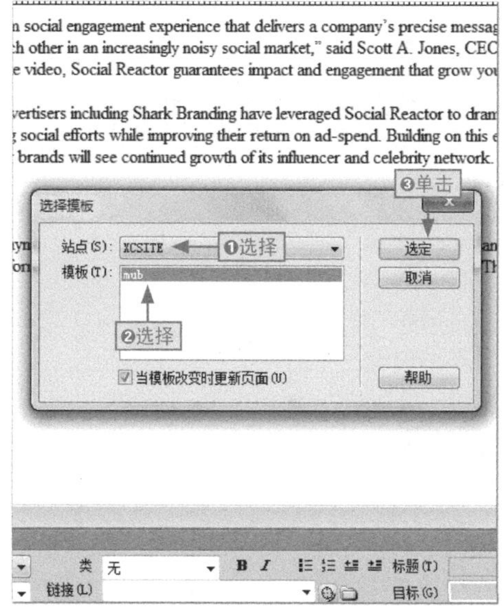

图 11-35

?! NO.2 | 模板可以嵌套模板吗

元芳：模板应用简化了开发工作，提高了工作效率。那么，请问在网页制作时，可以让模板相互嵌套吗？

大人：嵌套模板就是基于另一个模板创建的模板。在一个站点中，对于共享设计元素很多而变化不多的页面，采用嵌套模板进行设计有利于页面内容的控制、更新和维护。

11.4 思考与练习

填空题

1. 执行________________命令可以为模板添加可编辑区域。

2. 在“资源”面板中可以对库做________________操作。

选择题

1. 下列(　　)操作可以将现有的网页转换成模板。

A. 保存　　B. 保存全部

C. 另存为模板　　D. 导出

2. 在“资源”面板中不能对模板做的操作是下列(　　)。

A. 删除　　B. 更新

C. 排序　　D. 剪切

判断题

1. 基于模板的网页是不能从模板中分离出来的。　(　　)

2. 库只能用于模板。　(　　)

3. 在“资源”面板中，用户可对库进行重命名。　(　　)

操作题

【练习目的】制作master模板

下面以创建master模板文件为例，让读者亲自体验在指定站点根据网页文件创建模板并添加可编辑区域的方法，巩固本章所学的知识。

【制作效果】

本节素材	DVD/素材/Chapter11/cor/index.html
本节效果	DVD/效果/Chapter11/cor/master.dwt

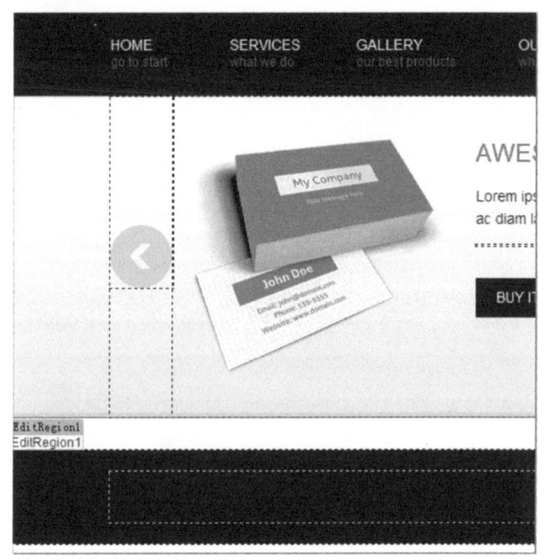

Chapter 12

表单的应用

本章要点

★ 什么是表单
★ 认识表单对象
★ 插入表单
★ 设置表单属性
★ 插入文本域
★ 插入密码域
★ 插入按钮对象
★ 插入文件上传域

学习目标

在浏览网页过程中，常会遇到要求提供某些信息的页面，比如注册时要求填写个人信息、发评论等，这些就是表单页面。通过表单提交数据在网站中应用非常频繁。本章将给读者介绍表单、表单对象，包括文本域、复选框、单选框、密码框等，以及如何插入表单等操作，让读者学会在Dreamweaver CC中使用表单元素制作网页。

知识要点	学习时间	学习难度
认识网页中的表单	25分钟	★
创建表单	35分钟	★★
插入表单对象	60分钟	★★★★

重点实例

制作婚纱网模板

制作婚纱网首页

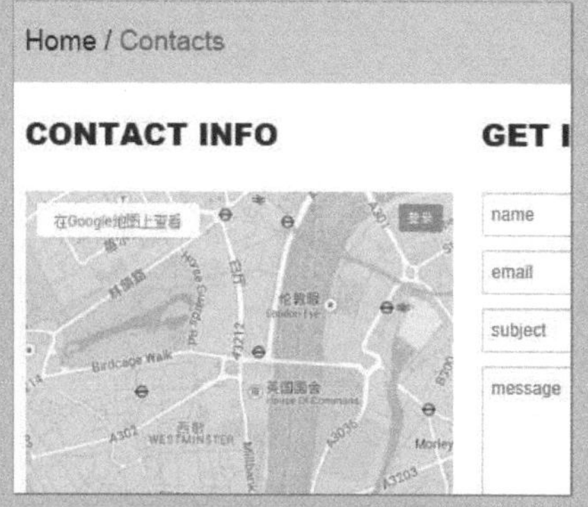

制作联系我们网页

12.1 认识网页中的表单

表单是网页中的重要组成元素，在网页中使用表单之前，首先要充分了解什么是表单，以及表单中有哪些对象。

12.1.1 什么是表单

表单在网页中主要负责数据采集功能，实现浏览者与服务器之间的信息互传。它通常是由文本框、下拉列表、复选框以及按钮等表单对象组成，如图12-1所示。

图 12-1

一个表单有3个基本组成部分：表单标签、表单域、表单按钮，如图12-2所示。

表单标签

表单标签为<form></form>，在这对标签中包含了处理表单数据所用CGI程序的URL以及数据提交到服务器的方法。

表单域

表单域包含文本框、密码框、隐藏域、多行文本框、复选框、单选按钮、下拉选择框和文件上传框等对象。

图 12-2

表单按钮

表单按钮包括提交按钮、复位按钮和一般按钮，用于将数据传送到服务器上或者取消输入等。

图 12-2（续）

12.1.2 认识表单对象

表单是盛放表单对象的容器，要使表单具有真正的意义，就离不开表单对象，因此，通常表单对象和表单是一个整体，下面具体认识一下常见的表单对象及其作用。

◆文本字段

文本字段可以输入任意类型的文本信息，是表单应用较多的表单对象之一，如图12-3所示。

图 12-3

◆密码框

密码框是文本字段的特殊形式，只不过都不会以明文的方式显示出来，如图12-4所示。

图 12-4

◆文本区域

文本区域和文本字段类似，可以输入任意类型的文本信息，它可以设置行数和列数，如图12-5所示。

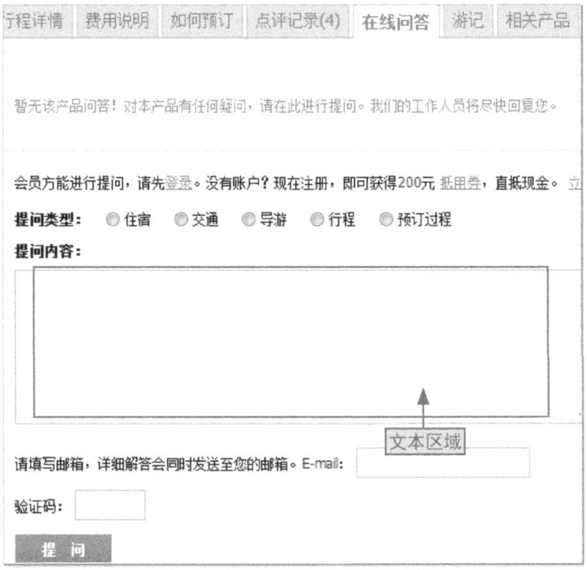

图 12-5

◆隐藏控件

隐藏控件一般用于存储页面某数据或需要向服务器提交的数据，但又不在页面中显示，如图12-6所示。

```
</tr>
<tr>
  <td height="30" align="right">性别：</td>
  <td><input type="radio" name="sex" checked="checked" />
    男
      <input type="radio" name="sex" />
    女
    <input type="hidden" name="hiddenField" id="hiddenField" />
    </td>
</tr>
<tr>
  <td height="30" align="right">技术：</td>
  <td><input type="checkbox" id="java" />
    <label for="java">JAVA</label>
      <input type="checkbox" id="html" />
      <label for="html">HTML</label>
      <input type="checkbox" id="css" />
      <label for="css">CSS</label>
    <input type="checkbox" id="jquery" />
    <label for="jquery">JQuery</label>
    </td>
</tr>
<tr>
  <td height="30" align="right">附件：</td>
  <td><input type="file" /></td>
</tr>
<tr>
  <td height="30" align="right">国籍：</td>
  <td><select name="select">
    <option>--选择国家--</option>
    <option>美国</option>
```

图 12-6

◆单选按钮

单选按钮在同一组选项中只能选择一个选项，如性别男和女只能选择一个，如图12-7所示。

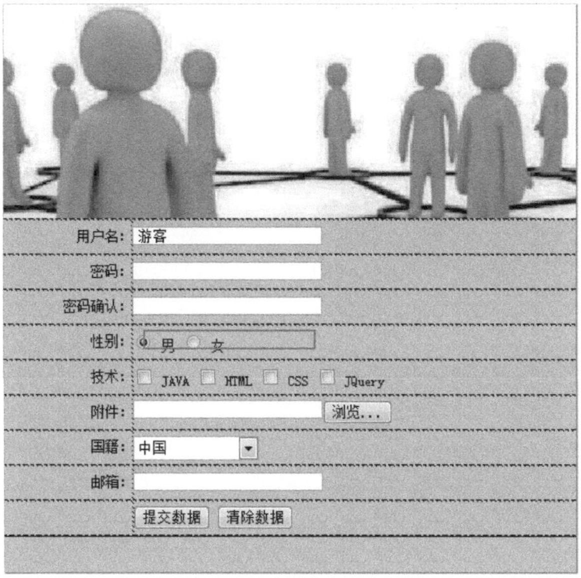

图 12-7

◆复选框

复选框在同一组选项中可同时选择多个选项，如图12-7中“用途”栏的控件都是复选框，如图12-8所示。

图 12-8

◆选择控件

选择控件可以让浏览者通过列表和菜单提供的选项，来选择合适的数据，如图12-9所示。

图 12-9

◆按钮

按钮可用作提交或重置表单的元素，通过它可以触发某种行为或事件，如图12-10所示。

图 12-10

◆图像按钮

图像按钮和网页中的默认按钮的功能相似，只不过图像按钮显示得更直观，视觉效果冲击较强，如图12-11所示。

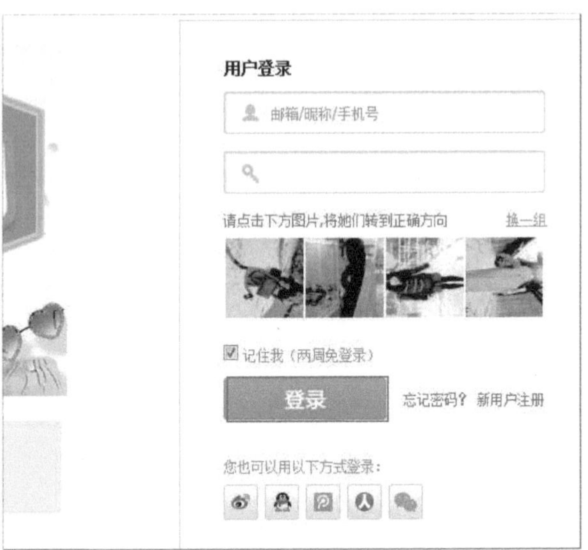

图 12-11

◆文件域

文件域的作用是让访问者浏览本地文件，并将其作为表单数据进行上传，如图12-12所示。

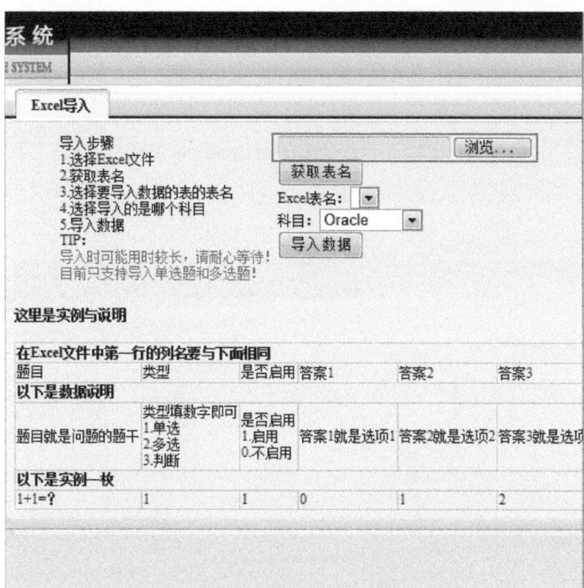

图 12-12

◆电子邮件控件

电子邮件控件是用于让浏览者输入正确的电子邮箱地址，如图12-13所示。

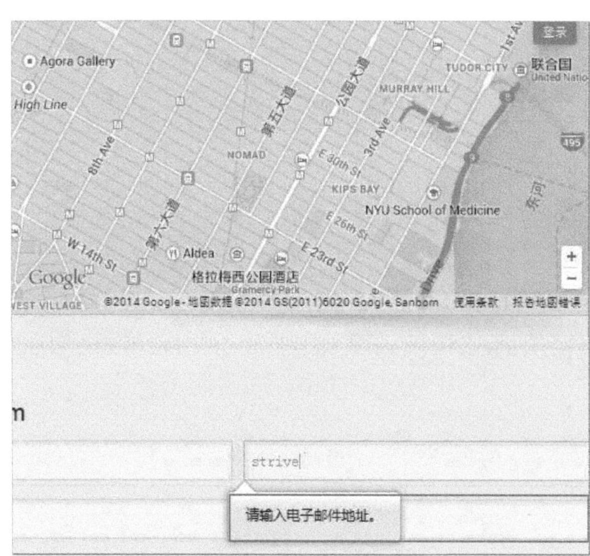

图 12-13

◆URL控件

URL控件主要用于让浏览者输入正确的URL地址，如图12-14所示。

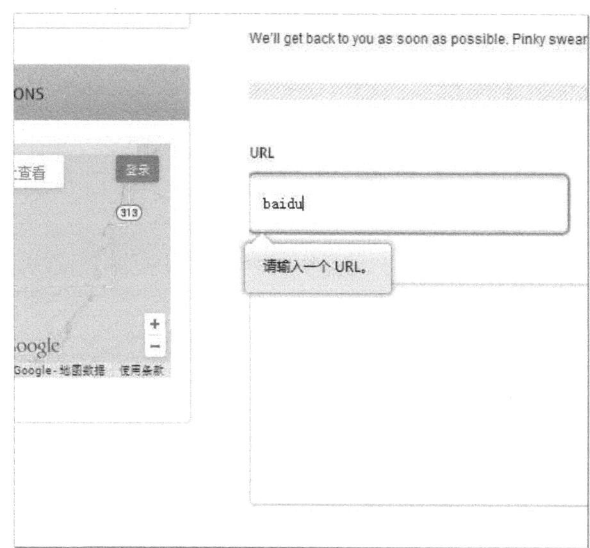

图 12-14

◆单选按钮组

如果要插入的单选按钮很多，可以使用单选按钮组批量创建指定个数的单选按钮，如图12-15所示。

图 12-15

专家提醒 | 复选框组

如果要插入的复选框很多，可以使用复选框组批量创建指定个数的复选框。

12.2 创建表单

在日常生活中，当填写完一纸质表单就可以交给某个人来处理。在Web中要让服务器能处理表单对象，首先需要将其添加到表单内。因此在制作表单前需要掌握怎么创建表单。

12.2.1 插入表单

向页面中插入表单的方法很简单，可以通过菜单栏“插入”菜单来插入，也可通过“插入”面板来插入。下面通过具体实例讲解插入表单的方法。

本节素材	DVD/素材/Chapter12/cor/contact.html
本节效果	DVD/效果/Chapter12/cor/contact.html
学习目标	插入表单
难度指数	★★

Step 1　打开素材文件

在Dreamweaver CC中打开contact素材文件，其效果如图12-16所示。

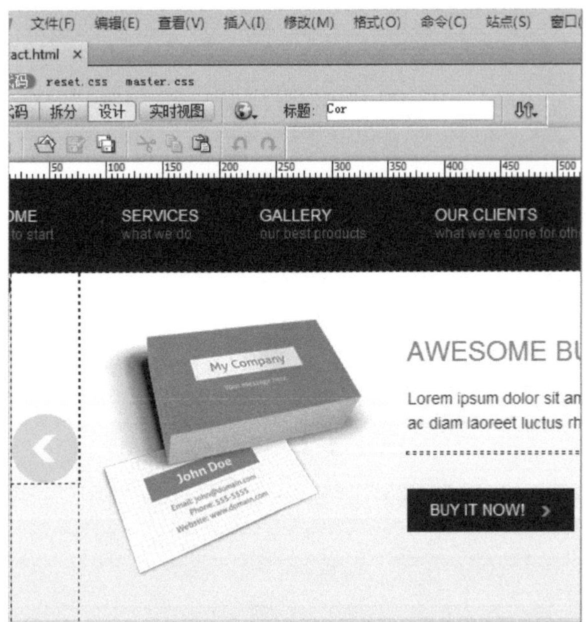

图 12-16

Step 2　定位文本插入点

将文本插入点定位到需要插入表单的位置，这里将其定位到here文本前面，如图12-17所示。

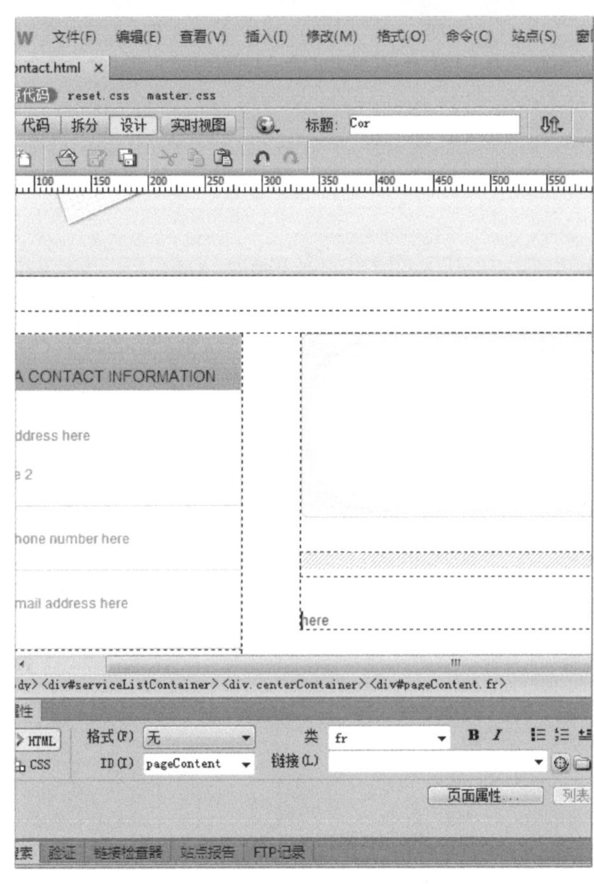

图 12-17

Step 3　执行插入表单命令

❶单击“插入”菜单项，❷在弹出的菜单中选择“表单”命令，❸在弹出的子菜单中选择“表单”命令，如图12-18所示。

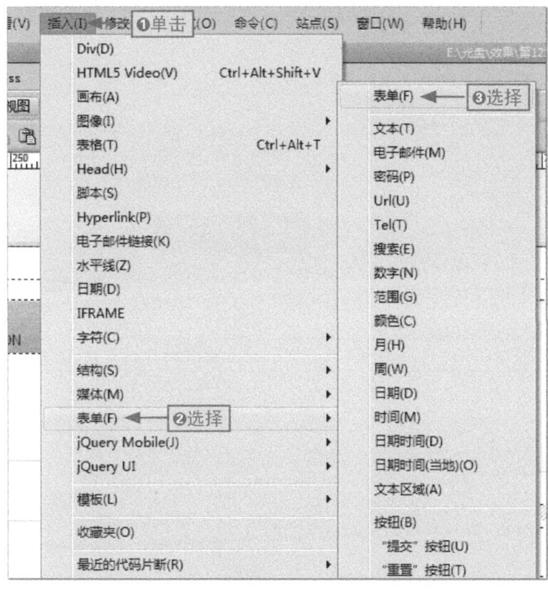

图 12-18

Step 4　插入表单后的页面

表单添加成功后，在页面可以看到一个红色虚线区域，这就是在设计视图中查看到的添加的表单效果(但是用户需要注意的是，表单在浏览页面时是不会显示出来的，即不可见)，如图12-19所示。

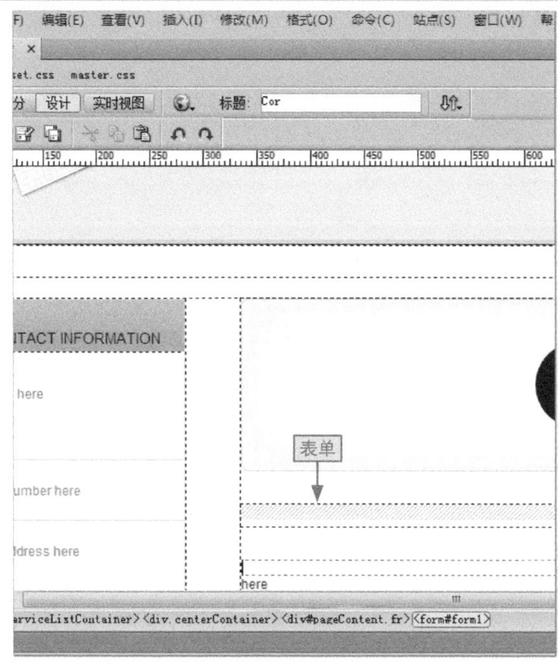

图 12-19

12.2.2　设置表单属性

表单在网页中有很重要的作用，因此对其属性的设置也就格外重要与谨慎，如表单动作、请求方式等。

表单的常用属性有如下几种。

- ID：为指定表单ID编号，一般被程序或脚本所用。
- Class：为表单添加样式。
- Action：为表单指定处理数据的路径。
- Method：为表单指定将数据传输到服务器的方法。
- Title：为表单指定标题。
- Enctype：为表单指定传输数据时所使用的编码类型。
- Target：为表单指定目标窗口的打开方式。
- Accept Charset：为表单指定字符集。
- No Validate：为表单指定提交时是否进行数据验证。
- Auto Complete：为表单指定是否让浏览器自动记录之前输入的信息。

表单属性可以通过“属性”面板方便地进行设置。下面通过具体实例讲解设置表单属性的方法。

本节素材	DVD/素材/Chapter12/cor/msgbook.html
本节效果	DVD/效果/Chapter12/cor/msgbook.html
学习目标	设置表单属性
难度指数	★★

Step 1　打开素材文件

打开msgbook素材文件，在标签栏中单击<form#contactForm>标签选择ID编号为contactForm的表单，如图12-20所示。

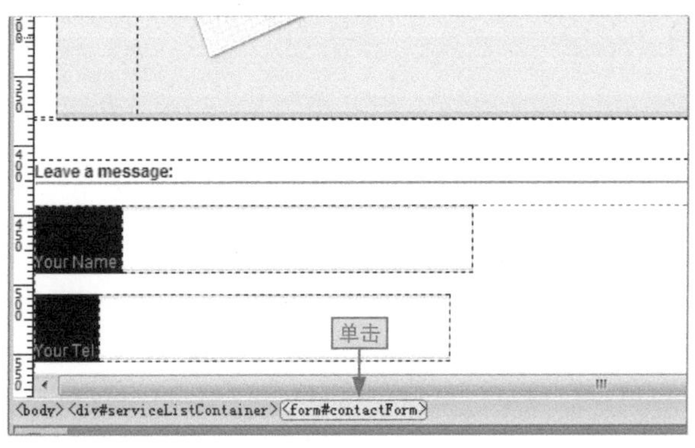

图 12-20

Step 2 设置表单的动作属性

在“属性”面板中对需要的属性进行设置，这里为Action属性输入“contact.html”内容。完成后按Ctrl+S组合键保存，如图12-21所示。

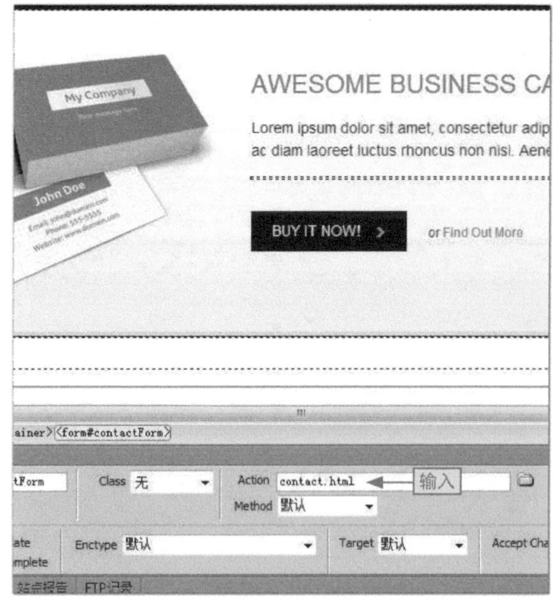

图 12-21

长知识 | 关于Method数据传输方法

在“Method”属性的下拉列表中有 3 个选项分别是：默认、POST、GET，各种方式的具体作用如下。

- GET方法将值附加到请求该页面的URL中。
- POST方法将在HTTP请求中嵌入表单数据。
- 默认方法使用浏览器的默认设置将表单数据发送到服务器。通常，默认方法为GET方法。

在开发中尽可能不要使用GET方法发送长表单，因为URL 的长度限制在8192个字符以内，如果发送的数据量太大数据将被截断，从而导致意外或失败的处理结果。

提交的表单如果要传输用户名和密码、信用卡号或其他敏感性信息，POST方法相对于GET方法更安全。

12.3 插入表单对象

表单只起装载的作用，因为需要为其添加上表单对象后其表单才能生效、才有实际意义，表单中的表单对象很多，下面将详细介绍几种常见表单对象的添加方法。

12.3.1 插入文本域

在表单中文本域是使用较频繁的控件，如单行文本框、多行文本框等。

单行文本框通常用于输入用户名、账户等单行信息；多行文本框通常用作留言、个性签名、评论等多行信息。下面通过实例讲解插入文本域的方法。

本节素材	DVD/素材/Chapter12/tea/Register.html
本节效果	DVD/效果/Chapter12/tea/Register.html
学习目标	插入文本域
难度指数	★★

Step 1　定位文本插入点

在Dreamweaver CC中打开Register素材文件，将文本插入点定位到Register文本的下一行，如图12-22所示。

图 12-22

Step 2　插入表单

执行“插入/表单/表单”命令在该位置插入一个表单，如图12-23所示。

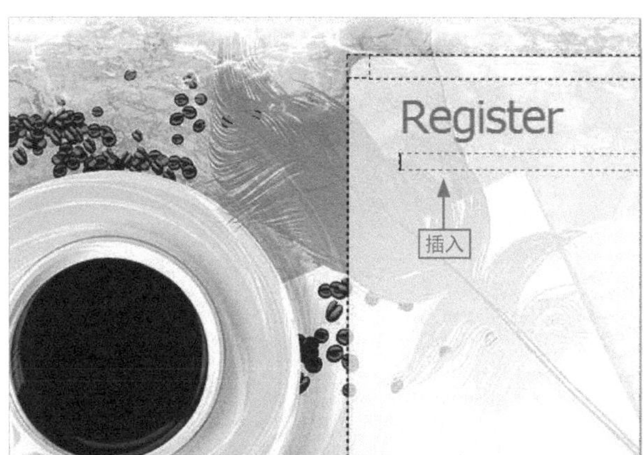

图 12-23

Step 3　插入表格

保持文本插入点在表单中，在其中插入一个5行2列的表格，调整好大小，如图12-24所示。

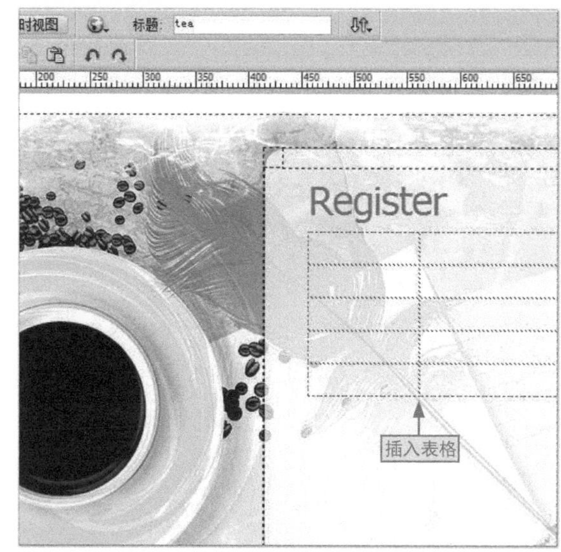

图 12-24

Step 4　输入文本并调整对齐方式

在表格的第一行第一列单元格中输入“用户名：”，并让其右对齐，如图12-25所示。

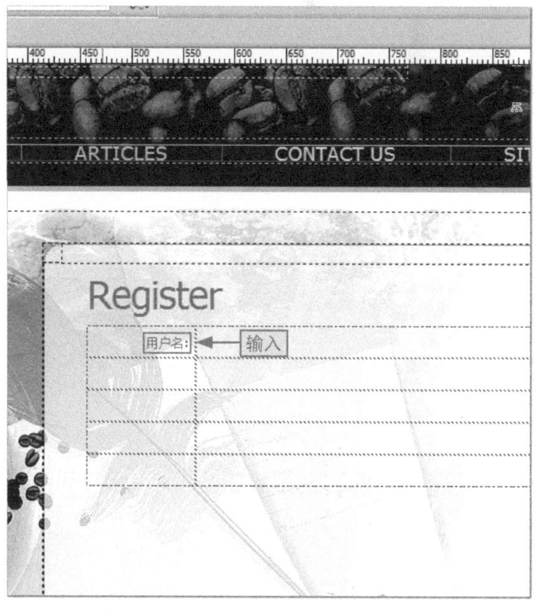

图 12-25

Step 5　插入文本字段

❶在菜单栏中单击“插入”菜单项，❷在弹出的菜单中选择“表单”命令，❸在其子菜单中选择“文本”选项命令，如图12-26所示。

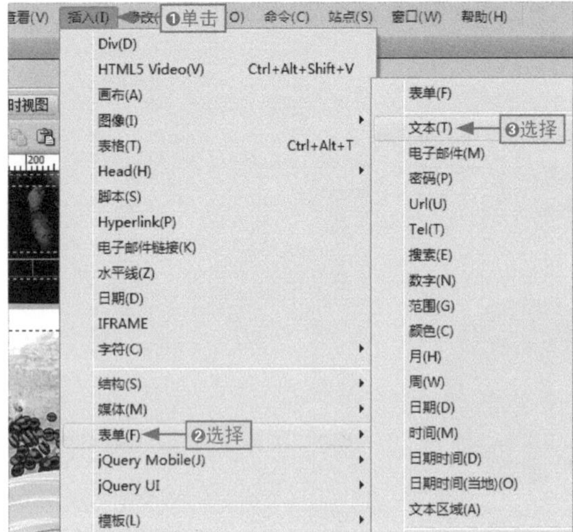

图 12-26

Step 6　设置文本字段属性

在“属性”面板中设置名称属性Name的属性值为“txtName”，设置最多字符数属性“Max Length”的属性值为“20”，选中Required(必要)和“Auto Focus”(焦点)复选框，如图12-27所示。

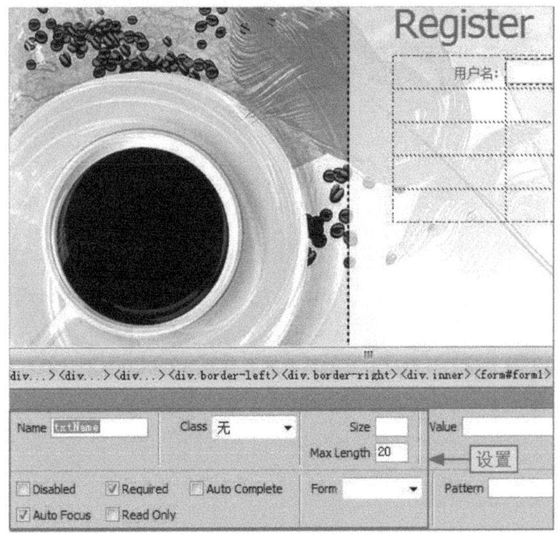

图 12-27

Step 7　插入多行文本字域

在第二行第二列单元格中输入“个性签名”之后，❶单击“插入”菜单项，❷在弹出的菜单中选择“表单”命令，❸在其子菜单中选择“文本区域”命令，如图12-28所示。

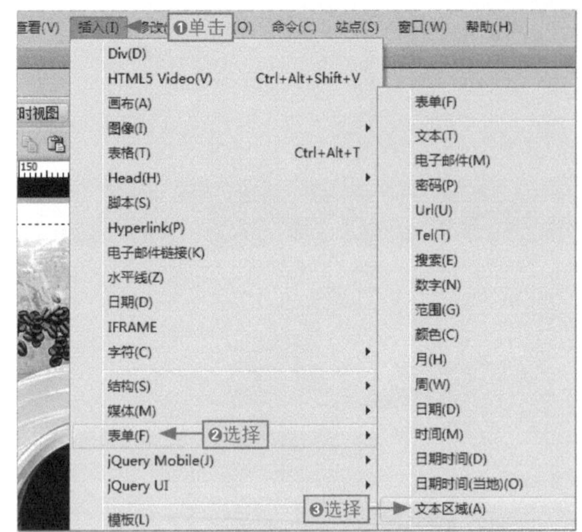

图 12-28

Step 8　设置多行文本域属性

在“属性”面板中设置多行文本域的行数属性Rows的属性值为“3”，设置列数属性Cols的属性值为“50”，如图12-29所示。

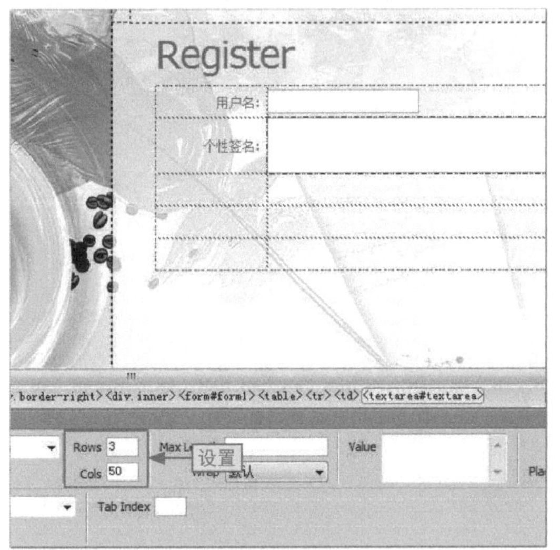

图 12-29

Step 9 效果预览

保存页面并按F12键进入页面效果预览，在页面中可以看到文本插入点自动定位到“用户名”文本后的文本框中，且为必须输入的项，如图12-30所示。

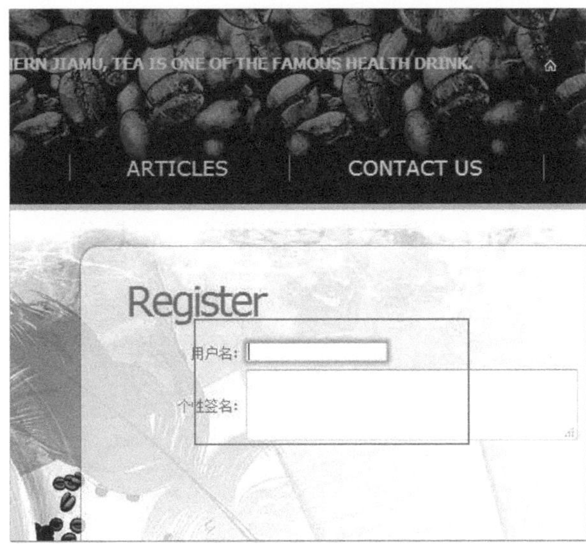

图 12-30

专家提醒 | 页面效果预览问题

如果在页面效果预览时没有上述效果，请升级浏览器或使用FirFox或Chrome浏览器。

12.3.2 插入密码域

在网页中如果要输入一个敏感性数据，通常都以星号、圆点或其他符号来代替真实数据以确保数据的保密性避免被他人窥探，这时就要用密码域，在表单中插入密码域的具体操作方法如下。

本节素材	DVD/素材/Chapter12/tea/Login.html
本节效果	DVD/效果/Chapter12/tea/Login.html
学习目标	插入密码域
难度指数	★★

Step 1 输入用户名文本

在Dreamweaver CC中打开Login素材文件，在第一行第一列单元格中输入指定格式的文本内容，如图12-31所示。

图 12-31

Step 2 插入文本字段

将文本插入点定位到表格的第一行第二列的单元格中，执行“插入/表单/文本”命令插入一个文本字段，如图12-32所示。

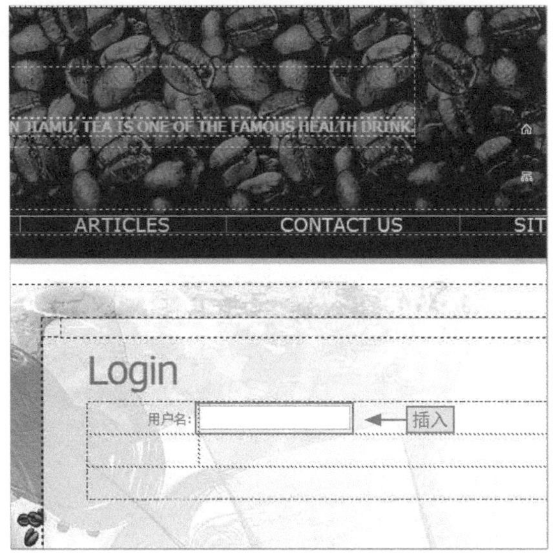

图 12-32

Step 3　输入密码文本内容

在表格的第二行第一列中输入指定格式的“密码”文本内容，如图12-33所示。

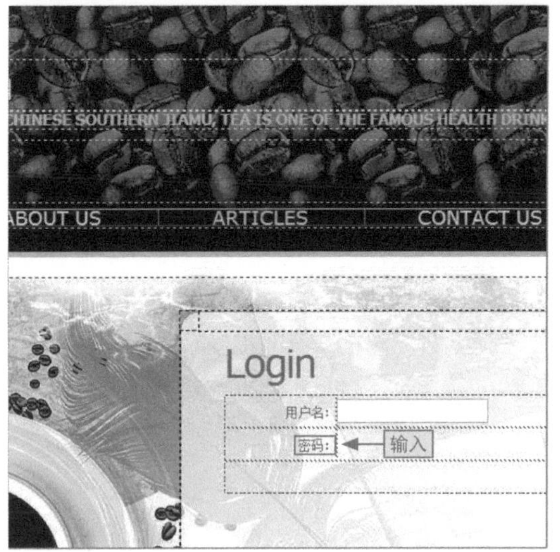

图 12-33

Step 4　插入密码域

将文本插入点定位到第二行第二列的单元格中，❶单击“插入”菜单项，❷在弹出的菜单中选择“表单”命令，❸选择“密码”命令，如图12-34所示。

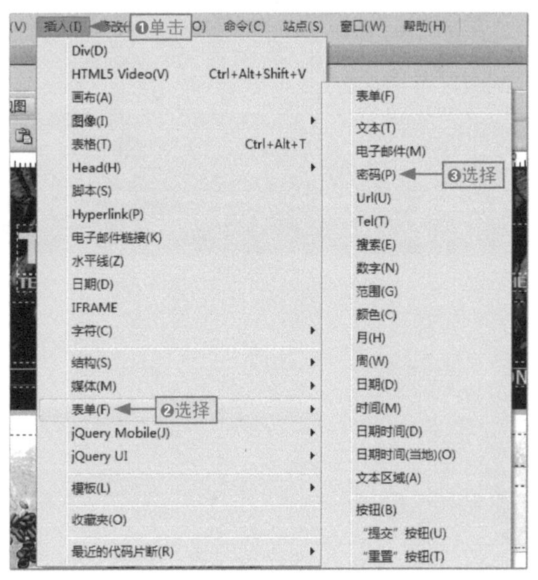

图 12-34

Step 5　设置密码域属性

❶在“属性”面板设置Name属性的属性值为“password”，❷设置“Max Length”属性的属性值为“20”，如图12-35所示。

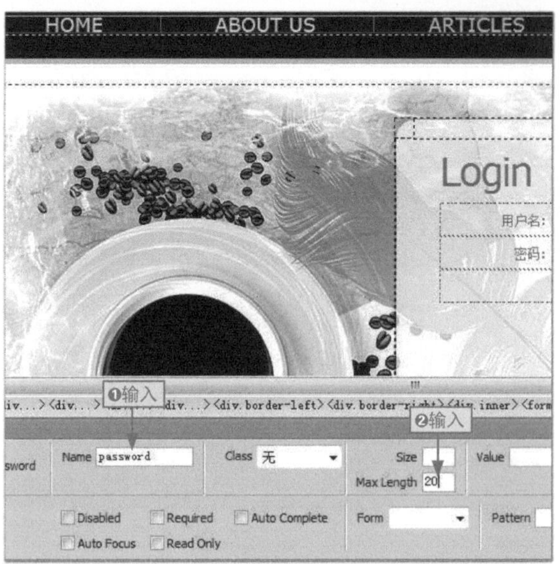

图 12-35

Step 6　效果预览

保存页面并按F12键进入页面效果预览，在页面中输入密码时为圆点显示，如图12-36所示。

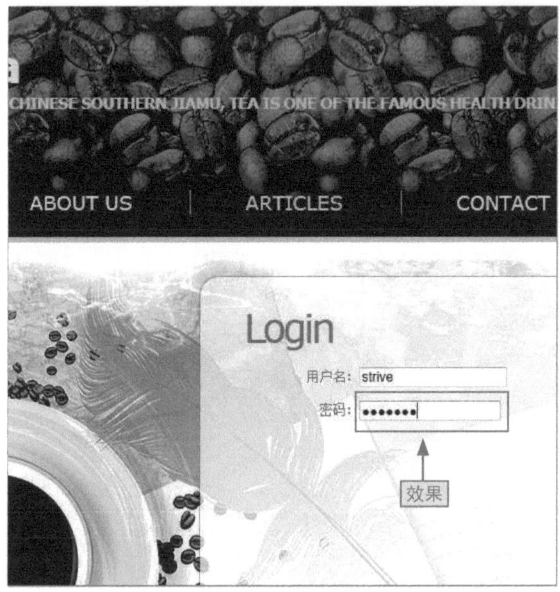

图 12-36

12.3.3　插入其他文本域

除了前面几种文本域控件外，在网页中还有其他很多文本域控件如电子邮箱域、URL文本域、数字文本域、范围文本域、搜索文本域、日期文本域、颜色文本域等。

本节素材	DVD/素材/Chapter12/tea/Info.html
本节效果	DVD/效果/Chapter12/tea/Info.html
学习目标	插入其他文本域
难度指数	★★

Step 1　输入电子邮箱文本

在Dreamweaver CC中打开Info素材文件，在第三行第一列单元格中输入“电子邮箱”文本，如图12-37所示。

图 12-37

Step 2　插入电子邮箱域

❶选择菜单栏中“插入”选项，❷在弹出的菜单中选择“表单”项，❸在其子菜单中选择“电子邮件”选项，如图12-38所示。

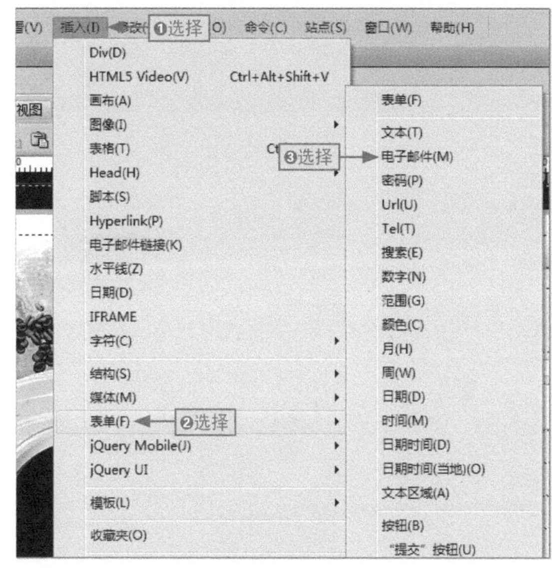

图 12-38

Step 3　添加其他文本域

用相同方法在页面中添加❶URL域、❷日期域、❸默认值为175的范围域和❹默认为红色的颜色域，其效果，如图12-39所示。

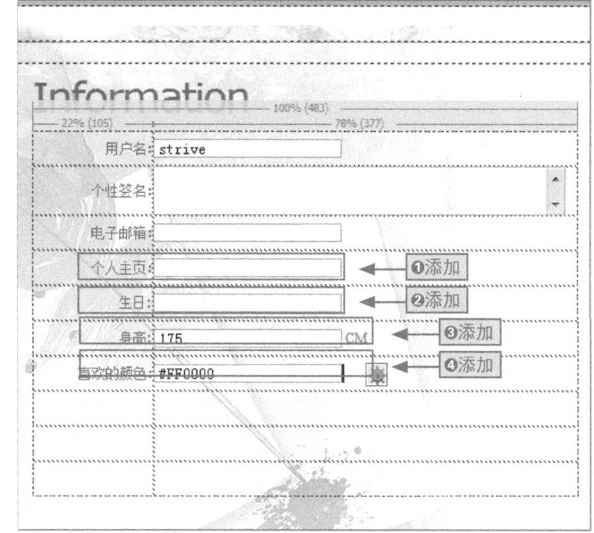

图 12-39

Step 4　效果预览

保存页面并按F12键进入页面效果预览状态(当浏览效果不一致时请升级或更换浏览器)，如图12-40所示。

图 12-40

Step 5　智能发现错误并提示

在页面中输入不恰当的内容时，程序自动会发现错误，并出现相应的提示信息，如图12-41所示。

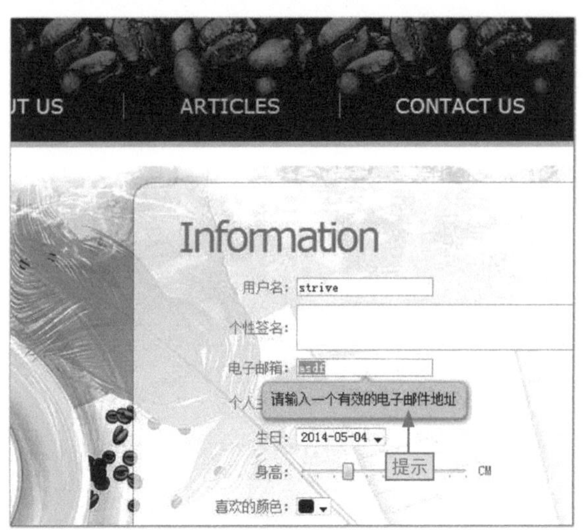

图 12-41

12.3.4　插入按钮对象

按钮用于提交数据或执行某个事件行为，在网页中插入按钮的具体操作如下。

本节素材	DVD/素材/Chapter12/tea/Modify.html
本节效果	DVD/效果/Chapter12/tea/Modify.html
学习目标	插入按钮对象
难度指数	★★

Step 1　定位文本插入点

在Dreamweaver CC中打开Modify素材文件，将文本插入点定位到需要插入按钮表单对象的位置，如图12-42所示。

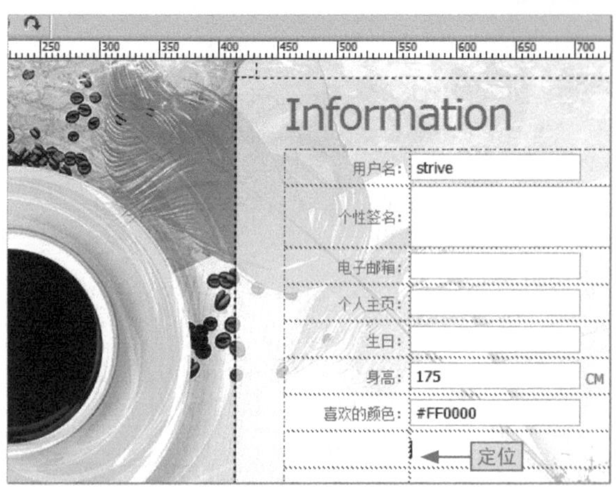

图 12-42

Step 2　插入提交按钮

❶单击菜单栏中“插入”菜单项，❷在弹出的菜单中选择“表单”命令，❸在其子菜单中选择“‘提交’按钮”选项，如图12-43所示。

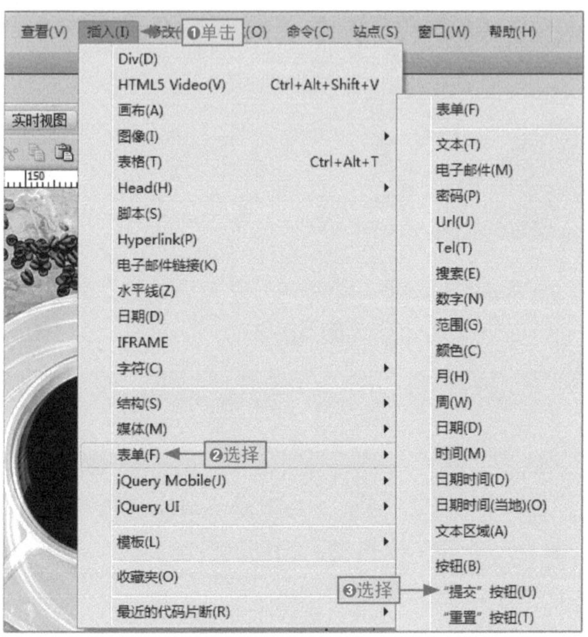

图 12-43

Step 3　插入重置按钮

将文本插入点定位“提交”按钮后，❶单击“插入”菜单项，❷在弹出的菜单中选择“表单”命令，❸在其子菜单中选择“重置按钮”命令，如图12-44所示。

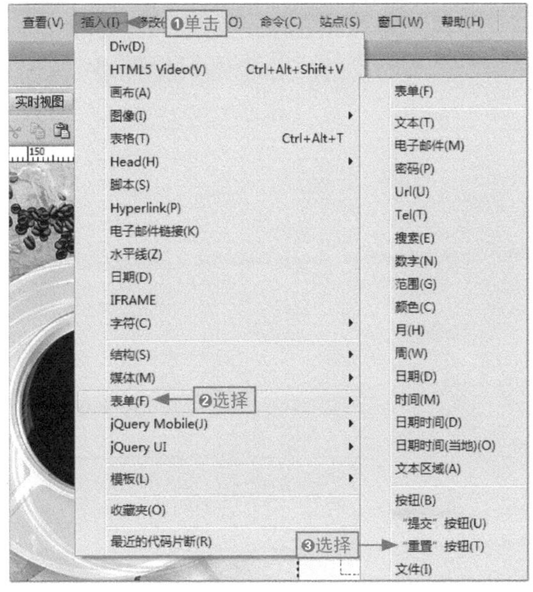

图 12-44

Step 4　效果预览

保存页面并按F12键进入页面效果预览状态，单击“提交”按钮可以将数据提交到指定目标，当单击“重置”按钮时页面中所有信息均回到初始状态，如图12-45所示。

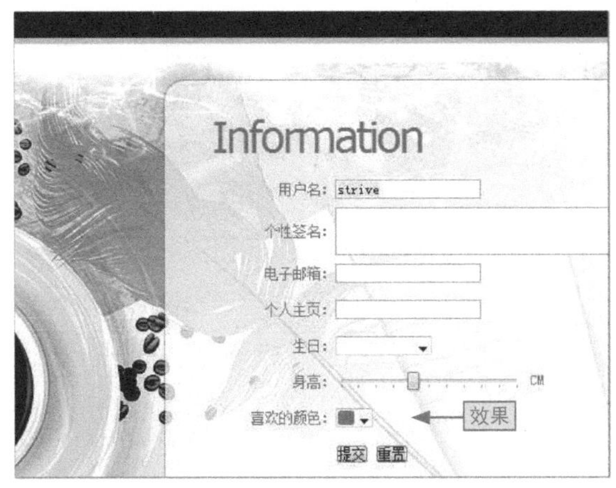

图 12-45

12.3.5　插入图像按钮

图像按钮即将图像直接用于按钮中，这样使按钮显示直观漂亮的效果，在网页中插入图像按钮的操作如下。

本节素材	DVD/素材/Chapter12/tea/Login_s.html
本节效果	DVD/效果/Chapter12/tea/Login_s.html
学习目标	插入图像按钮
难度指数	★★

Step 1　定位文本插入点

在Dreamweaver CC中打开Login_s素材文件，将文本插入点定位到第三行第一列的单元格中，如图12-46所示。

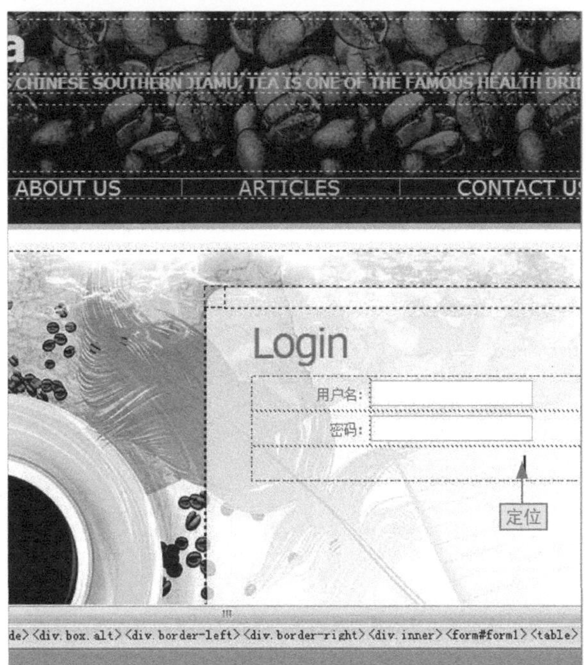

图 12-46

Step 2　执行插入图像按钮命令

❶单击菜单栏中“插入”菜单项，❷在弹出的菜单中选择“表单”命令，❸在其子菜单中选择“图像按钮”命令，如图12-47所示。

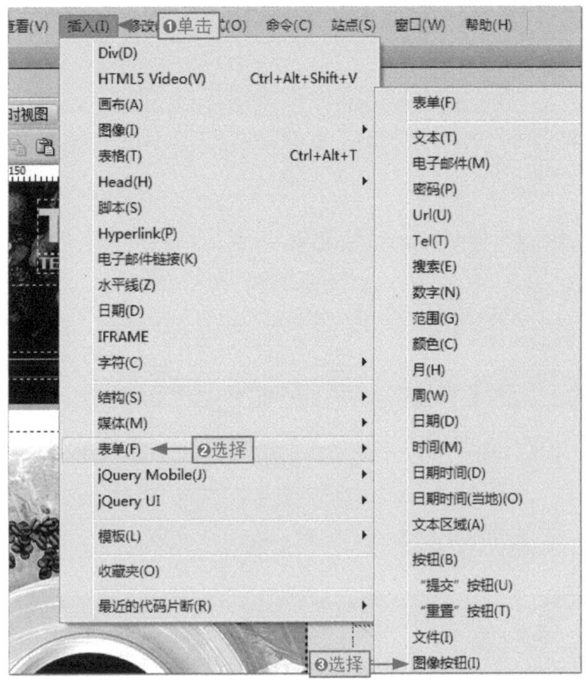

图 12-47

Step 3　选择图像

❶在打开的“选择图像源文件”对话框中，选择图像文件，❷单击“确定”按钮，如图12-48所示。

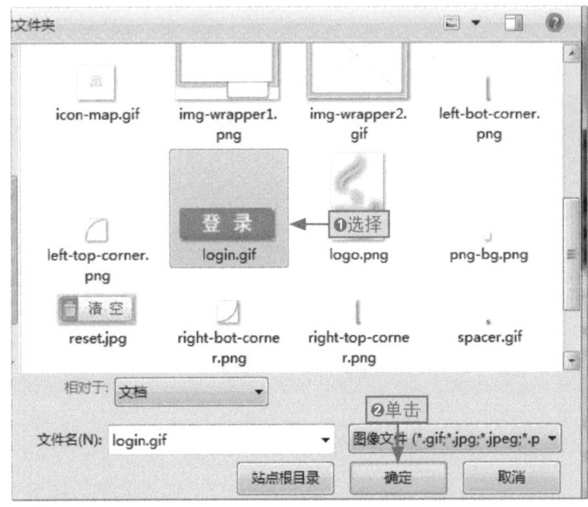

图 12-48

Step 4　效果预览

保存页面并按【F12】键启动浏览器，在打开的页面中可查看到插入图像按钮后的页面效果，如图12-49所示。

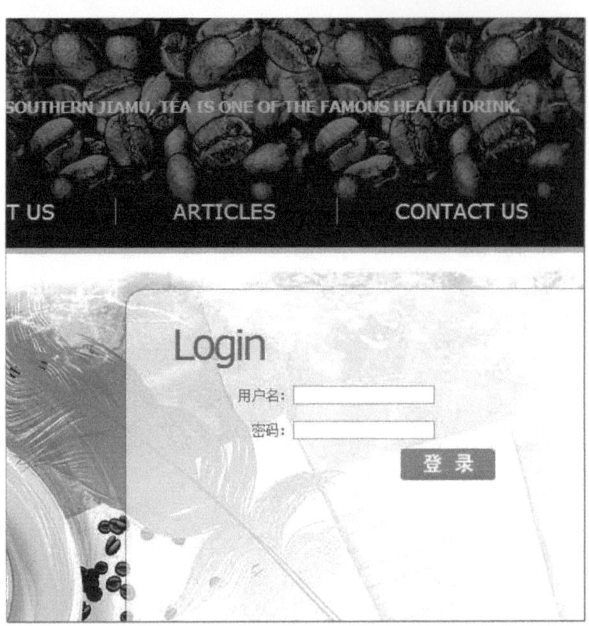

图 12-49

专家提醒 | 图像按钮的说明

图像按钮的作用与插入的提交按钮的作用相同。如果在一个网页中插入了多个图像按钮，默认情况下，它们的作用是相同的。

如果要让它们执行不同的操作，就需要使用JavaScript编写脚本，有关JavaScript的相关知识将在本书第13章介绍。

12.3.6　插入文件上传域

在网页制作过程中，如果要求用户上传文档、图像等文件，此时就需要使用文件上传域表单对象。

下面通过具体的实例，讲解插入文件上传域的方法，其具体操作方法如下。

本节素材	DVD/素材/Chapter12/tea/UserCp.html
本节效果	DVD/效果/Chapter12/tea/UserCp.html
学习目标	插入文件上传域
难度指数	★★

Step 1　打开素材文件

在Dreamweaver CC中打开UserCp素材文件，其初始效果如图12-50所示。

图 12-50

Step 2　插入头像文本内容

将文本插入点定位到第八行第二列的单元格中，在其中输入指定格式的“头像：”文本内容，如图12-51所示。

图 12-51

Step 3　插入文件上传域

将文本插入点定位到第八行第二列单元格中，❶单击“插入”菜单项，❷在弹出的菜单中选择“表单”命令，❸选择“文件”命令，如图12-52所示。

图 12-52

Step 4　效果预览

删除控件左侧出现的“File:”文本，保存页面并按F12键进入页面效果预览，如图12-53所示。

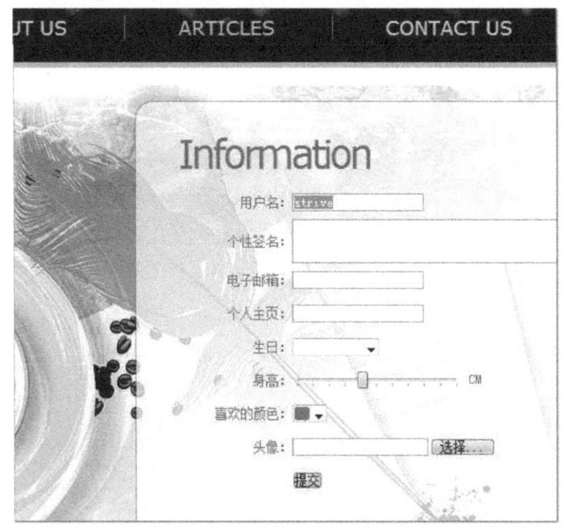

图 12-53

Step 5 文件上传域效果

单击文件上传域的“选择”按钮，将打开“打开”对话框，如图12-54所示。

专家提醒 | 选择需要上传的文件效果

在打开对话框中选择需要的文件后，单击“打开”按钮，程序自动将选择的文件路径获取到，并添加到“文件上传域”对象的文本框中。

图 12-54

12.4 实战问答

NO.1 | 如何通过“插入”面板添加表单对象

元芳：通过“插入”面板也可以实现表单对象的插入吗，如果可以，为什么我从“插入”面板中找不到表单对象呢？

大人：默认情况下，“插入”面板显示的是“常规”插入面板，需要手动切换到“表单”插入面板，再通过该面板来添加表单和表单对象，具体操作如下。

Step 1 单击“常规”插入面板的下拉按钮，在弹出的下拉列表中选择“表单”选项，如图12-55所示。

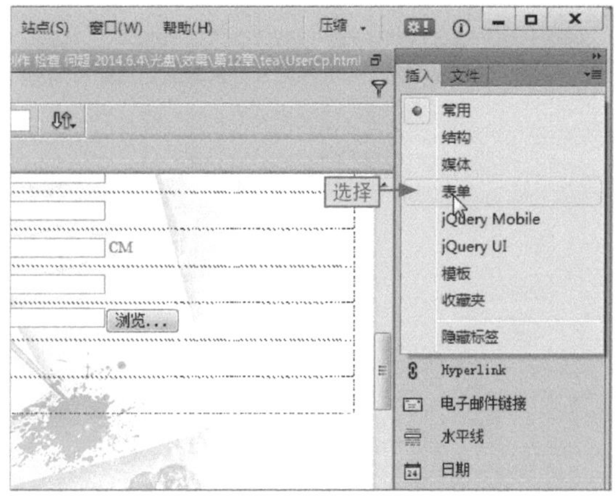

图 12-55

Step 2 将文本插入点定位到要插入表单对象的位置，在“表单”插入面板中单击需要的表单对象插入该对象，如图12-56所示。

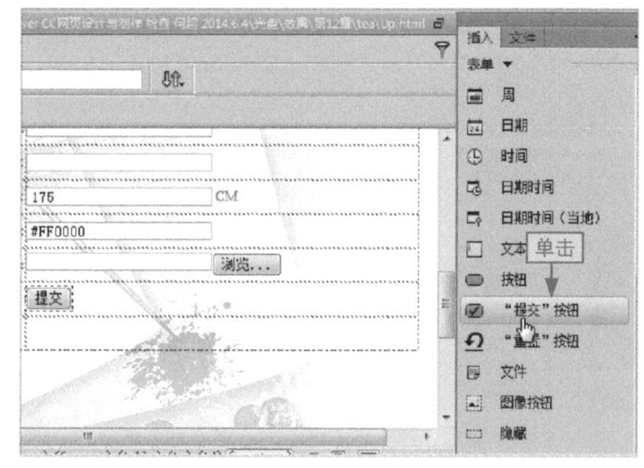

图 12-56

?! NO.2 | 如何自动选择文本框中所有文本内容

元芳：在表单中很多时候需要当文本插入点定位到文本框中时，文本框中的内容就自动全选，这样的效果应该如何操作设置？

大人：要实现这种效果，可以通过设置文本框对象的onfocus属性来完成，其具体操作方法如下。

Step 1 在代码视图中找到文本框对象，在其中设置onfocus属性的值为“"this.select()"”，其效果如图12-57所示。

```
="border-left">
lass="border-right">
iv class="inner">
  <h2>Information</h2>

<form action="" method="post" enctype="multipart/form-data" id="
  <table width="100%" border="0" cellspacing="0" cellpadding="0"
    <tr>
      <td width="22%" height="30" align="right">用户名: </td>
      <td width="78%">
      <input type="text" onfocus="this.select()" value="请输入用
      </td>
    </tr>
    <tr>
      <td height="30" align="right">个性签名: </td>
      <td><textarea name="textarea" id="textarea" cols="50" rows
    </tr>
    <tr>
      <td height="30" align="right">电子邮箱: </td>
      <td><input type="email" name="email" id="email" /></td>
    </tr>
    <tr>
      <td height="30" align="right">个人主页: </td>
```

输入

图 12-57

Step 2 保存文档，按F12键预览效果，当文本框获得焦点时(即将文本插入点定位到其中)，其中的内容就会被自动选择，如图12-58所示。

图 12-58

12.5 思考与练习

填空题

1. 可以用于明确显示输入文本的表单对象有________________________。

2. 表单标签是________________。

3. 从一组选项中只能选定一项的表单对象有________________________。

选择题

1. 下列(　　)的表单对象可用于提交表单。

A. 图像

B. 文本域

C. “提交”按钮

D. “重置”按钮

2. 下列表单对象中，从一组选项中可以同时选择多个数据的是(　　)。

A. 标签

B. 单选按钮

C. 文本框

D. 复选框

判断题

1. 文本框只能输入一行文本。　　(　　)

2. 单选按钮最多只能选择一项。　　(　　)

3. 页面中只能有一个表单。　　(　　)

操作题

【练习目的】用户信息页制作

下面通过在用户信息页中插入表单对象完善页面效果为例，让读者亲自体验各种表单对象的插入及相关的属性设置操作，巩固本章所学的知识。

【制作效果】

本节素材	DVD/素材/Chapter12/info/user.html
本节效果	DVD/效果/Chapter12/info/user.html

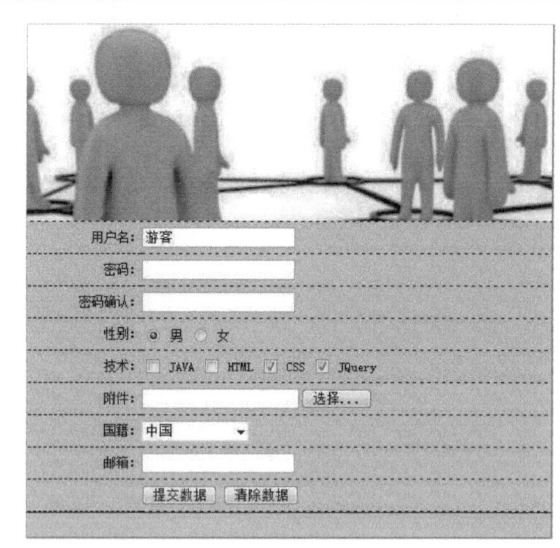

Chapter 13

在网页中编写JavaScript

本章要点

★ JavaScript是什么
★ JavaScript怎么用
★ 了解值和变量
★ 函数的使用
★ 窗口事件
★ 鼠标事件
★ 使用jQuery选择器
★ 使用jQuery事件

学习目标

随着Web的发展，人们对网页的要求也越来越高，人们希望网页具有更高的活力、具有交互性等，这时纯粹的HTML就显得力不从心了。此时就引入了JavaScript，它的出现与使用为Web站点的交互性、页面特效等增色不少。本章将给读者介绍JavaScript的基础知识，让读者知道什么是JavaScript以及JavaScript能做什么。

知识要点	学习时间	学习难度
了解JavaScript的基础知识和基础语法	30分钟	★★
掌握JavaScript的常用事件	70分钟	★★★★
jQuery的应用	70分钟	★★★★

重点实例

了解JavaScript的作用

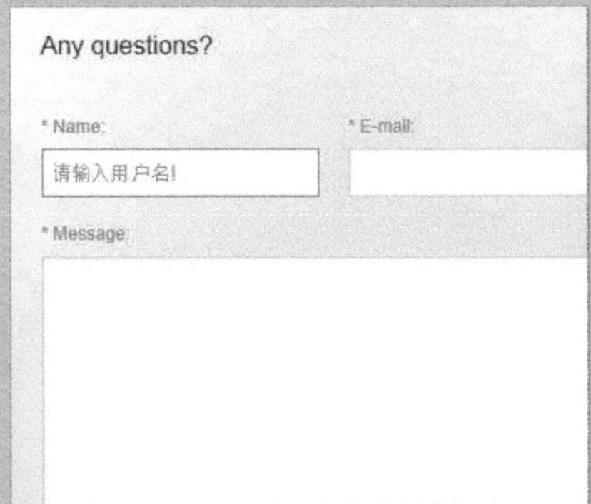

应用表单处理事件

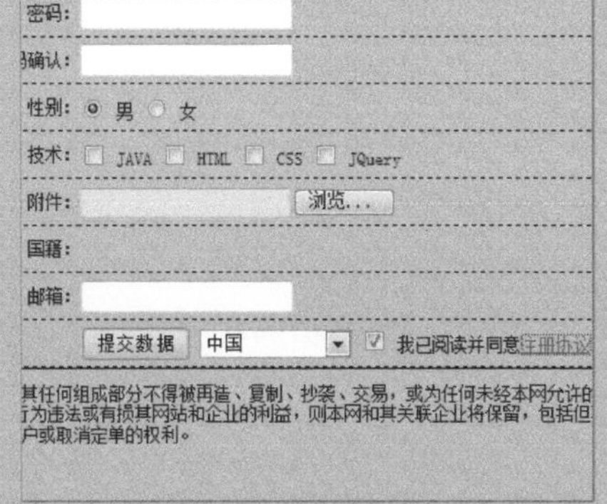

jQuery中常用的效果

13.1 了解JavaScript的基础知识

JavaScript在网页中的应用非常广泛，本节将具体介绍有关JavaScript的基础知识，包括什么是JavaScript、JavaScript能做什么以及JavaScript怎么用等。

13.1.1 JavaScript是什么

JavaScript是一种基于对象和事件驱动并具有相对安全性的客户端脚本语言，也是一种可以用于给网页增加交互性的编程脚本语言，如图13-1所示为包含JavaScript脚本的页面。

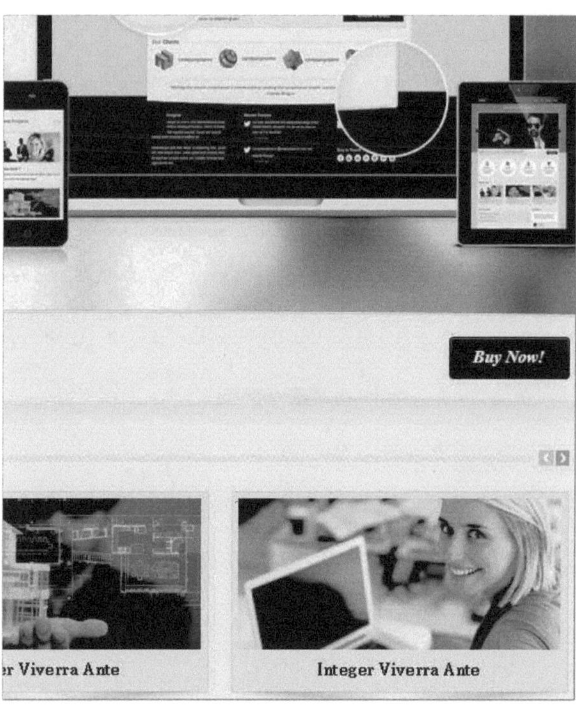

图 13-1

13.1.2 JavaScript能做什么

JavaScript可以让网页更具交互性、用户体验更好。JavaScript可以验证数据的有效性、可以处理表单、设置cookie、特效制作等，还有其他非常多的事情可以做。

◆页面特效

使用JavaScript制作的页面特效，让网页更具活力，视觉冲击力更强，如图13-2所示。

图 13-2

◆表单验证

JavaScript 可用来在数据被送往服务器前对HTML 表单中的这些输入数据进行验证，如表单的必填项目是否已填、邮箱地址是否合法等，如图13-3所示。

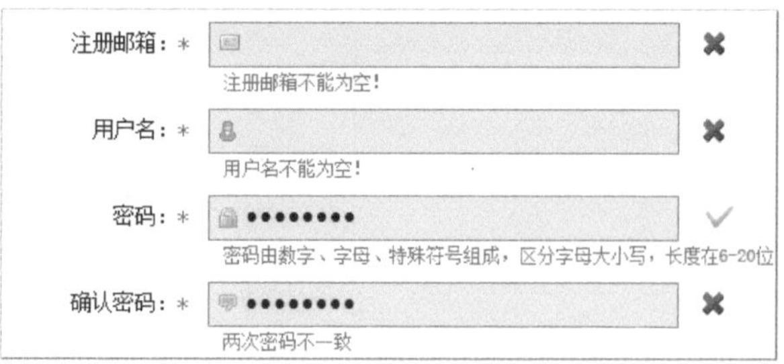

图 13-3

13.1.3 JavaScript怎么用

如果要在网页页面中使用JavaScript，可以通过3种方法，分别是标签内联式、内嵌式、内联式，各种使用方法的具体介绍如下。

◆标签内嵌式

标签内联式是直接将JavaScript代码写在标签的某行为或事件上，如图13-4所示将JavaScript代码写在<a>标签的onclick事件上。

```
iv>
v class="clear"></div>
an class="hr"></span>
>Stay in Touch</h5>
 class="sm foot">
  <li class="facebook"><a href="#facebook">Facebook</a></li>
  <li class="twitter"><a href="#twitter">LinkedIn</a></li>
  <li class="linkedin"><a href="#linkedin">Pinterest</a></li>
  <li class="pinterest"><a href="#pinterest">Pinterest</a></li>
  <li class="dribbble"><a href="#dribbble">Pinterest</a></li>
  <li class="flickr"><a href="#flickr">Pinterest</a></li>
  <li class="flavors"><a href="#" onclick="alert('没有此信息')">

l>


"clear"></div>

teen columns alpha omega">
"foot-nav-bg"></div>
"foot-nav">
ass="copy">
tyright © 2011-2012 Enzyme. More Templates <a href=
nk" title="模板之家">模板之家</a> - Collect from <a href=
```

图 13-4

◆内嵌式

内嵌式即在页面中直接将JavaScript代码写在<head>或<body>标签中，如图13-5所示。

```
<script type="text/javascript">
    $(window).load(function(){
        // Setup Slider
        $(".onebyone.hide").fadeIn(1000);
        $('.onebyone').oneByOne({
            className: 'oneByOne1',
            easeType: 'random',
            autoHideButton: false,
            width: 960,
            height: 840,
            minWidth: 680,
            slideShow: true
        });
         $("a[class^='prettyPhoto']").prettyPhoto({social_tools
    });
</script>
```

图 13-5

专家提醒 | JavaScript使用注意事项

在使用JavaScript时，当使用内嵌式嵌入JavaScript代码时，需要将相应的代码写到<script></script>之间，这样的代码可以放置在页面的<head><body>标签中或同时放置在两标签中。

◆内联式

内联式是将JavaScript代码封装到一个JavaScript文件中，然后在页面中引用此文件。内联式提高了JavaScript代码的重用性，如图13-6所示。

```
    <script src="http://html5shim.googlecode.com/svn/trunk/html
<![endif]--><script type="text/javascript" language="javascript
<script type="text/javascript" src="js/jquery.easing.1.3.js"></
<script type="text/javascript" src="js/jquery.carousel.js"></sc
<script type="text/javascript" src="js/jquery.color.animation.j
<script type="text/javascript" src="js/jquery.prettyPhoto.js" c
<script type="text/javascript" src="js/default.js"></script>
<script type="text/javascript" src="js/jquery.onebyone.min.js">
<script type="text/javascript" src="js/jquery.touchwipe.min.js"

<!-- color pickers -->
<link rel="stylesheet" media="screen" type="text/css" href="css
<script type="text/javascript" src="js/colorpicker.js"></script
<!-- end of color pickers -->
```

图 13-6

13.2 JavaScript基础语法

在开始编写JavaScript代码之前，用户首先要了解及掌握JavaScript的一些基本规则，如变量定义、函数定义等。

13.2.1 了解值和变量

在JavaScript代码中，定义一个变量来保存某个值是最常见的也是最基础的代码，其定义语法格式如图13-7所示。

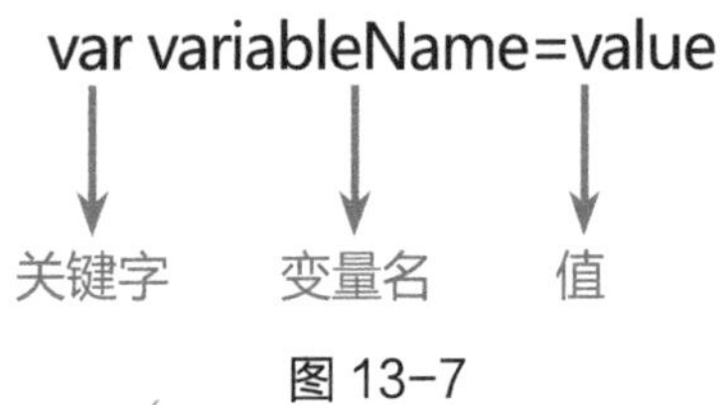

图 13-7

各组成部分的具体作用如图13-8所示。

学习目标	了解JavaScript中的值和变量
学习难度	★★

关键字	var关键字主要用于标识定义变量，在JavaScript代码中保留的关键字都不能被作为变量名。
变量名	变量名是用户对要定义的变量自定义的名称。变量名中不能包含空格或其他标点符号，也不能以数字开头。定义变量名时尽可能有意义。
值	在JavaScript中，一段信息就是一个值，值有不同类型，如字符串、数字、布尔等。

图 13-8

13.2.2 了解运算符

运算符就是用来操作变量的符号。下面具体列举一些JavaScript中的常见运算符，并具体介绍各种运算符的功能，如图13-9所示。

+(加号)	如果变量为数字，则表示对变量进行求和；如果变量为字符串，表示将字符串并在一起。
-(减号)	表示求两个数字之间的差，或某个数的相反数。如x-y表示从x中减去y，-x表示x的相反数。
*(乘号)	表示求两个数字之间的乘积。如x*y表示x与y相乘。
/(除号)	表示求两个数字之间进行相除运算。如x/y表示x除以y。
%(求模)	表示求两个数字之间的模(即执行除法运算后的余数)。如x%y表示x和y的模(即x除以y的余数)。
++(自加)	表示变量自身加1。如x++表示x加1(等价于x=x+1)。
--(自减)	表示变量自身减1。如--x表示x减1(等价于x=x-1)。
=/+=/-= /*=//=/%=	=表示赋值，其他符号则为简写的运算赋值方式。

图 13-9

13.2.3 认识各种比较符

在JavaScript代码中经常会对两个变量值进行比较，或将一个变量的值与一个数值进行比较。此时就有必要了解各种比较符的具体含义，下面列出常见的比较符，如图13-10所示。

==	用于比较两值相等。示例：x==y，如果相等则返回true，否则返回false。
===	用于比较两值是否完全相同。示例：x===y，如果完全相同，则返回true，否则返回false。
!=	用于比较两值不相等，示例：x!=y，如果x和y不相等，则返回true，否则返回false。
!==	用于比较两值不完全相同，示例：x!==y，如果x和y不完全相同，则返回true，否则返回false。
>	用于比较是否大于，示例：x>y，如果x大于y，则返回true，否则返回false。
>=	用于比较是否大于等于，示例：x>=y，如果x大于等于y，则返回true，否则返回false。
<	用于比较是否小于，示例：x<y，如果x小于y，则返回true，否则返回false。
<=	用于比较是否小于等于，示例x<=y，如果x小于等于y，则返回true，否则返回false。
&&	与符号，用于判断变量是否都为真。示例：x&&y，如果x和y都为true，则返回true，否则返回false。
||	或符号，用于判断有一个变量为真。示例：x||y，如果x或y为true，则返回true，否则返回false。
!	用于取反，示例：!x，如果x为false，则返回true，否则返回false。

图 13-10

13.2.4 函数的使用

函数是由事件驱动的，或者当它被调用时执行的可重复使用的代码块。JavaScript代码中定义函数前面需要使用关键词function，并添加一对大括号。下面具体讲解定义函数的操作方法。

本节素材	DVD/素材/Chapter13/无
本节效果	DVD/效果/Chapter13/deffunc.js
学习目标	函数的使用
难度指数	★★

Step 1 打开“新建文档”对话框

启动Dreamweaver CC软件，并打开“新建文档”对话框，如图13-11所示。

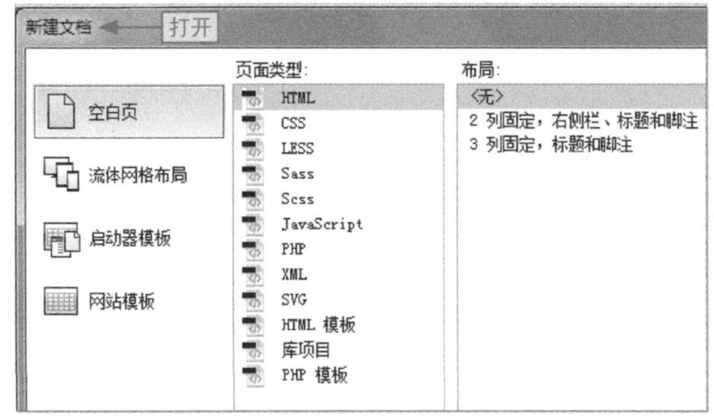

图 13-11

Step 2 新建脚本文件

❶在该对话框的“页面类型”列表框中选择JavaScript选项，❷单击“创建”按钮，如图13-12所示。

Step 3 定义函数并保存文件

直接输入function关键字和函数名称完成functionname()函数的定义。按Ctrl+S组合键将其以deffunc名称保存为JavaScript文件，如图13-13所示。

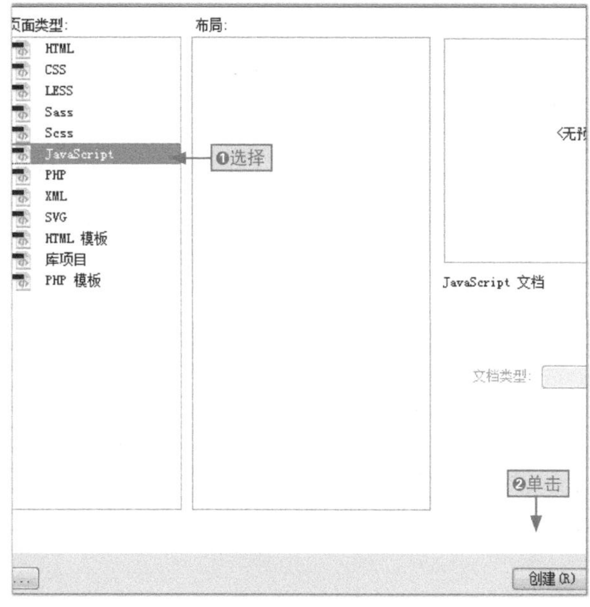

图 13-12

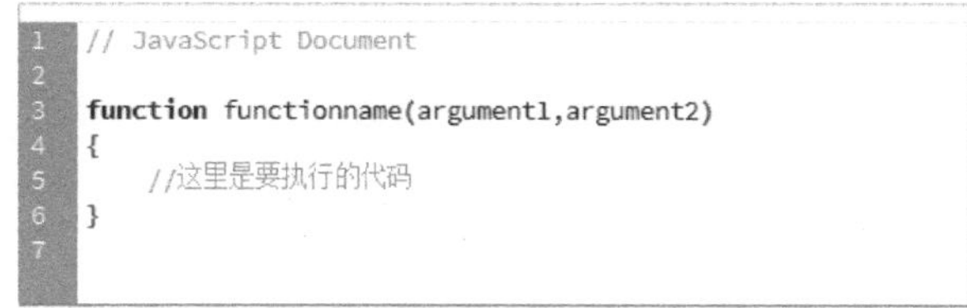

```
// JavaScript Document

function functionname(argument1,argument2)
{
    //这里是要执行的代码
}
```

图 13-13

13.3 掌握JavaScript的常用事件

事件是用户在访问页面时执行的操作，它在用户与页面的交互中有很重要的作用。本节将介绍常用的窗口事件、鼠标事件、键盘事件以及表单处理事件等。

13.3.1 窗口事件

当用户执行某些影响整个浏览器窗口的操作时就将会引发窗口事件。常用的窗口事件有以下几种，如图13-14所示。

onload事件	onload事件是当用户进入页面，且页面中所有元素都加载完成时被触发的事件。
onunload事件	onunload事件是当用户离开某个页面时被触发的事件。
onresize事件	onresize事件是当用户改变页面窗口大小时被触发的事件。
onmove事件	onmove事件是当用户移动窗口位置时被触发的事件。
onerror事件	onerror事件是当页面中的JavaScript脚本运行发生错误时被触发的事件。
onfocus事件	onfocus事件是当某个对象获得焦点时被触发的事件。
onblur事件	onblur事件是当某个对象失去焦点时被触发的事件。

图 13-14

下面通过具体的实例来讲解在页面中如何使用这些窗口事件。

本节素材	DVD/素材/Chapter13/index.html
本节效果	DVD/效果/Chapter13/index.html
学习目标	窗口事件
难度指数	★★

Step 1　打开素材文件

启动Dreamweaver CC软件，并打开index素材文件，如图13-15所示。

图 13-15

Step 2　添加JavaScript脚本

将页面切换到代码视图窗口，并在<head></head>之间加入下图中的代码，如图13-16所示。

```
<meta http-equiv="Content-Type" content="text/html; charset=utf

<script type="text/javascript" language="javascript">
    function welcomeMsg(){
        alert("您好！欢迎访问本站点。");
    }
</script>
</head>
<body class="home">

<div id="page">

    <!-- BEGIN TITLEBAR -->
    <header id="titlebar">
        <ul id="top_menu">
            <li class="current-menu-item">
                <a href="./index.html">Home</a>
            </li>
            <li>
                <a href="./about.html">About Us</a>
            </li>
            <li>
```

添加

图 13-16

Step 3　添加onload窗口事件

切换到设计视图，选择<body>标签，在“行为”面板中为onload事件指定welcomeMsg()函数，如图13-17所示。

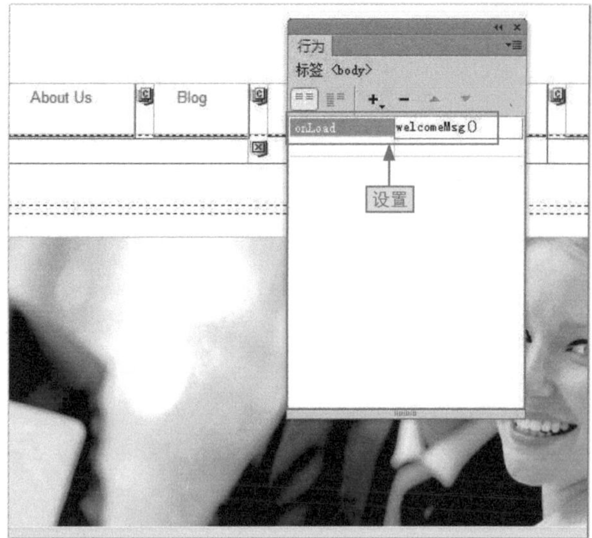

图 13-17

Step 4　效果预览

保存页面，按F12键进入页面效果预览状态，在用户进行页面后，程序自动触发onload事件，打开一个消息对话框，如图13-18所示。

图 13-18

13.3.2 鼠标事件

在用户与页面发生交互动作中，绝大多数操作都是通过操作鼠标来完成的。在JavaScript中，常见的鼠标事件有如下几种，如图13-19所示。

onmousedown事件	onmousedown事件是当鼠标按键被按下时被触发的事件。
onmouseup事件	onmouseup事件是当鼠标按键被松开时被触发的事件。
onmouseove事件	onmouseove事件是当鼠标被移动时被触发的事件。
onmouseover事件	onmouseover事件是当鼠标光标移动到指定的对象上时被触发的事件。
onmouseout事件	onmouseout事件是当鼠标光标从指定的对象上移出时被触发的事件。
ondblclick事件	ondblclick事件是在某个对象上执行双击鼠标左键操作时被触发的事件。
onclick事件	onclick事件是在某个对象上执行单击鼠标左键操作时被触发的事件。

图 13-19

下面通过具体的实例来讲解在页面中如何使用鼠标事件。

本节素材	DVD/素材/Chapter13/about.html
本节效果	DVD/效果/Chapter13/about.html
学习目标	鼠标事件
难度指数	★★

Step 1 切换到代码视图

启动Dreamweaver CC软件，打开about素材文件，单击“代码”按钮切换到代码视图窗口，如图13-20所示。

图 13-20

Step 2 创建contact()函数

在<head></head>标签之间编写JavaScript代码，创建contact()函数，如图13-21所示。

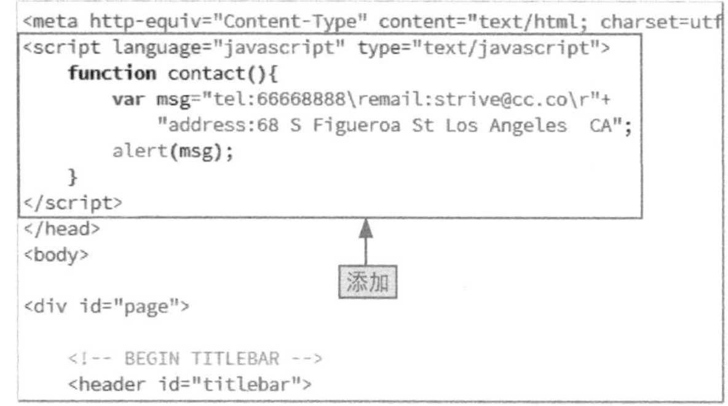

```
<meta http-equiv="Content-Type" content="text/html; charset=utf
<script language="javascript" type="text/javascript">
    function contact(){
        var msg="tel:66668888\remail:strive@cc.co\r"+
            "address:68 S Figueroa St Los Angeles  CA";
        alert(msg);
    }
</script>
</head>
<body>

<div id="page">

    <!-- BEGIN TITLEBAR -->
    <header id="titlebar">
```


图 13-21

Step 3 添加onclick鼠标事件

❶切换到设计视图，选择需要添加鼠标事件的对象，这里选择“click me”文本内容，❷在“行为”面板中设置onclick事件执行contact()函数，如图13-22所示。

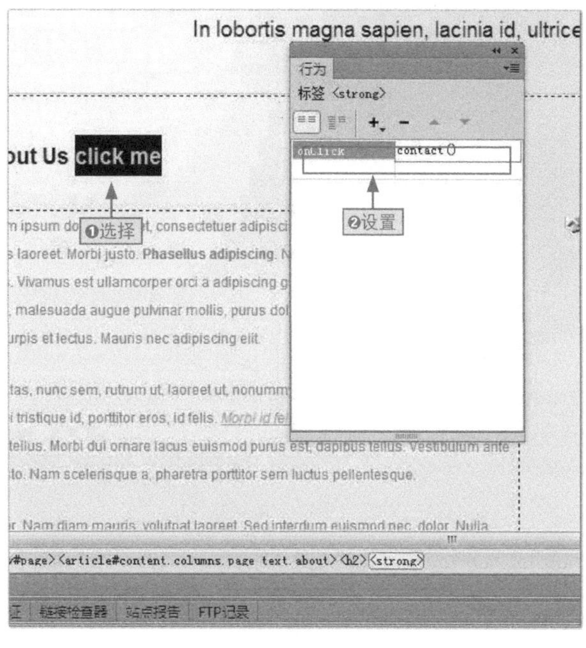

图 13-22

Step 4 效果预览

保存页面，按F12键进入页面预览状态，在click me文本对象上单击触发onclick事件，打开一个消息对话框，如图13-23所示。

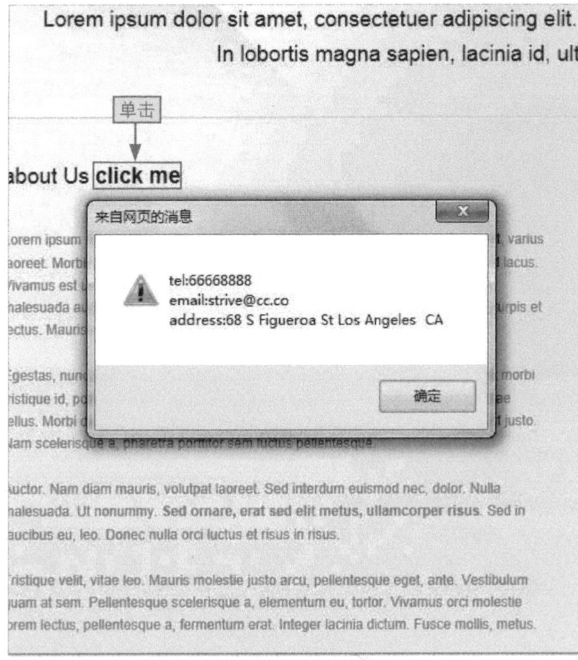

图 13-23

13.3.3 键盘事件

用户在与页面发生交互动作时，除了使用鼠标，还可以使用键盘。因此，在JavaScript中也为按键提供了对应的事件，各种事件的具体作用如图13-24所示。

onkeydown事件	onkeydown事件是当用户按下某个按键时被触发的事件。
onkeypress事件	onkeypress事件是按键被按下并释放时被触发的事件(系统键除外)。
onkeyup事件	onkeyup事件是当按键被按下并释放时就会被触发的事件。

图 13-24

下面通过具体的实例来讲解在页面中如何使用键盘事件。

本节素材	DVD/素材/Chapter13/contact.html
本节效果	DVD/效果/Chapter13/contact.html
学习目标	键盘事件
难度指数	★★

Step 1 切换到代码视图

启动Dreamweaver CC软件，打开contact素材文件，单击“代码”按钮将页面切换到代码视图窗口，如图13-25所示。

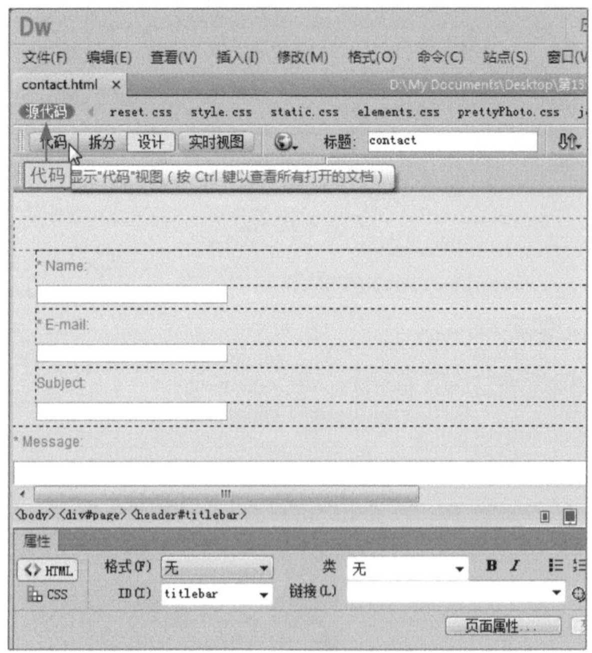

图 13-25

Step 2 创建UserNameCheck()函数

在<head></head>标签之间编写JavaScript代码，创建UserNameCheck()函数，如图13-26所示。

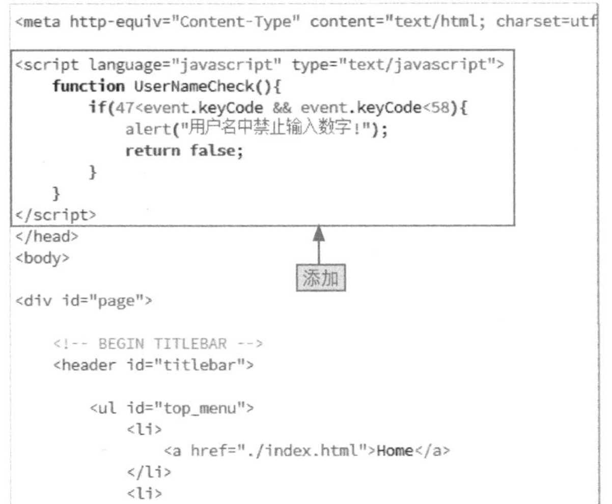

```
<meta http-equiv="Content-Type" content="text/html; charset=utf
<script language="javascript" type="text/javascript">
    function UserNameCheck(){
        if(47<event.keyCode && event.keyCode<58){
            alert("用户名中禁止输入数字!");
            return false;
        }
    }
</script>
</head>
<body>

<div id="page">

    <!-- BEGIN TITLEBAR -->
    <header id="titlebar">

        <ul id="top_menu">
            <li>
                <a href="./index.html">Home</a>
            </li>
            <li>
```


图 13-26

Step 3　添加onKeyDown键盘事件

❶切换到设计视图中，选择Name文本框，❷在“行为”面板中为onKeyDown事件指定创建好的函数，这里为其指定UserNameCheck()函数，如图13-27所示。

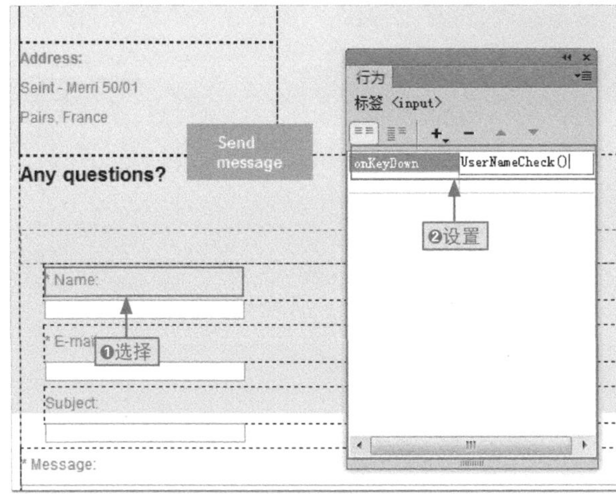

图 13-27

Step 4　效果预览

保存页面，按F12键进入页面效果预览状态，当在Name文本框中输入数字时，程序自动触发onKeyDown事件，打开一个提示对话框，如图13-28所示。

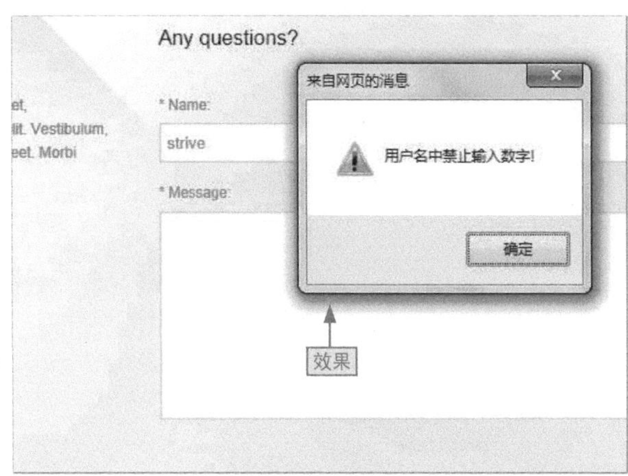

图 13-28

13.3.4　表单处理事件

在JavaScript中，表单处理事件主要用于对表单数据的验证，下面具体介绍几种常见的表单处理事件，如图13-29所示。

onsubmit事件	onsubmit事件是当用户单击Submit类型的按钮被触发的事件。
onreset事件	onreset事件是当用户单击Reset类型的按钮时被触发的事件。
onchang事件	onchang事件是当用户修改表单数据时被触发的事件。
onselect事件	onselect事件是当用户选择文本框中的文本时被触发的事件。

图 13-29

下面通过具体的实例来讲解在页面中如何使用表单处理事件。

本节素材	DVD/素材/Chapter13/contact1.html
本节效果	DVD/效果/Chapter13/contact1.html
学习目标	表单处理事件
难度指数	★★

Step 1　切换到代码视图

启动Dreamweaver CC软件，打开contact1素材文件，单击“代码”按钮将页面切换到代码视图窗口，如图13-30所示。

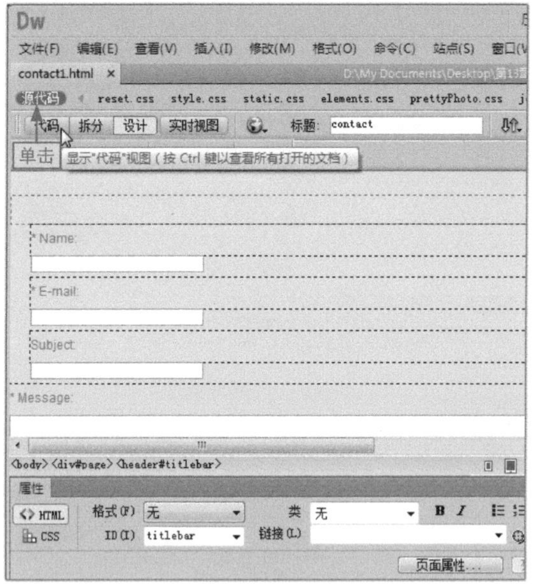

图 13-30

Step 2 创建JavaScript函数

在<head></head>标签之间编写JavaScript代码，创建Check()函数，如图13-31所示。

```
    <link rel="stylesheet" href="./css/reset.css" type="tex
    <link rel="stylesheet" href="./css/style.css" type="tex

<meta http-equiv="Content-Type" content="text/html; charset

<script language="javascript" type="text/javascript">
    function Check(){
        var name=document.getElementById("name");
        if(name.value=="" || name.value=="请输入用户名！"){
            name.style.borderWidth="1px";
            name.style.borderStyle="solid";
            name.style.borderColor="#ff0000";
            name.value = "请输入用户名！";
            return false;
        }
        return true;
    }
</script>
</head>
<body>

<div id="page">

    <!-- BEGIN TITLEBAR -->
```

添加

图 13-31

Step 3 添加onsubmit表单处理事件

❶切换到设计视图，选择contact表单，❷在“行为”面板中为onsubmit事件指定Check()函数，如图13-32所示。

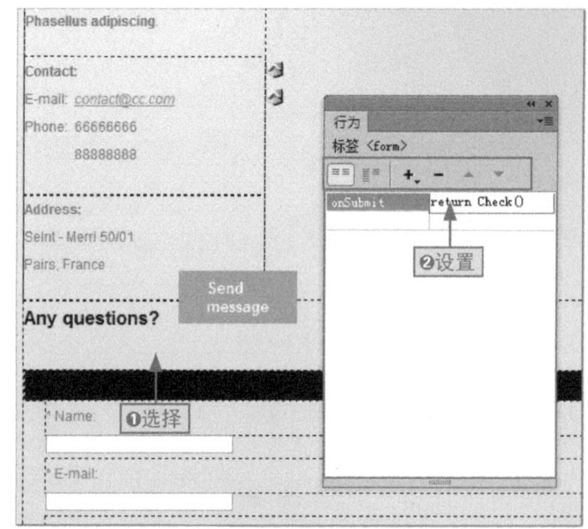

图 13-32

Step 4 效果预览

保存页面，按F12键进入页面效果预览状态，在不输入名字的情况下单击Send message按钮，程序自动触发onsubmit事件，并在Name文本框中显示提示信息，如图13-33所示。

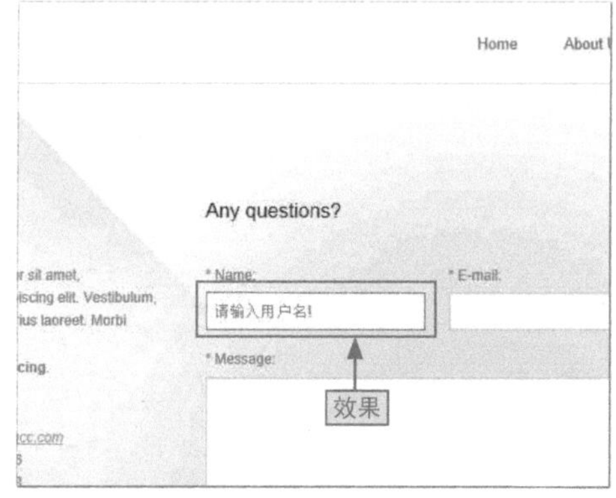

图 13-33

13.4 jQuery的应用

在复杂多变的网页中要编写好的JavaScript代码其实并非易事，但是用户可借助一些JavaScript工具包来实现复杂的JavaScript代码功能。jQuery就是较出色的JavaScript库之一。本节将具体介绍有关jQuery的各种基础知识和应用方法。

13.4.1 jQuery核心函数

jQuery的核心函数是$()，jQuery的功能都是通过该函数来实现的，或都是以某种方式基于此函数。

本节素材	DVD/素材/Chapter13/jquery.js
本节效果	DVD/效果/Chapter13/j1.html
学习目标	jQuery核心函数
难度指数	★★

Step 1　新建文件

新建标题为“jQuery核心”的j1网页文件，并引用jquery.js脚本文件，如图13-34所示。

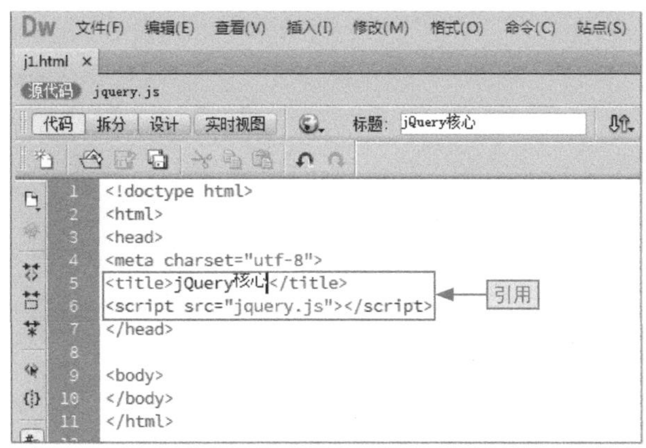


```
<!doctype html>
<html>
<head>
<meta charset="utf-8">
<title>jQuery核心</title>
<script src="jquery.js"></script>
</head>

<body>
</body>
</html>
```

图 13-34

Step 2　编写jQuery代码

将文本插入点定位到第七行开始处，这里输入页面加载时，打开欢迎对话框的代码，如图13-35所示。

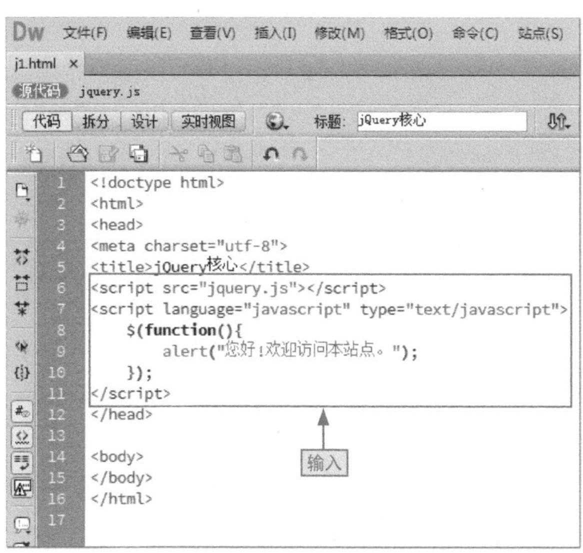


```
<!doctype html>
<html>
<head>
<meta charset="utf-8">
<title>jQuery核心</title>
<script src="jquery.js"></script>
<script language="javascript" type="text/javascript">
    $(function(){
        alert("您好！欢迎访问本站点。");
    });
</script>
</head>

<body>
</body>
</html>
```

图 13-35

Step 3　效果预览

保存页面，按F12键进入页面效果预览状态，此时程序自动运行脚本语言，并打开一个欢迎信息对话框，如图13-36所示。

图 13-36

13.4.2 使用jQuery选择器

选择器是用来获得某个对象，在jQuery中，通过$("str")函数来获取，这里的str可以是ID编号、类样式名称等。

下面介绍几种常用的jQuery选择器，如图13-37所示。

ID选择器	ID选择器是$("#ID名称")，它通过匹配ID名称来获得对象元素，例如：$("#Name")表示查找ID名称为Name的元素。
class选择器	class选择器是$(".className")，它通过匹配样式类来获得对象元素，例如：$(".Div")表示查找所有Div元素。
[attribute]选择器	jQuery中attribute选择器是通过匹配元素的属性来获得对象元素，例如：$("Div[ID]")表示查找所有含有ID属性的Div元素。
element选择器	jQuery中element选择器是$("elementName")，它通过匹配标签名称来获得对象元素，例如：$("Div")表示查找所有Div元素。
*选择器	jQuery中*选择器是$("*")，它通过查找来获得所有的对象元素，例如：$("*")表示查找页面中每一个元素。

图 13-37

下面通过具体的实例来讲解在页面中如何使用jQuery选择器。

本节素材	DVD/素材/Chapter13/aboutus.html
本节效果	DVD/效果/Chapter13/aboutus.html
学习目标	使用jQuery选择器
难度指数	★★

Step 1 打开素材文件

启动Dreamweaver CC软件，打开aboutus素材文件，如图13-38所示。

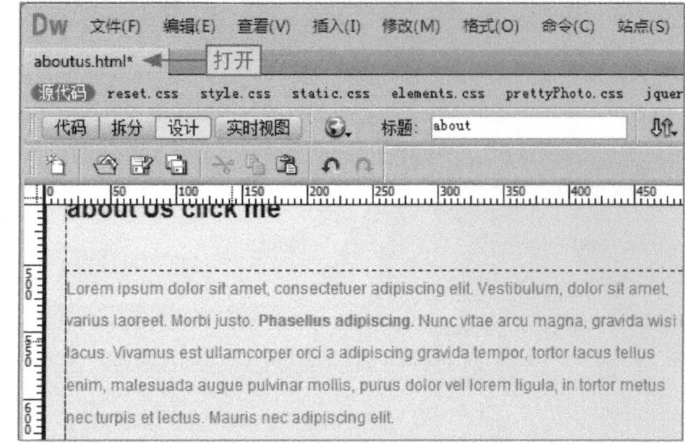

图 13-38

Step 2 引用jQuery库文件

❶在菜单栏中单击“插入”菜单项，❷在弹出的菜单中选择“脚本”命令，如图13-39所示。

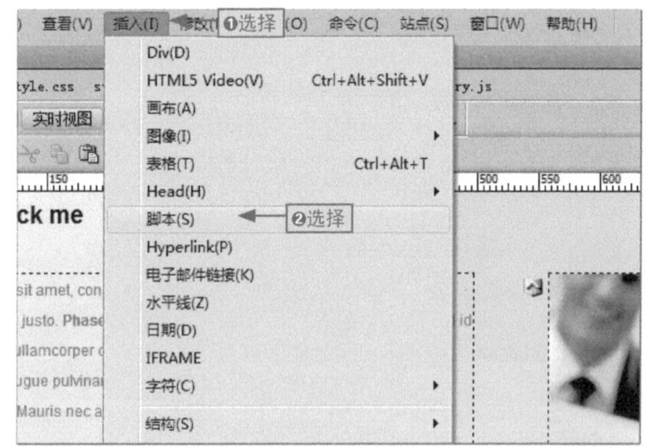

图 13-39

Step 3 选择Query文件

❶在“选择文件”对话框中找到并选择需要的jQuery文件，❷单击“确定”按钮，如图13-40所示。

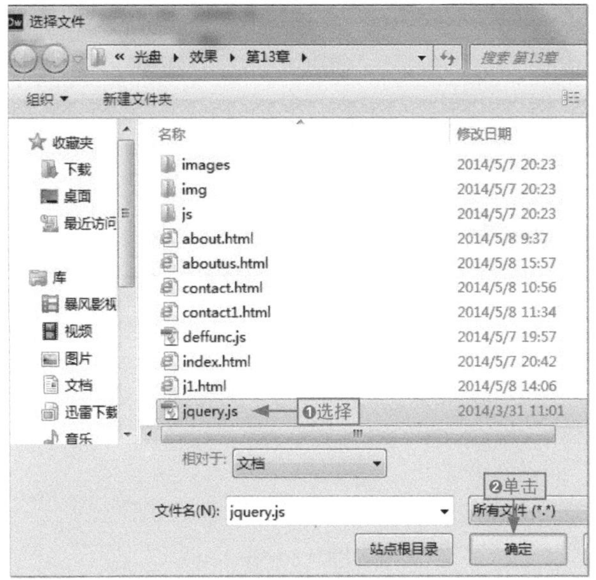

图 13-40

Step 4 编写jQuery代码

在引用的jQuery库文件下方输入更改class为column的元素的背景颜色及字体颜色，如图13-41所示。

```
<!DOCTYPE HTML>
<html>
<head>

    <title>about</title>
    <meta http-equiv="Content-Type" content="text/html; charset
    <link rel="stylesheet" href="./css/reset.css" type="text/cs
    <link rel="stylesheet" href="./css/style.css" type="text/cs
    <script type="text/javascript" src="jquery.js"></script>
    <script language="javascript">
    $(function(){
        $(".column").css({"background-color":"#336699",color:"r
    });
    </script>
</head>
<body>

<div id="page">
```

编写

图 13-41

Step 5 效果预览

保存页面，按F12键，在打开的页面中可查看页面的设置效果，如图13-42所示。

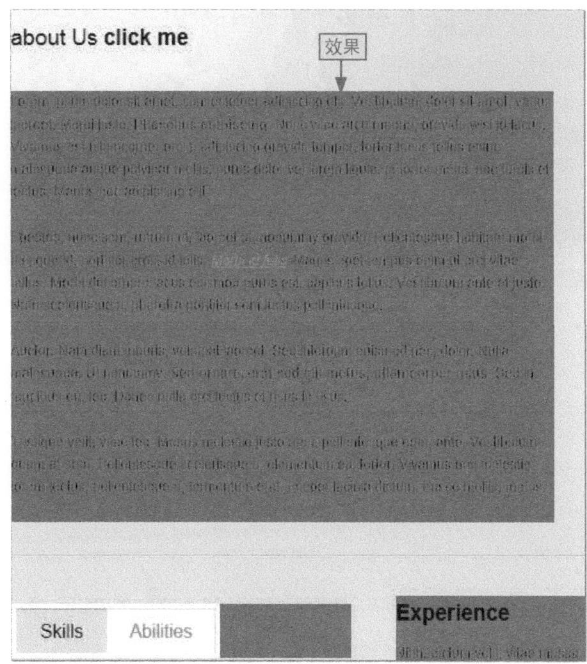

图 13-42

13.4.3 使用jQuery操作对象属性

在jQuery中可以获得或设置对象的属性。下列将介绍几种主要用来设置或获取对象属性值的方法，如图13-43所示。

attr(properties)	attr(properties)用来设置或获取属性值，例如：$("img").attr("src")表示获得所有图像的路径。
removeAttr(name)	removeAttr(name)是从匹配的元素中删除一个属性，例如：$("img").removeAttr("src")表示将所有图像src属性删除。
addClass(class)	addClass(class)是为指定的元素添加类名，例如：$("img").addClass("phbg")表示给所有图像添加phbg类。
html([val|fn])	html([val|fn])是设置或获取指定元素的html内容，例如：$(".msg").html()表示获取样式为msg的对象的html内容。
text([val|fn])	text([val|fn])是设置或获取指定元素的文本内容，例如：$(".msg").text()表示获取样式为msg的对象的文本内容。
val([vallfnlarr])	val([vallfn])是设置或获取指定元素的html值，例如：$("input").val("请输入")表示设置所有input标签的值为“请输入”。

图 13-43

下面通过具体的实例来讲解在页面中如何使用jQuery来操作对象的属性。

本节素材	DVD/素材/Chapter13/contact2.html
本节效果	DVD/效果/Chapter13/contact2.html
学习目标	使用jQuery操作对象属性
难度指数	★★

Step 1　打开文件

启动Dreamweaver CC软件并打开contact2.html文件，如图13-44所示。

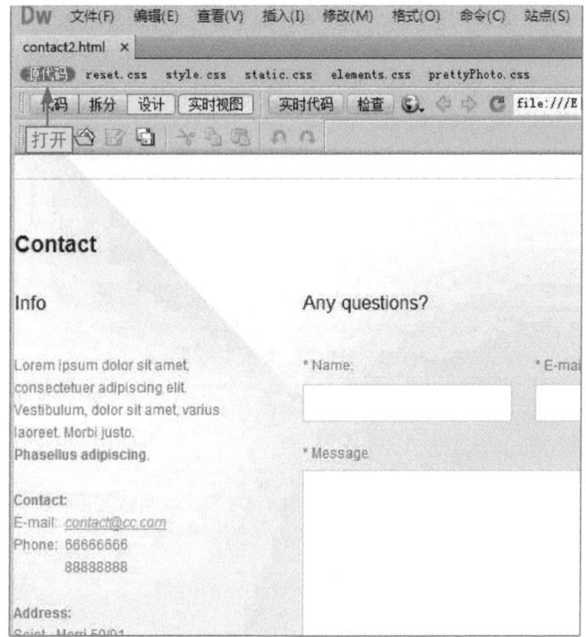

图 13-44

Step 2　引用jQuery库文件

❶选择菜单栏中的“插入”选项，❷在弹出的菜单中选择“脚本”选项命令，如图13-45所示。

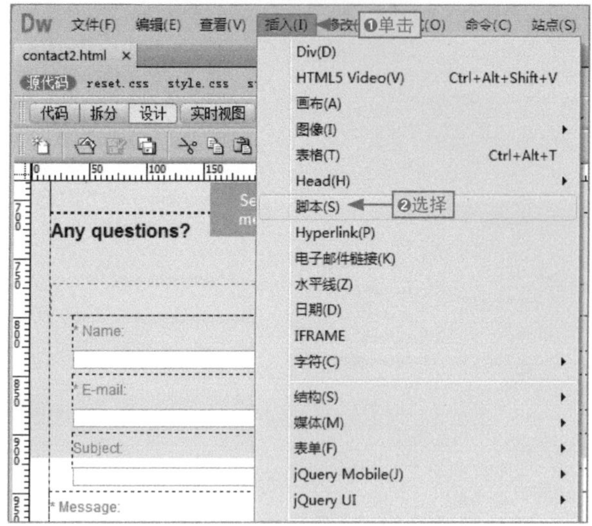

图 13-45

Step 3　选择Query文件

❶在“选择文件”窗口中选择合适的jQuery文件，❷单击“确定”按钮，如图13-46所示。

图 13-46

Step 4 编写jQuery代码

在引用的jQuery库文件下方输入单击Send message按钮时将class为column_25的元素的html内容添加到message文本域的代码，如图13-47所示。

```
    <title>contact</title>

    <link rel="stylesheet" href="./css/reset.css" type="text/cs
    <link rel="stylesheet" href="./css/style.css" type="text/cs

<meta http-equiv="Content-Type" content="text/html; charset=utf
<script type="text/javascript" src="jquery.js"></script>
<script type="text/javascript">
    $(function(){
        $("input[type='button']").click(function(){
            $("#message").val($(".column_25").html());
        });

    });
</script>

</head>
<body>
```

编写

图 13-47

Step 5 效果预览

保存页面，按F12键进入页面效果预览状态，单击Send message按钮，message文本域中的内容将发生改变，如图13-48所示。

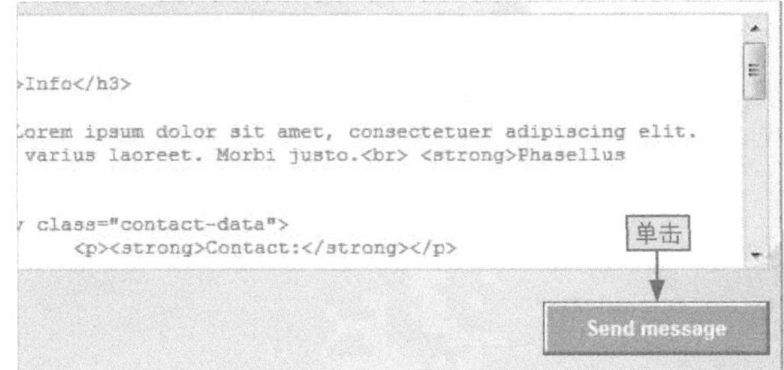

图 13-48

13.4.4 使用jQuery事件

在jQuery中，也可以使用事件来控制元素对象。下面介绍几种常见的jQuery事件，如图13-49所示。

click ([[data],fn])	click([[data],fn])是给指定元素增加单击事件，例如：$("input").click(function(){alert("hello")})表示为所有input标签都增加 单击事件。
focus ([[data],fn])	当指定元素获得焦点时触发focus([[data],fn])事件。
mouseover ([[data],fn])	当鼠标光标移动到指定元素上方时，触发mouseover([[data],fn])事件。
submit ([[data],fn])	当用户提交表单内容时触发submit([[data],fn])事件。

图 13-49

下面通过具体的实例来讲解在页面中如何使用jQuery事件。

本节素材	DVD/素材/Chapter13/contact3.html
本节效果	DVD/效果/Chapter13/contact3.html
学习目标	使用jQuery事件
难度指数	★★

Step 1 打开素材文件

启动Dreamweaver CC软件，打开contact3素材文件，如图13-50所示。

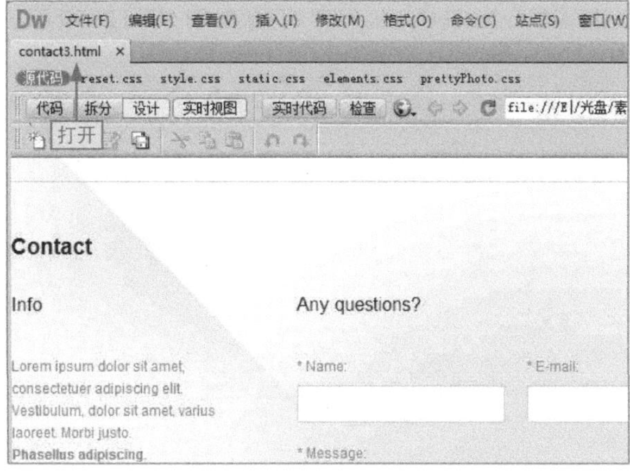

图 13-50

Step 2 引用jQuery库文件

❶在菜单栏中单击“插入”菜单项，❷在弹出的菜单中选择“脚本”命令，如图13-51所示。

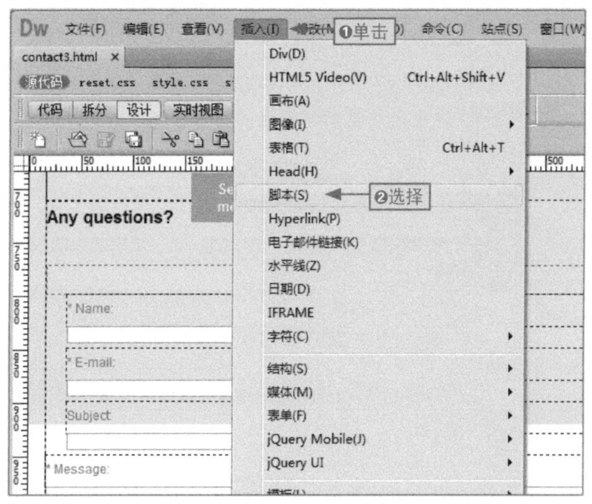

图 13-51

Step 3　选择Query文件

❶在“选择文件”对话框中选择合适的jQuery文件，❷单击“确定”按钮，如图13-52所示。

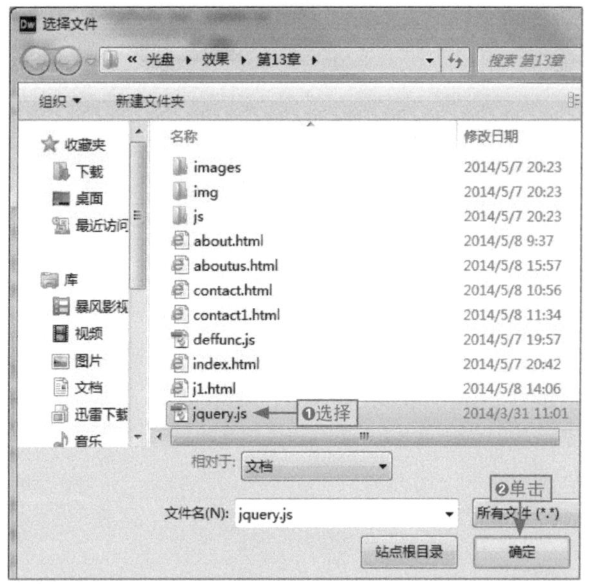

图 13-52

Step 4　编写jQuery代码

在引用的jQuery库文件下方输入单击任意input控件时都隐藏该控件的代码，如图13-53所示。

图 13-53

Step 5　效果预览

保存页面，按F12键进入页面效果预览状态，单击页面中的任意input控件，如单击Name对应的input控件，该控件被隐藏，如图13-54所示。

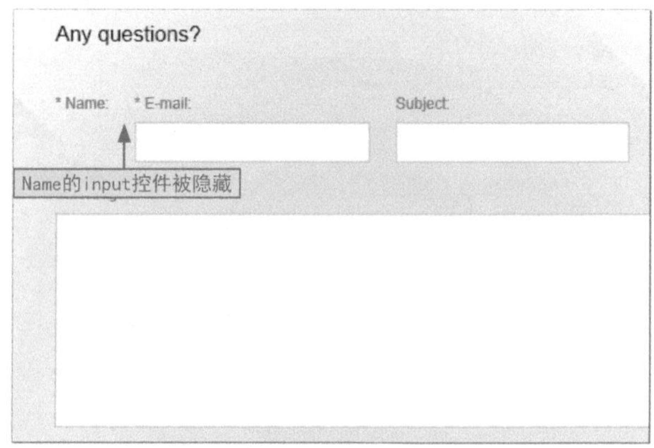

图 13-54

13.4.5　jQuery中常用的效果

在jQuery中为各元素对象提供了一些效果，通过这些效果代码，可以方便、快捷地完成元素的显示、隐藏和切换状态。下面将介绍jQuery中常用的效果，如图13-55所示。

show()	show([speed,[easing],[fn]])是用来显示隐藏的指定元素，speed表示速度，easing表示切换效果，fn表示在动画完成后要执行的函数。
hide()	hide([speed,[easing],[fn]])是用来隐藏显示的指定元素，speed表示速度，easing表示切换效果，fn表示在动画完成后要执行的函数。
slideToggle()	slideToggle([speed],[easing],[fn])是用于切换指定元素可见性，当显示时触发就隐藏，相反则显示。

图 13-55

下面通过具体的实例来讲解在页面中如何使用jQuery效果。

本节素材	DVD/素材/Chapter13/reg.html
本节效果	DVD/效果/Chapter13/reg.html
学习目标	jQuery中常用的效果
难度指数	★★

Step 1　打开素材文件

启动Dreamweaver CC软件，打开reg素材文件，可查看到表单下方显示了注册协议，如图13-56所示。

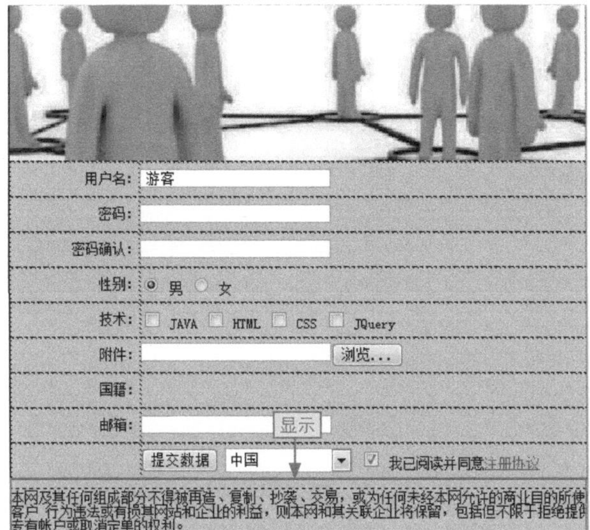

图 13-56

Step 2　引用jQuery库文件

❶在菜单栏中单击“插入”菜单项，❷在弹出的菜单中选择“脚本”命令，如图13-57所示。

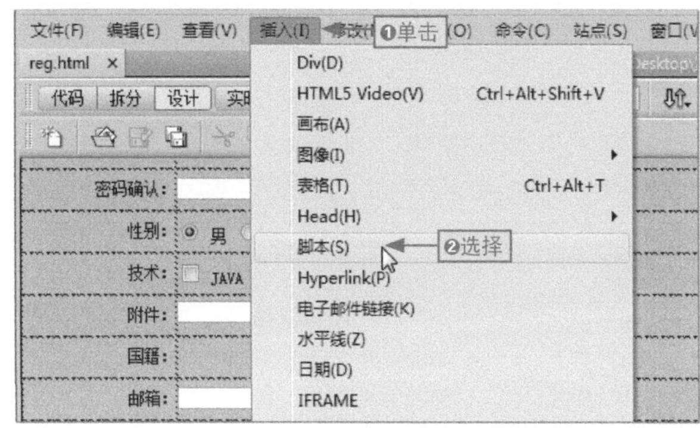

图 13-57

Step 3　选择Query文件

❶在“选择文件”对话框中找到并选择需要的jQuery文件，❷单击“确定”按钮，如图13-58所示。

图 13-58

Step 4　编写jQuery代码

在引用的jQuery库文件下方输入默认情况隐藏注册协议内容，单击“注册协议”超链接时显示协议内容的jQuery代码，如图13-59所示。

```
{
    border:1px solid #000;
}
td{
    border-bottom:1px dashed #000;
}
#reginfo{width:600px; margin:auto;border:1px solid #ccc;margin-top
 </style>
 <script type="text/javascript" src="jquery.js"></script>
<script language="javascript" type="text/javascript">
    $(function(){
            $("#reginfo").hide();
            $("#regMsg").click(function(){
                $("#reginfo").slideToggle();
            });
    });
</script>
</head>
<body>
 <form>
   <table width="600" border="0" cellspacing="0" cellpadding="0" a
     <tr>
     <td colspan="2"><img src="images/head.jpg" width="600" height=
   </tr>
```

图 13-59

Step 5　效果预览

保存页面，按F12键进入页面效果预览状态，在其中可以查看到初始状态下通过jQuery让注册协议隐藏，如图13-60所示。

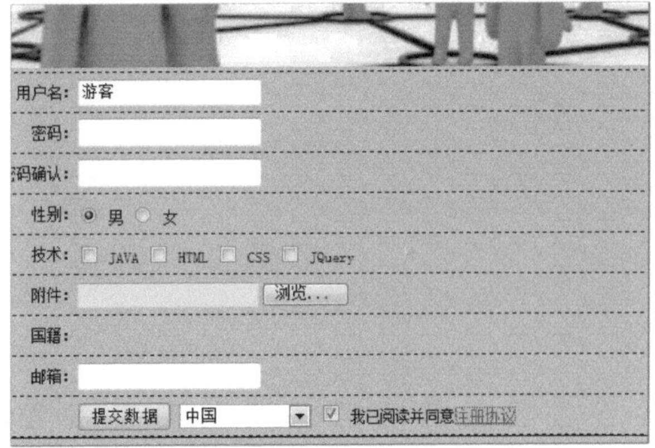

图 13-60

Step 6　查看注册协议

单击“注册协议”超链接，隐藏的协议内容将会显示，再次单击该超链接，就会隐藏协议内容，如图13-61所示。

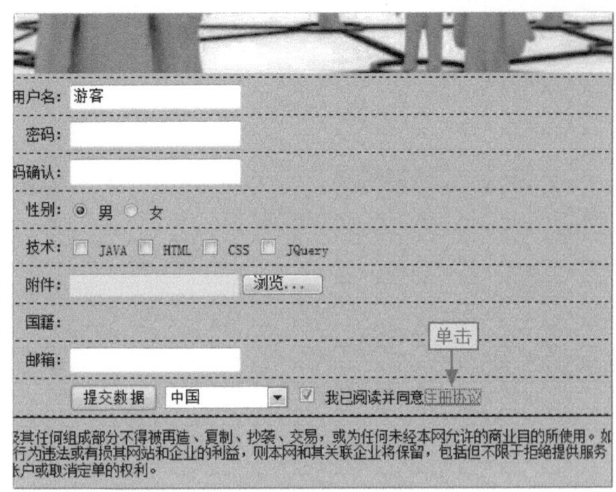

图 13-61

13.5 实战问答

?! NO.1 | ++与--放置在变量前后的区别

元芳：我们知道++是自身加1，--是自身减1，如x++和++x最后x都会加1，那么它们到底有什么区别？

大人：x++和++x都是给x自身加1，但它们其实并不相同，前加加会完成加1后赋值，而后加加则是完成赋值后才加1，如变量x初始值为1，y=x++会将y赋值为1，而y=++x则会将y赋值为2，--运算符的工作方式与++类似。

?! NO.2 | 解决预览页面时脚本执行问题

元芳：在页面中嵌入JavaScript代码，当浏览页面时会弹出一信息窗，提示用户已限制网页运行的脚本或ActiveX控件，怎么办？

大人：对于这种情况，如果用户明确知道此代码运行的意图，那么通常直接单击“允许阻止的内容”按钮让JavaScript代码正常运行，如图13-62所示。

图 13-62

13.6 思考与练习

填空题

1. 弹出信息对话框的函数是________。
2. 页面加载完就会执行的事件是______。

选择题

1. 下列(　　)单词不属于JavaScript保留字。

A. if　　　　B. parent

C. break　　　　D. void

2. 实现单击一图像时改变为另一图像，可以使用下列(　　)方法。

A. 为图像设置事件onMouserOver

B. 为图像设置事件onMouserOut

C. 为图像设置事件onFocus

D. 为图像设置事件onClick改变src属性

判断题

1. onfocus是获得焦点时事件。　(　　)
2. onclick是双击事件。　(　　)
3. onblur是失去焦点时事件。　(　　)

操作题

【练习目的】1～100之间偶数和制作

下面通过在页面中单击按钮对求1～100之间偶数求和为例，让读者亲自体验在网页中通过JavaScript定义函数、使用JavaScript的相关操作，巩固本章所学的知识。

【制作效果】

本节素材	DVD/素材/Chapter13/无
本节效果	DVD/效果/Chapter13/sum.html

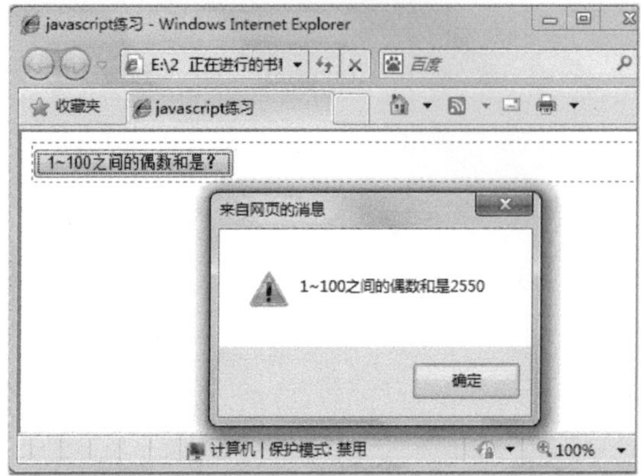

Chapter 14

制作婚纱网站

本章要点

★ 创建婚纱网站点
★ 创建婚纱网模板
★ 创建样式表
★ 在模板中制作导航
★ 底部制作
★ 制作婚纱网首页
★ 制作联系我们页面
★ 修改模板页中的导航菜单

学习目标

在本章中将会运用本书中的部分知识来制作婚纱网站，其中将会应用到的重点知识点有Div、CSS、JavaScript、表单以及表单对象等。通过该网站的制作，带领大家学习网站的实际制作。

制作案例	制作时间	制作难度
创建婚纱网站点	15分钟	★★
制作婚纱网模板页	80分钟	★★★★
根据模板制作婚纱网首页和联系我们网页	80分钟	★★★★

重点实例

制作婚纱网模板

制作婚纱网首页

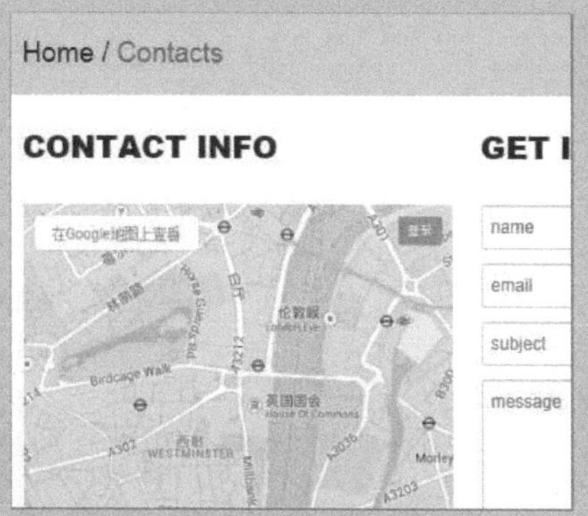

制作联系我们页面

14.1 婚纱网制作介绍

为了提升企业品牌形象、增强企业的网络沟通能力、让用户更全面详细地认识公司及公司产品，并且能与客户保持密切联系，及时得到客户的反馈信息，因此企业有必要建立属于自己的网站，下面以制作婚纱网为例讲解制作企业网的一般步骤，其效果如图14-1，图14-2所示。

本节素材	DVD/素材/Chapter14/images/
本节效果	DVD/效果/Chapter14/婚纱网/
案例目标	在指定站点从头创建婚纱网
难度指数	★★★

图 14-1

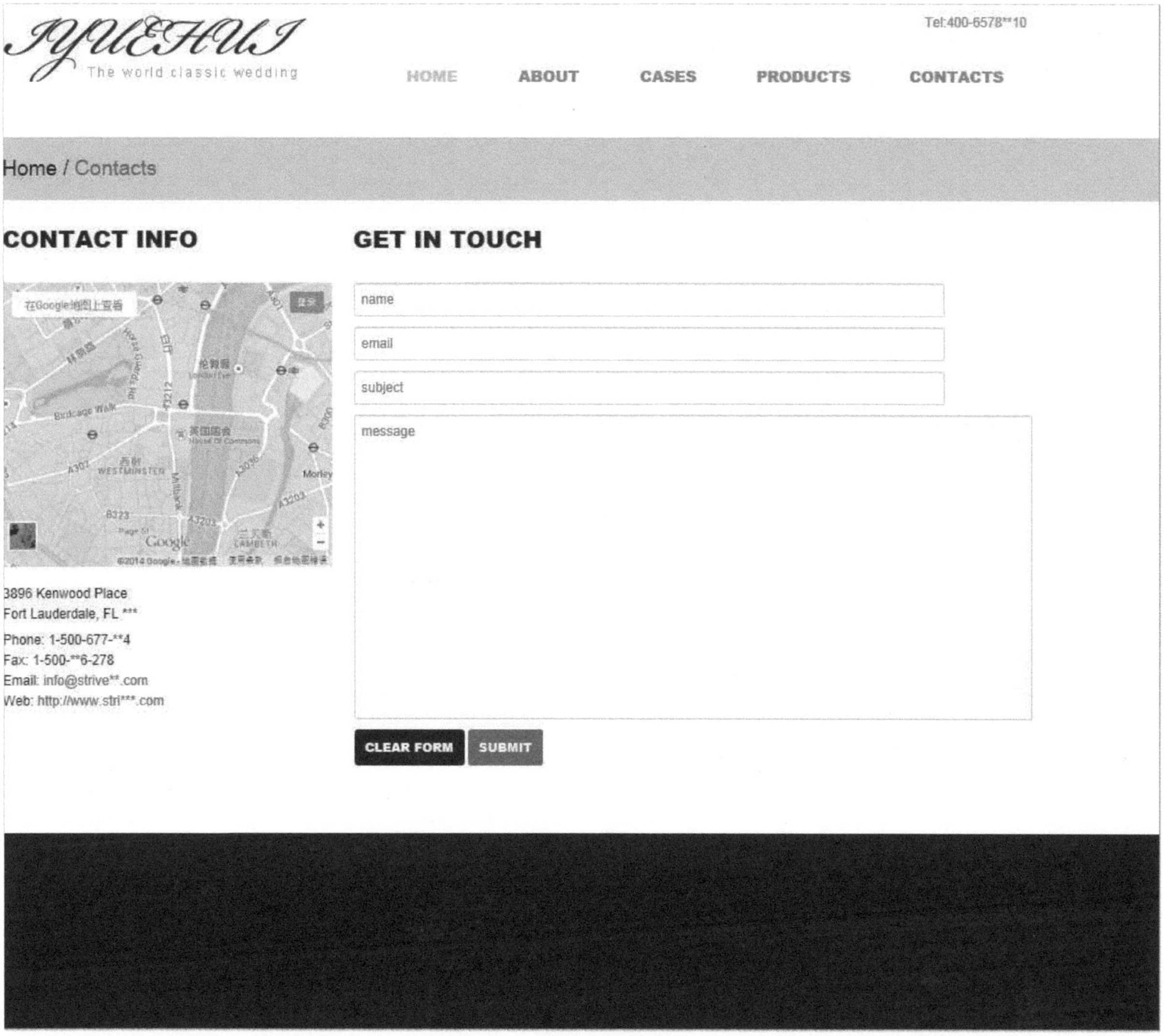

图 14-2

14.2 婚纱网制作思路分析

一般来说，要设计和制作一个网站，前期都会进行一个全面的需求分析和规划，确定主题后就可以开始创建网站了。由于很多页面的制作过程都是相似的，因此本例在制作婚纱网时，只制作了其中的首页和联系我们页面，其具体的制作流程如下。

1 创建婚纱网站点

2 制作婚纱网模板页

3 制作婚纱网首页

4 制作联系我们网页

14.3 婚纱网制作过程

在明确了制作思路后，就可以开始整个网页的设计和制作了，下面具体讲解每个页面的制作过程。

14.3.1 创建婚纱网站点

在制作网站页面前先创建站点，因为之后的一些操作过程都将建立在站点的基础上，如站点管理、站点编辑等。本例在创建站点之前，首先在指定位置创建一个保存站点的“婚纱网”文件夹。

Step 1 新建站点

启动Dreamweaver CC软件，❶单击“站点”菜单项，❷在弹出的菜单中选择“新建站点”命令，如图14-3所示。

图 14-3

Step 2 设置站点名称

❶在打开的“站点设置对象”对话框中输入站点名称，这里输入站点名称为“婚纱网”，❷单击“浏览文件夹”按钮，如图14-4所示。

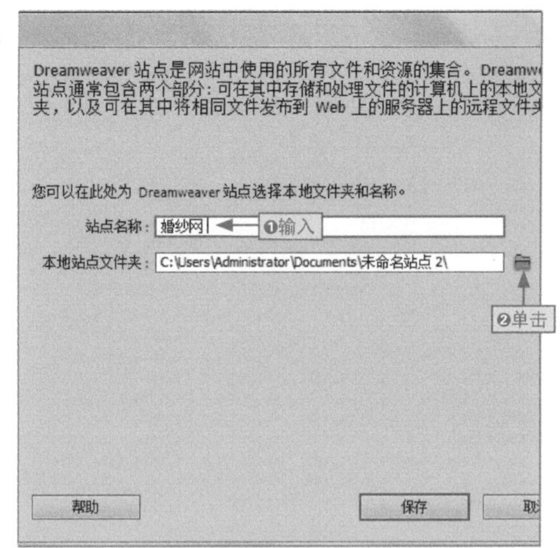

图 14-4

Step 3 设置站点本地文件夹路径

❶在打开的“选择根文件夹”对话框中找到保存站点的文件夹，这里选择“婚纱网”文件夹，❷单击“选择文件夹”按钮，如图14-5所示。

图 14-5

Step 4 保存站点

在返回的站点设置对象对话框中单击“保存”按钮，站点创建完成，如图14-6所示。

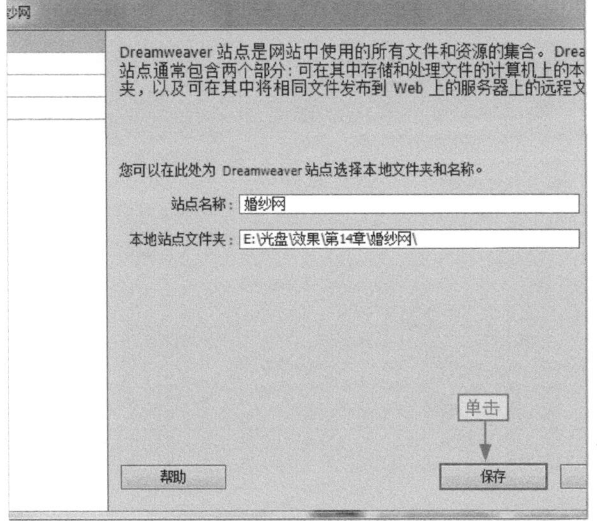

图 14-6

14.3.2 创建婚纱网模板

婚纱网站中页面的布局风格都一样，为了统一网站中各个页面的风格，同时为了提高婚纱网页面制作效率，因此有必要创建模板。

Step 1 执行“新建”命令

❶直接单击“文件”菜单项，❷在弹出的菜单中选择“新建”命令，如图14-7所示。

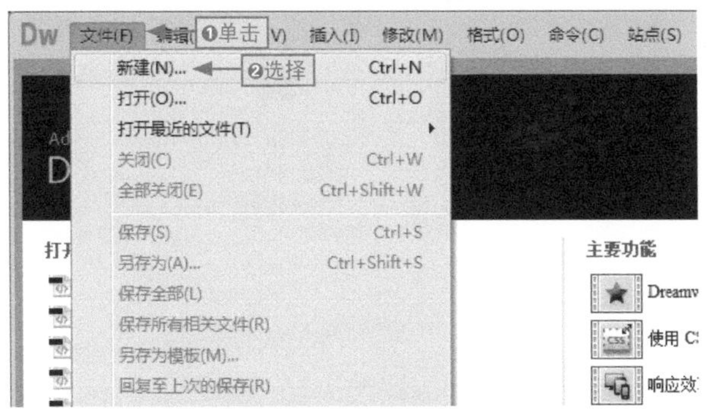

图 14-7

Step 2 创建空白模板

❶在打开的“新建文档”对话框中选择“空白页”选项，❷在中间的列表框中选择“HTML模板”页面类型，最后单击“创建”按钮，如图14-8所示。

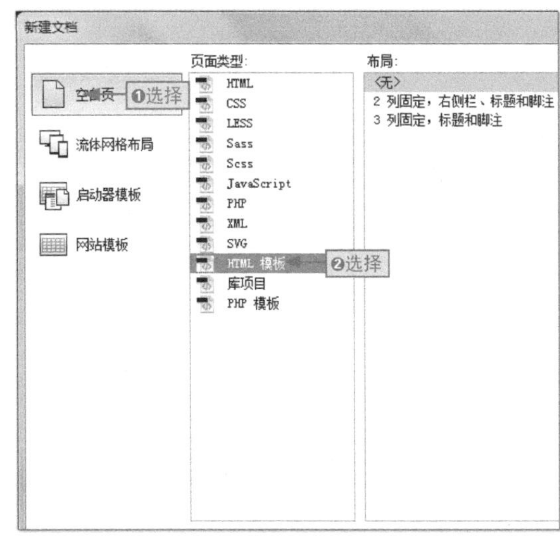

图 14-8

Step 3 修改模板文件的标题

在新建的页面的“标题”文本框中输入“婚纱网”，按Enter键确认创建，如图14-9所示。

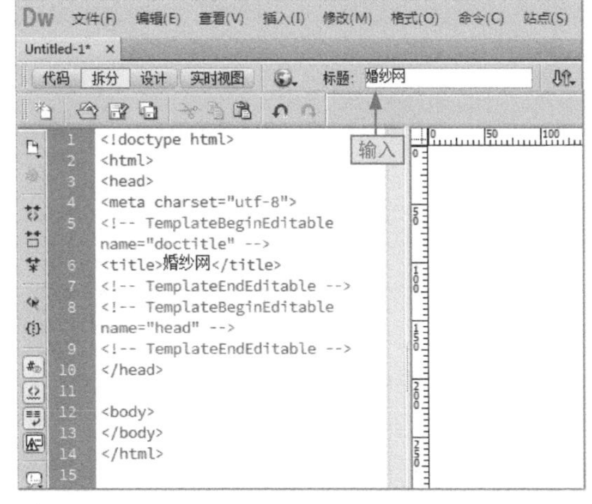

图 14-9

Step 4 添加可编辑区域

❶将文本插入点定位到<body></body>标签之中，❷在“插入”菜单中选择“模板/可编辑区域”命令，如图14-10所示。

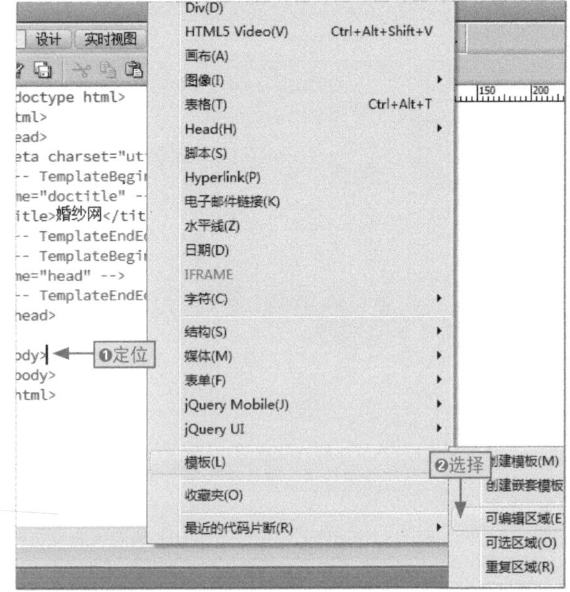

图 14-10

Step 5 为可编辑区域命名

❶在打开的“新建可编辑区域”对话框中为新增加的可编辑区域命名，这里输入main，❷单击“确定”按钮，如图14-11所示。

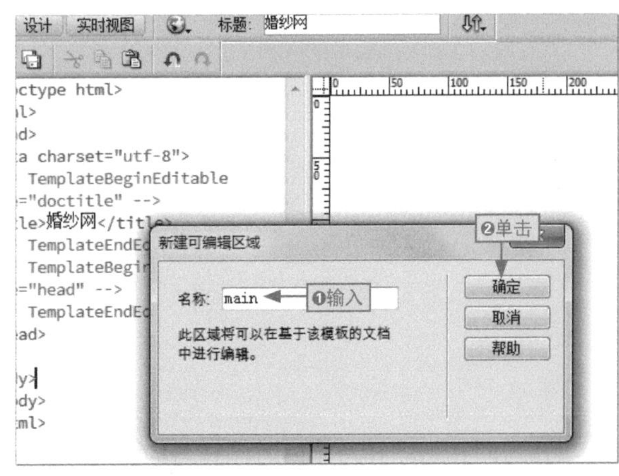

图 14-11

Step 6 执行保存操作

在返回界面的设计窗口中可查看到添加的可编辑区域，然后在工具栏中单击“保存”按钮，如图14-12所示。

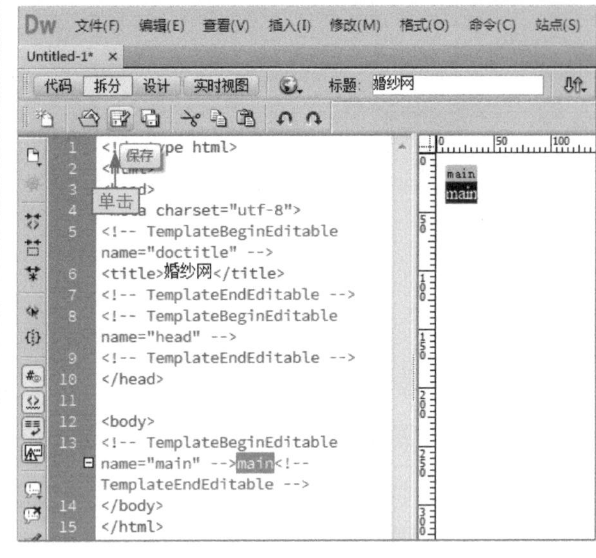

图 14-12

Step 7 保存模板页

❶在打开的“另存模板”对话框中选择“婚纱网”站点，❷在“另存为”文本框中输入另存为文件名master，❸单击“保存”按钮，如图14-13所示。

图 14-13

14.3.3 创建样式表

为了方便样式和页面的管理与维护，需要在站点下创建一个文件夹，将所有的样式文件存放在该文件夹中，具体操作如下。

Step 1 新建文件夹

❶在站点根目录上右击，❷在弹出的菜单中选择“新建文件夹”命令，如图14-14所示。

图 14-14

Step 2 重命名文件夹

将新建的文件夹重命名为css，然后按Enter键确认，如图14-15所示。

图 14-15

Step 3 新建样式文件

打开“新建文档”窗口，❶选择CSS新建页面类型，❷单击“创建”按钮，如图14-16所示。

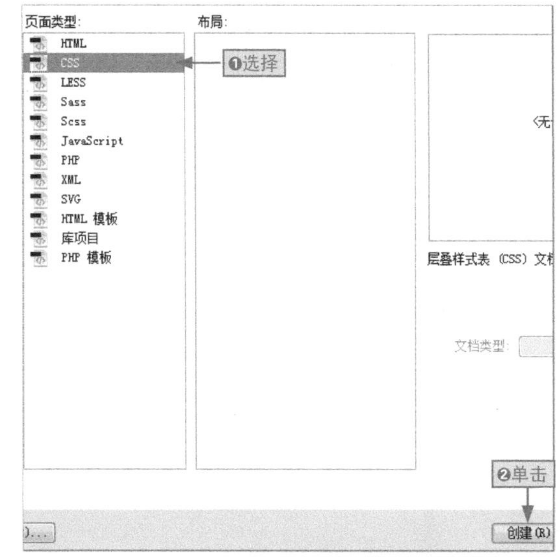

图 14-16

Step 4 保存样式文件

❶按Ctrl+S组合键保存文件，在弹出的“另存为”对话框中选择文件存放位置，❷输入样式文件名称，❸单击“保存”按钮，如图14-17所示。

图 14-17

Step 5　切换设计面板

在返回的界面中即可查看到新建的style.css样式文件，单击下方的“CSS设计器”面板，如图14-18所示。

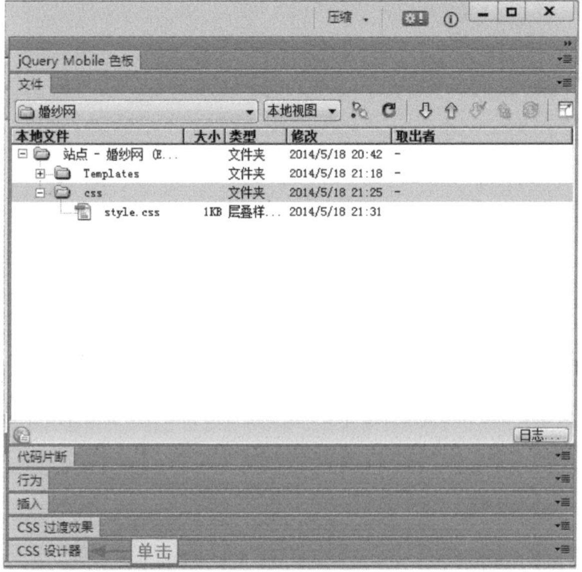

图 14-18

Step 6　添加选择器

❶在“所有源”列表框中选择style.css选项，❷单击“选择器”列表框右侧的“添加选择器”按钮，如图14-19所示。

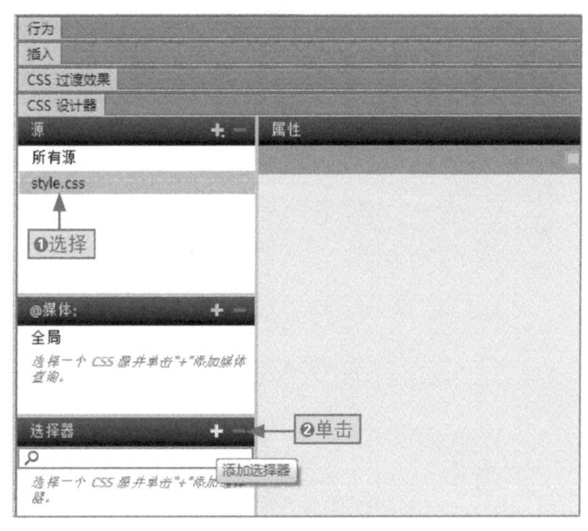

图 14-19

Step 7　添加body标签选择器

在出现的文本框中输入body，按Enter键添加body标签选择钮，如图14-20所示。

图 14-20

Step 8　添加body标签选择器

❶单击“文本”属性按钮，单击font-size属性，❷选择px选项，如图14-21所示。

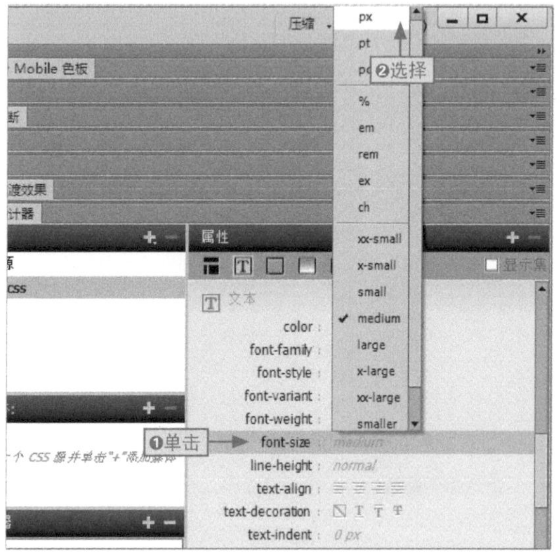

图 14-21

Step 9 设置字体大小

❶设置字体大小为12像素，❷选择“背景”属性按钮，如图14-22所示。

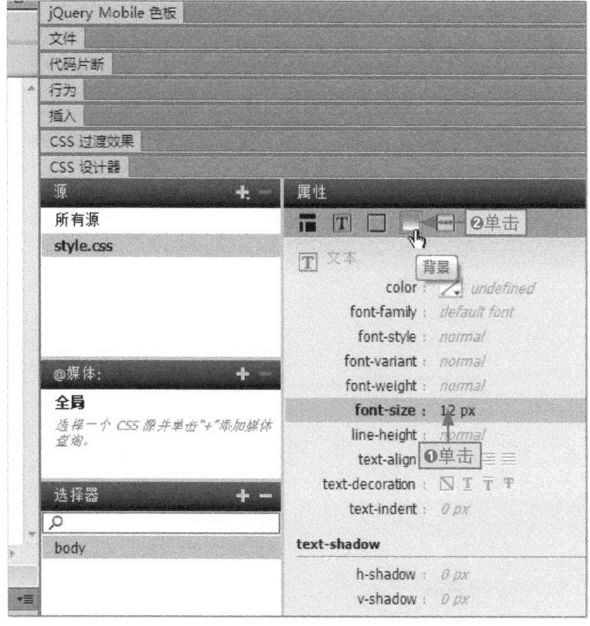

图 14-22

Step 10 设置背景颜色为白色

❶选择background-color属性对应的下拉按钮，❷在拾色器面板中选择白颜色，如图14-23所示。

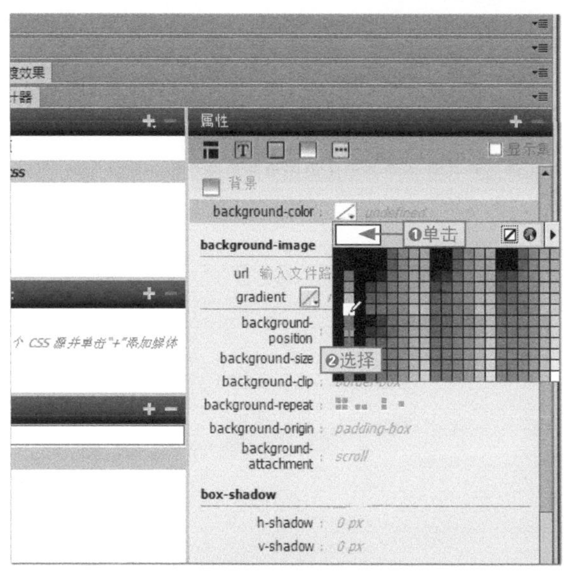

图 14-23

Step 11 设置外边距

❶单击“布局”属性按钮，❷单击外边距的更改所有属性按钮，如图14-24所示。

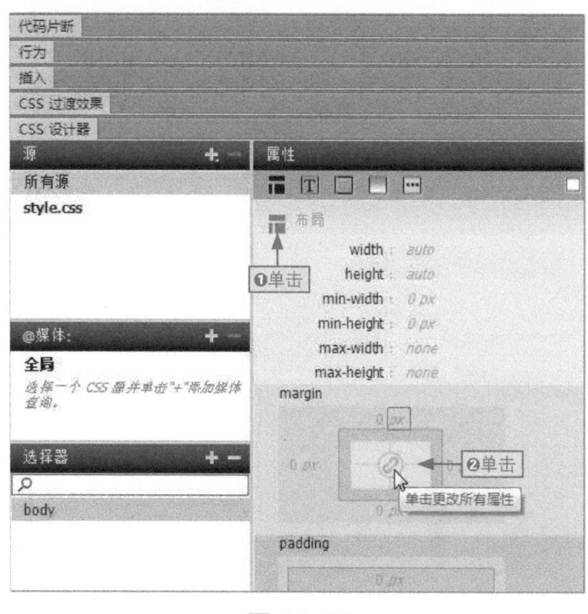

图 14-24

Step 12 更改所有外边距为自动

❶单击上边距的px值，❷在弹出的下拉列表中选择auto选项，如图14-25所示。

图 14-25

Step 13　设置内边距

用相同的方法设置boday页面的所有内边距为0像素，如图14-26所示。

图 14-26

Step 14　附加样式表

❶切换到模板网页，单击“类”下拉列表框右侧的下拉按钮，❷在弹出的下拉列表中选择“附加样式表”命令，如图14-27所示。

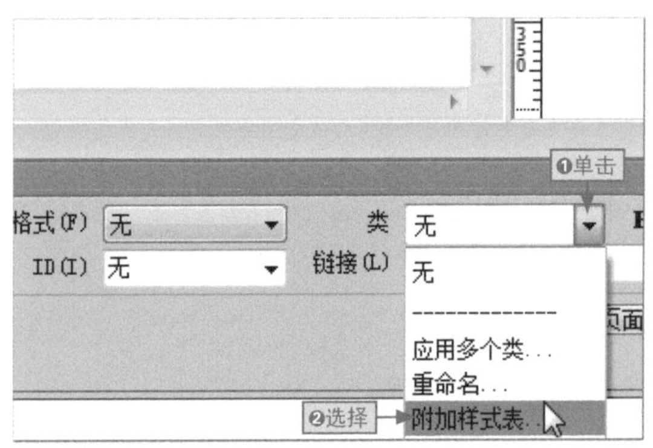

图 14-27

Step 15　浏览链接文件

在打开的“使用现有的CSS文件”对话框中单击“浏览”按钮，如图14-28所示。

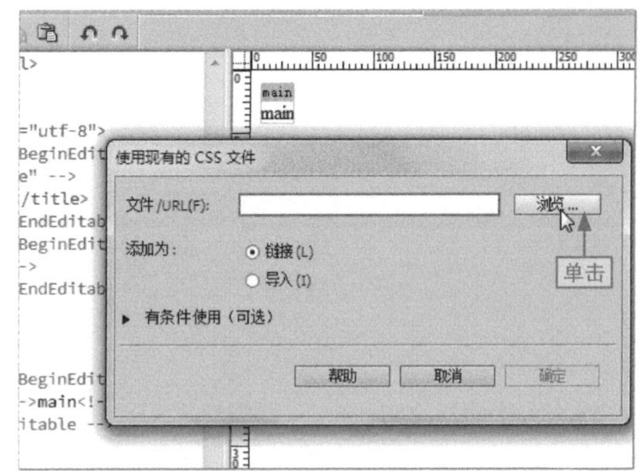

图 14-28

Step 16　选择链接的CSS文件

❶在打开的“选择样式表文件”对话框中选择站点下的style.css文件，❷单击“确定”按钮，如图14-29所示。

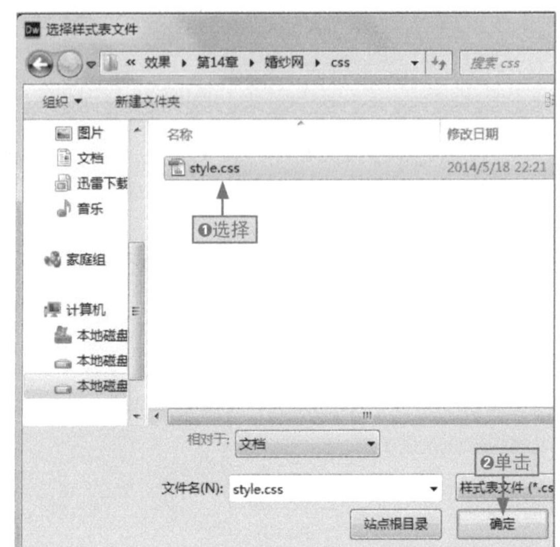

图 14-29

Step 17 将CSS文件链接到模板网页中

在返回的“使用现有的CSS文件”对话框中，单击“确定”按钮完成链接操作，如图14-30所示。

图 14-30

14.3.4 在模板中制作导航

页面头部信息在整个网站中属相同布局，因此将其放置在模板页中，在基于该模板新建网页时，程序自动会创建相应的导航部分，从而简化操作。

头部布局构建包括logo、电话和菜单，这里用Div布局，需要的注意的是，在制作导航之前，首先需要将使用的各种素材文件(img文件夹)放到站点下。在模板中制作导航的具体操作如下。

Step 1 执行“插入”菜单中的Div命令

❶在master.dwt模板页面中单击“插入”菜单项，❷在弹出的菜单中选择Div命令，如图14-31所示。

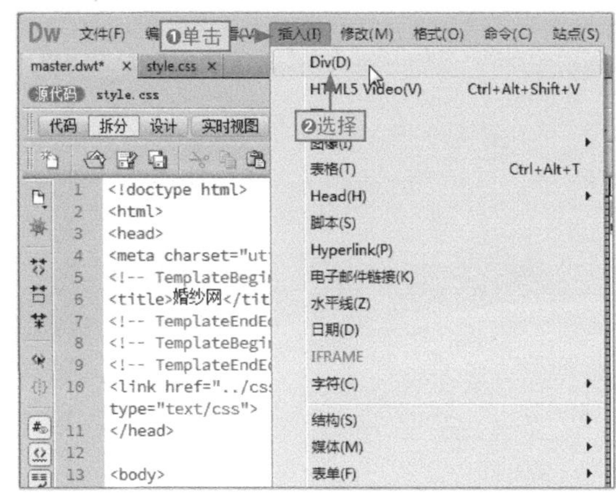

图 14-31

Step 2 单击“新建CSS规则”按钮

在打开的“插入Div”对话框中单击“新建CSS规则”按钮，如图14-32所示。

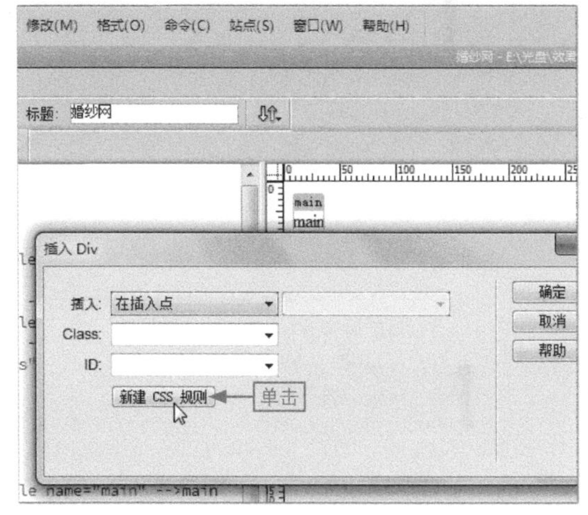

图 14-32

Step 3 设置选择器名称和规则的定义位置

❶在打开的对话框中的“选择器名称”下拉列表框中输入.head，❷在“规则定义”下拉列表框中选择style.css选项，❸单击“确定”按钮，如图14-33所示。

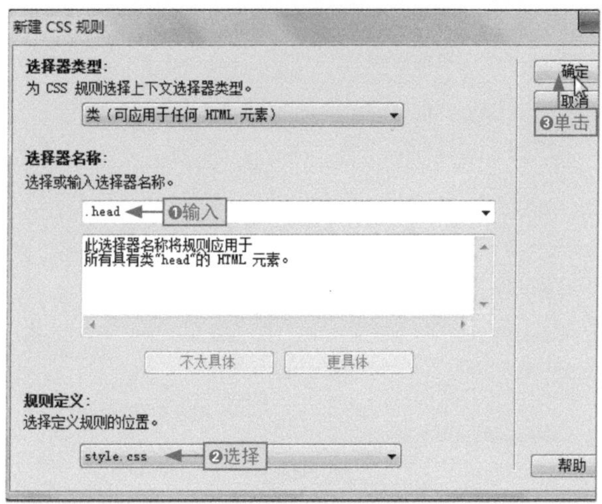

图 14-33

Step 4　设置背景颜色

❶在打开的规则定义对话框的左侧列表框中选择“背景”分类，❷设置background-color属性(背景颜色)为#D00B01，如图14-34所示。

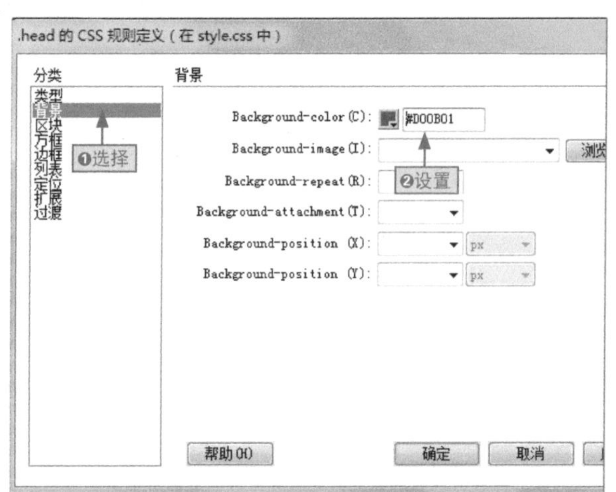

图 14-34

Step 5　设置方框属性

❶选择“方框”分类，❷在右侧的区域中分别设置Width、Float、Height以及Margin属性的属性值，❸单击“确定”按钮，如图14-35所示。

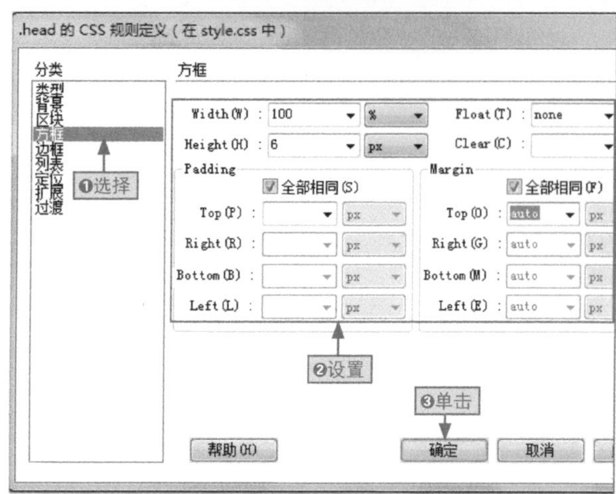

图 14-35

Step 6　确认创建的Div层

在返回的“插入Div”对话框中单击“确定”按钮，如图14-36所示。

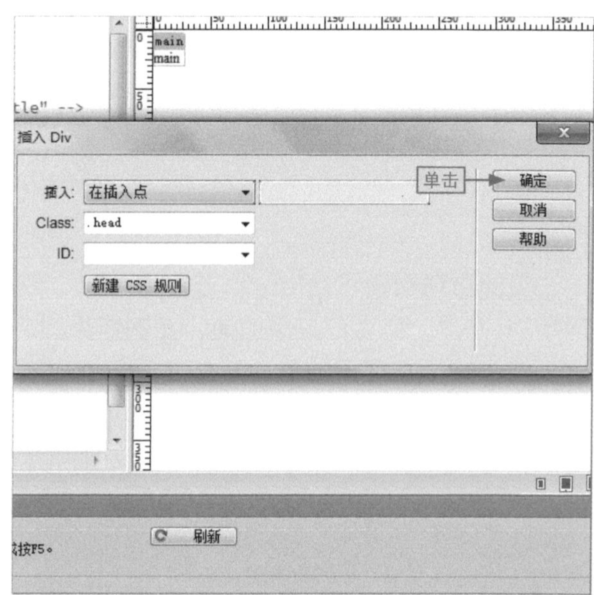

图 14-36

Step 7　查看效果并删除不需要的代码

❶在返回界面的设计视图中即可查看到添加的红色横线，❷在代码窗口中选择需要删除的部分，按Delete键删除，如图14-37所示。

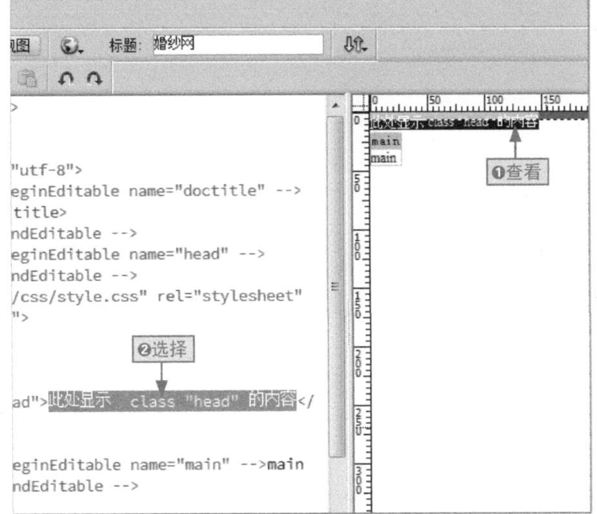

图 14-37

Step 8 插入其他Div层及嵌套层

用相同的方法插入daohang、wrap、navbar、navbar_clearfix、container、row、span4和logo等Div层及嵌套层，如图14-38所示。

```
<div class="head"></div>
<div class="daohang">
    <div class="wrap">
        <div class="navbar navbar_ clearfix">
            <div class="container">
                <div class="row">
                    <div class="span4">
                        <div class="logo">

                        </div>
                    </div>
                    <div class="span8">
                        <div class="follow_us">

                        </div>
                        <div class="clear"></div>
                        <nav id="main_menu">
                            <div class="menu_wrap">
```

创建

<div.daohang>

图 14-38

Step 9 插入Logo图标

❶将文本插入点定位到logo层中，❷在“插入”菜单中选择“图像/图像”命令，如图14-39所示。

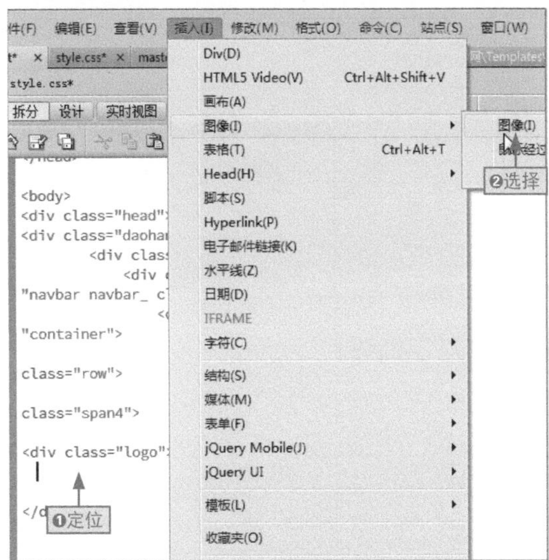

图 14-39

Step 10 选择Logo图标

❶在打开的“选择图像源文件”对话框中选择站点文件下的logo图标，❷单击“确定”按钮，如图14-40所示。

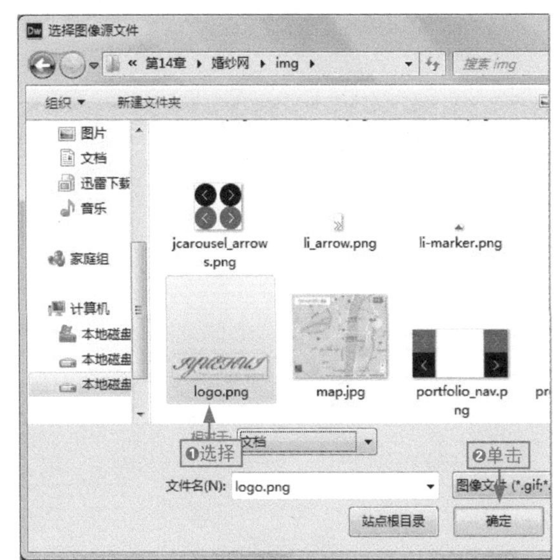

图 14-40

Step 11 查看插入的logo图标效果

在返回界面的设计窗口中即可查看到插入的logo图标的效果，如图14-41所示。

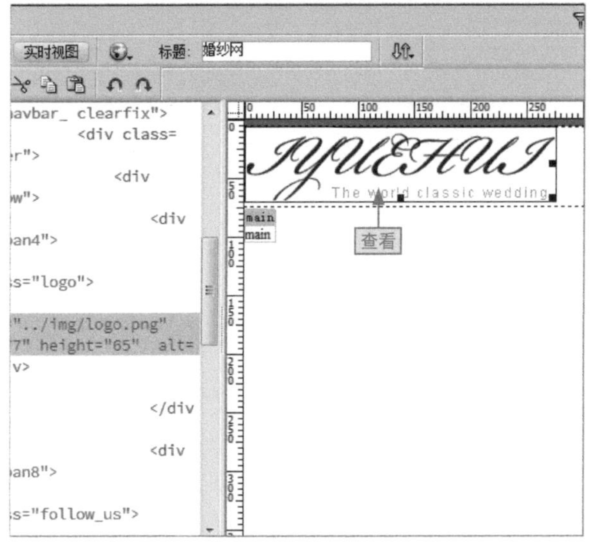

图 14-41

Step 12　输入联系电话

❶将文本插入点定位到follow_us层中间，输入相应的电话号码，❷直接在设计视图中即可查看到效果，如图14-42所示。

图 14-42

Step 13　插入项目列表

❶将文本插入点定位到fmenu_wrap层中间，❷在“插入”菜单中选择“结构/项目列表”命令，如图14-43所示。

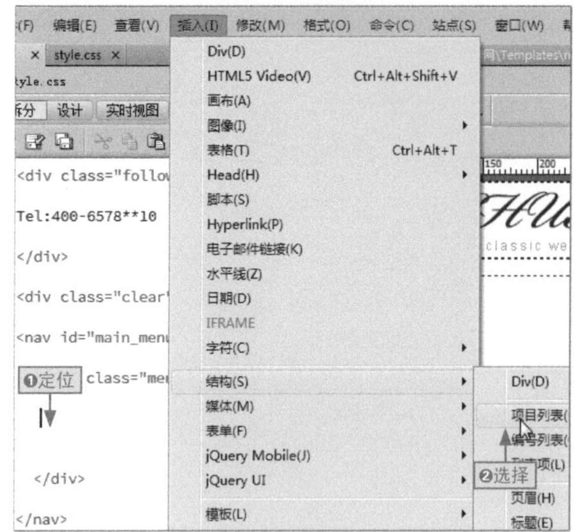

图 14-43

Step 14　为项目列表添加样式

❶单击属性面板中的“类”下拉列表框右侧的下拉按钮，❷在弹出的下拉列表中选择nav样式，如图14-44所示。

图 14-44

Step 15　添加列表项

❶在“插入”菜单中选择“结构”命令，❷在弹出的子菜单中选择“列表项”命令，如图14-45所示。

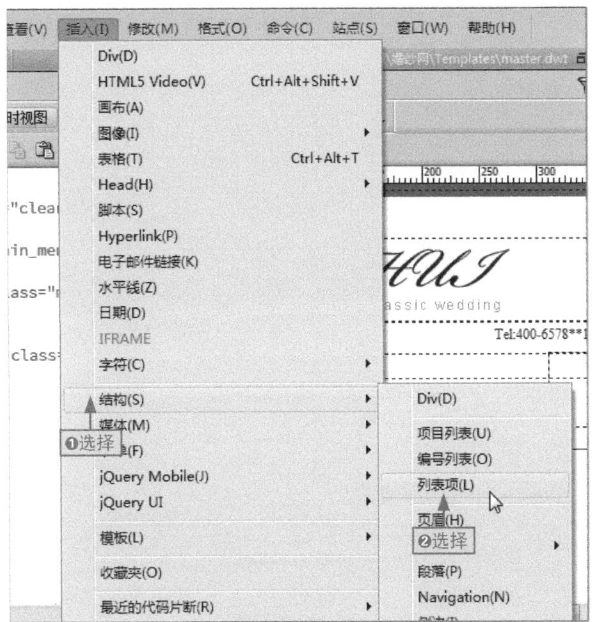

图 14-45

Step 16　添加Home菜单

❶直接在文本插入点位置输入Home，并选择该文本，❷在面板的“链接”下拉列表框中输入“#”，如图14-46所示。

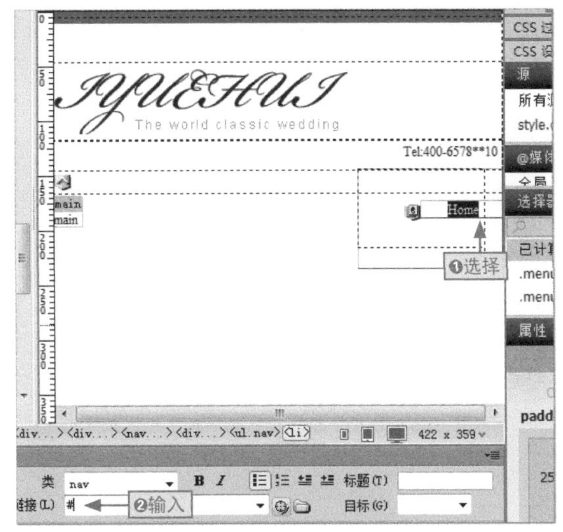

图 14-46

Step 17　添加其他菜单

用相同的方法添加About、Cases、Products和Contacts菜单，完成导航的制作，如图14-47所示。

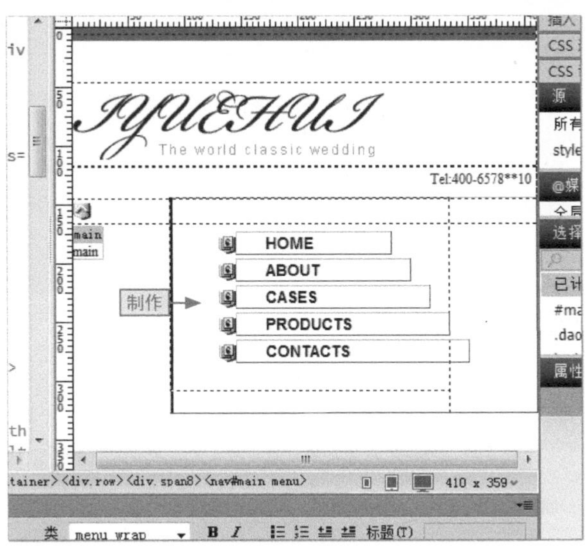

图 14-47

14.3.5　底部制作

页面底部信息在整个网站中的布局也是相同的，它包括版权信息、搜索等，因此将其放置在模板页中，具体操作如下。

Step 1　搭建底部结构布局

在模板页面的可编辑区后添加底部结构的Div层及嵌套层，如图14-48所示。

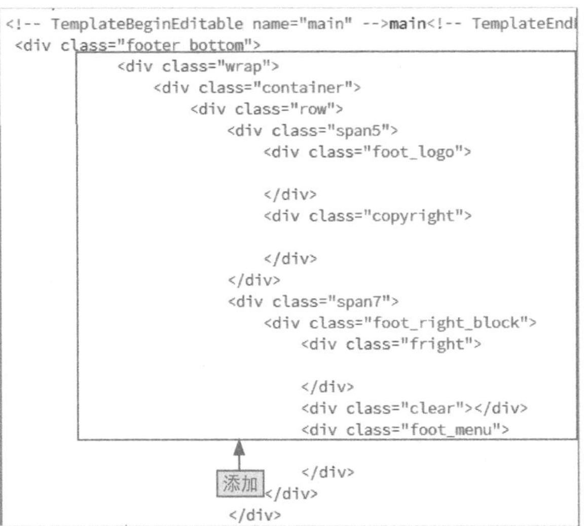

```
<!-- TemplateBeginEditable name="main" -->main<!-- TemplateEnd
<div class="footer bottom">
        <div class="wrap">
            <div class="container">
                <div class="row">
                    <div class="span5">
                        <div class="foot_logo">

                        </div>
                        <div class="copyright">

                        </div>
                    </div>
                    <div class="span7">
                        <div class="foot_right_block">
                            <div class="fright">

                            </div>
                            <div class="clear"></div>
                            <div class="foot_menu">

                            </div>
                        </div>
                    </div>
```


图 14-48

Step 2　实时预览添加底部层后的效果

在工作界面中单击“实时视图”按钮可查看添加底部层后的效果，如图14-49所示。

图 14-49

Step 3　添加底部Logo图标

将文本插入点定位到foot_logo层中，❶打开“选择图像源文件”对话框，❷选择foot_logo文件，❸单击“确定”按钮，如图14-50所示。

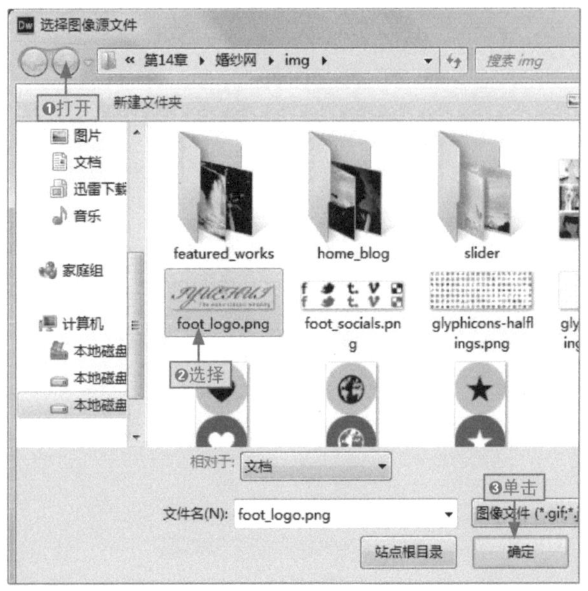

图 14-50

Step 4　添加版权信息

将文本插入点定位到copyright层中，在其中输入对应的版权信息文本，如图14-51所示。

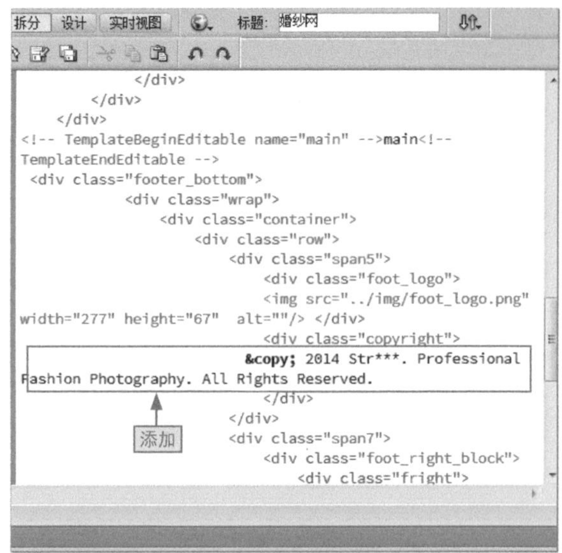

图 14-51

Step 5　选择“表单”命令

将文本插入点定位到fright层中，❶在“插入”菜单中选择“表单”命令，❷在其子菜单中选择“表单”命令，如图14-52所示。

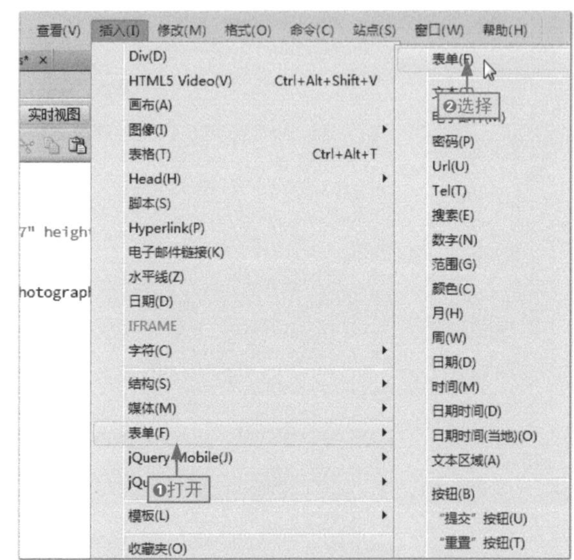

图 14-52

Step 6　设置表单属性

❶在属性面板中设置Action属性为“#”，❷在Method下拉列表框中选择POST选项，如图14-53所示。

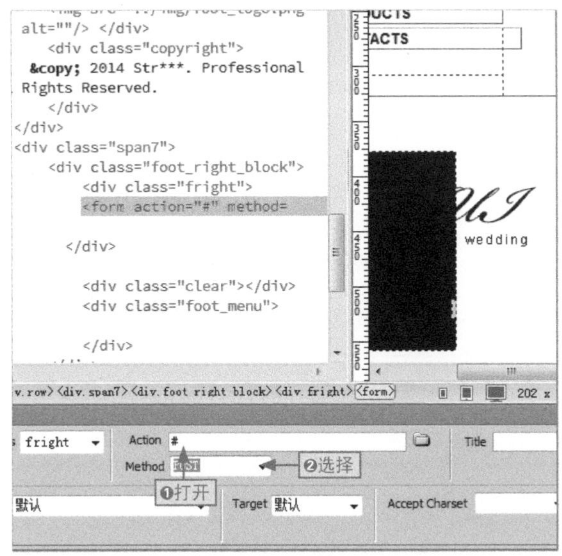

图 14-53

Step 7　插入文本

❶将文本插入点定位到插入的表单标签之间，在“插入”菜单中选择“表单”命令，❷在其子菜单中选择“文本”命令，如图14-54所示。

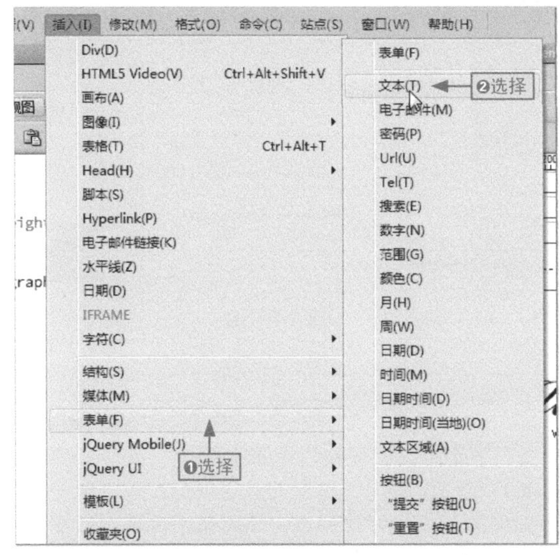

图 14-54

Step 8　设置表单属性

将文本插入点定位到foot_menu层中，在其中添加底部菜单，完成模板的制作，如图14-55所示。

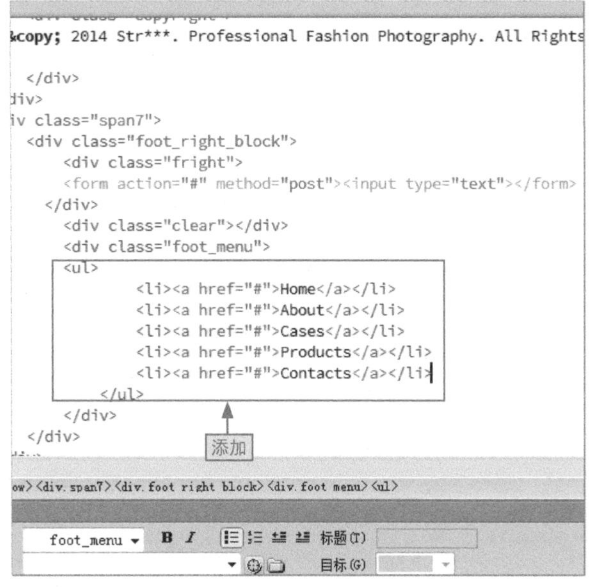

图 14-55

14.3.6　制作婚纱网首页

在创建婚纱网首页之前，首先要了解该网页的大致制作过程。

- 第一，基于模板页面新建index网页。
- 第二，用Div布局页面结构。
- 第三，编写页面样式。
- 第四，通过编写脚本完成整个效果。

下面具体介绍该页面的制作过程。

Step 1　在站点新建page文件夹

在Dreamweaver CC工作界面中关闭master.dwt和style.css页面，在婚纱网站点下新建page文件夹，如图14-56所示。

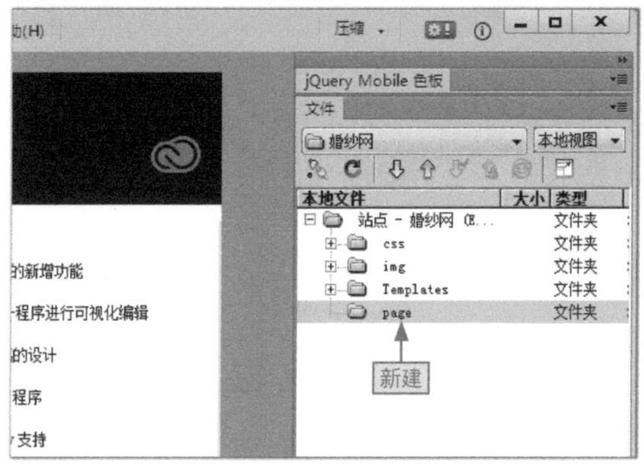

图 14-56

Step 2　基于模板新建网页

❶打开“新建文档”对话框，❷单击“网站模板”选项卡，❸选择“婚纱网”站点，❹选择master模板，单击“创建”按钮，如图14-57所示。

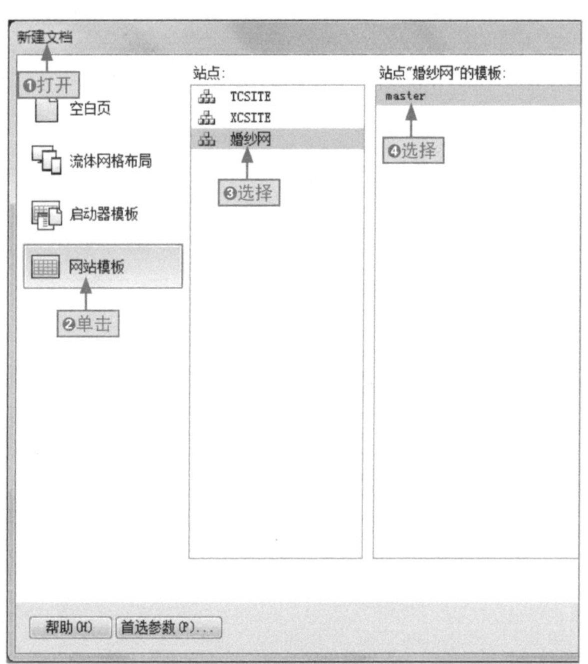

图 14-57

Step 3　将网页保存到page文件夹中

❶按Ctrl+S组合键打开“另存为”对话框，❷设置文件的保存路径，❸修改文件的保存名称，❹单击“保存”按钮，如图14-58所示。

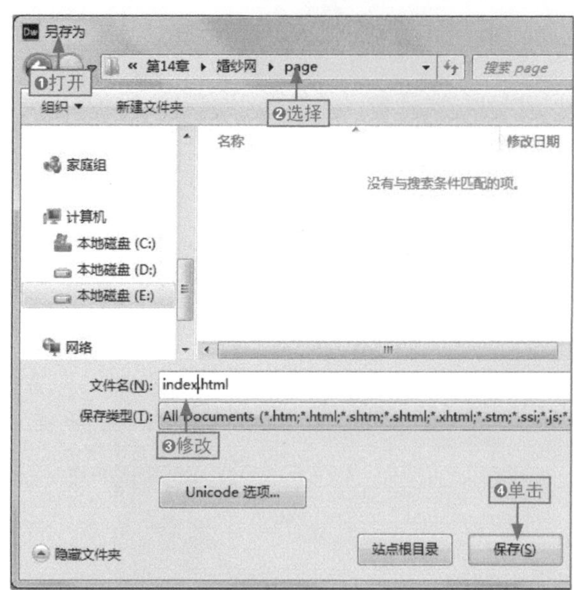

图 14-58

Step 4　插入“page_container”层

❶选择main名称，插入“page_container”层，保持名称的选择状态，❷按Delete键删除，如图14-59所示。

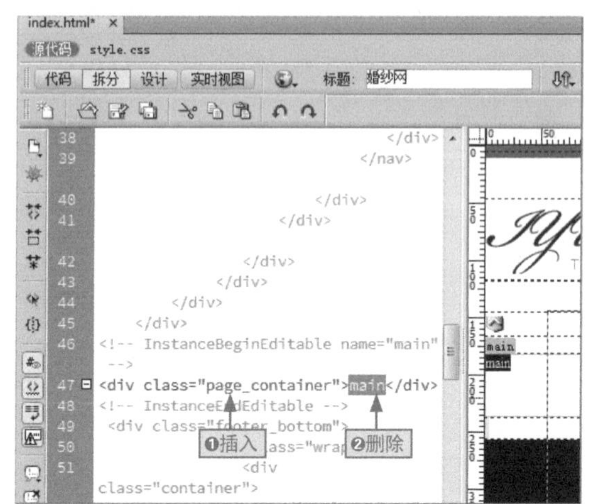

图 14-59

专家提醒 | 本例创建Div层的说明

在本例中，在多处都会创建Div层，由于操作方法都基本相似，这里不再详细介绍创建过程，对于每个层对应的层叠样式代码也没有展示，读者可以在提供的源文件中查看。

Step 5 插入嵌套层并添加内容

在page_container层中添加嵌套层，并在其中添加对应内容，如图14-60所示。

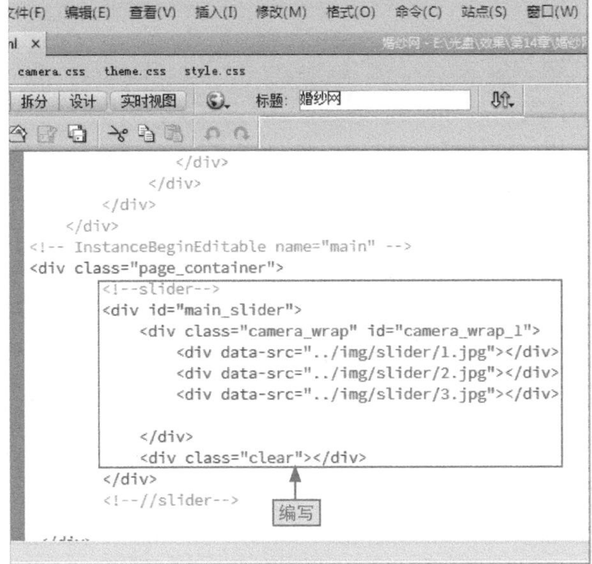

图 14-60

Step 6 创建js文件夹

在站点中新建一个js文件夹，用于存放脚本文件，如图14-61所示。

图 14-61

Step 7 创建JavaScript脚本文件

在js文件夹下新建用于控制图片自动按照不同效果进行切换的脚本文件，如图14-62所示。

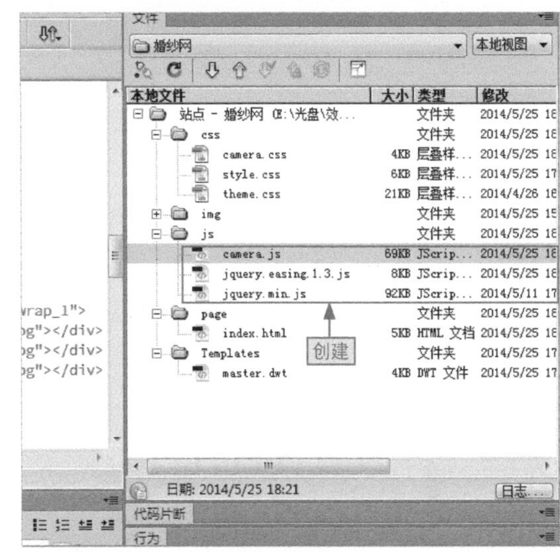

图 14-62

Step 8 引用脚本文件

分别拖动脚本文件到index网页文件中，完成在网页文件中引用脚本文件的操作，如图14-63所示。

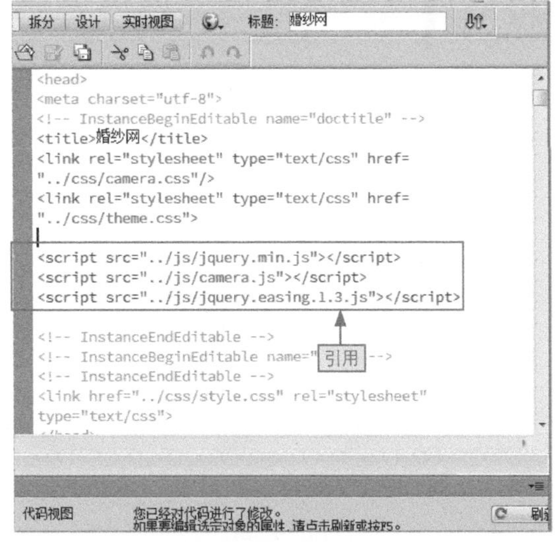

图 14-63

Step 9 添加脚本执行JavaScript文件的代码

在page_container层下方添加一段脚本代码，用于执行引用的JavaScript文件中的代码，完成广告部分的制作，如图14-64所示。

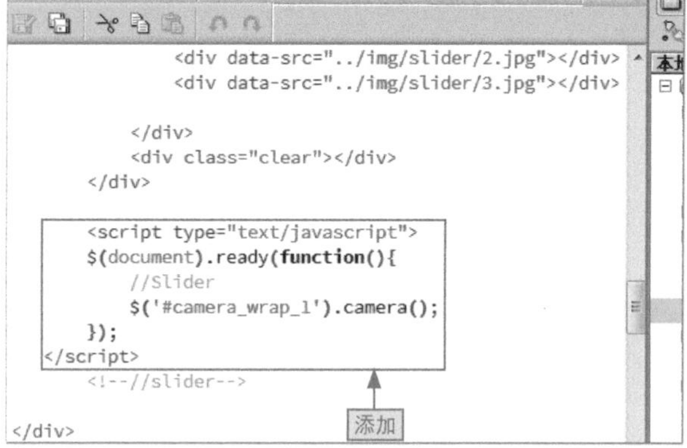


```
            <div data-src="../img/slider/2.jpg"></div>
            <div data-src="../img/slider/3.jpg"></div>

        </div>
        <div class="clear"></div>
    </div>

    <script type="text/javascript">
    $(document).ready(function(){
        //Slider
        $('#camera_wrap_1').camera();
    });
</script>
    <!--//slider-->

</div>
```

图 14-64

Step 10 查看制作效果

保存文件，按F12键启动浏览器预览制作的广告部分的效果，如图14-65所示。

图 14-65

Step 11 完成index页面的制作

创建其他CSS文件和JavaScript文件，并在网页中引用这些文件，完成index页面的制作，如图14-66所示。

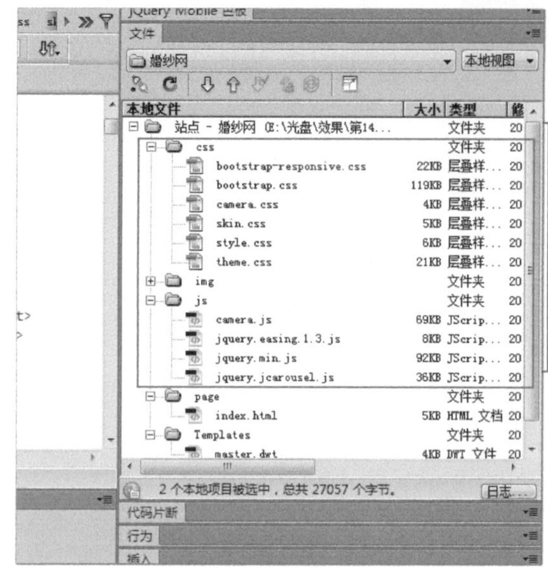

图 14-66

14.3.7 制作联系我们页面

联系页面的制作与首页制作过程相似，只是在该页面中需要使用大量的表单元素来获取并提交信息，完成用户与公司的互动，该页面的具体操作如下。

Step 1 新建文档窗口

在婚纱网站点的page页面中基于master模板创建一个contact.html网页，如图14-67所示。

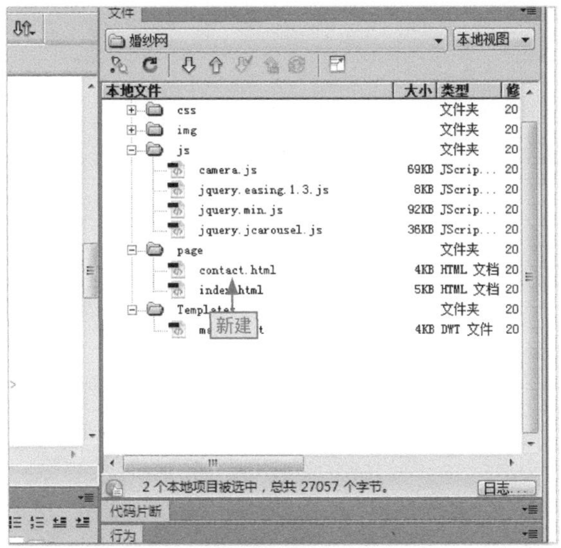

图 14-67

Step 2 添加引用层叠样式的代码

将index页面中的引用theme和bootstrap层叠样式的代码复制到contact页面中，如图14-68所示。

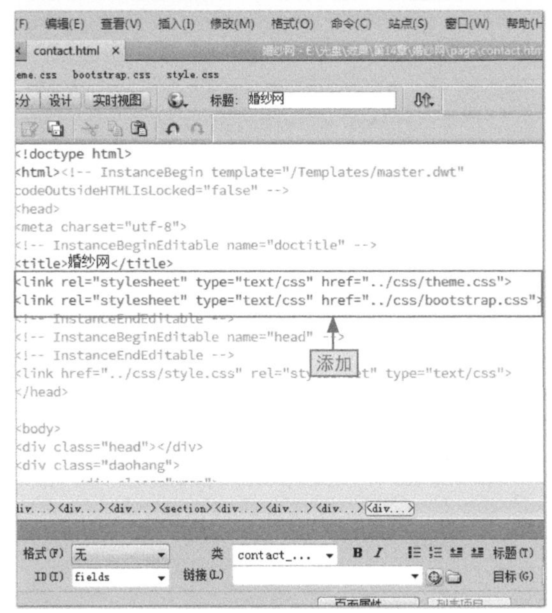

图 14-68

Step 3 制作我所在的位置和联系方式板块

在其中添加Div层，并在其中添加对应的内容，完成我所在的位置和联系方式板块的布局和效果设置，如图14-69所示。

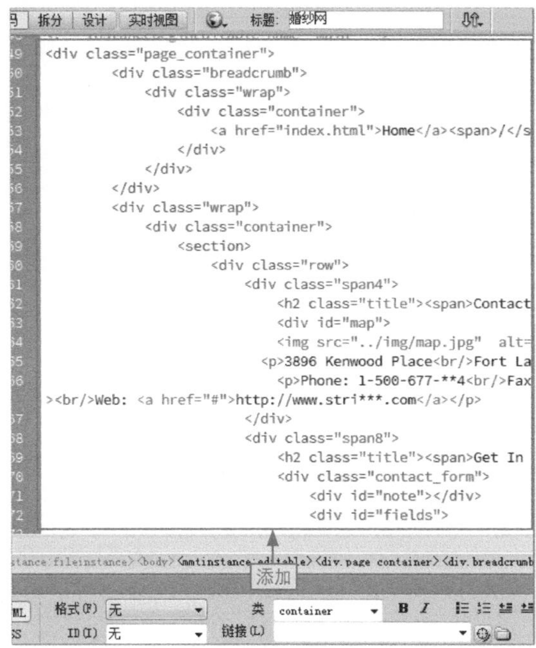

图 14-69

Step 4 查看制作的效果

保存文件，按F12键预览制作的我所在的位置和联系方式效果，如图14-70所示。

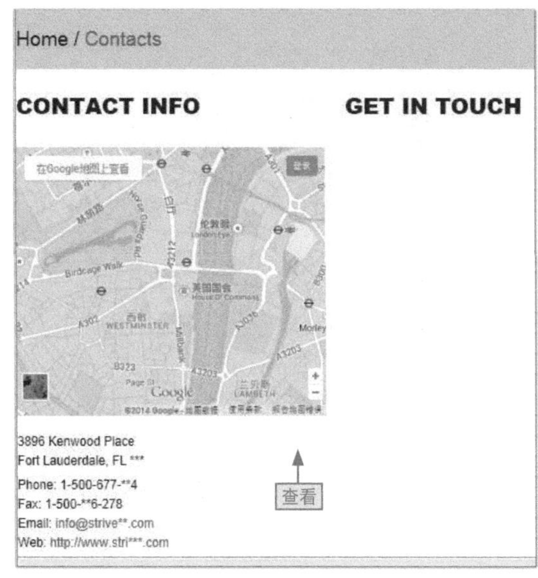

图 14-70

Step 5　插入联系我们的表单

在fields层中插入表单，在其中添加文本框和文本域，并设置对应的属性和样式，如图14-71所示。

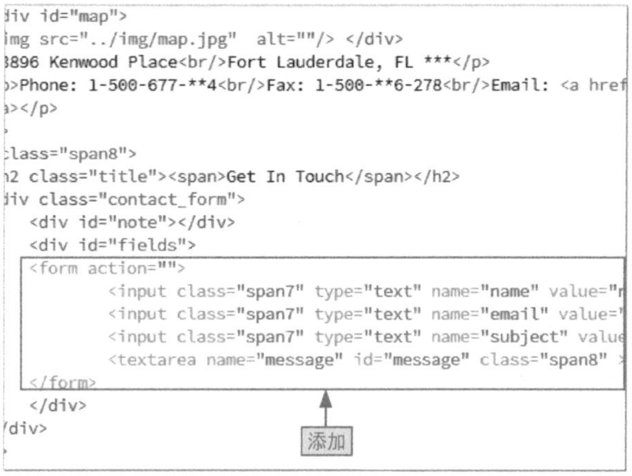

```
iiv id="map">
img src="../img/map.jpg"  alt=""/> </div>
3896 Kenwood Place<br/>Fort Lauderdale, FL ***</p>
>Phone: 1-500-677-**4<br/>Fax: 1-500-**6-278<br/>Email: <a href
a></p>

class="span8">
h2 class="title"><span>Get In Touch</span></h2>
div class="contact_form">
   <div id="note"></div>
   <div id="fields">
   <form action="">
         <input class="span7" type="text" name="name" value="r
         <input class="span7" type="text" name="email" value="
         <input class="span7" type="text" name="subject" value
         <textarea name="message" id="message" class="span8" >
   </form>
   </div>
/div>
```

添加

图 14-71

Step 6　预览表单效果

保存文件，按F12键预览添加获取联系我们的表单效果，如图14-72所示。

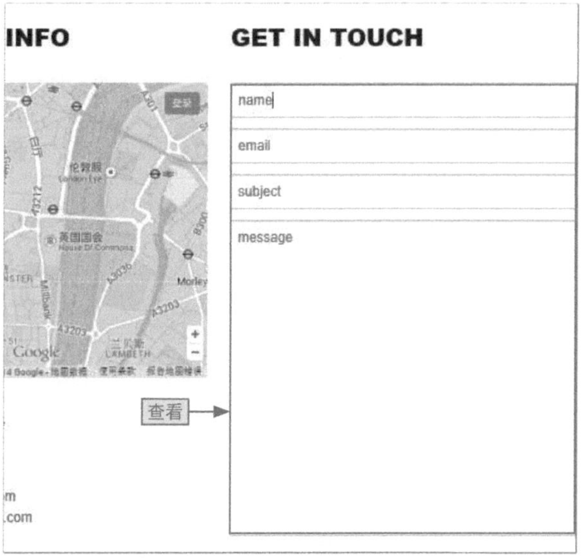

INFO　GET IN TOUCH

name

email

subject

message

查看

图 14-72

Step 7　复制按钮代码

将index页面中的清除和发送按钮的代码复制到contact页面的表单下面，如图14-73所示。

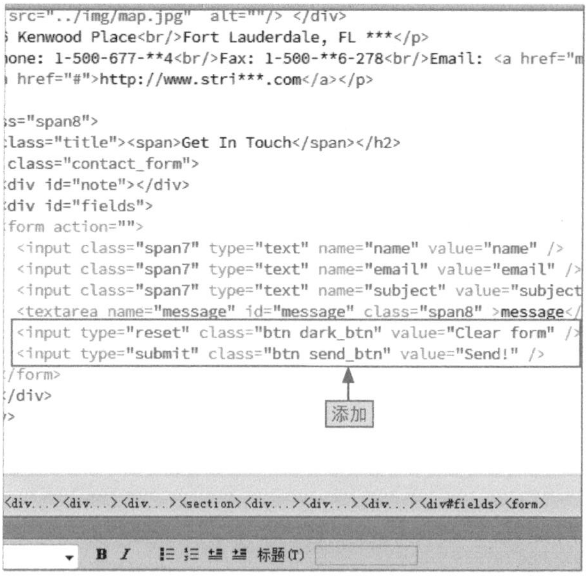

```
src="../img/map.jpg"  alt=""/> </div>
5 Kenwood Place<br/>Fort Lauderdale, FL ***</p>
hone: 1-500-677-**4<br/>Fax: 1-500-**6-278<br/>Email: <a href="m
 href="#">http://www.stri***.com</a></p>

s="span8">
lass="title"><span>Get In Touch</span></h2>
 class="contact_form">
div id="note"></div>
div id="fields">
form action="">
 <input class="span7" type="text" name="name" value="name" />
 <input class="span7" type="text" name="email" value="email" />
 <input class="span7" type="text" name="subject" value="subject
 <textarea name="message" id="message" class="span8" >message</
 <input type="reset" class="btn dark_btn" value="Clear form" />
 <input type="submit" class="btn send_btn" value="Send!" />
/form>
/div>
>
```

添加

图 14-73

Step 8　修改按钮的属性值

将第二个按钮的value属性值修改为Submit，至此完成该页面的制作，如图14-74所示。

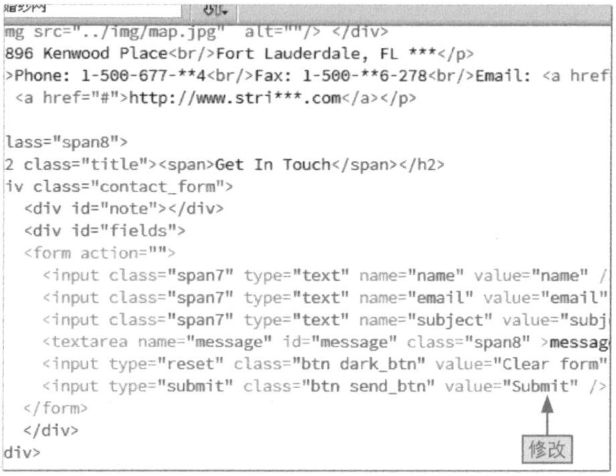

```
mg src="../img/map.jpg"  alt=""/> </div>
896 Kenwood Place<br/>Fort Lauderdale, FL ***</p>
>Phone: 1-500-677-**4<br/>Fax: 1-500-**6-278<br/>Email: <a href
 <a href="#">http://www.stri***.com</a></p>

lass="span8">
2 class="title"><span>Get In Touch</span></h2>
iv class="contact_form">
  <div id="note"></div>
  <div id="fields">
  <form action="">
    <input class="span7" type="text" name="name" value="name" /
    <input class="span7" type="text" name="email" value="email"
    <input class="span7" type="text" name="subject" value="subj
    <textarea name="message" id="message" class="span8" >messag
    <input type="reset" class="btn dark_btn" value="Clear form"
    <input type="submit" class="btn send_btn" value="Submit" />
  </form>
  </div>
div>
```

修改

图 14-74

Step 9 预览按钮效果

保存文档，按F12键预览在表单下方添加的按钮效果，如图14-75所示。

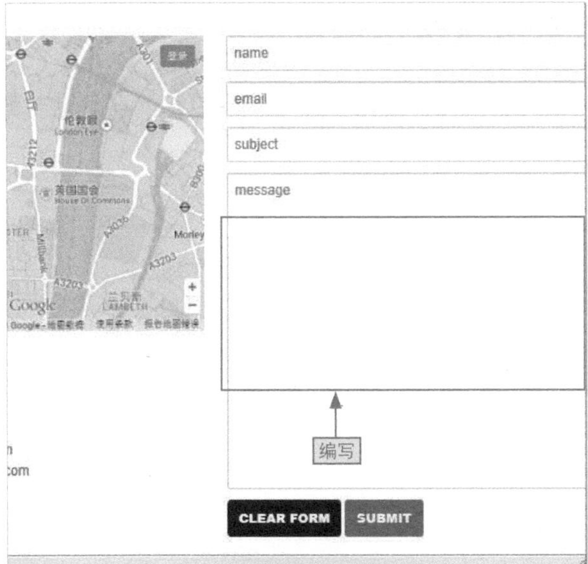

图 14-75

14.3.8 修改模板页中的导航菜单

在制作模板时，导航菜单中的所有菜单均为空链接。在制作完所有的页面后，还需要修改模板页中的菜单的链接位置，让所有的菜单链接生效，其具体操作如下。

Step 1 打开模板文件

在站点中双击master.dwt模板文件，将其打开，如图14-76所示。

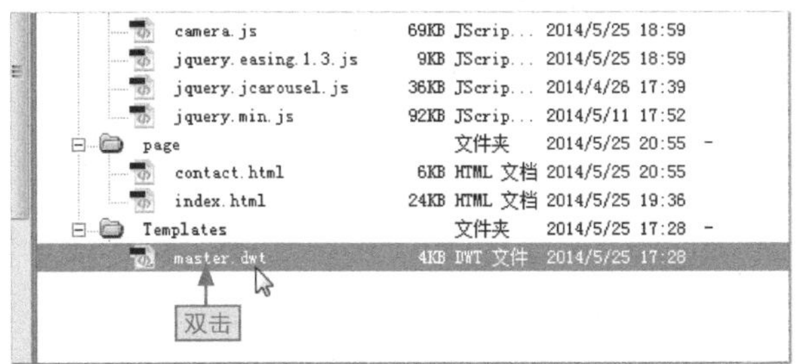

图 14-76

Step 2 修改Home菜单的链接

❶在拆分页面中选择Home导航菜单，❷在属性面板中将链接修改为index.html，如图14-77所示。

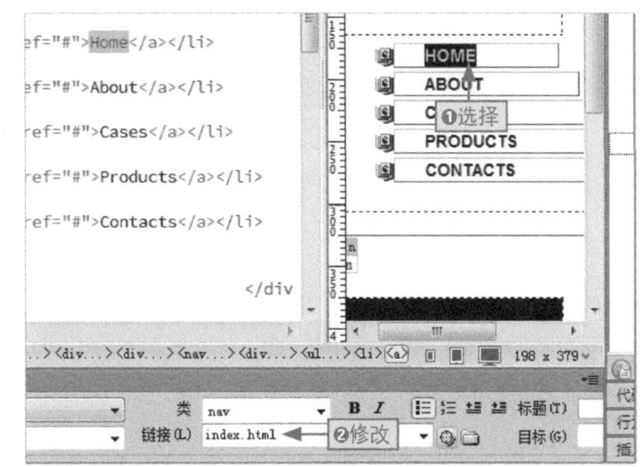

图 14-77

Step 3 确认更新模板

用相同的方法修改其他页面的链接，按Ctrl+S组合键，在打开的对话框中单击“更新”按钮，如图14-78所示。

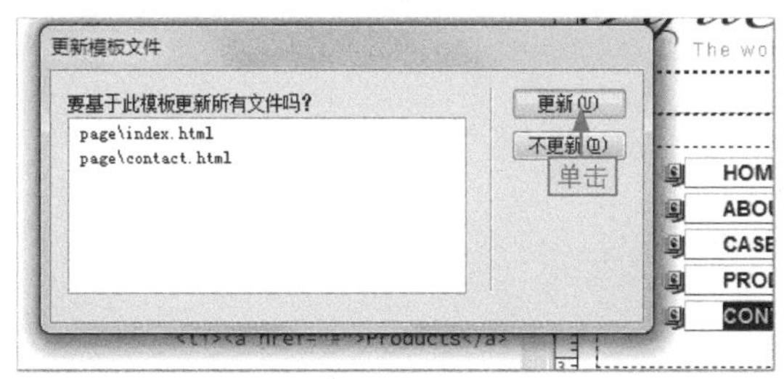

图 14-78

Step 4 完成更新

在打开的提示对话框中单击“关闭”按钮，完成整个案例的制作，如图14-79所示。

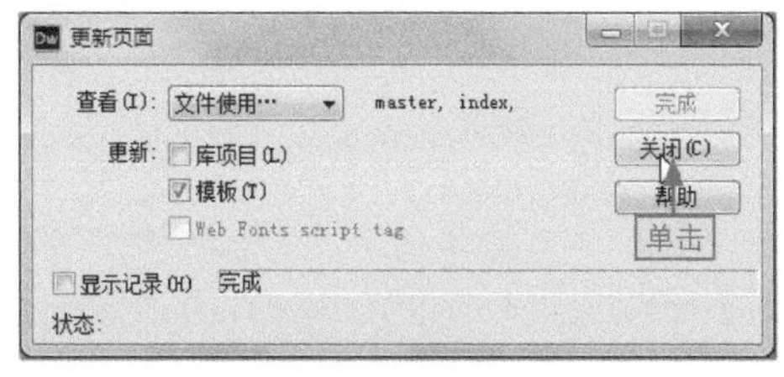

图 14-79

14.4 婚纱网案例制作总结

在案例中是对婚纱网进行制作，其中主要使用到模板、Div、CSS、JavaScript、表单及表单对象等知识来设计和制作页面。

在实例操作中会应用到较多的知识，跨越较为明显，完全打破知识点的原有顺序，依据实际的案例需求来安排知识点的走向，然而这些知识点都较为简单和实用，而且贴合实际工作的需要。

虽然案例是一个统一的整体和有机的结合，各个知识点是并列的关系，而且是以三级标题分割，所以用户在制作本章案例时，可按照自己的习惯和容易理解的方式来安排各个操作的顺序，但要保证思路清晰、不混乱。

14.5 婚纱网案例制作答疑

在制作本案例的过程中，大家也许会遇到一些操作上的问题，下面就可能遇到的几个典型问题做简要解答，帮助用户更顺畅地完成制作。

14.6 实战问答

?! NO.1 | 为什么要有Div+CSS布局而不用表格

元芳：在网页页面布局架构上，为什么要采用Div+CSS的结构方式来布局页面，而不采用表格来布局呢?

大人：在网页制作过程中要尽可能不采用框架结构，通常为了更好地支持搜索引擎的爬取，最好采用Div+css的结构方式来布局页面。

?! NO.2 | 为何要减少对图像的使用

元芳：在页面制作过程中，为了页面丰富多彩就泛滥地大批量地使用图像文件，这样的做法是否可取?

大人：由于目前大多数搜索引擎并不支持图像内容的爬取，同时也为了减少页面访问时的请求数，因此在页面制作过程中除特殊样式能不用图像的尽量少用图像。

?! NO.3 | 如何将制作好的网站发布到网络上

元芳：在网站所有页面都制作完成并调试无误后，如何让制作好的页面能够在网络上访问浏览?

大人：让一个制作好的网站在网络上可以访问，其中的方法有首先申请域名、购买空间并将制作好的页面传到此空间中，然后将域名绑定到此空间上，即可通过域名来访问浏览该网站的内容。

?! NO.4 | 为什么创建的模板文件在浏览器中不能查看

元芳：在制作网站模板页时，按F12键启动浏览器预览制作效果时，为什么查看不到效果?

大人：在Dreamweaver CC中制作模板页时，在浏览器中本身是不能预览到模板效果的，如果要查看模板效果，需要在设计视图，或者在实时视图中预览。

习题答案

Chapter 01

【填空题】1.静态，动态 ；2.域名解析服务器；3.服务器，客户端

【选择题】1.C； 2.D

【判断题】1.√；2.√

Chapter 02

【填空题】1.Ctrl，S；2.F12

【选择题】1.D；2.D

【判断题】1.×；2.√

【操作题】

(1) 启动Dreamweaver CC，将“酒店介绍网站”文件夹中的index.html文件拖到工作界面的标题栏中将其打开。

(2) 按F12键启动浏览器预览网页的效果。

(3) 在Dreamweaver CC界面的“文件”菜单中选择“关闭”命令关闭文件。

(4) 在“文件”菜单中选择“退出”命令退出Dreamweaver CC。

Chapter 03

【填空题】1.<title>；2.文本颜色

【选择题】1.C；2.D

【判断题】1.√；2.×

【操作题】

(1) 打开素材文档，打开“页面属性”对话框。

(2) 将页面标题修改为“新闻详细内容”，关闭对话框。

(3) 切换到代码视图，找到h4标题文本。

(4) 通过<font>标签的属性设置该标题的字号为5，字体颜色为红色。

Chapter 04

【填空题】1.3,在欢迎界面中单击“Dreamweaver站点”按钮，在“文件”面板中单击“管理站点”超链接，通过“站点”菜单创建；2..ste

【判断题】1.×；2.√

【操作题】

(1) 启动Dreamweaver，选择“站点/新建站点”命令，在打开的对话框中设置站点的名称和位置。

(2) 在新建的站点上右击，选择“新建文件夹”命令，修改文件夹的名称。

(3) 用相同方法新建其他文件夹。

Chapter 05

【填空题】1.左对齐、右对齐、居中对齐；2.
、<hr/>

【选择题】1.D；2.A

【判断题】1.√；2.×

【操作题】

(1) 打开show.html素材文件，在合适的位置对段落进行分段。

(2) 通过“插入”菜单的“字符”子菜单连续插入“不换行空格”符号，设置首行缩进的效果。

(3) 通过“属性”面板将“石化过程”文本的字体颜色设置为红色。

(4) 在“石化过程”文本下方添加水平线，完成整个操作。

Chapter 06

【填空题】1.<img/>、src；2.左对齐，右对齐，居中对齐，两端对齐；3.恢复成原始图像的过程或效果

【选择题】1.B；2.A

【判断题】1.×；2.√

【操作题】

(1) 启动Dreamweaver CC后，新建index.html空白网页。

(2) 在新建的页面中插入index.swf视频文件。

(3) 打开“页面属性”对话框，设置背景颜色为#0D1614。

(4) 在背景色设置代码下方输入“text-align: center;”代码，让视频文件在页面的居中位置显示，完成整个操作。

Chapter 07

【填空题】1.3，相对路径，绝对路径，根路径；2.锚点超链接，内部超链接，外部超链接；3.5，_blank，_parent，_selp，_top，new

【选择题】1.A；2.B；3.A

【判断题】1.×；2.×；3.×

【操作题】

(1) 新建空白的index网页文件，并将网页标题修改为link。

(2) 在网页插入“top.gif”图片，设置图片宽度和高度分别为132和45。

(3) 选择该图片，为其添加超链接到service.jpg图片。

(4) 更改超链接的打开方式为_blank。

(5) 保存网页，按F12键启动浏览器。

(6) 在打开的页面中单击top图片超链接，程序自动按指定打开方式执行超链接。

Chapter 08

【填空题】1.<table>；2.align

【选择题】1.D；2.B；3.A

【判断题】1.×；2.√；3.×；4.√

【操作题】

(1) 新建一个lianxi.html空白网页文件。

(2) 插入13行6列的表格，在其中输入对应的文本内容。

(3) 合并指定的单元格，并调整表格和单元格的大小。

(4) 修改表格中的文本的字体格式，完成整个操作过程。

Chapter 09

【填空题】1.width；2.color；3.background-color

【选择题】1.C；2.D

【判断题】1.√；2.×

【操作题】

(1) 打开products.html素材文件，新建#list td复合选择器。

(2) 在“属性”栏单击“边框”按钮，统一设置边框的粗细为1px，样式为dashed，颜色为#000。

(3) 在“属性”栏单击“背景”按钮，设置background-color属性为#ccc。

(4) 新建#list img:hover复合选择器，在“属性”栏单击“边框”按钮。

(5) 统一设置边框的粗细为1px，样式为solid，颜色为#f00。

Chapter 10

【填空题】1.float；2.margin

【选择题】1.D；2.B

【判断题】1.×；2.×；3.√

【操作题】

(1) 打开HuaZhiXian素材文件，打开“CSS设计器”面板。

(2) 选择<style>源，在“选择器”列表框中选择.item选择符，设置float属性为左浮动。

(3) 设置margin-right属性为20px，margin-top属性为16px。

(4) 设置所有的内边距为3px，保存网页完成整个操作。

Chapter 11

【填空题】1.“插入/模板/可编辑区域”；2.编辑、更新、删除、复制、排序

【选择题】1.C；2.D

【判断题】1.×；2.×；3.√

【操作题】

(1) 任意新建一个站点，将cor文件夹复制到该站点。

(2) 打开index.html网页文件，打开“另存为”对话框。

(3) 将文件保存类型修改为模板类型，修改文件名称为master.dwt，单击“保存”按钮。

(4) 将文本插入点定位到需要插入可编辑区域的位置，打开“新建可编辑区域”对话框。

(5) 在打开的对话框中设置可编辑区域的名称，如设置名称为EditRegion1，单击“确定”按钮确认。

(6) 保存并关闭所有文件完成整个操作。

Chapter 12

【填空题】1.文本域(单行文本框、多行文本框)；2.<form></form>；3.单选按钮，选择控件

【选择题】1.C；2.D

【判断题】1.√；2.√；3.×

【操作题】

(1) 打开user素材文件，在用户名右侧添加文本域，并设置默认显示文本为“游客”。

(2) 在密码和确认密码右侧插入密码域，并设置相应的属性。

(3) 在性别右侧插入单选按钮对象，分别修改显示文本为“男”和“女”，并设置“男”单选按钮默认为选中状态。

(4) 在技术右侧添加4个复选框，修改对应的显示文本，并设置后两个默认为选中状态。

(5) 在附件右侧插入文件上传域。

(6) 在国籍右侧添加选择控件，在“属性”面板中单击“值列表”按钮，在打开的对话框中设置下拉列表中显示的值。

(7) 在邮箱右侧添加电子邮箱域。

(8) 最后添加“提交”按钮和“重置”按钮，分别将其显示名称修改为“提交数据”和“清除数据”。

Chapter 13

【填空题】1.alert()；2.onload

【选择题】1.B；2.D

【判断题】1.√；2.×；3.√

【操作题】

(1) 新建sum.html网页文件，在其中插入Div层。

(2) 在Div层中插入显示名称为“1~100之间的偶数和是？”的按钮。

(3) 通过JavaScript编写一个Sum()函数，用于自动对1~100之间的偶数进行求和。

(4) 通过标签内嵌式的方式将该函数添加到按钮的onClick事件上。

(5) 保存网页，按F12键预览。

(6) 单击网页中的按钮，在打开的消息对话框中即可显示求和结果。